Mihaela Campean
Nencho Deliiski
Bogdan Bedelean

Holztrocknung und -dämpfung

HANSER

Über die Autor:innen:
Prof. Dr. Mihaela Campean, Transilvania Universität Brasov – Hochschule für Möbeldesign und Holzingenieurwesen, Brasov/Rumänien
Prof. PhD Deliiski Nencho, Universität für Forstwirtschaft Sofia, Bulgarien
PhD Bedelean Bogdan, Transilvania Universität Brasov – Hochschule für Möbeldesign und Holzingenieurwesen, Brasov/Rumänien

MIX
Papier | Fördert gute Waldnutzung
FSC® C016368
FSC www.fsc.org

Print-ISBN: 978-3-446-47644-8
E-Book-ISBN: 978-3-446-48437-5

Die allgemein verwendeten Personenbezeichnungen gelten gleichermaßen für alle Geschlechter.

Bibliografische Information der Deutschen Nationalbibliothek:
Die Deutsche Nationalbibliothek verzeichnet diese Publikation in der Deutschen Nationalbibliografie; detaillierte bibliografische Daten sind im Internet unter http://dnb.d-nb.de abrufbar.

Vilshofener Straße 10 | 81679 München | info@hanser.de
www.hanser-fachbuch.de
Lektorat: Frank Katzenmayer
Herstellung: le-tex publishing services GmbH, Leipzig
Coverkonzept: Marc Müller-Bremer, www.rebranding.de, München
Covergestaltung: Max Kostopoulos
Titelmotiv: © stock.adobe.com/luigidezotti
Satz: Eberl & Koesel Studio, Kempten
Druck: Elanders Waiblingen GmbH, Waiblingen
Printed in Germany

Campean / Deliiski / Bedelean

Holztrocknung und -dämpfung

Inhalt

Vorwort

Dieses Buch ist Teil der Reihe zum Werkstoff Holz, die der Carl Hanser Verlag, München, in deutscher, teils auch in englischer Sprache herausgibt. Diese Buchserie wird stetig erweitert, und die einzelnen Werke sollen das aktuelle Gesamtwissen des jeweiligen Fachgebietes abbilden.

Es ist für mich eine große Ehre, Teil dieses Projekts zu sein. Mein Dank gilt Prof. Peter Niemz als Koordinator dieser Reihe. Er hat mich stets in meinen Vorhaben unterstützt und an mich und an meine Fähigkeit, dieses Projekt abzuschließen, fest geglaubt, und so ist dieses Buch entstanden, das sowohl für die Praxis als auch für die Lehre gedacht ist.

Die thermische Behandlung von Holz durch Trocknen und Dämpfen hat eine besondere wirtschaftliche Bedeutung im Hinblick auf die Herstellung von Qualitätsprodukten unter nachhaltigen Bedingungen. Es liegt in unserer Pflicht als Forscher und Lehrende im Bereich der Holzverarbeitung, dieser Verantwortung gerecht zu werden. Eine qualitative thermische Behandlung ermöglicht die Einsparung erheblicher Mengen an Holzmaterial und Energie. Hierfür sind sowohl Kenntnisse der theoretischen Grundlagen des Trocknens und Dämpfens als auch deren korrekte Anwendung unerlässlich. Dies war der rote Faden, der mich bei der Entwicklung dieses Buches leitete: die Verknüpfung von Theorie und Praxis, um die Leser auf die kleinen Details aufmerksam zu machen, die den Unterschied zwischen Qualität und Ausschuss ausmachen. Details, die theoretisch fundiert sind, und durch praktische Erfahrung und Forschung kontinuierlich verfeinert wurden.

Mein Dank gilt auch den beiden Koautoren, Prof. Nencho Deliiski von der Forstuniversität Sofia (Bulgarien) und Dr. Bogdan Bedelean von der Transilvania Universität Brasov (Rumänien), die das Niveau dieses Buches deutlich angehoben haben. In Kapitel 2, Abschnitt 2.2.2.9, und Kapitel 5 (B. Bedelean) sowie Kapitel 10 (N. Deliiski) wird gezeigt, dass die theoretischen Grundlagen der Ausgangspunkt für die Modellierung der komplexen Holztrocknungs- und Dämpfungsprozesse sind, die heutzutage zunehmend an Bedeutung gewinnen. Einen besonderen Beitrag hatte auch Dr. Sergiu Georgescu bei der Vorbereitung der Bilder für dieses Buch.

Ich möchte auch meinem Vater, Dr. Ion Marinescu, meinen aufrichtigen Dank aussprechen. Von ihm habe ich alles gelernt, was ich über die thermische Behandlung des Holzes weiß. Er hat mich immer ermutigt und unterstützt. Seit meinem Studium und später während der Verfassung meiner Dissertation hat er mich mit großer Geduld im Bereich der Holztrocknung angeleitet und seine Leidenschaft für diesen wichtigen Prozess auf mich übertragen. Er orientierte sich auch immer auf eine enge Zusammenarbeit von Wissenschaft und Praxis.

Und es war wiederum mein Vater, der unsere Teilnahme an den IUFRO-Holztrocknungskonferenzen ab 1997 initiierte. Diese Veranstaltungen gaben mir die Gelegenheit, internationale Kontakte zu knüpfen. Zu denjenigen, mit denen ich auf meinem Weg von der Doktorandin bis zu meiner jetzigen Position in Kontakt stand und von denen ich viel gelernt habe. Dazu gehören Prof. Thomas Trübswetter (1935 – 2008), Prof. Helmuth Resch, Prof. Stavros Avramidis, Prof. Alfred Teischinger, Prof. Tom Moren, Prof. Patrick Perre, Prof. Yves Fortin, Prof. Margot Sehlstedt-Persson, Prof. Hans Welling, Prof. Lena Antti, Prof. Robert Nemeth, Prof. Ales Straze und viele andere. Ich widme ihnen allen dieses Buch und danke ihnen von Herzen dafür, dass sie mir geholfen haben, ein besserer Dozent für meine Studierenden zu werden. Ich hoffe, dass dieses Buch deutschsprachigen Studenten und Produktionsspezialisten weltweit hilfreich sein wird.

Herrn Frank Katzenmayer und Frau Christina Kubiak vom Carl Hanser Verlag danke ich für die sehr gute Zusammenarbeit bei den Manuskriptarbeiten und der Drucklegung.

Prof. Dr. Mihaela Campean

Transilvania Universität Brasov, Rumänien

März 2026

1 Ziel und wirtschaftliche Bedeutung der Holztrocknung

Die Holztrocknung ist der technologische Prozess, in welchem dem Material (Holz) Wasser entzogen wird. Hauptziel ist, einen Feuchtigkeitsgrad zu erreichen, der den praktischen Gebrauchsbedingungen des betreffenden Holzteiles entspricht (Tabelle 1.1).

Als hygroskopisches Material hat Holz die Fähigkeit, durch Abgabe oder Aufnahme von Wasser/Wasserdampf aus seiner Umgebung seine Feuchte anzupassen, um in das Gleichgewicht mit seiner Umgebung zu kommen.

Die angestrebte Gleichgewichtsfeuchte (U_{gl}) hängt von der Temperatur und der relativen Luftfeuchte des Trocknungsmediums ab, aber auch von der Holzart. Die Abhängigkeit zwischen den drei Parametern wird durch sogenannte Sorptionsisothermen grafisch ausgedrückt. Der von Loughborough und Keylwerth für Sitka-Fichte erstellte Graph (Bild 1.1) wird bis heute zur approximativen Bestimmung der Gleichgewichtsfeuchte in Abhängigkeit von den Zustandsparametern der Umgebung für alle Holzarten verwendet.

Die Gleichgewichtsfeuchte, die Holz in einer Umgebung mit der Temperatur von 20 °C und der relativen Feuchte von 45 % anstrebt, ist 8,3 %.

Tabelle 1.1 Gezielte Endfeuchte für Holzteile je nach Anwendung (in Anlehnung an [1–3])

Verwendung		Angestrebte Holzfeuchte (Endfeuchte nach der Trocknung) [%]
Konstruktionsvollholz	unter Wasser (z. B. Brücken)	> 30
	bewitterte Teile	18 – 20
	vor der Witterung geschützte Teile:	
	in gut belüfteten, unbeheizten Räumen	15 ± 3
	in gut belüfteten, im Winter schwach beheizten Räumen	12 ± 3
	in gut belüfteten, im Winter gut beheizten Räumen	9 ± 3
Außenschalungen, Balkone, Untersicht von Dachüberständen, Verpackungen, Paletten u. a.		15 ± 2
Fässer		14 – 16
Fenster, Außentüren		13 ± 2
Schiffs- und Bootsbau		12 – 15
Holzleimbau		12 ± 2
Brennholz		11 – 16
Möbel, Fußböden, Parkett, Innentüren, Wandschalungen in zentralbeheizten Räumen		10 ± 2
Sägemehl (für Briketts und Pellets)		8 – 12
Deckentäfelung in zentralbeheizten Räumen, Brettschichtholz für den Innenbereich von Verwaltungsgebäuden, Häusern		8 ± 2
Flugzeugbau		7 – 10
Furniere, Späne		6 – 12
Musikinstrumente		6 – 8

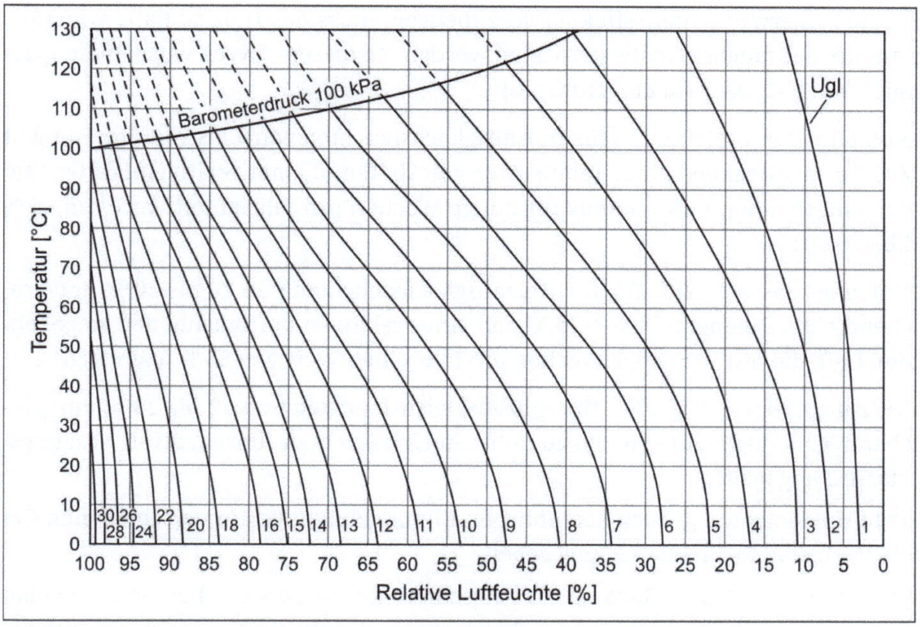

Bild 1.1 Hygroskopisches Gleichgewicht der Sitka-Fichte in Abhängigkeit von der Temperatur (Quelle: [4])

In Wirklichkeit haben z. B. Eibe und Robinie eine niedrigere Gleichgewichtsfeuchte als Fichte oder Buche, und auch einige tropische Holzarten erreichen aufgrund ihres hohen Extraktstoffanteils oft niedrigere Ausgleichsfeuchten. Die Gleichgewichtsfeuchte des Holzes kann auch durch die thermische Behandlung (z. B. das Thermo-Wood-Verfahren) oder durch die Tränkung mit einer salzhaltigen Lösung reduziert werden [5].

Die Hygroskopizität des Holzes wird bei der Trocknung ausgenützt, indem die Trocknungsparameter (Lufttemperatur und Luftfeuchte) so gewählt und geregelt werden, dass die resultierende Gleichgewichtsfeuchte immer unterhalb der gewünschten Endfeuchte des Holzes liegt. Somit wird das Holz kontinuierlich stimuliert, Feuchte abzugeben.

Die Reduzierung der Holzfeuchte während der Trocknung ist auch von Änderungen in der Form und Größe des Holzteiles begleitet. Man sagt, das Holz „arbeitet". Da alle aus Holz gefertigten Gegenstände eine gewisse Maßhaltigkeit aufweisen sollen, ist der Einbau nasser oder nicht ausreichend getrockneter Holzteile ein großer Fehler, der zu unerwünschten Schäden führt, weil das Holz auch im eingebauten Stand versucht, seine Feuchte der Umgebung anzupassen. Das führt zu Verformungen, Rissen, Auflösen von Verbindungen, Abblättern der Lackfilme, der Furniere, der Melaminbeschichtungen usw.

Um diesen unerwünschten Effekten vorzubeugen, muss das Holz so nahe wie möglich auf die Gebrauchsfeuchte getrocknet werden. Zu diesem Zweck wurden die sogenannten Nutzungsklassen eingeführt [6]:

- Nutzungsklasse 1 (NKL 1) – für Holzausgleichsfeuchten von 5 bis 15 %, meist nicht > 12 %, entsprechend einer Temperatur von 20 °C und einer relativen Luftfeuchte der umgebenden Luft, die nur für einige Wochen pro Jahr einen Wert von 65 % übersteigt;
- Nutzungsklasse 2 (NKL 2) – für Holzausgleichsfeuchten von 10 bis 20 %, entsprechend einer Temperatur von 20 °C und einer relativen Luftfeuchte der umgebenden Luft, die nur für einige Wochen pro Jahr einen Wert von 85 % übersteigt;
- Nutzungsklasse 3 (NKL 3) – für Holzausgleichsfeuchten von 12 bis 24 %, entsprechend Klimabedingungen, die zu höheren Holzfeuchten führen, als in Nutzungsklasse 2 angegeben.

Gezielte Holzfeuchten je nach den üblichen Klimabedingungen in verschiedenen Gebäudetypen sind in Tabelle 1.2 angegeben.

Museen sind als beheizte Gebäude zu betrachten, Kirchen als geschlossene Gebäude mit zeitweise hoher Feuchtebeanspruchung, sodass die übliche Gebrauchsfeuchte für Möbelstücke und andere Holzgegenstände, die spezifisch für diese Gebäudearten sind, aus Tabelle 1.2 entnommen werden können.

Da die Holz-Gebrauchsfeuchte in allen Fällen deutlich geringer ist als die Feuchte von frisch gefälltem Holz, werden Trocknungsprozesse in allen holzbearbeitenden Bereichen angetroffen:

- in Sägewerken (zum Trocknen von Schnittholz und Parkettfriesen);
- in Bugholzfabriken (zum Trocknen der gebogenen Möbelteile);
- in Fabriken und Werkstätten, die Musikinstrumente oder Sportartikel aus Holz herstellen;
- in Furnierfabriken (zum Trocknen der Furniere);
- in der Holzwerkstoffindustrie (zum Trocknen von Holzspänen und Holzfasern);
- in der Verpackungsindustrie;
- in anderen holzverarbeitenden Klein-Industrien (zum Trocknen von Eis- oder Kaffeestäbchen, Streichhölzern, Zahnstochern, Bleistiften usw.).

Tabelle 1.2 Holzfeuchten in verschiedenen Gebäudetypen (Quelle: [7])

Gebäudetyp		Übliches Klima (Temperatur [°C] / relative Feuchte [%])	Holzfeuchte [%]
Niedrige Feuchtebeanspruchung	beheizte Gebäude	18–23 °C / 40–55 %	8–10
	Sporthallen	20 °C / 40–50 %	8–10
	klimatisierte Schwimmbäder	27–30 °C / 50–60 %	8–10
Gemäßigte Feuchtebeanspruchung	geschlossene Hallen, unbeheizt	3–22 °C / 55–80 %	10–16
	offene Lagerhallen, ohne feuchtes Lagergut	5–22 °C / 55–85 %	10–19
	Eissporthallen, unbeheizt	5–9 °C / 60–80 %	12–17
	landwirtschaftliche Gebäude (z. B. Kaltluftstall)	0–23 °C / 60–85 %	12–19
Hohe Feuchtebeanspruchung	geschlossene Reithallen, bewässert	0–23 °C / 60–90 %	14–20
	Kompostieranlagen	bis 40 °C / bis 100 %	> 24

Neben der kontrollierten Feuchtereduzierung und der hiermit verbundenen Vermeidung von Maß- und Formänderungen trägt die Trocknung von Holzteilen auch zu anderen Eigenschaftsbesserungen bei, wie zum Beispiel:

- die Erhöhung der mechanischen Festigkeiten;
- bessere Verleimungsfähigkeit;
- die Ermöglichung verschiedener Oberflächenbehandlungen;
- Schutz vor Pilz- und Insektenbefall (diese finden günstige Bedingungen für die Entwicklung bei Holzfeuchten zwischen 20 % und 100 %);
- die Reduzierung der Transportkosten durch Reduzierung des Holzgewichts.

Daher ist die Trocknung von Holz als verpflichtender Arbeitsgang zu Beginn jedes Holzverarbeitungsprozesses erforderlich. Das unterstreicht die wirtschaftliche Bedeutung dieses Prozesses, denn die Dauer und die Qualität der Trocknung beeinflussen direkt die Produktionskosten und auch die Qualität der Endprodukte aus Holz.

Das Verständnis des Verhaltens von Holz in seiner Wechselwirkung mit der Trocknungsumgebung und der Regeln, die in jeder Phase des technologischen Prozesses eingehalten werden müssen, sind wesentliche Voraussetzungen, um die Trocknungsdauer zu verkürzen und Schäden am Material durch Risse, Verformungen, Farbänderungen und andere spezifische Mängel zu begrenzen.

Literatur

[1] Trübswetter, T. (2009): *Holztrocknung. Verfahren zur Trocknung von Schnittholz – Planung von Trocknungsanlagen*. 2. aktualisierte Aufl., Carl Hanser Verlag, München

[2] Marinescu, I. (1979): *Uscarea lemnului* (Die Holztrocknung, in rumänischer Sprache). Technischer Verlag, Bukarest

[3] Franke, B.; Franke, S.; Schiere, M.; Müller, A. (2019): *Praxisleitfaden – Beurteilung der Holzfeuchte für Tragwerke und Brücken für die Planung, Errichtung und Nutzung*. 2. Aufl., Berner Fachhochschule

[4] Kollmann, F. F. P. (1951): *Technologie des Holzes und der Holzwerkstoffe. Band 1*. 2. Aufl., Springer Verlag, Berlin/Göttingen/Heidelberg

[5] Niemz, P.; Sonderegger, W. (2021): *Holzphysik. Eigenschaften, Prüfung und Kennwerte*. 2. aktualisierte Aufl., Carl Hanser Verlag, München

[6] DIN EN 1995-1-1 (Eurocode 5): Bemessung und Konstruktion von Holzbauten

[7] Informationsdienst Holz (2022): *Holzschutz bei Ingenieurholzbauten. Holzbau Handbuch, Reihe 5, Teil 2, Folge 1*. 2. überarb. Aufl., Studiengemeinschaft Holzleimbau e. V., Wuppertal

2 Holz und das Trocknungsmedium

Die Trocknung ist von einer kontinuierlichen Wechselwirkung zwischen dem zu trocknenden Material (in diesem Fall Holz) und dem Trocknungsmedium gekennzeichnet. Daher lassen sich die Faktoren, die den Trocknungsprozess beeinflussen, in zwei große Kategorien einteilen (Bild 2.1).

EINFLUSSFAKTOREN - HOLZTROCKNUNG	
Holzeigenschaften	**Eigenschaften des Trocknungsmediums**
• Holzart (Struktur)	• Art (gasförmig / flüssig)
• Rohdichte	• Temperatur
• Holzfeuchte	• Druck
• Gleichgewichtsfeuchte	• Absolute Feuchte (Feuchtegehalt)
• Schwindung und Quellung	• Relative Feuchte
• Chemische Zusammensetzung	• Dichte und spezifisches Volumen
• Thermische EIgenschaften	• Enthalpie
• Elektrische Eigenschaften	• Geschwindigkeit und Strömungsart

Bild 2.1 Klassifizierung der Faktoren, welche die Holztrocknung beeinflussen

Ihr Einfluss bestimmt maßgeblich das Verhalten des Holzes beim Trocknen, sowohl aus Sicht der Trocknungszeit als auch aus Sicht der Trocknungsqualität und der damit verbundenen Kosten. Die Kenntnis dieser Besonderheiten erleichtert das Verständnis der Prinzipien der Entwicklung von Trocknungsplänen und der Trocknungsführung.

2.1 Wichtige Holzeigenschaften

Um das Trocknungsverhalten von Holz zu verstehen, ist es notwendig, die Besonderheiten seiner Struktur, seiner physikalischen und mechanischen Eigenschaften sowie seiner chemischen Zusammensetzung zu kennen.

Im Gegensatz zu anderen Materialien ist Holz ein organisches Material, inhomogen und anisotrop, dessen Eigenschaften nicht nur in Bezug auf die Wachstumsbedingungen variieren, sondern auch von Baum zu Baum derselben Holzart und auch innerhalb desselben Baumes, entlang der Höhe und des Querschnitts sowie in Abhängigkeit von Wuchs- oder Strukturmängel usw.

Diese große Variabilität der Holzeigenschaften beeinflusst auch das Trocknungsverhalten dieses Materials (siehe Anhang 1), was eine Anpassung des angewendeten Trocknungsplanes erfordert, abhängig von der Holzart, von der Anfangsfeuchte und der Abmessungen des zu trocknenden Holzgutes.

2.1.1 Anatomische Struktur

Holz ist ein komplexes Material, das aus Millionen, fest miteinander verwachsenen Pflanzenzellen besteht. Diese haben verschiedene Formen, Größe und Anordnung in der Holzmasse, und sind für drei wichtige Funktionen verantwortlich: Festigung (Fasern), Leitung (Tracheiden) und Speicherung (Gefäße, Parenchym).

Nadelholz besteht zu 95 % aus Axialtracheiden. Diese sind langgestreckte Zellen, die parallel zur Stammachse ausgerichtet sind. Die Tracheiden des Frühholzes haben an den Wänden große Hoftüpfel, die dem Flüssigkeitsaustausch von Zelle zu Zelle dienen. Spätholztracheiden weisen weniger schmale, mehr spaltenförmige Tüpfel auf. Im lebenden Baum sichern sie die Leitung des Wassers und der Nährstoffe von der Wurzel zur Krone. Sie behalten die leitende Funktion auch nach dem Fällen des Baumes und erleichtern somit die Bewegung des Wassers im Holz während der Trocknung. Deshalb gelten Nadelhölzer als leicht zu trocknende Holzarten (siehe auch Anhang A).

Andererseits hat Laubholz eine komplexere Struktur, die aus verschiedenen Zellarten besteht: Fasern – mit dicken Zellwänden, die die Widerstandsfunktion gewährleisten können, Gefäße und Strahlen – die die Wasserleitung gewährleisten, aber äußerst dünnwandig sind, und Parenchymzellen – in denen Reservestoffe gespeichert werden. Der Wechsel von starken und dünnwandigen anatomischen Elementen macht die Trocknung von Laubhölzern, insbesondere der Hartlaubhölzer mit hoher Dichte schwieriger. Die Trocknung dieser Holzarten ist häufig von Trocknungsfehlern wie Rissen und Verformungen begleitet, vor allem, wenn sie sowohl breite als auch schmale Holzstrahlen aufweisen (wie es beispielsweise bei Eiche, Hainbuche oder Robinie der Fall ist).

Innerhalb der Hartholzarten weisen solche mit ringporiger Struktur (Bild 2.2 a), z. B. Eiche, Esche, Robinie, Kastanie, größere Trocknungsschwierigkeiten auf als Holzarten mit zerstreutporiger Struktur (Bild 2.2 b), z. B. Buche, Birke, Bergahorn, auch wenn sie ähnliche Dichte aufweisen. Die weniger homogene Struktur neigt beim Trocknen zum Reißen und Werfen. Deshalb muss man im Falle dieser Holzarten weniger scharfe Trocknungspläne einsetzen, was zur Verlängerung der Trocknungsdauer führt.

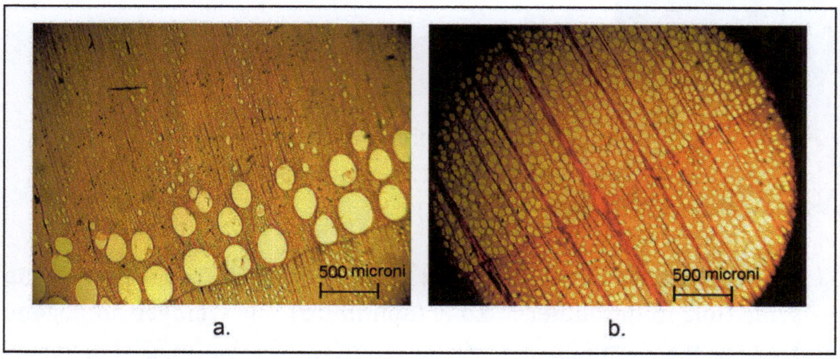

Bild 2.2 Porenanordnung in Laubholz: a) ringporige Struktur (Eiche) – Querschnitt, 40-fach vergrößert; b) zerstreutporige Struktur (Buche) – Querschnitt, 40-fach vergrößert (Quelle: [1], mit Genehmigung)

Die Bäume in der gemäßigten Klimazone legen jedes Jahr in den warmen Jahreszeiten einen Wachstumsring hinzu. Dieser besteht aus zwei distinkten Zonen: das Frühholz – welches im Frühling angelegt wird, und das Spätholz – welches im Sommer entsteht. Die Breiten der zwei Zonen und ihr Verhältnis beeinflussen die Trocknung, denn das weitlumige Frühholz ist ein guter Wasserleiter, während das englumige Spätholz eine größere Dichte hat und schwieriger trocknet. Der Unterschied zwischen den zwei Jahrringzonen spielt bei der Trocknung von harzigen Nadelhölzern und ringporigen Laubhölzern eine wichtige Rolle.

Ein weiteres Merkmal der Holzstruktur, das seine Trocknung beeinflusst, ist die Anwesenheit des Kernholzes (nicht bei allen Holzarten vorhanden). Das Kernholz wird bekanntlich nur bei bestimmten Gehölzen und erst ab einem bestimmten Alter des Baumes gebildet. Das Kernholz besteht aus stillgelegten verholzten Zellen, die sich nicht mehr an der Leitung des Wassers und dem Transport der Nährstoffe beteiligen. Die Tatsache, dass die Wasserleitung nur durch das Splintholz erfolgt, ist für die Holztrocknung insofern von Bedeutung, als der Wasserentzug aus diesem leichter vor sich geht als aus dem Kernholz. Daher trocknen kernlose Arten, z. B. Birke, Erle, Weide, leicht und spannungsfrei. Einzig zu beachten ist bei ihnen die hohe Anfangsfeuchte, die einen längeren Zeitaufwand für die Entfernung des freien Wassers mit sich bringt, sowie die Gefahr von Feuchtenestern im Holz, die zu einer ungleichmäßigen Trocknung führen können.

Das Kernholz der Nadelhölzer enthält mehr Harze, Fette und Gerbstoffe, die infolge von Oxidationsvorgängen die Ursache der Dunkelfärbung sind [2]. Komplizierter liegen die Verhältnisse bei den Laubhölzern. Bei diesen bilden sich Thyllen (Bild 2.3) als innere Auskleidung der Zellhohlräume. Diese sind feine Häutchen, die die Gefäße luftdicht verschließen. Die Bildung erfolgt vorzugsweise bei ringporigen Kernhölzern.

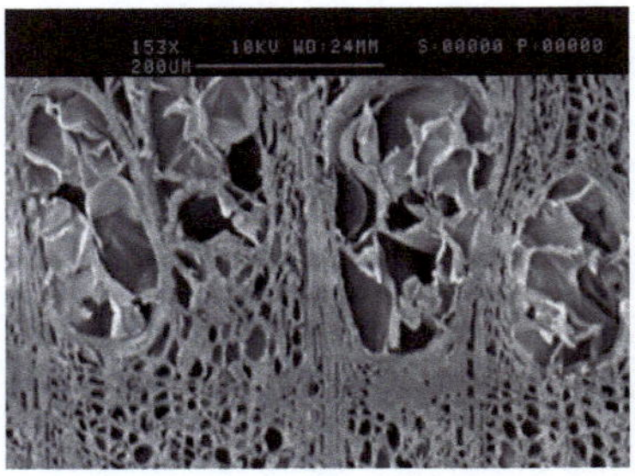

Bild 2.3
Thyllen in Kernholz von Robinie (Querschnitt, 153-fach vergrößert) (Quelle: [3], mit Genehmigung)

Das aus dem Kernholzprozess resultierende Holz hat eine kleinere Feuchte und eine höhere Dichte als das Holz in der äußeren Zone (Splintholz). Die weniger homogene Struktur von Holzarten mit Kernholz, z. B. Kiefer, Lärche, Nussbaum, Eiche, verursacht bei Brettern, die sowohl Splint- als auch Kernholz enthalten, eine schwierige Trocknung, begleitet von Trocknungsspannungen und einer erhöhten Rissgefahr.

Das Vorhandensein von Ästen ist ein weiterer Aspekt, der mit der Struktur des Holzes zusammenhängt und die Trocknungsqualität beeinflusst. Astholz hat eine höhere Dichte als das umgebende Holz. Dadurch zieht sich der Ast während des Trocknungsprozesses stärker zusammen und neigt zum Reißen (Bild 2.4) und manchmal sogar dazu, sich vom umgebenden Holz freizulösen. Die Freilösung der Äste während der Trocknung ist ein häufiges Phänomen, vor allem, wenn hohe Trocknungstemperaturen (>100 °C) angewendet werden.

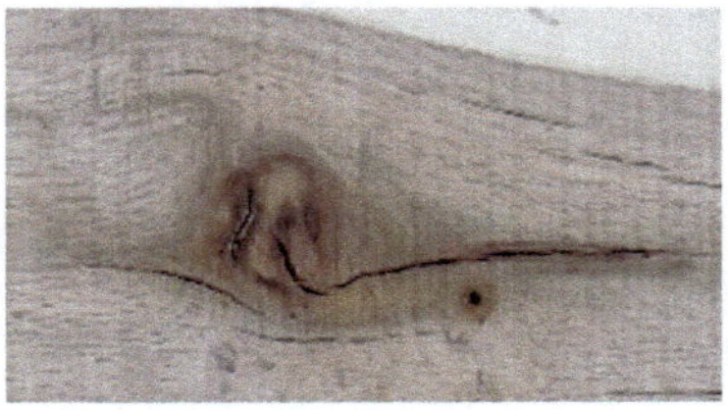

Bild 2.4
Rissbildung im Ast und im umgebenden Holz

2.1.2 Holzdichte

Die Rohdichte (ρ) ist für poröse Stoffe wie Holz das Verhältnis zwischen der Masse (m) des Holzes (einschließlich des in den Poren enthaltenen Wassers) und dem äußeren Volumen (V) des Holzes (das neben der Zellsubstanz die wuchsbedingten Hohlräume einschließt), bei einem definierten Feuchtegehalt [4]:

$$\rho = m/V \ [\text{kg/m}^3] \tag{2.1}$$

Da Holz sowohl aus Holzsubstanz als auch aus zahlreichen teilweise oder vollständig mit Wasser, Wasserdampf, Luft oder einer Tränkflüssigkeit gefüllten Freiräumen besteht, kann die Holzdichte durch verschiedene Begriffe ausgedrückt werden.

In der Trocknungspraxis sind folgende relevant:

- Die Darrdichte (ρ_0) ist die Dichte des Holzes im wasserfreien Zustand (u = 0 %). Die Darrdichte ist wichtig, weil sie von der Holzfeuchte und vom hygroskopischen Verhalten des Holzes unabhängig ist. Daher kann sie als Materialkonstante betrachtet werden und als Vergleichsbasis zwischen den Holzarten dienen. Die Darrdichtewerte von Holz liegen zwischen 100 kg/m³ und 1300 kg/m³ [5]. Die Dichte streut nicht nur von einer Holzart zur anderen, sondern auch innerhalb einer Art erheblich. In Anhang A sind die durchschnittlichen Darrdichtewerte für ein paar ausgewählte europäische Holzarten angegeben;
- Die Dichte von Holz bei einem bestimmten Feuchtegehalt (ρ_u) wird mithilfe des Diagramms in Bild 2.5 ermittelt.

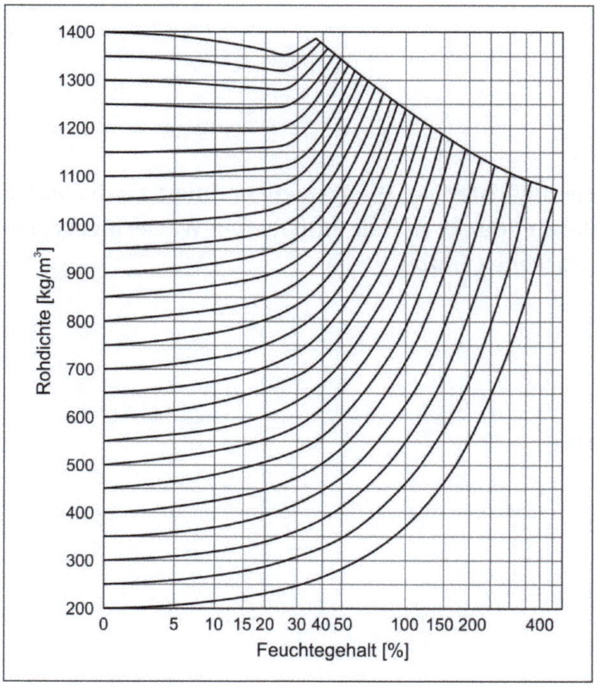

Bild 2.5
Abhängigkeit der Rohdichte von der Holzfeuchte (Quelle: [6])

Wenn man weiß, dass eine Holzprobe bei 40 % Holzfeuchte eine Dichte von 500 kg/m³ besitzt, dann kann man ihre Dichte bei jeder anderen Holzfeuchte bestimmen (z. B. bei 10 % ist $\rho_{10} = 430\ \text{kg/m}^3$).

Die Rohdichte ist eine besonders wichtige Eigenschaft bei der Holztrocknung, denn sie stellt das Hauptkriterium für die Erstellung des Trocknungsplanes dar. Wenn man bedenkt, dass mit zunehmender Rohdichte auch die Schwundkoeffizienten zunehmen, wird es klar, dass je dichter das Holz ist, desto mehr neigt es zum Reißen und daher mildere Trocknungsbedingungen benötigt.

Die Rohdichte beeinflusst nicht nur die Trocknungsqualität, sondern auch die Trocknungszeit. Je dichter das Holz ist, desto mehr Holzsubstanz ist bei einem gegebenen Volumen zu entfeuchten. Außerdem reduziert sich mit zunehmender Rohdichte die Diffusionsgeschwindigkeit und daher wird die Dauer des Wasserentzuges verlängert. Insbesondere sind es die Harthölzer mit ihren dickeren Zellwänden und höheren Dichten, die der Wasserbewegung im Holz größeren Widerstand entgegensetzen als das lockere Gefüge der Weichhölzer [2]. Die Diffusionsgeschwindigkeit kann mit guter Annäherung umgekehrt proportional der Wurzel aus der Darrdichte gesetzt werden [7]:

$$\frac{D_2}{D_1} = \left(\frac{\rho_2}{\rho_1}\right)^{1,5} \tag{2.2}$$

D_1, D_2 Trocknungszeiten zweier verschiedener Holzarten derselben Stärke

ρ_1, ρ_2 Darrdichten der zwei Holzarten

2.1.3 Holzfeuchte

Die Holzfeuchte (u, oder in manchen Büchern ω) ist allgemein definiert als die Masse der gesamten zu einem bestimmten Zeitpunkt im Holz enthaltenen Wassermenge, bezogen auf die Masse des absolut trockenen Holzes:

$$u = \frac{m_\text{u} - m_0}{m_0} \cdot 100\ [\,\%] \tag{2.3}$$

m_u Masse des feuchten Holzes [kg]

m_0 Masse des darrtrockenen Holzes [kg]

Die Feuchte des frisch gefällten Holzes, die meistens die Anfangsfeuchte bestimmt, von der die Trocknung beginnen muss, ist von Holzart zu Holzart unterschiedlich (Tabelle 2.1) und kann Werte zwischen 40 – 60 % (bei Robinie, Esche) und bis zu 150 – 200 % haben (für Pappel), oder sogar noch mehr (600 % für Balsaholz).

Tabelle 2.1 Anfangsfeuchte von frisch gefälltem (grünem) Holz verschiedener einheimischer Holzarten (in Anlehnung an [8], [9])

Klasse der Anfangsfeuchte	Holzart	Holzfeuchte im grünen Zustand [%]
Mäßig nasses Holz	Kernholz von Fichte, Kiefer, Lärche, Douglasie, Tanne (ohne Nasskern)	30 – 40
Feuchtes Holz	Kernholz von Strobe	85 – 100
	Tanne (Nasskern), Esche	40 – 50
	Nussbaum, Robinie	50 – 55
Nasses Holz	Buche, Eiche, Birke, Ahorn	80 – 90
	Linde	100
	Erle	115
Sehr nasses Holz	Ulme	90 – 150
	Rosskastanie, Pappel	120 – 180
	Edelkastanie	120 – 140
	Splint von Fichte, Kiefer, Lärche, Douglasie	130 bis über 200

Die Verteilung des Wassers im Holz ist nicht gleichmäßig. Große Feuchteunterschiede werden manchmal innerhalb eines Stammes festgestellt, von Bodenhöhe bis zum Zopf, oder zwischen Splint- und Kernholz, insbesondere bei harzigen Nadelbäumen. Eine große Streuung der Anfangsfeuchte erschwert die Trocknung und führt zu ungleichmäßiger Endfeuchte.

Um während eines Trocknungsprozesses das Wasser aus dem Holz zu entfernen, muss man die Kräfte, die das Wasser an die Holzsubstanz binden, überwinden und zerstören. Aus der Holzphysik ist es schon bekannt, dass Holz freies Wasser (in den Zellhohlräumen) und gebundenes Wasser (in den Zellwänden) enthält.

Das durch schwache, mechanische Kräfte an die Holzsubstanz gebundene freie Wasser wird bei der Trocknung relativ schnell und einfach entfernt. So wird der sogenannte Fasersättigungspunkt erreicht, dessen Wert bei einheimischen Holzarten zwischen 22 % und 35 % liegt, im Durchschnitt 28 % (Tabelle 2.2). Der Fasersättigungspunkt

(FSP) beschreibt den Moment, in welchem das ganze freie Wasser aus dem Holz entfernt wurde und nur noch gebundenes Wasser vorhanden ist. Es ist schwierig, ihn als eindeutigen Wert zu bestimmen und daher verwendet man eher den Begriff Fasersättigungsbereich (FSB).

Die Entfernung von gebundenem Wasser ist aufgrund der viel stärkeren Bindungskräfte zwischen dem Wasser und der Holzsubstanz deutlich erschwert. Außerdem beginnt das Holz in diesem Bereich der Feuchtereduzierung auch zu schwinden, sodass Riss- und Verformungsrisiko eintreten.

Nach dem Entfernen des Wassers aus den Zell-Lumina wird beim Trocknen das durch Kapillarkondensation gebundene Wasser entfernt. Die Holzfeuchte wird somit vom Fasersättigungspunkt bis auf etwa 15 % reduziert.

Es folgt die Entfernung des durch Adsorption gebundenen Wassers; die Holzfeuchte wird von 15 % bis auf etwa 6 % reduziert. Da es sich hier um viel stärkere Bindungskräfte handelt, können diese nur bei Temperaturen über 30 °C zerstört werden. Die technische Trocknung unter diesem Endfeuchtewert ist nie erforderlich, sodass die Entfernung des chemisch gebundenen Wassers (unter 6 % Holzfeuchte) praktisch nie notwendig ist. Diese Situation tritt nur bei der Darrtrocknung von Probeteilen auf. Um die äußerst starke chemische Bindung aufzulösen, sind Temperaturen von über 150 °C notwendig.

Tabelle 2.2 Feuchtegehalt verschiedener einheimischer Holzarten im Fasersättigungsbereich (in Anlehnung an [4])

Holzart	Fasersättigungsfeuchte [%]
Zerstreutporige Laubhölzer ohne Farbkern (Linde, Weide, Pappel, Erle, Buche, Birke, Hainbuche)	32 – 35
Splint von verkernten ring- und halbringporigen Laubhölzern (Robinie, Edelkastanie, Eiche, Esche, Nussbaum, Kirschbaum)	
Nadelhölzer ohne Farbkern (Tanne, Fichte)	30 – 34
Splint von Farbkern-Nadelhölzern (Kiefer, Lärche)	
Nadelhölzer mit Farbkern und mäßigem Harzgehalt (Kiefer, Lärche, Douglasie)	26 – 28
Nadelhölzer mit Farbkern und hohem Harzgehalt (Fichte)	22 – 24
Ringporige und halbringporige Laubhölzer mit meist ausgeprägtem Farbkern (Robinie, Edelkastanie, Eiche, Esche, Nussbaum, Kirschbaum)	

Die Fasersättigung als physikalischer Zustand ist äußerst wichtig bei der Holztrocknung, da sie den Moment markiert, in dem die Lufttemperatur erhöht werden muss, um die Wärmeübertragung auf das Material zu intensivieren, die zum Auflösen der Bindungen zwischen dem gebundenen Wasser und dem Material erforderlich ist. Manche Holzarten vertragen die Temperaturerhöhung auch bevor der Fasersättigungsbereich erreicht ist (z. B. Fichte, Tanne, Kiefer), andere Holzarten dagegen müssen auch unterhalb der Fasersättigung vorsichtig getrocknet werden, um die Gefahr von Zellkollaps und Verfärbungen zu minimieren (z. B. bei Eiche). Deshalb wurde bei der Steuerung der Holztrocknung ein Ersatzwert eingeführt, und zwar die sogenannte Grenzfeuchte (u_{gr}). Diese wird als jene Holzfeuchte definiert, nach deren Unterschreiten die Trocknungstemperatur erhöht werden kann, ohne dass Rissgefahr besteht [14].

Die Ermittlung der Holzfeuchte ist durch mehrere Methoden möglich [11–13]. Bei der Holztrocknung (Tabelle 2.3) verwendet man meistens die elektrischen Messmethoden (Widerstandsverfahren und/oder kapazitives Verfahren) mithilfe von Handmessgeräten (zum Messen der Anfangsfeuchte, Endfeuchte) und von Elektroden (zur Überwachung der Feuchteabnahme während der Trocknung). Wegen größerem Aufwand und verzögertem Ergebnis wird die Darrmethode seltener in der Produktion verwendet, aber vorwiegend in der Forschung, weil sie die genaueste Bestimmungsmethode ist, die auch oberhalb des Fasersättigungsbereiches genaue Angaben liefern kann.

Weil die Anfangsfeuchte meistens deutlich oberhalb des Fasersättigungsbereiches liegt, ist die Darrmethode [11] die einzige Alternative, um diesen Wert mit Genauigkeit zu bestimmen. Zur Durchführung der Darrmethode ist ein Wärmeschrank mit Durchlüftung erforderlich, dessen Temperatur sich auf 103 ± 3 °C regeln lässt, und eine Waage, mit der die Masse der Holzprobe auf 0,1 % genau bestimmt werden kann. Die 20 mm breite Holzprobe wird einem der feuchtesten Bretter entnommen, etwa 0,3 m vom Hirnende entfernt. Sie wird gewogen und dann im Wärmeschrank darrgetrocknet. Je nach Holzart kann die Darrtrocknung auch bis zu einer Woche dauern. Die darrgetrocknete Probe wird in einem Exsikkator abgekühlt und dann erneut gewogen. Die Anfangsfeuchte wird aufgrund von (Formel 2.4) berechnet.

In der Praxis wird dieser Schritt meistens übersprungen. Die Feuchte-Messelektroden des automatischen Steuerungssystems liefern dem System die Werte der gemessenen Anfangsfeuchten, sodass es die Trocknung starten kann, auch wenn die Werte nicht ganz genau sind. Im Laufe der Trocknung, je mehr sich die Holzfeuchte dem Fasersättigungsbereich nähert, desto genauer und zuverlässiger wird die Messung.

Tabelle 2.3 Messung der Holzfeuchte bei der Trocknung

WANN?	Vor der Trocknung	Während der Trocknung		Nach der Trocknung
WAS?	Bestimmung der Anfangsfeuchte	Feuchteabnahme		Endfeuchte
		Oberhalb Fasersättigung	Unterhalb Fasersättigung	
WIE?	Darrverfahren	Darrverfahren (Folgeprobe)	Widerstandsverfahren (Elektroden)	Widerstandsverfahren; kapazitives Verfahren (Handmessgeräte)
	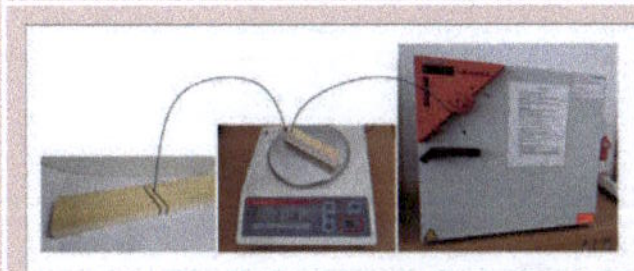		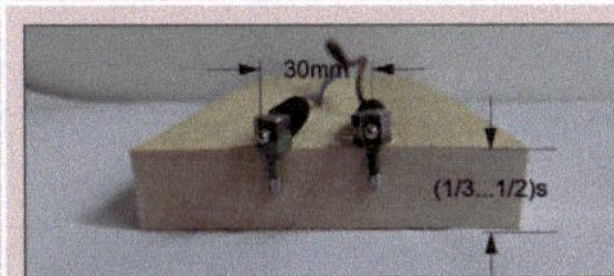	

Die laufende Messung/Schätzung der Holzfeuchte in Trockenkammern mithilfe von vor dem Trocknungsbeginn eingeschlagenen Elektroden (elektrisches Widerstandsmessverfahren [12]) ist Bestandteil der meisten Regelungsanlagen in Europa. Die auf der kapazitiven Methode basierende Messung [13] oder mithilfe der Folgeprobe wird seltener verwendet, meistens nur, um die Richtigkeit der Elektrodenmessung zu überprüfen.

Die Folgeprobe ist ein 1,5 – 2 m langes Stück aus einem der feuchtesten Bretter, mit bekannter Anfangsfeuchte. Die Folgeprobe wird gewogen und dann in den Stapel so eingebaut, mithilfe von gekürzten oder geklinkten Stapellatten, dass sie während der Trocknung durch die Besuchstür leicht entnommen werden kann, um periodisch gewogen zu werden. Die momentane Holzfeuchte wird dann aufgrund von Formel 2.4 ermittelt.

$$u = \frac{m \cdot (u_a + 100)}{m_a} - 100\ [\%] \qquad (2.4)$$

m momentane Masse der Folgeprobe [kg]

u_a Anfangsfeuchte der Folgeprobe [%]

m_a Anfangsmasse der Folgeprobe [kg]

Ob die Verfolgung der Feuchteabnahme durch Folgeproben repräsentativ ist für die ganze Kammerfüllung, hängt von der Anzahl und der Platzierung der Proben ab.

Für die Überprüfung der Endfeuchte werden normalerweise Handmessgeräte eingesetzt. Unabhängig vom Messverfahren ist es wichtig, dass das Gerät den gemessenen Wert abhängig von Holzart und Holztemperatur anpasst. Bei kapazitiven Geräten ist auch eine Kompensierung abhängig von der Holzstärke erwünscht. Bei resistiven Geräten ist es wichtig, isolierte Einschlagelektroden zu verwenden, damit die Messung in der eingeschlagenen Tiefe erfolgt.

2.1.4 Gleichgewichtsfeuchte

Wie schon in Kapitel 1 erwähnt, ist Holz ein hygroskopisches Material, das die Fähigkeit hat, seine Feuchte durch Abgabe oder Aufnahme von Feuchte aus der Umgebung zu ändern. Diese Eigenschaft des Holzes ist auf seine große innere Oberfläche zurückzuführen. Die Feuchteaufnahme aus der Umgebung heißt Sorption und die Feuchteabgabe heißt Desorption (Bild 2.6).

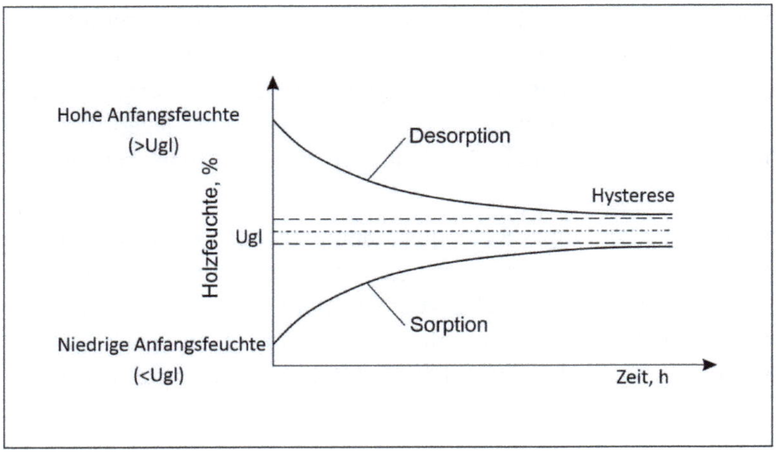

Bild 2.6 Wechselwirkung zwischen Holz und Umgebung durch Sorption und Desorption (Quelle: [9], mit Genehmigung)

Die Sorption und Desorption treten nur im Bereich des gebundenen Wassers auf. Die Differenz zwischen der Feuchte, die sich nach einer Desorption in einer Umgebung mit konstanten Parametern einstellt und der Feuchte, die sich nach der Sorption in derselben Umgebung einstellt, heißt Hysterese. Ihr Wert liegt bei etwa 2,5 % für Schnittholz und bei 0,1 – 0,2 % für Kleinteile (Furniere, Späne). Die Hysterese taucht auf, weil die Desorptionskurve (z. B. wenn Holz von 30 % auf 0 % Feuchte getrocknet wird) und die Sorptionskurve (wenn es wieder von 0 % auf 30 % befeuchtet wird) nicht deckungsgleich sind, sondern eine Schleife bilden (Bild 2.7). Die Sorption- und Desorptionsdynamik hängt zusätzlich auch von der Temperatur ab (Bild 2.8).

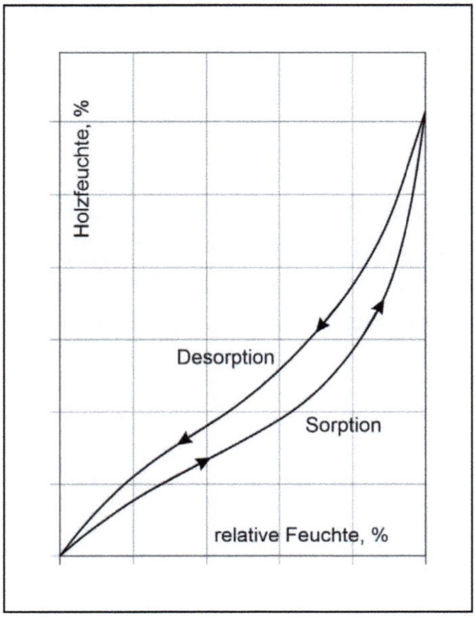

Bild 2.7 Sorptionsisothermen (in Anlehnung an [14])

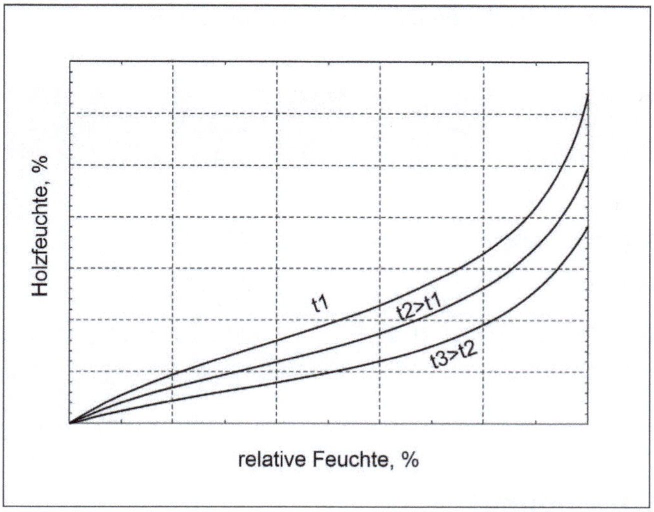

Bild 2.8
Abhängigkeit der Sorptionsisothermen von der Temperatur (in Anlehnung an [15])

Wenn Holz lange genug in einer Umgebung mit konstanten Parametern (Temperatur und relative Feuchte) gehalten wird, neigt es dazu, seine Feuchte zu ändern, um ins Gleichgewicht mit der Umgebung zu kommen. Dieser Feuchtezustand des Holzes heißt Gleichgewichtsfeuchte (U_{gl} – siehe Bild 2.6). Daher müssen während der Trocknung die Luftparameter so gewählt und geregelt werden, dass die resultierende Gleichgewichtsfeuchte immer unterhalb der gewünschten Endfeuchte des Holzes liegt, sodass das Holz stimuliert wird, Feuchte abzugeben.

Die Gleichgewichtsfeuchte hängt hauptsächlich von den Zustandsparametern des Trocknungsmediums ab, ist aber auch holzartenabhängig (Tabelle 2.4). Für praktische Zwecke kann die Gleichgewichtsfeuchte mit guter Annäherung auf der Basis des Diagramms und der Tabelle in Anhang B bestimmt werden.

Tabelle 2.4 Gleichgewichtsfeuchten verschiedener Holzarten (Quelle: [16])

Klasse der Anfangsfeuchte	Holzart	Holzfeuchte im grünen Zustand [%]
Mäßig nasses Holz	Kernholz von Fichte, Kiefer, Lärche, Douglasie, Tanne (ohne Nasskern)	30 - 40
Feuchtes Holz	Kernholz von Strobe	85 - 100
	Tanne (Nasskern), Esche	40 - 50
	Nussbaum, Robinie	50 - 55
Nasses Holz	Buche, Eiche, Birke, Ahorn	80 - 90
	Linde	100
	Erle	115

Tabelle 2.4 Gleichgewichtsfeuchten verschiedener Holzarten (Quelle: [16]) *(Fortsetzung)*

Klasse der Anfangsfeuchte	Holzart	Holzfeuchte im grünen Zustand [%]
Sehr nasses Holz	Ulme	90 - 150
	Rosskastanie, Pappel	120 - 180
	Edelkastanie	120 - 140
	Splint von Fichte, Kiefer, Lärche, Douglasie	130 bis über 200

2.1.5 Quellung und Schwindung

Die Sorption und Desorption des Holzes gehen mit Veränderungen der Holzmaße einher: Während der Sorption quillt das Holz und während der Desorption schwindet es. Die Quellung und Schwindung des Holzes finden nur unter dem Fasersättigungsbereich statt, wenn sich der Gehalt an gebundenem Wasser ändert. Es gibt aber Holzarten, z. B. Buche, bei denen das Schwinden schon bei 50 % Holzfeuchte beginnt, wahrscheinlich, weil die Feuchtigkeitsabgabe aus den Zellwänden einsetzt, bevor die Lumina völlig geleert sind [17].

Bei der Trocknung spielt das Schwinden eine besonders wichtige Rolle, denn durch die Reduzierung der Holzfeuchte bis auf Endfeuchten von 6 – 20 % ist es nicht zu vermeiden und die Folge ist die Verringerung der Abmessungen des Holzteils – vor allem auf die Dicke muss man gut achten. Die Bestimmung des Schwindmaßes (β) wird in [18] beschrieben. Es gilt:

$$\beta = \frac{a_{u2} - a_{u1}}{a_{u2}} = 100 \ [\%] \tag{2.5}$$

a_u Abmessung des Holzteils bei beliebigen Holzfeuchten ($u_2 > u_1$; $u_2 \leq u_{fs}$) [m]

Daher ist es bei der Schnittholztrocknung erforderlich, einen Dickenzuschlag (Übermaß) vorzusehen, um nach der Trocknung die Solldicke einhalten zu können.

Weil Holz anisotrop ist, schwindet es unterschiedlich in den drei anatomischen Hauptrichtungen. Die axiale (longitudinale) Schwindung (β_l) ist am kleinsten und liegt zwischen 0,1 – 0,3 %. Die Schwindung in radialer Richtung (β_r) ist erheblich größer und hat Werte zwischen 2,3 – 7,8 %. Am stärksten schwindet das Holz in tangentialer Richtung zu den Jahrringen. Die Werte der tangentialen Schwindung (β_t) liegen zwischen 5,0 – 12,0 %. Dies hat zur Folge, dass sich das Holzteil je nach Position über dem Querschnitt des Baumstammes mehr oder weniger stark verformt (Bild 2.9).

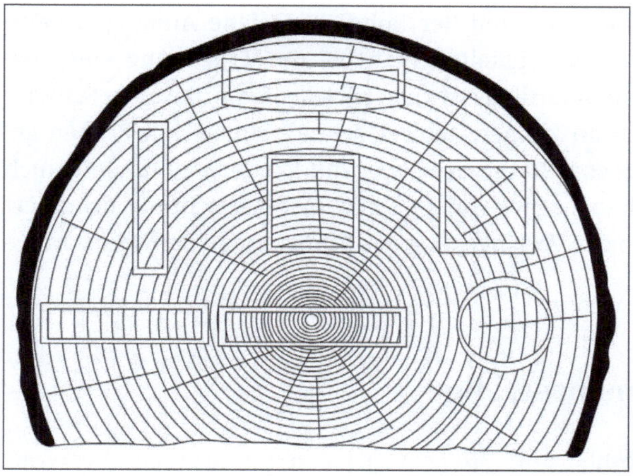

Bild 2.9
Verformungstendenz der Schnittholzteile je nach Lage im Stamm (Quelle: [4])

Aus den Schwindmaßen der einzelnen Hauptrichtungen berechnet sich das volumische Schwindmaß (β_V):

$$\beta_V = 100 - \frac{(100 - \beta_l) \cdot (100 - \beta_r) \cdot (100 - \beta_t)}{10000} \; [\%] \tag{2.6}$$

Die Schwindungsanisotropie (A_β) wird als Verhältnis zwischen der tangentialen und der radialen Trocknungsschwundzahl definiert, wobei die Trocknungsschwundzahlen (β_{tN} und β_{rN}) die prozentuelle Schwindung bei der Trocknung vom Nasszustand auf das Normalklima 20 °C/65 % (Holzfeuchte von 11 – 13 %) darstellen. Es gilt:

$$A_\beta = \frac{\beta_{tN}}{\beta_{rN}} \tag{2.7}$$

Die Schwindungsanisotropie ist unterschiedlich bei den verschiedenen Holzarten: Beispielsweise weisen Pappel-, Ahorn-, Buchen- und Eichenholz eine hohe Schwindungsanisotropie auf, im Gegensatz zu Birken-, Walnuss-, Mahagoni- und Lindenholz. Je höher die Schwindungsanisotropie ist, desto mehr neigt das Holz zum Verziehen (Bild 2.10) und zum Reißen während der Trocknung. Ein richtiges Stapeln und die Anwendung von Press-Systemen sind Lösungen, um diese Tendenz zu minimieren.

Bild 2.10
Effekte der Schwindungsanisotropie: Verzug der oberen Lagen eines Stapels, die frei schwinden (Quelle: [10])

Aufgrund der Werte der Schwindmaße und der Rohdichte (siehe Anhang A) kann man schon beurteilen, welche Schwierigkeiten man bei der Trocknung einer bestimmten Holzart zu erwarten hat. Allerdings ist zu berücksichtigen, dass alle Schwindungswerte gemäß den Normen an kleinen, fehlerlosen, klimatisierten Proben gemessen worden sind. In der Industrie hat man es aber mit Brettern zu tun, die auch Äste und Faserabweichungen haben, meist nicht strikt in Faserrichtung orientiert sind, sodass eine genaue Angabe der Verringerung der Abmessungen schwer vorauszusagen ist.

2.1.6 Chemische Zusammensetzung

Das trockene Holz besteht aus Kohlenstoff (etwa 50 %), Sauerstoff (43 %) und Wasserstoff (6,1 %). Den Rest bilden Stickstoff und mineralische Bestandteile (Asche). Die elementare Zusammensetzung ist praktisch bei allen Hölzern gleich [6].

Die chemischen Hauptbestandteile des Holzes sind die Cellulose, die mit etwa 40 – 60 % den größten Anteil hat, Hemicellulosen und Lignin. Die sekundären Bestandteile, wie zum Beispiel Mineralstoffe, Harze, Öle, Eiweiße, Gerbstoffe und Farben, sind nur in kleineren Mengen vorhanden [2].

Von den chemischen Hauptbestandteilen des Holzes sind die Hemicellulosen die am wenigsten beständigen. Sie beginnen die Zersetzung bei Temperaturen über 120 °C. Darauf beruhen die Plastifizierung des Holzes während der Dämpfung und die Stabilisierung des Holzes während der thermischen Behandlung (z. B. Thermoholz). Da aber die übliche Trocknung bei Temperaturen unter 100 °C verläuft, kann man behaupten, dass sich die chemische Zusammensetzung des Holzes während der Trocknung nicht ändert.

Daher reduziert sich der Einfluss der chemischen Zusammensetzung des Holzes bei der Trocknung auf die Reaktionen bestimmter sekundärer chemischer Substanzen im Holz, z. B. Gerbstoffe, Stärke, Zucker usw., die in Gegenwart von freiem Wasser im Holz und Luftsauerstoff das Auftreten bestimmter unerwünschter Verfärbungen bei der Trocknung verursachen können.

Beispielsweise neigt Erlenholz aufgrund seines hohen Stärkegehalts zu oxidativen Verfärbungen und nimmt eine orange Farbe an, sobald es mit Luftsauerstoff in Kontakt kommt. Trocknung unmittelbar nach dem Fällen bei einer Temperatur von 50 – 60 °C und niedriger relativer Luftfeuchtigkeit (etwa 40 %) hemmt diese Tendenz, indem die Holzfeuchte schnell unter den Fasersättigungspunkt gesenkt wird. Sobald dem Holz das freie Wasser entzogen ist, entsteht keine Färbung mehr.

Eichenholz neigt zu einer Dunkelfärbung der Randzonen, verursacht durch die oxidative Reaktion der enthaltenen Gerbstoffe. Die Reaktion findet oberhalb des Fasersättigungsbereiches statt, wenn die Temperatur über 30 °C angehoben wird. Um die

Verfärbung zu vermeiden, muss man die Temperatur niederhalten, aber dadurch verlängert sich die Trocknungszeit.

Chemisch gesehen ist Holz eine saure Substanz, mit einem pH-Wert von 5 – 6 oder sogar kleiner (z. B. Eiche hat pH = 4). Daraus ergibt sich eine erhebliche Korrosionsgefahr für verschiedene Metalle. Aus diesem Grund setzt man nur korrosionsbeständige Materialien wie Aluminium und Edelstahl für die gesamte Innenausstattung der Trocknungskammern ein.

2.1.7 Thermische Eigenschaften

Die thermischen Eigenschaften des Holzes sind:

- die Wärmeleitfähigkeit λ [W/mK];
- die spezifische Wärmekapazität c [J/kgK];
- die Temperaturleitfähigkeit a [m^2/s].

Die Wärmeleitfähigkeit (λ) ist die Wärmemenge, die durch einen Würfel von 1 m Kantenlänge in der Zeiteinheit fließt, wenn zwischen den beiden Seitenflächen eine Temperaturdifferenz von 1 K besteht [4]. Die Wärmeleitfähigkeit charakterisiert die thermische Isolationsfähigkeit eines Materials. Je kleiner sie ist, desto besser isoliert das Material und Holz ist ein gutes Isoliermittel dank des hohen Porenanteils.

Die Wärmeleitfähigkeit des Holzes ist von der Rohdichte, der Holzfeuchte und der Holztemperatur abhängig. Sie vergrößert sich mit zunehmender Rohdichte, wird kleiner mit abnehmender Feuchte (Bild 2.11) und wächst mit zunehmender Temperatur. Der Temperatureinfluss ist umso größer, je höher der Porenanteil ist. Außerdem ist wegen der Anisotropie des Holzes auch diese Eigenschaft des Holzes von der Faserrichtung beeinflusst. Die Wärmeleitfähigkeit senkrecht zur Faser ($\lambda_\perp$) ist kleiner als jene längs zur Faser ($\lambda_{\parallel}$) (Formel 2.8 und Formel 2.9), und in tangentialer Richtung ist der λ-Wert etwa 10 % kleiner als in radialer Richtung.

Für die Wärmeleitfähigkeit des Holzes mit einem Feuchtegehalt von 12 % gilt [4]:

$$\lambda_\perp = 0{,}026 + 0{,}195 \cdot \rho \cdot 10^{-3}\ [\mathrm{W/mK}] \tag{2.8}$$

und

$$\lambda_{\parallel} = 0{,}026 + 0{,}46 \cdot \rho \cdot 10^{-3}\ [\mathrm{W/mK}] \tag{2.9}$$

ρ Rohdichte des Holzes [kg/m^3]

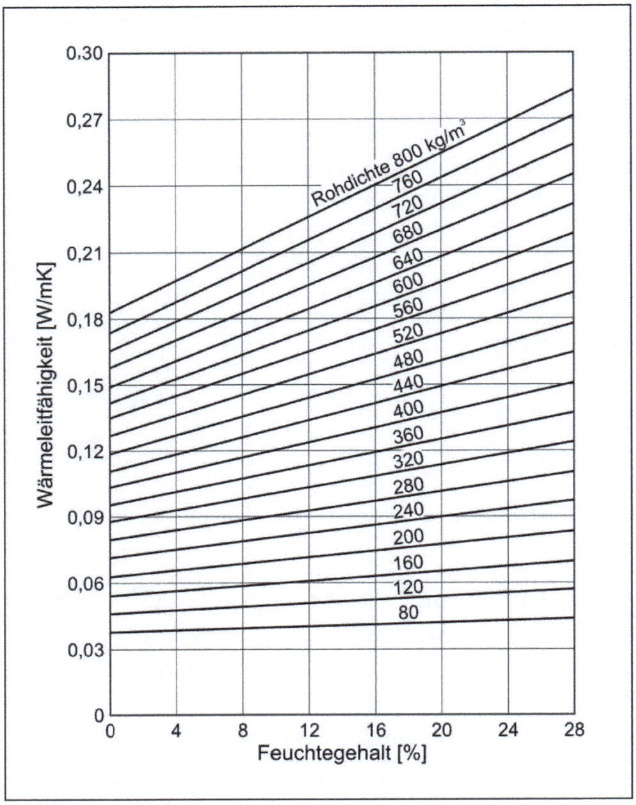

Bild 2.11 Wärmeleitfähigkeit von Holz senkrecht zur Faserrichtung in Abhängigkeit von Rohdichte und Feuchtegehalt (Quelle: [16])

Die spezifische Wärmekapazität (c) ist die Wärmemenge, die notwendig ist, um 1 kg eines Materials um 1 K zu erwärmen. Sie hängt von der Holztemperatur und von der Holzfeuchte ab und kann mittels folgender Gleichung ermittelt werden [9]:

$$c = 1172 \cdot \left[u\left(1 + \frac{T}{100}\right)\right]^{0,2} \quad [\mathrm{J/kgK}] \tag{2.10}$$

u Holzfeuchte [%]

T Holztemperatur [K]

Die Temperaturleitfähigkeit (a) spielt eine wichtige Rolle bei der Trocknung, denn sie bestimmt die Geschwindigkeit der Wärmeleitung im Holz. Es gilt:

$$a = \frac{\lambda}{c \cdot \rho} \; [\mathrm{m^2/s}] \tag{2.11}$$

λ Wärmeleitfähigkeit [W/mK]

c spezifische Wärmekapazität [J/kgK]

ρ Rohdichte [kg/m³]

Die Temperaturleitfähigkeit hängt also von der Rohdichte des Holzes und durch die Wärmeleitfähigkeit auch von der Holzfeuchte, von der Holztemperatur und von der Faserrichtung ab.

Die thermischen Eigenschaften von Holz in Abhängigkeit von der Dichte und der Holzfeuchte sind in Tabelle 2.5 dargestellt.

Tabelle 2.5 Thermische Eigenschaften des Holzes bei einer Temperatur von 27 °C (Quelle: [6])

Darrdichte [kg/m³]	Holzfeuchte [%]	Rohdichte [kg/m³]	Wärmeleitfähigkeit [W/mK]	Spezifische Wärmekapazität [J/kgK]	Temperaturleitfähigkeit [m²/s]
200	10	217	0,066	1610	0,00068
	20	233	0,074	1810	0,00063
	30	252	0,082	1990	0,00059
	50	287	0,098	2280	0,00054
600	10	627	0,144	1610	0,00051
	20	657	0,162	1810	0,00049
	30	690	0,178	1990	0,00047
	50	776	0,216	2280	0,00044

2.1.8 Elektrische Eigenschaften

Die für die Holztrocknung relevanten elektrischen Eigenschaften des Holzes sind:

- der elektrische Widerstand R [Ω];
- die Dieelektrizitätskonstante ε [F/m];
- der Verlustfaktor tgδ.

Sie spielen eine wichtige Rolle bei der Holzfeuchtemessung mit resistiven oder kapazitiven Apparaten und im Rahmen der elektrischen Trocknungsverfahren, z. B. bei der Hochfrequenztrocknung.

Der elektrische Widerstand des Holzes (R) ist der Widerstand, den Holz beim Durchgang des elektrischen Stromes entgegensetzt. Die Holzfeuchte beeinflusst den elektrischen Widerstand maßgebend. Von 0 % bis zum Fasersättigungsbereich gilt ein fast linearer Zusammenhang zwischen der Holzfeuchte und dem elektrischen Widerstand (Bild 2.12). Daher ist in diesem Bereich die resistive Messmethode präzise.

Oberhalb des Fasersättigungsbereiches ist der Einfluss der Holzfeuchte deutlich geringer und daher auch schwieriger genau zu erfassen.

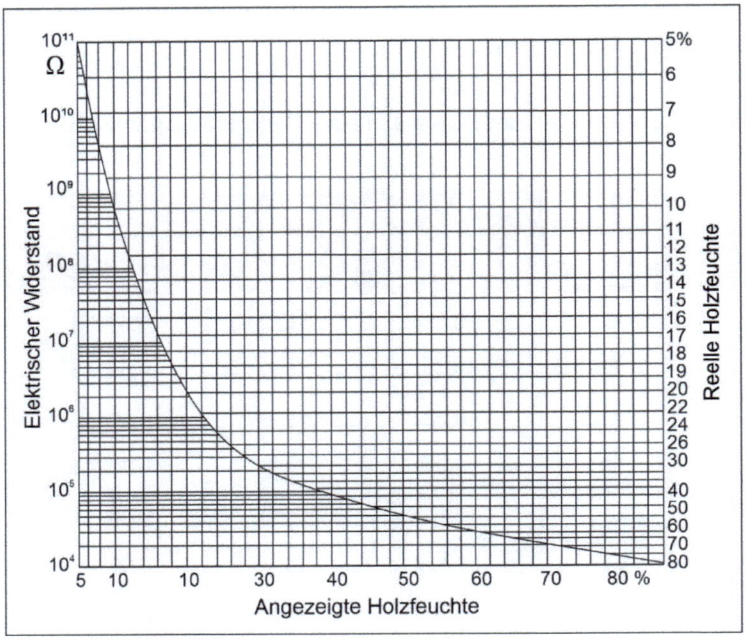

Bild 2.12 Einfluss der Holzfeuchte auf den elektrischen Widerstand von Holz, bei einer Holztemperatur von 20 °C (in Anlehnung an [19])

Die Dielektrizitätskonstante (ε) gibt an, um welches Vielfache die dielektrische Leitfähigkeit eines Materials (z. B. Holz) größer ist als die des Vakuums. Sie hängt von der Holzfeuchte ab [6] und auf dieser Abhängigkeitsfunktion basiert das kapazitive Verfahren für das Messen der Holzfeuchte.

Der Verlustfaktor (tgδ): Wenn Holz zwischen den Platten eines Wechselstromkondensators platziert wird, erwärmt es sich aufgrund des sogenannten dielektrischen Verlustes. Der Verlustfaktor (tgδ) charakterisiert die Intensität der Erwärmung. Daher ist er bei der Trocknung so hoch wie möglich erwünscht.

Sowohl die Dielektrizitätskonstante als auch der Verlustfaktor steigen mit zunehmender Holzfeuchte und sinken mit zunehmender Frequenz (Bild 2.13). Sie haben unterschiedliche Werte in den drei anatomischen Hauptrichtungen und hängen auch von der Holzart und der Holzdichte ab (Tabelle 2.6).

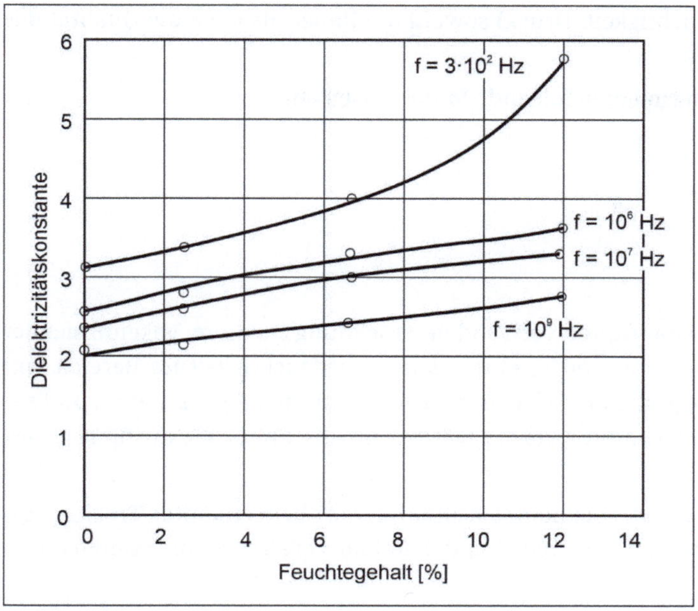

Bild 2.13 Einfluss der Holzfeuchte und der Frequenz auf die Dielektrizitätskonstante bei Buchenholz (Quelle: [6])

Tabelle 2.6 Abhängigkeit der dielektrischen Eigenschaften verschiedener Holzarten von der Faserrichtung und von der Holzart (Werte für darrtrockenes Holz, bei einer Frequenz von 1 kHz) (Quelle: [6])

Holzart	Dielektrizitätskonstante ε			Verlustfaktor $tg\delta \cdot 10^{-4}$		
	längs	radial	tangential	längs	radial	tangential
Fichte	3,06	1,98	1,91	625	345	310
Buche	3,18	2,20	2,40	585	298	319
Eiche	2,86	2,30	2,46	465	285	325

2.2 Wichtige Eigenschaften des Trocknungsmediums

Das flüssige oder gasförmige Medium, welches das Material (Holz) während des Trocknungsprozesses umgibt, wird als Trocknungsmedium bezeichnet. Seine Aufgabe besteht darin, dem Material Wärme zuzuführen und die ihm entzogene Feuchte aufzunehmen und sie von der Holzoberfläche zu entfernen. In der Trocknungspraxis können unterschiedliche Trocknungsmedien eingesetzt werden, die durch ihre Parameter (Temperatur, Feuchtigkeit, Druck) sowohl die Dauer als auch die Qualität der Trocknung beeinflussen.

Man kann als Trocknungsmedien folgende Mittel einsetzen:

- feuchte Luft;
- überhitzten Dampf;
- Rauchgase;
- heiße Öle.

Feuchte Luft ist das am häufigsten verwendete Trocknungsmedium, gekennzeichnet durch eine Temperatur unter 100 °C, eine relative Luftfeuchtigkeit im Bereich von 20 – 95 % und atmosphärischen Druck (1 bar). Ihre wichtigsten Eigenschaften und deren Einfluss auf den Trocknungsprozess werden in Abschnitt 2.2.2 ausführlich erläutert.

Im Gegensatz zu feuchter Luft zeichnen sich alle anderen obengenannten Trocknungsmedien durch Temperaturen über 100 °C und damit kürzere Trocknungszeiten aus.

2.2.1 Trocknungsmedien für Hochtemperaturtrocknung

2.2.1.1 Überhitzter Dampf

Überhitzter Dampf (auch Heißdampf genannt) ist Dampf, dessen Temperatur höher als die Sättigungstemperatur bei dem gegebenen Druck ist, oder dessen Druck niedriger ist als der Sättigungsdruck bei einer gegebenen Temperatur.

Überhitzter Dampf wird als Trocknungsmedium in folgenden Verfahren verwendet:

- bei der Hochtemperaturtrocknung, wenn die Temperatur im Inneren der Anlage auf 105 – 130 °C, bei atmosphärischem Druck (1 bar) erhöht wird. Dabei wird die in der Mischung enthaltene trockene Luft aus der Anlage ausgestoßen und in der Kammer verbleibt nur der Dampf, der sich bei dieser Temperatur in überhitzten Dampf verwandelt (Bild 2.14). Es ist eine scharfe Trocknung, die nur bei Nadelhölzern (Tanne, Fichte, Kiefer) eingesetzt werden kann. Die Hauptparameter des überhitzten Dampfes bei Normaldruck (1 bar) in Abhängigkeit von ihrer Temperatur sind in Tabelle 2.7 aufgeführt;
- beim kombinierten V/VS-Verfahren (Trocknung im Vakuum und überhitztem Dampf), wenn der Druck unter den atmosphärischen Wert abgesenkt wird, was zu einer Absenkung des Siedepunkts von Wasser auf einen Wert unter 100 °C (z. B. bei 0,2 bar ist die Siedetemperatur des Wassers 60 °C).

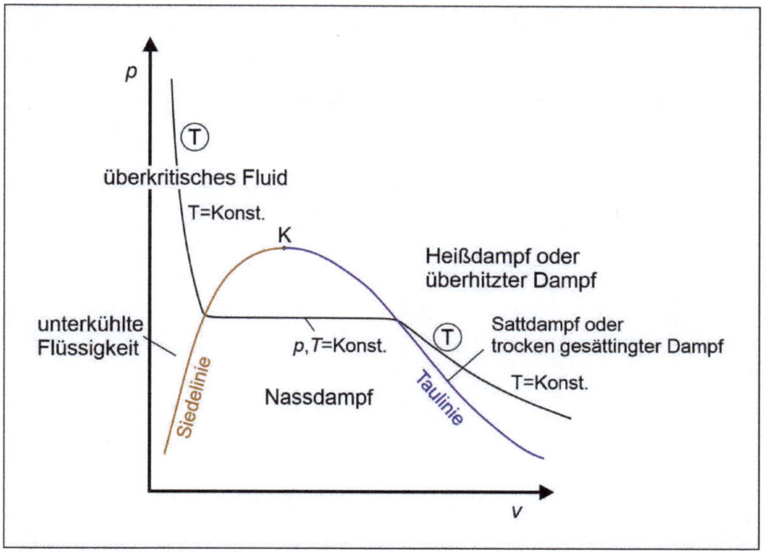

Bild 2.14 *p*-*v*-Diagramm (in Anlehnung an [20])

Tabelle 2.7 Parameter des überhitzten Dampfes bei Normaldruck (1 bar) [9]

Temperatur [°C]	Spezifisches Volumen [m^3/kg]	Dichte [kg/m^3]	Relative Feuchte [%]	Enthalpie [kJ/kg]	Spezifische Wärme [kJ/kg°C]
105	1,750	0,570	83	2685,8	2,035
110	1,780	0,562	70	2697,1	2,031
120	1,830	0,546	50	2717,2	2,018
130	1,880	0,533	37	2738,2	2,010
140	1,926	0,520	27	2756,6	1,997
160	2,023	0,495	16	2795,9	1,985
180	2,119	0,475	10	2814,4	1,976
200	2,214	0,452	7	2874,7	1,980

Die Verwendung von Heißdampf als Trocknungsmittel ist durch die Beschaffenheit des Trockenguts begrenzt; es muss ohne Beschädigung auf Temperaturen über dem Siedepunkt des Wassers erhitzt werden können.

Zu berücksichtigen ist auch, dass bei konstantem Druck ($p = 1$ bar) mit steigender Temperatur die relative Feuchte schnell abnimmt. Dadurch nimmt die Neigung zum Reißen erheblich zu. Dieser Nachteil wird bei der Vakuumtrocknung durch die Druckminderung beseitigt, denn die Reduzierung des Siedepunktes des Wassers erlaubt niedrigere Temperaturen und dadurch milde Trocknungsbedingungen. Außerdem beeinflusst die Druckreduzierung auch eine Verminderung des Widerstandes den das Holzgewebe beim Durchgang des Wasserdampfes (Diffusion) entgegenbringt (Bild 2.15) und das trägt auch zu einer qualitativen Trocknung bei, auch bei harten Laubhölzern.

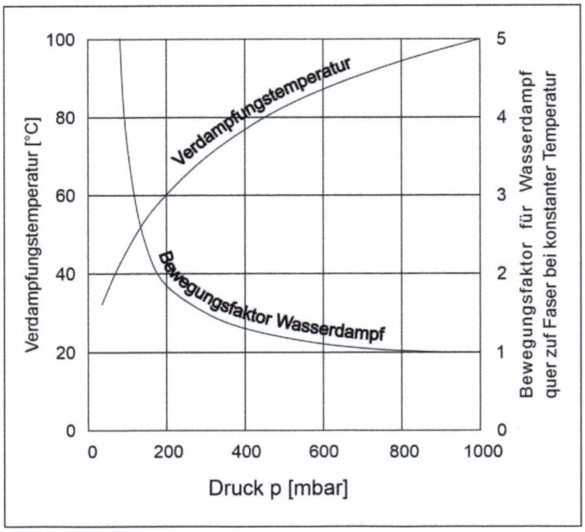

Bild 2.15
Einfluss des Unterdruckes auf die Verdampfungstemperatur und auf den Bewegungsfaktor für Wasserdampf im Inneren des Holzes, bei der Vakuumtrocknung (in Anlehnung an [10])

2.2.1.2 Rauchgase

Rauchgase wurden als erstes Trocknungsmittel verwendet; vorwiegend für die künstliche Trocknung von Baustoffen, einschließlich Holz. Ihr Vorteil liegt in der sehr hohen thermischen Effizienz und darin, dass sie durch Abfallverbrennung gewonnen werden und somit eine bessere Verwertung des Rohstoffes Holz ermöglichen.

Die in der Holztrocknungstechnik verwendeten Verbrennungsgase entstehen in Feuerstätten von Dampfkesseln (Abgase) oder in speziellen Feuerstätten. Für ihren Einsatz als Trockenmittel ist eine vorherige Kühlung notwendig, da sie beim Verlassen des Ofens eine Temperatur von etwa 600 °C haben.

Der zur Gewinnung von Verbrennungsgasen verwendete Holzbrennstoff zeichnet sich durch einen geringen Schwefelgehalt, einen geringen Aschegehalt (1 – 2 %), einen hohen Anteil an flüchtigen Stoffen (85 %) und in der Regel eine relative Luftfeuchtigkeit von 30 % aus. Seine chemische Zusammensetzung in Massenprozent wird wie folgt dargestellt:

$$C\,(35{,}3\,\%) + H\,(4{,}2\,\%) + O\,(29{,}4\,\%) + N\,(0{,}4\,\%) + A\,(0{,}7\,\%) + X\,(30\,\%) = 100\,\%$$

Asche (A) und Wasser (X) stellen den nicht brennbaren Teil oder Ballast des Brennstoffs dar, und die Summe der anderen Elemente stellt die brennbare Masse dar.

Bei vollständiger Verbrennung enthalten die Verbrennungsgase Stickstoff (N), Sauerstoff (O), Kohlendioxid (CO_2) und Wasserdampf (H_2O). Bei unvollständiger Verbrennung – nicht empfehlenswert, aber einfacher zu erreichen – enthalten Verbrennungsgase auch Kohlenstoff, Asche, Ruß sowie Gase wie Kohlenmonoxid (CO), Wasserstoff (N) und verschiedene Kohlenwasserstoffe. Die Verwendung von unvollständig verbrannten Gasen führt zu einer oberflächlichen Schwärzung des Holzes – der Schicht, die durch das Hobeln vollständig entfernt wird – und einer Imprägnierung des Holzes mit einem unangenehmen Rauchgeruch.

Die als Trocknungsmittel verwendeten Verbrennungsgase dürfen keinen Rauch enthalten, daher muss eine vollständige Verbrennung mit einem deutlichen Luftüberschuss erreicht werden. Außerdem dürfen die Gase keine Funken und möglichst keine Asche enthalten. Das Vorhandensein einer gewissen Menge CO_2 in der Trocknungsanlage verringert die Brandgefahr.

2.2.1.3 Heiße Öle

Obwohl es paradoxal scheinen mag, gibt es auch Flüssigkeiten, die als Trocknungsmittel verwendet werden können. Bestimmte Pflanzenöle haben einen höheren Siedepunkt als Wasser, sodass sie auf eine Temperatur von 120 – 140 °C erhitzt werden können, die hoch genug ist, um das Wasser aus dem ins heiße Ölbad getauchten Holz zu verdampfen. Somit wird dem Holz das Wasser entzogen, was der Definition des Trocknens entspricht.

Grundsätzlich handelt es sich auch hier um eine Heißdampftrocknung, wobei das Öl als Wärmeträger wirkt.

Durch den Druckunterschied, der zwischen den vom Wasser entleerten Zellhohlräumen im Inneren des Holzes und der Holzoberfläche entsteht, dringt das Öl in die Zellhohlräume des Holzes ein und imprägniert dieses. Somit findet ein kombinierter Trocknungs- und Imprägnierprozess statt, mit dem Ziel, die Dauerhaftigkeit des im Freien verwendeten Holzes zu erhöhen (z. B. Bahnschwellen).

2.2.2 Feuchte Luft und ihre Eigenschaften als Trocknungsmedium

Die feuchte Luft ist ein Gemisch aus trockener Luft (Reinluft) und Wasserdampf. Solange sie ungesättigt ist, kann sie als Trocknungsmedium eingesetzt werden. Die Parameter, die den jeweiligen Zustand der feuchten Luft charakterisieren, sind:

- Temperatur (t, oder in manchen Büchern auch mit ϑ symbolisiert);
- Teildruck der Reinluft (p_L), Teildruck des Wasserdampfes (p_D) und Sättigungsdruck (p_{DS});
- absolute Feuchte (auch Feuchtegehalt genannt) (x);

- relative Feuchte (φ);
- Dichte (ρ) und spezifisches Volumen (v);
- Enthalpie (auch Wärmeinhalt genannt) (h).

2.2.2.1 Temperatur

Die Temperatur (t oder ϑ) ist der Hauptbeschleunigungsfaktor des Trocknungsprozesses, da sie sowohl die Verdunstungsgeschwindigkeit des Wassers von der Holzoberfläche als auch die Diffusionsgeschwindigkeit des Wassers und Wasserdampfes im Inneren des Holzes günstig beeinflusst.

Bei atmosphärischem Druck gilt: Je höher die Temperatur des Trocknungsmediums ist, desto höher ist seine Feuchtigkeitsaufnahmefähigkeit (Bild 2.16). In diesem Fall muss weniger Luft aus der Anlage abgeführt bzw. zugeführt und erwärmt werden und das kürzt die Trocknungszeit.

Die Gefahr der Rissbildung und Verformung steigt mit zunehmender Temperatur. Daher ist der maximale Wert, bis zu dem die Temperatur während der Trocknung einer Charge erhöht werden kann, begrenzt. Er hängt hauptsächlich von der Holzart (Dichte) und Holzdicke ab (z. B. bei 25 – 40 mm dicken Eichenbrettern sollte auf keinem Fall t_{max} = 70 °C überschritten werden; bei dickeren Brettern sollte t_{max} = 60 °C sein).

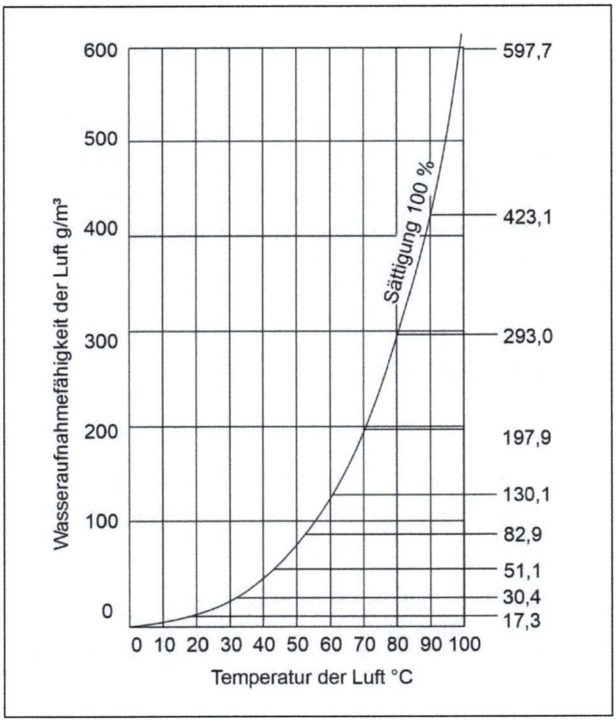

Bild 2.16
Wasseraufnahmefähigkeit der Luft, in Abhängigkeit von der Temperatur (in Anlehnung an [21])

Die Trocknungstemperatur richtet sich auch nach der geforderten Qualität (erlaubter Anteil an Rissen und Verfärbungen). Kriterien, die die Temperatur zusätzlich begrenzen, sind:

- Farberhaltung bei hellen Holzarten (Ahorn, Esche, Erle, Buche): $t_{max} \leq 45$ °C;
- Vermeidung des massiven Harzaustritts (Douglas): $t_{max} \leq 60$ °C;
- Vermeidung der rötlichen Randverfärbung bei Eiche: $t_{max} = 30$ °C am Anfang der Trocknung.

Bei der Trocknung ist nicht nur die Umgebungstemperatur von besonderer Bedeutung, sondern auch die Temperatur an der Holzoberfläche, die in bestimmten Situationen von der Lufttemperatur abweichen kann, z. B. wenn die Heizkörperröhre in der Nähe der Holzstapel gelegen sind oder bei direkter Sonneneinstrahlung bei der Freilufttrocknung. Die Übererwärmung der Holzoberfläche führt zu einer schnellen Entfernung des freien Wassers aus den oberflächlichen Schichten und somit zur Verschalung der Oberfläche und zu Rissen.

Üblicherweise wird in der Trocknungskammer die Lufttemperatur gemessen und geregelt. Nur selten wird auch die Holztemperatur gemessen, obwohl diese eine viel genauere Angabe für die richtige Führung der Trocknung wäre.

Zur Messung der Lufttemperatur während der Trocknung werden gewöhnlich Widerstandsthermometer eingesetzt (Bild 2.17).

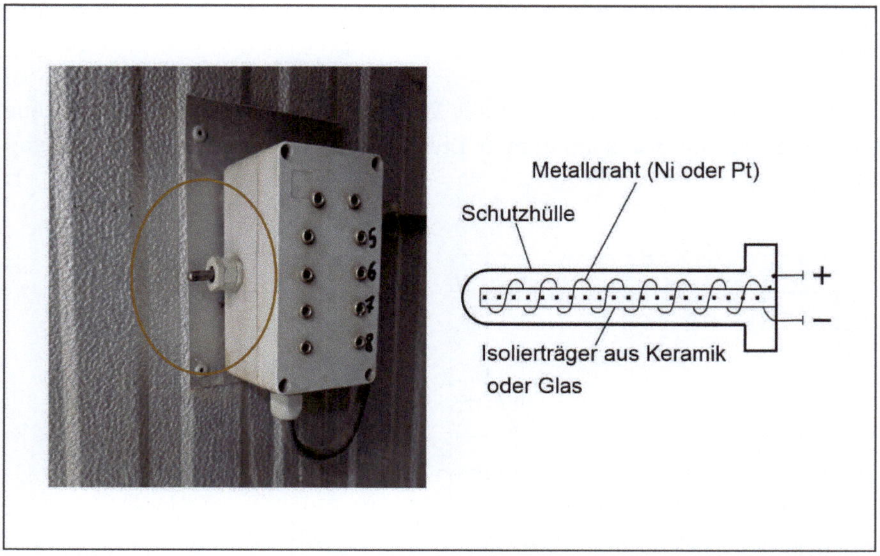

Bild 2.17 Messung der Lufttemperatur während der Trocknung: links Temperaturfühler; rechts Aufbau eines Widerstandsthermometers (Quelle: [22], mit Genehmigung)

2.2.2.2 Druck

Die meisten Trocknungsprozesse laufen bei Normaldruck (p = 1 bar) ab. Nur bei der Vakuumtrocknung wird der Druck in der Trocknungskammer unter 1 bar gesenkt (meistens bis 0,2 bar).

Der Gesamtdruck (p) der feuchten Luft als Wasserdampf-Luft-Gemisch kann mithilfe des Dalton-Gesetzes als Summe der Teildrücke der Reinluft (p_L) und des Wasserdampfes (p_D) ausgedrückt werden:

$$p = p_L + p_D \; [\mathrm{N/mm^2}] \tag{2.12}$$

Im Temperaturbereich von –30 °C bis +150 °C können Reinluft, Wasserdampf und damit deren Mischung (feuchte Luft) als ideale Gase betrachtet werden, und aus Clapeyrons Gleichung berechnet werden:

$$p_L \cdot V = m_L \cdot R_L \cdot (t + 273) \tag{2.13}$$

und

$$p_D \cdot V = m_D \cdot R_D \cdot (t + 273) \tag{2.14}$$

V Volumen des Gemisches [m³]

m_L Masse der Reinluft [kg]

m_D Masse des Wasserdampfes [kg]

R_L R_D Gaskonstanten (R_L =287,1 J/kg·K; R_D = 461,5 J/kg·K)

t Lufttemperatur [°C]

Der Teildruck des Wasserdampfes kann alle Werte zwischen Null (absolut trockene Luft) und dem Sattdampfdruck annehmen. Dieser ist nur von der Temperatur abhängig (Bild 2.18).

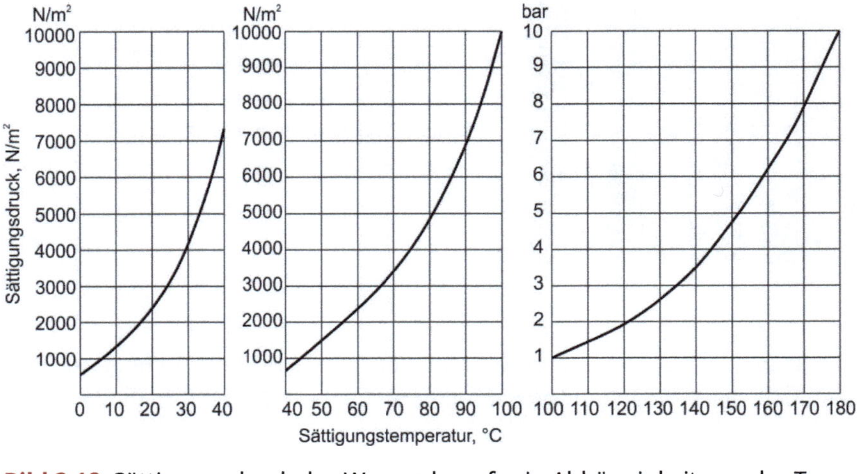

Bild 2.18 Sättigungsdruck des Wasserdampfes in Abhängigkeit von der Temperatur (Quelle: [9])

2.2.2.3 Absolute Luftfeuchte

Die absolute Luftfeuchte, auch Feuchtegehalt (x) genannt, ist das Verhältnis der Wasserdampfmasse (m_D) zur Reinluftmasse (m_L). Aus der Division von Formel 2.14 und Formel 2.13 ergibt sich:

$$x = \frac{m_D}{m_L} = \frac{p_D \cdot R_L}{p_L \cdot R_D} = 0{,}622 \cdot \frac{p_D}{p - p_D} \text{ [kg/kg]} \tag{2.15}$$

Eine Besonderheit der feuchten Luft ist, dass sie Wasserdampf nur solange aufnehmen kann, bis der Teildruck (p_D) gleich dem Sättigungsdruck (p_{DS}) wird (siehe Bild 2.18).

Für Zahlenrechnungen, bei denen genaue Werte des Sättigungsdruckes gefragt sind, kann sich Tabelle 2.8 als praktischer erweisen.

Tabelle 2.8 Sättigungsdruck des Wasserdampfes in Abhängigkeit von der Temperatur (Quelle: [9])

Temperatur [°C]	Sättigungsdruck [N/m²]
40	7375
45	9584
50	12 335
55	15 740
60	19 917
65	25 010
70	31 170
75	38 550
80	47 360
85	57 810
90	70 110
95	84 570
100	101 325

Im Sättigungszustand gilt:

$$x_s = 0{,}622 \cdot \frac{p_{DS}}{p - p_{DS}} \text{ [kg/kg]} \tag{2.16}$$

Somit ist x_s die Höchstmenge an Feuchte, die dampfförmig bei einem bestimmten Druck (p) und einer bestimmten Temperatur (t) in der Luft vorhanden sein kann.

Wenn $x < x_s$ spricht man von ungesättigter feuchter Luft. Diese kann als Trocknungsmedium verwendet werden, weil sie die Fähigkeit hat, die aus dem Holz entfernte Feuchte zu übernehmen. Sobald x den Wert x_s erreicht, ist die Luft jedoch gesättigt und kann nicht mehr als Trocknungsmedium dienen, sondern muss zuerst entfeuchtet werden.

2.2.2.4 Relative Luftfeuchte

Die relative Luftfeuchte (φ) wird als Verhältnis zwischen dem Teildruck (p_D) des in der Luft vorhandenen Wasserdampfes und dem Sättigungsdruck (p_{DS}) definiert:

$$\varphi = \frac{p_D}{p_{DS}} \cdot 100\ [\%] \tag{2.17}$$

Die relative Feuchte stellt somit den Sättigungsgrad der Reinluft mit Wasserdampf dar. Sie nimmt Werte zwischen 0 % (Reinluft) und 100 % (mit Wasserdampf gesättigte Luft) an.

Im Gegensatz zur Temperatur ist die relative Luftfeuchte ein Bremsfaktor für die Trocknung: Je höher die Luftfeuchte ist, desto länger dauert die Trocknung. Daher sollte die relative Luftfeuchte des Trocknungsmediums möglichst geringgehalten werden, um die Holzfeuchteabnahme anzuregen. Jedoch muss die Luftfeuchte zu Beginn des Prozesses auf hohen Werten gehalten werden (85 – 90 %), um eine plötzliche Abnahme der Holzfeuchte aus den Oberflächenschichten zu verhindern und um Trocknungsschäden zu vermeiden. Nachdem die gesamte Menge an freiem Wasser entfernt wurde und der Feuchtegehalt des Holzes unter den Fasersättigungsbereich fällt, kann die relative Luftfeuchte allmählich gesenkt werden (in Richtung des Werts von 30 – 40 %).

Die Messung der relativen Luftfeuchte während der Trocknung erfolgt mithilfe des sogenannten Psychrometers (Bild 2.19). Dieser besteht aus zwei identischen Thermometern: Eines heißt Trockenthermometer und misst die Lufttemperatur in der Trockenanlage; das zweite heißt Nassthermometer (oder Feuchtthermometer) und ist mit einem saugfähigen Gewebe („Strumpf") überzogen, das kontinuierlich benässt wird. Im Luftstrom wird infolge der einsetzenden Verdunstung dem Nassthermometer Wärme entzogen und somit ist seine Anzeige (die sogenannte Nasstemperatur) kleiner als die Trockentemperatur.

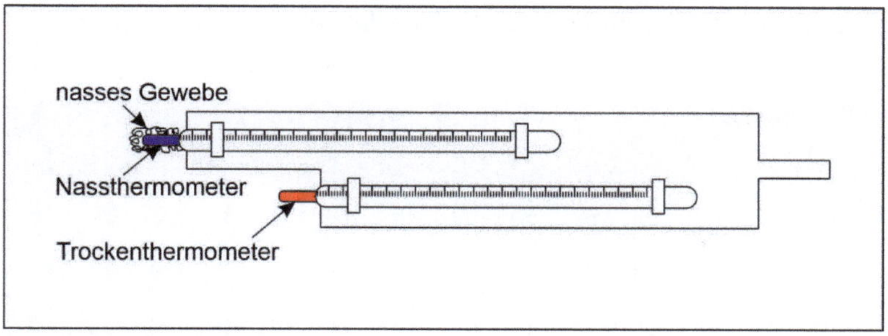

Bild 2.19 Psychrometer

Die Differenz ($\Delta t = t - t_{nass}$) heißt psychrometrische Differenz und sie ist ein Maß für die relative Luftfeuchte:

$$\varphi = \frac{p_{DS\_nass} - C \cdot \Delta t}{p_{DS\_tr}} \ [\%] \tag{2.18}$$

p_{DS_nass} Sättigungsdruck des Wasserdampfes bei der Nasstemperatur [N/m^2]

p_{DS_tr} Sättigungsdruck des Wasserdampfes bei der Trockentemperatur [N/m^2]

Sowohl p_{DS_nass} als auch p_{DS_tr} werden aus Tabelle 2.8 entnommen, aber für unterschiedliche Temperaturen (p_{DS_nass} für t_{nass} und p_{DS_tr} für t).

C ist der psychrometrische Koeffizient, der von der Luftgeschwindigkeit (w) abhängt:

$$C = \left(65 + \frac{6{,}75}{w}\right) \tag{2.19}$$

Die Abhängigkeit zwischen den drei Größen (t, Δt und φ) ist auch in der sogenannten psychrometrischen Tafel (Tabelle 2.9) wiedergegeben.

Tabelle 2.9 Psychrometrische Tafel zur Ermittlung der relativen Luftfeuchte beim Einsatz eines Psychrometers als Messgerät (Quelle: [9])

Trockentemperatur [°C]	Relative Luftfeuchte bei einer psychrometrischen Differenz °C [%]															
	1	**2**	**3**	**4**	**5**	**6**	**7**	**8**	**9**	**10**	**11**	**12**	**13**	**14**	**16**	**18**	**20**
30	92	85	78	71	65	58	52	46	41	-	-	-	-	-	-	-	-
32	93	86	80	74	68	62	57	51	46	41	-	-	-	-	-	-	-
35	93	87	81	75	69	64	59	54	49	44	39	-	-	-	-	-	-
38	94	88	82	76	70	65	60	55	51	46	41	37	-	-	-	-	-
40	94	89	82	77	72	67	62	58	53	49	45	41	37	34	27	22	15

Tabelle 2.9 Psychrometrische Tafel zur Ermittlung der relativen Luftfeuchte beim Einsatz eines Psychrometers als Messgerät (Quelle: [9]) *(Fortsetzung)*

Trockentemperatur [°C]	Relative Luftfeuchte bei einer psychrometrischen Differenz °C [%]															
41	94	88	82	77	72	67	63	58	54	50	46	42	38	34	28	22	16
42	94	89	83	78	73	68	63	59	54	50	46	42	39	35	29	23	17
43	94	89	83	78	73	68	64	59	55	51	47	43	40	36	30	23	17
44	94	89	83	78	73	69	64	60	56	52	48	44	41	37	31	24	18
45	94	89	84	79	74	69	64	60	56	52	48	45	41	38	31	25	19
46	94	89	84	79	74	69	65	61	57	53	49	45	42	38	32	26	20
47	95	89	84	79	74	70	66	61	57	53	49	46	42	39	33	27	21
48	95	89	84	79	75	70	66	62	58	54	50	46	43	40	34	28	22
49	95	90	84	80	75	70	66	62	58	54	50	46	43	40	34	28	22
50	95	90	84	80	75	70	66	62	58	54	51	47	44	40	34	29	23
53	95	90	85	80	75	71	67	63	59	56	52	49	45	42	36	31	25
55	95	90	85	81	76	72	68	64	60	56	53	50	47	44	38	32	26
58	95	90	85	81	77	73	69	65	61	58	54	51	48	45	39	33	28
60	95	90	85	82	77	73	69	66	62	58	55	52	49	46	40	34	29
63	96	91	86	82	78	74	70	66	63	60	56	53	51	47	41	36	30
65	96	91	86	82	78	74	71	67	64	60	57	54	51	48	42	37	31
68	96	91	87	83	79	75	71	68	64	61	58	55	52	49	43	38	33
70	96	91	87	83	79	75	72	68	65	62	59	56	53	50	44	39	33
73	96	91	87	83	80	76	72	69	66	62	59	57	54	51	45	40	35
75	96	91	88	84	80	76	73	69	66	63	60	57	54	52	46	41	36
78	96	91	88	84	80	77	73	70	67	64	61	58	55	53	47	42	37
80	96	91	88	84	81	77	74	70	67	65	62	59	56	53	48	43	38
85	96	91	88	85	81	78	75	71	68	65	63	60	56	55	49	44	40
90	96	91	89	85	82	78	75	72	69	66	64	61	59	56	51	46	41
95	96	92	89	86	82	79	75	73	70	68	65	62	60	57	52	48	43
100	96	93	90	86	83	80	77	74	71	68	66	63	61	58	54	49	44

Das Psychrometer einer Trockenanlage zeigt zu einem bestimmten Zeitpunkt während der Trocknung: $t = 70\,°C$ und $t_{nass} = 65\,°C$. Die relative Luftfeuchte, die diesem Zustand entspricht, ist $\varphi = 79\,\%$.

Psychrometer sind für die Messung der Lufttemperatur und Luftfeuchte bei der Trocknung dann einzusetzen, wenn eine sorgfältige Wartung gewährleistet werden kann und wenn die Luftgeschwindigkeit in der Trocknungskammer mindestens 2 m/s beträgt.

Allerdings ist die bevorzugte Alternative heutzutage das Messen der Gleichgewichtsfeuchte (U_{gl}) der Luft anstatt der relativen Luftfeuchte. Zur Messung der Gleichgewichtsfeuchte während des Trocknungsprozesses werden spezielle Fühler eingesetzt, die als eigentlichen Sensor eine dünne Platte aus einem sehr hygroskopischen Material (Limba-Furnier oder Zellulose) besitzen (Bild 2.20). Diese Platte hat die Eigenschaft, fast augenblicklich in Gleichgewicht mit der Umgebung zu kommen. Sie ist dicht zwischen zwei Edelstahlelektroden positioniert, wobei die gesamte Baugruppe unter einer Schutzplatte an der Wand der Trockenanlage angebracht ist, um das Eindringen von Kondenswasser zu verhindern. Das Messprinzip ist resistiv, d. h. es basiert auf der Änderung des elektrischen Widerstands der hygroskopischen Platte in Abhängigkeit von ihrer Feuchtigkeit.

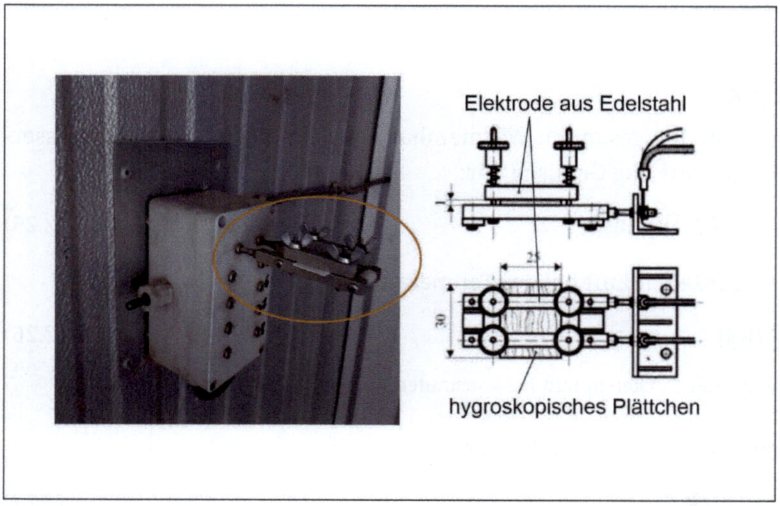

Bild 2.20 Messung der Luftfeuchte während der Trocknung: links U_{gl}-Fühler; rechts Aufbau eines U_{gl}-Fühlers (Quelle: [22], mit Genehmigung)

Der Übergang von den Angaben der psychrometrischen Messung (t, φ) zu jenen mit Temperatur- und U_{gl}-Fühlern wird mithilfe des Graphs in Bild 1.1 oder der Tabelle in Anhang B vorgenommen.

2.2.2.5 Dichte und spezifisches Volumen

Wie auch im Fall des Gesamtdruckes, wird die Dichte (ρ) der Luft als Summe der Reinluftdichte (ρ_L) und der Wasserdampfdichte (ρ_D) berechnet:

$$\rho = \rho_L + \rho_D \text{ [kg/m}^3\text{]} \quad (2.20)$$

Die Teildichten ρ_L und ρ_D lassen sich aus Clapeyrons Gleichungen (Formel 2.13) und (Formel 2.14) ausdrücken:

$$\rho_L = \frac{m_L}{V} = \frac{p}{R_L \cdot (t + 273)} \text{ [kg/m}^3\text{]} \quad (2.21)$$

und

$$\rho_D = \frac{m_D}{V} = \frac{p}{R_D \cdot (t + 273)} \text{ [kg/m}^3\text{]} \quad (2.22)$$

Durch Summierung erhält man:

$$\rho = \frac{p}{R_L \cdot (t + 273)} + \frac{p}{R_D \cdot (t + 273)} = \frac{0{,}00342p - 0{,}00129p_D}{t + 273} \text{ [kg/m}^3\text{]} \quad (2.23)$$

Das spezifische Volumen (v) der Luft ist die umgekehrte Größe zur Dichte:

$$v = \frac{1}{\rho} \text{ [m}^3\text{/kg]} \quad (2.24)$$

2.2.2.6 Enthalpie

Die Enthalpie (h) stellt den gesamten Wärmeinhalt der Reinluft (h_L) und des Wasserdampfes (h_D), bezogen auf 1 kg Gemisch dar:

$$h = h_L + 0{,}01 \cdot x \cdot h_D \text{ [kJ/kg]} \quad (2.25)$$

Die Enthalpie der trockenen Luft bei der Temperatur t ist:

$$h_L = c_L \cdot t \text{ [kJ/kg]} \quad (2.26)$$

c_L spezifische Wärme der trockenen Luft bei konstantem Druck (c_L = 1 kJ/kg grd)

Die Enthalpie von Wasserdampf bei der Temperatur t ist:

$$h_D = r_0 + c_D \cdot t \text{ [kJ/kg]} \quad (2.27)$$

r_0 spezifische Verdampfungswärme bei 0 °C (r_0 = 2490 kJ/kg)

c_D spezifische Wärme des Wasserdampfes bei konstantem Druck (c_D =1,93 kJ/kg grd)

Daher ist die Enthalpie der feuchten Luft:

$$h = c_L \cdot t + (r_0 + c_D \cdot t) \cdot \frac{x}{1000} \text{ [kJ/kg]} \quad (2.28)$$

Wie aus der obigen Gleichung ersichtlich ist, ist die Enthalpie direkt proportional zur Temperatur und zum Feuchtegehalt. Herkömmlicherweise wird die Enthalpie von absolut trockener Luft bei einer Temperatur von $t = 0$ °C als gleich Null angesehen.

Mithilfe der angegebenen Gleichungen kann man die Zahlenwerte der Feuchtluftparameter berechnen, wenn man zwei davon kennt. In Anhang C sind die Zustandsdaten feuchter Luft bei atmosphärischem Druck in Abhängigkeit von der Temperatur und der relativen Luftfeuchte angegeben.

2.2.2.7 Das *h*-*x*-Diagramm und seine Anwendungen

Die Abhängigkeit zwischen den physikalischen Zustandsparametern der Luft wurde in Netztafeln dargestellt, um die Berechnungen zu ersparen. Molliers *h*-*x*-Diagramm zum Beispiel verwendet den Feuchtegehalt (x) für die Abszisse und die Enthalpie (h) für die Ordinate. Eine vereinfachte Form dieses Diagramms ist in Bild 2.21 dargestellt. Jeder Punkt im Netzfeld stellt einen Luftzustand dar. Die roten Linien entsprechen der Temperatur (t). Die blauen Kurven entsprechen der relativen Luftfeuchte (φ). Die grünen Linien entsprechen dem spezifischen Volumen (v).

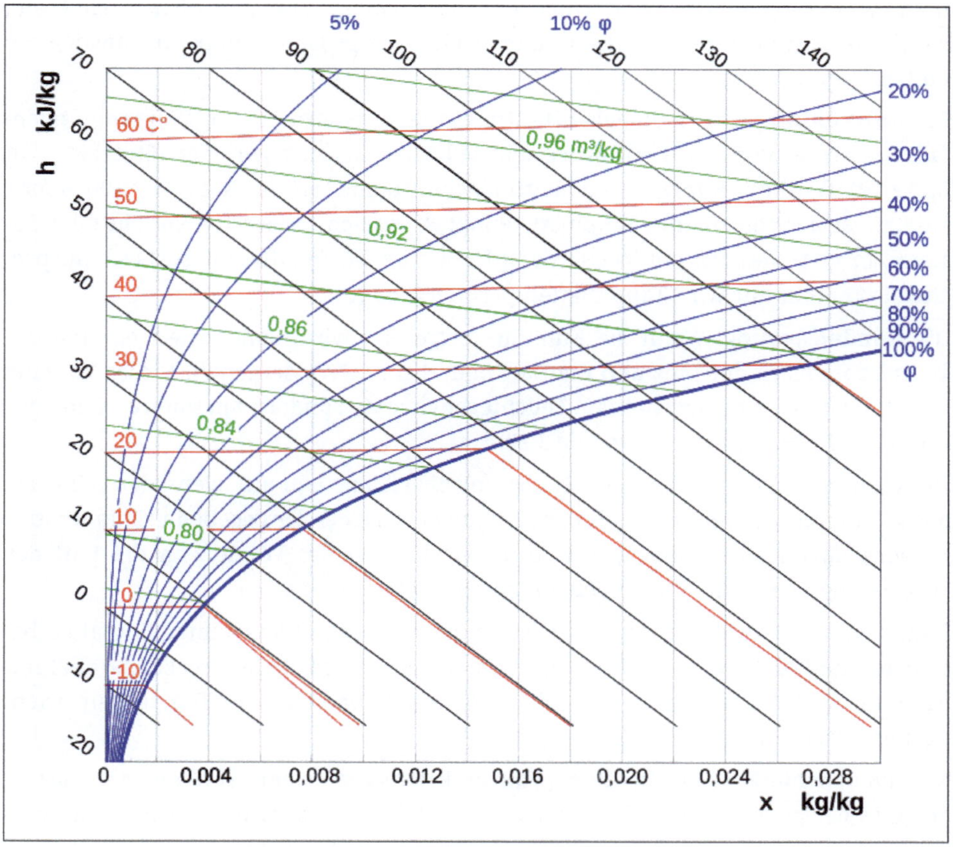

Bild 2.21 Vereinfachte Form des *h*-*x*-Diagramms (in Anlehnung an [23])

Mithilfe des *h*-*x*-Diagramms ist die schnelle Ermittlung der Zahlenwerte aller Parameter der Feuchtluft möglich, in Abhängigkeit von zwei Parametern, die bekannt sind.

Die Luftparameter in einer Trocknungskammer betragen zu einem bestimmten Zeitpunkt: $t = 40$ °C und $\varphi = 60$ %. Mithilfe des *h*-*x*-Diagramms in Bild 2.21 bestimmt man den entsprechenden Zustandspunkt und dann liest man die Werte der anderen Parameter ab: $x = 0{,}019$ kg/kg$_{tr\,Luft}$, $h = 90$ kJ/kg, $v = 0{,}91$ m^3/kg.

Außerdem bietet das Diagramm die Möglichkeit, Zustandsänderungsvorgänge der Luft und trocknungsspezifische Prozesse darzustellen sowie Stoff- und Energiebilanzen aufzustellen.

Die **Lufterwärmung** ist ein Vorgang, der durch eine Erhöhung der Lufttemperatur ohne Veränderung des Feuchtegehaltes (x = konstant) gekennzeichnet ist. Daher wird sie im *h*-*x*-Diagramm durch eine senkrechte Linie dargestellt, die nach oben gerichtet ist (Strecke 4–1 in Bild 2.22). Man kann sehen, dass durch die Erwärmung die relative Luftfeuchte abnimmt ($\varphi_1 < \varphi_4$). Dieser Effekt ist von Bedeutung für die Trocknungsführung. Beim Anstieg der Temperatur muss mit einer automatischen Senkung der Luftfeuchte gerechnet werden. Daher sollte der Temperaturanstieg nicht zu steil sein, damit die Luftfeuchte nachfolgen kann. Zudem steigt beim Temperaturanstieg die Luftenthalpie ($h_1 > h_4$).

Die **Luftkühlung** ist der umgekehrte Prozess der Erwärmung, im Diagramm ebenfalls durch eine vertikale Linie dargestellt, jedoch nach unten gerichtet (Strecke 2–3 in Bild 2.22). Wird der Kühlvorgang bis zum Schnittpunkt mit der Kurve $\varphi = 100$ % fortgesetzt, ist der sogenannte Taupunkt (Punkt 3) erreicht. Dieser entspricht dem Zustand, in dem die Luft mit Wasserdampf gesättigt ist. Die diesem Zustand entsprechende Temperatur wird Taupunkttemperatur genannt.

Die **Kondensierung**. Wenn die Kühlung fortgesetzt wird, kondensiert ein Teil des Wasserdampfs in der Luft und die Luft ändert ihren Wassergehalt. Dieser Vorgang findet nicht mehr bei konstantem Feuchtegehalt statt, sondern am unteren Ende der Kurve $\varphi = 100$ % (Strecke 3–4 in Bild 2.22).

Die **Verdunstung des Wassers** von der Holzoberfläche tritt auf, wenn der Teildruck des Luftdampfes niedriger ist als der Sättigungsdruck bei der gegebenen Temperatur. Es wird davon ausgegangen, dass beim Verdunsten des Wassers in die Luft der Wärmeinhalt der Luft konstant bleibt (adiabatischer Prozess).

Daher wird die Verdunstung des Wassers als Prozess mit konstanter Enthalpie betrachtet, und als solcher im *h*-*x*-Diagramm als gerade geneigte Strecke, parallel mit der Linie h = konstant, dargestellt, die in Richtung abnehmender Temperatur orientiert ist (Strecke 1–2 in Bild 2.22).

Man kann bemerken, dass in diesem Fall der Prozess von einer Erhöhung des Wassergehaltes begleitet wird ($x_2 > x_1$). Bei ausreichend langer Dauer des Verdunstungsprozesses kann die Luft den Sättigungszustand erreichen (Punkt 5 in Bild 2.22), an dem das Phasengleichgewicht zwischen dem gasförmigen und flüssigen Zustand des Wassers in der Luft einsetzt und die Verdunstung aufhört. Die diesem Zustand entsprechende Temperatur wird Kühlgrenztemperatur genannt, und entspricht der Nasstemperatur, die vom Psychrometer gemessen wird.

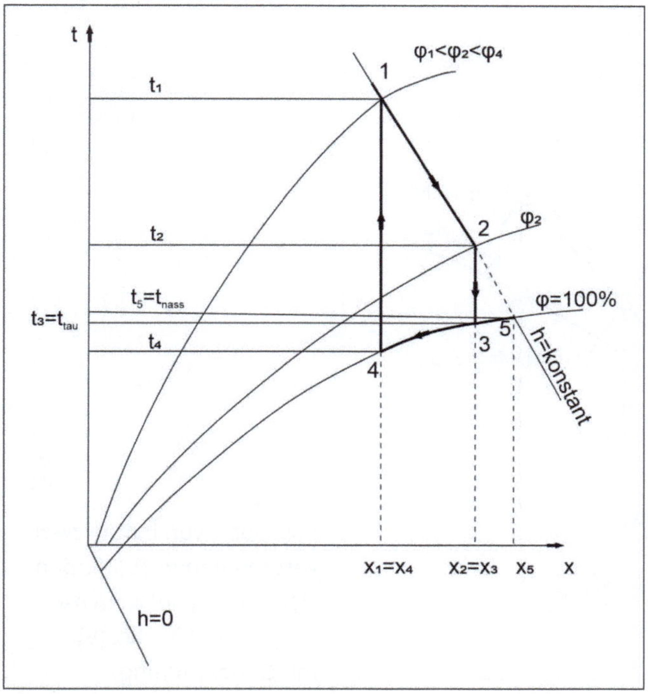

Bild 2.22 Darstellung der Erwärmung, Kühlung, Kondensierung und Verdunstung auf dem *h-x*-Diagramm (Quelle: [9], mit Genehmigung)

Mischvorgang von Luft mit unterschiedlichen Zuständen (z. B. Frischluft mit umgewälzter Luft)

Die meisten Trocknungsanlagen funktionieren nach dem Prinzip der wiederholten Luftumwälzung. Wenn die Luftfeuchte im Inneren der Kammer zu sehr ansteigt, öffnen sich die Abluftklappen und ein kleiner Teil der Luft wird in die Atmosphäre abgeführt; der größte Teil jedoch wird mit Frischluft vermischt und nach der Erwärmung wieder in die Holzstapel eingeführt. Der Mischungsvorgang der Luft mit zwei verschiedenen Zuständen ist in Bild 2.23 dargestellt, wo Punkt 0 die Frischluft und Punkt 2 die umgewälzte Luft (Abluft) darstellen. Die beiden sind in unterschiedlichen Mengen in der Mischung vorhanden, wobei n als Mischungsverhältniskoeffizient bezeichnet wird:

$$n = \frac{m_{\text{Abluft}}}{m_{\text{Frischluft}}} \tag{2.29}$$

Die Luftmenge wird weiter nach der Masse ihres Trockenanteils berechnet. Das heißt, dass bei einer Menge von n kg umgewälzter Luft mit Zustand 2 (h_2, x_2) 1 kg Frischluft mit Zustand 0 (h_0, x_0) dazukommt, wobei die Menge der Mischung in diesem Fall (n+1) kg ist.

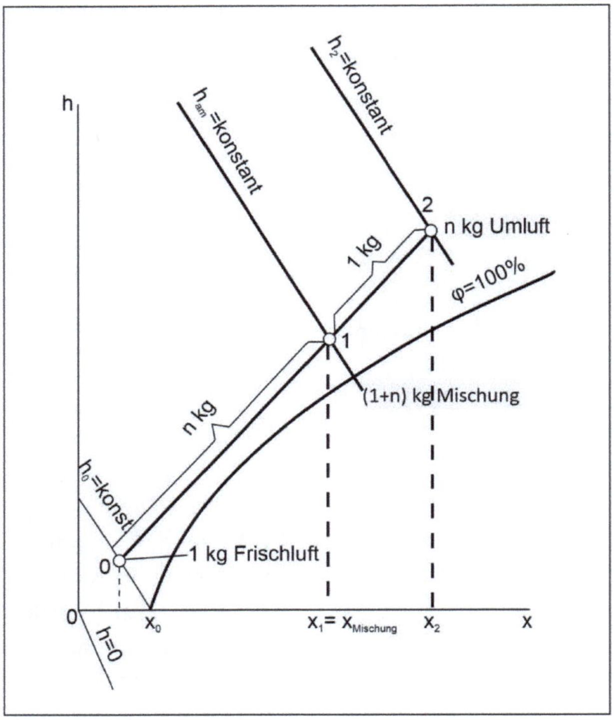

Bild 2.23
Mischung von Luft in zwei verschiedenen Zuständen, Darstellung auf dem *h-x*-Diagramm (Quelle: [9], mit Genehmigung)

Zur Bestimmung der Mischungsparameter müssen die Wärme- und Feuchtigkeitsbilanzgleichungen aufgestellt werden. Die in der Frischluft und in der Umluft vor dem Mischen enthaltene Wärme muss gleich der in der Mischung enthaltenen Wärme sein. Die gleiche Bedingung gilt für den Wassergehalt. Daher können die Bilanzbeziehungen geschrieben werden:

$$1 \cdot h_0 + n \cdot h_2 = (1 + n) \cdot h_M \tag{2.30}$$

$$1 \cdot x_0 + n \cdot d_2 = (1 + n) \cdot x_M \tag{2.31}$$

Aus diesen Bilanzbeziehungen ergeben sich die Enthalpie (h_M) und der Wasserinhalt (x_M) der Mischung:

$$h_M = \frac{h_0 + nh_2}{1 + n} \tag{2.32}$$

$$x_M = \frac{x_0 + nx_2}{1 + n} \tag{2.33}$$

und weiterhin:

$$h_M - h_0 = n \cdot (h_2 - h_M) \tag{2.34}$$

$$x_M - x_0 = n \cdot (x_2 - x_M) \tag{2.35}$$

oder

$$\frac{h_M - h_0}{x_M - x_0} = \frac{h_2 - h_M}{x_2 - x_M} \tag{2.36}$$

Diese stellt die Gleichung einer Geraden dar, die durch die Punkte 0 (mit den Koordinaten h_0 und x_0) und 2 (mit den Koordinaten h_2 und x_2) läuft. Daraus folgt, dass der Mischvorgang zwischen Frischluft und verbrauchter Luft auf dem *h-x*-Diagramm durch das Liniensegment 0–2 dargestellt wird (Bild 2.24) und jeder Punkt auf diesem Segment (z. B. Punkt 1) den Mischungszustand charakterisiert.

Um die genaue Lage des Punktes 1 und damit seine Zustandsparameter zu bestimmen, muss der Wassergehalt der Mischung (x_M) bzw. das Mischungsverhältnis (n) bekannt sein.

Um die Parameter zu bestimmen, die Punkt 1 entsprechen, wird die Länge der Linie 0–2 gleich $1+n$ angenommen. Punkt 1 teilt diese Linie in zwei Strecken der Länge n bzw. 1. Kennt man die Position von Punkt 1 im *h-x*-Diagramm, lassen sich die Werte aller anderen Zustandsparameter, die diesem Zustand (gemischte Luft) entsprechen, leicht bestimmen: Enthalpie, Temperatur usw.

Oben wurde berücksichtigt, dass die 0-2-Gemisch-Linie über der Kurve $\varphi = 100\,\%$ liegt. Manchmal kann es aber vorkommen, dass diese Gerade die Kurve $\varphi = 100\,\%$ schneidet und der den Gemisch-Zustand charakterisierende Punkt 1′ unterhalb dieser Kurve liegt (Bild 2.24). Diese Situation ist üblich, wenn niedrige Trocknungstemperaturen verwendet werden (z. B. für Eiche).

In diesem Fall wird der Mischvorgang von Kondensation begleitet. Das bedeutet, dass Punkt 1′ keine feuchte Luft charakterisiert, sondern Luft, die mit Dampf gesättigt ist und Wassertröpfchen in der Schwebe enthält, weshalb Punkt 1′ als unwirklich (fiktiv) angesehen wird.

Zur Bestimmung des realen Punktes 1 wird die konstante Enthalpie-Linie (h_M = konstant) durch den fiktiven Punkt gezogen (Bild 2.24). Der Schnittpunkt dieser Geraden mit der Sättigungskurve (Punkt 1) stellt den realen Zustandspunkt der Mischung dar.

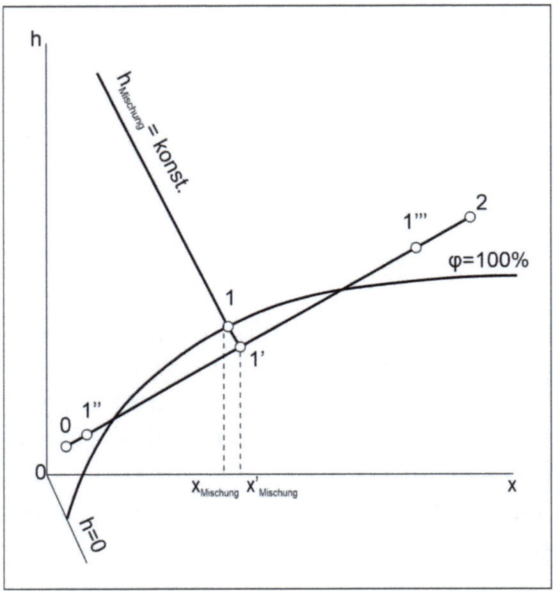

Bild 2.24
Ermittlung der Eigenschaften des Luftgemisches, wenn der Zustandspunkt, der den Mischungszustand charakterisiert, unterhalb der Sättigungskurve liegt (Quelle: [9], mit Genehmigung)

Darstellung der Frischluft-Abluft-Trocknung

Eine weitere Anwendung des *h-x*-Diagramms ist die Darstellung des Trocknungsprozesses in verschiedenen Trocknungsanlagen. In Bild 2.25 links ist das Prinzip der Frischluft/Abluft-Trocknung illustriert und in Bild 2.25 rechts dessen Darstellung im *h-x*-Diagramm. Punkt 0 stellt den Zustand der Frischluft dar, Strecke 0–2 ist die Mischung der Frischluft mit der umgewälzten Luft, Punkt 3 charakterisiert die Mischung, die Strecke 3–1 stellt die Erwärmung der Mischung dar und die Strecke 1–2 ist der Durchgang des erwärmten Luftgemisches durch den Stapel. Die Trocknung wird dabei als ein enthalpiekonstanter Prozess angenommen.

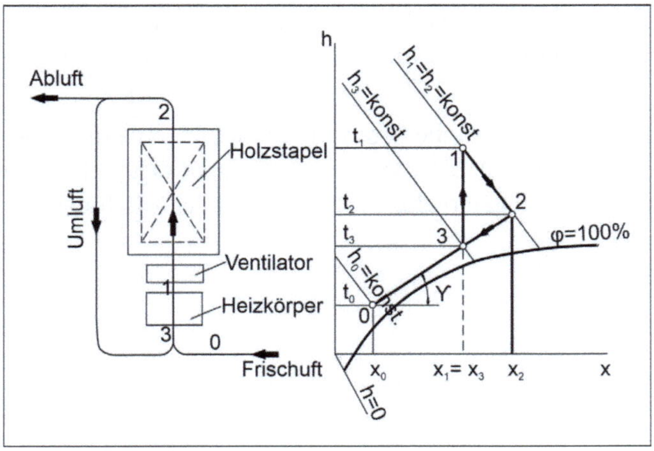

Bild 2.25
Darstellung einer Frischluft/Abluft-Trocknung (links) auf dem *h-x*-Diagramm (rechts) (Quelle: [9], mit Genehmigung)

Bestimmung des Wärmeverbrauchs bei der Trocknung

Eine weitere Anwendung des *h*-*x*-Diagramms, diesmal in Bilanzrechnungen von Trocknungsanlagen, ist die Bestimmung des Wärmeverbrauchs, der für die Verdampfung von Wasser aus Holz benötigt wird. Es wird angenommen, dass der Zustand der Frischluft (Punkt 0) durch den Wärmeinhalt h_0 und die absolute Feuchte x_0 charakterisiert wird und der Zustand der verbrauchten Luft (Punkt 2) durch h_2 und x_2 (Bild 2.24). Beim Durchgang durch den Materialstapel nimmt 1 kg Luft (die Masse ihres trockenen Anteils) (x_2–x_0) g Wasser auf.

Daher beträgt der Luftverbrauch, der erforderlich ist, um 1 kg Wasser aus der Trocknungsanlage zu entfernen:

$$m_0 = \frac{1000}{x_2 - x_0}\ [\mathrm{kg_{trockene\ Luft}/kg_{verdunst\ Wasser}}] \tag{2.37}$$

$$m = \frac{1000}{x_2 - x_1}\ [\mathrm{kg_{trockene\ Luft}/kg_{verdunst\ Wasser}}] \tag{2.38}$$

$$q_{\mathrm{Verdampfung}} = m_0 \cdot (h_2 - h_0) = 1000 \cdot \frac{h_2 - h_0}{x_2 - x_0} \tag{2.39}$$

Aus Formel 2.39 ergeben sich folgende Fakten:

- Der Wärmeverbrauch für die Verdampfung von 1 kg Wasser hängt ausschließlich vom Anfangszustand (h_0, x_0) und Endzustand (h_2, x_2) der Luft ab und nicht von den zwischenzeitlichen Änderungen der Luft in der Trocknungsanlage.
- Der Wärmeverbrauch für die Wasserverdampfung umfasst den Verbrauch, der für die Erwärmung der zugeführten Frischluft erforderlich ist (von t_0 bis t_2).
- Je größer der Winkel γ ist (siehe Bild 2.25 rechts), also je steiler die Strecke 0–2, desto größer ist der Wärmeverbrauch.

2.2.2.8 Luftgeschwindigkeit und Luftströmung

Neben den Zustandsparametern der Feuchtluft als Trocknungsmedium haben auch die Luftgeschwindigkeit und die Luftströmung einen entscheidenden Einfluss auf die Holztrocknung.

Die Luftströmung durch das Trocknungsgut muss folgende Aufgaben erfüllen:

- den Wärmeaustausch zwischen Trocknungsmedium und Holz;
- die Entfernung der dem Holz entzogenen Feuchte von seiner Oberfläche;
- die Zerstörung der sich in unmittelbarer Nähe der Holzoberfläche bildenden „Grenzschicht“; wenn diese sich mit Wasserdampf sättigt, wird der weitere Wasserentzug aus dem Holz behindert;
- die gleichmäßige Reduzierung der Holzfeuchte.

Um die ersten beiden Funktionen zu gewährleisten, ist die Größe der Luftgeschwindigkeit entscheidend. Die dritte Bedingung kann nur dann erfüllt werden, wenn eine turbulente Luftströmung durch das Trocknungsgut erzeugt wird. Um die vierte Funktion zu erfüllen, muss eine gleichmäßige Verteilung der Luftgeschwindigkeit in den Holzstapeln gewährleistet werden. Jeder dieser Aspekte wird weiterhin detailliert.

Die Luftgeschwindigkeit beeinflusst entscheidend die Trocknungsdynamik, insbesondere während der Entfernung des freien Wassers aus dem Holz. Je höher die Luftgeschwindigkeit, desto schneller verläuft die Trocknung. Gleichzeitig steigen jedoch mit der Geschwindigkeitserhöhung die Endrissgefahr und auch der Stromverbrauch, wodurch die Trocknungskosten steigen. Die optimale Luftgeschwindigkeit im Schnittholzstapel ist im Durchschnitt $w = 2$ m/s, kann aber bis zu $w = 5$ m/s erreichen bei der Trocknung von Nadelhölzern.

Bei höheren Strömungsgeschwindigkeiten nimmt die Leistung nur noch wenig zu, aber die Kosten steigen exponentiell (Bild 2.26).

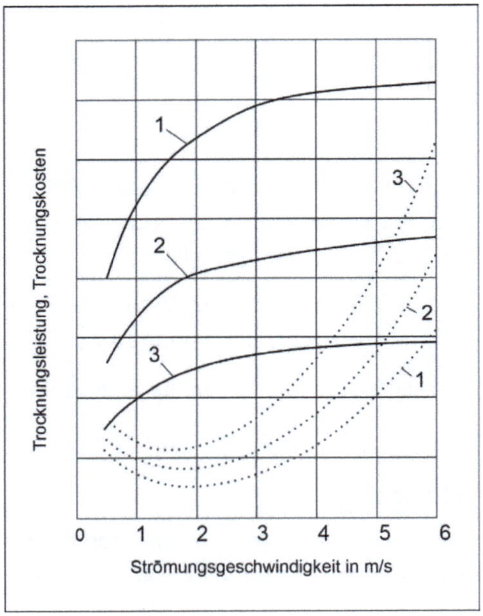

Bild 2.26
Abhängigkeit der Trocknungsleistung (kontinuierliche Linien) und der Trocknungskosten (gepunktete Linien) von der Luftgeschwindigkeit, für 25 mm dickes Schnittholz: 1–Kiefer, 2–Birke; 3–Buche (in Anlehnung an [24])

Die Abblendung der passiven Kanäle im Trockner (Bild 2.27) kann zu einer Erhöhung von bis zu 74 % der Luftgeschwindigkeit durch die Holzstapel führen (von 2,7 m/s auf 4,7 m/s).

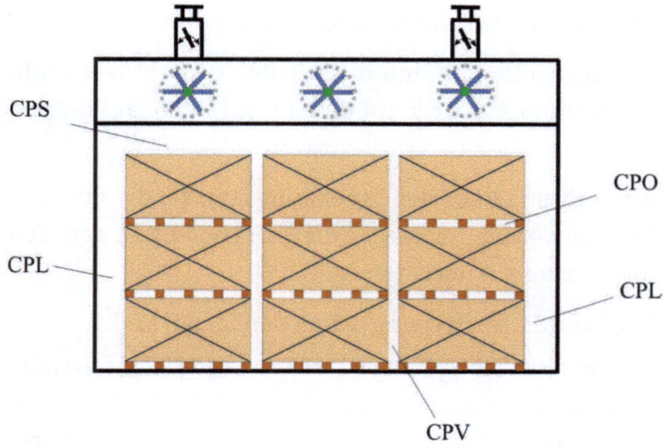

Bild 2.27 Passive Luftkanäle in einer Trockenkammer: CPO – horizontale Luftkanäle; CPL – seitliche Luftkanäle; CPV – vertikale Luftkanäle; CPS – oberer Luftkanal [25]

Die Art der Strömung lässt sich durch den Wert der Reynolds-Zahl (*Re*) unterscheiden, wobei:

$$Re = \frac{d \cdot w}{\nu} \tag{2.40}$$

d charakteristische Länge [m]

w Geschwindigkeit [m/s]

ν kinematische Viskosität [m^2/s]

Bei der laminaren Strömung, bei der die Luftteilchen sich in wohlgeordneten, nebeneinander hergleitenden Schichten bewegen (Bild 2.28 links), ist $Re < 2300$. Bei der turbulenten Strömung überlagern sich an mehreren Stellen der Strömung Zusatzbewegungen, sodass die resultierenden Strömungen nach allen Seiten verlaufen und kleine Wirbel bilden (Bild 2.28 rechts). In diesem Fall ist $Re > 2300$.

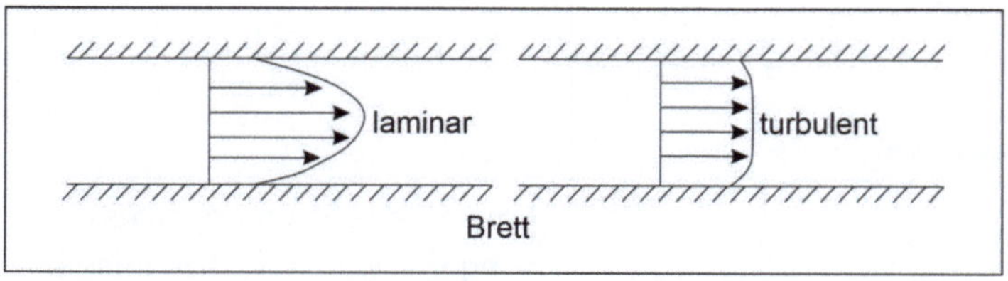

Bild 2.28 Geschwindigkeitsprofil bei der laminaren (links) und bei der turbulenten (rechts) Strömung (in Anlehnung an [10])

Eine turbulente Strömung, die die Wasserpartikel aus der unmittelbaren Umgebung der Holzoberfläche treibt und entfernt, ist bei der Trocknung erwünscht. Diese stellt sich aber nicht von selbst in einem Trockner ein. Sie kann durch folgende Maßnahmen erzeugt werden:

- wechselnde Drehrichtung der Ventilatoren, optimal jede 2,5 Stunden;
- Impulsbelüftung, durch das wiederholte Ein- und Ausschalten de Ventilatoren in kurzen Zeitintervallen. Die Trocknungsdauer kann dabei um 15 – 20 % reduziert werden [26];
- das Einsetzen von Luftlenkeinrichtungen in der Trocknungsanlage, die von den Holzfeuchte-Messstellen gesteuert werden, sodass sie die Luft jeweilig zu dem Teil der Stapel führen, wo die Holzfeuchte am höchsten ist [27];
- Trocknung mit schnell wechselnder Luftbewegung durch den Stapel [28].

Eine ausreichende Luftgeschwindigkeit ist wichtig bei der Trocknung, jedoch noch wichtiger ist die Gleichmäßigkeit der Luftströmung. Um eine gleichmäßige Reduzierung der Holzfeuchte zu erzielen, sollten die Stapelungsregeln eingehalten werden (insbesondere die Anordnung der Stapellatten, genau senkrecht übereinander im Stapel).

Die Messung der Luftgeschwindigkeit bei der Trocknung ist nicht üblich, aber als Wartungsmaßnahme sollte sie jährlich vorgenommen werden. Die periodische Untersuchung der Strömungsverhältnisse in der Trockenanlage sollten eine Messung (M_1) über die Stapelhöhe auf der Ausgangsseite der Luft, eine Messung im Eingangskanal (M_2), eine weitere Messung am Ventilatorrand (M_3) und noch eine Messung im Kanal (M_4) beinhalten (Bild 2.29).

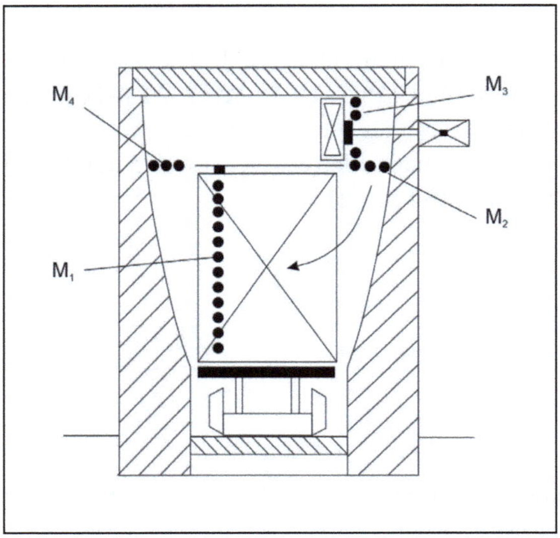

Bild 2.29
Empfohlene Strömungsmessungen in einer Trockenanlage, als Wartungsmaßnahme (in Anlehnung an [24])

Die Luftgeschwindigkeit wird mithilfe von Anemometern gemessen (Bild 2.30). Das Funktionsprinzip des Flügelrad-Anemometers (Bild 2.30 links) beruht darauf, die Drehgeschwindigkeit eines Flügelrades, das senkrecht zur Luftstrom-Richtung platziert wird, zu messen. Hitzdraht-Anemometer (Bild 2.30 rechts) messen die Luftgeschwindigkeit nach einem thermischen Prinzip: Ein erhitzter Draht wird durch den vorbeiströmenden Luftstrom abgekühlt, wodurch sich sein elektrischer Widerstand ändert. Dies ermöglicht eine präzise Bestimmung der Strömungsgeschwindigkeit, selbst bei sehr schwachen Luftströmen. Eine hohe Messgenauigkeit erfordert hochwertige Herstellung und periodische Kalibrierung.

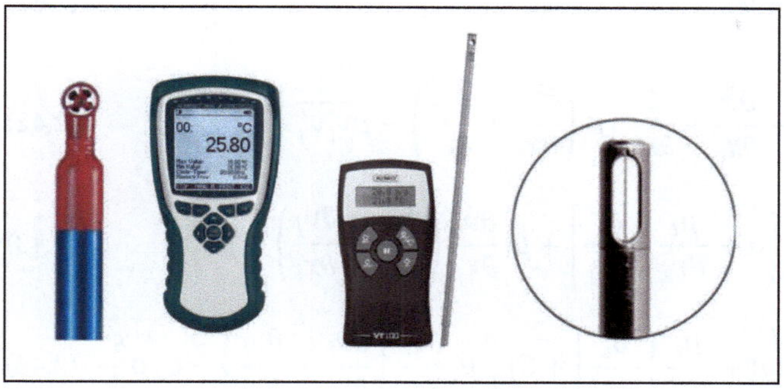

Bild 2.30 Messgeräte zur Bestimmung der Luftgeschwindigkeit in einer Trocknungsanlage: links Flügelrad-Anemometer; rechts Hitzdraht-Anemometer (Quelle: [29])

Die Gleichmäßigkeit der Luftströmung im Trockner kann mithilfe von Rauch- oder Nebelgeräten nachgeprüft werden.

Die Modellierung der Luftströmung in der Trockenanlage ist eine fortgeschrittene Methode zur Simulation der Geschwindigkeitsprofile in verschiedenen Schlüssel-Positionen im Trockner und bietet Lösungen für die Optimierung der Luftführung, um eine bessere, gleichmäßigere Trocknung zu erzielen.

2.2.2.9 Modellierung der Luftströmung in einer Trockenanlage

Die Luftstrom-Modellierung kann in der gesamten Anlage und/oder nur lokal (z. B. im Ventilator, Wärmetauscher, Verteilungskanal, Frischluft/Abluftschacht) erfolgen. Sie wird mittels numerischer Methoden [30, 31] vorgenommen.

Die Hauptphasen der Luftstrom-Modellierung sind in Bild 2.31 aufgeführt. Die Vorbearbeitungsphase besteht hauptsächlich aus der Erstellung des 3D-Modells, seiner Diskretisierung und der Festlegung der Randbedingungen an den Grenzen des Analysebereichs.

Da die Luftgeschwindigkeit in einer Trocknungskammer unter 150 m/s liegt, gilt die Strömung als nicht komprimierbar [32]. Während der Bearbeitungsphase werden die Masse- und Impulserhaltungsgleichungen mithilfe eines speziellen Programms (z. B. Ansys Fluent) iterativ gelöst.

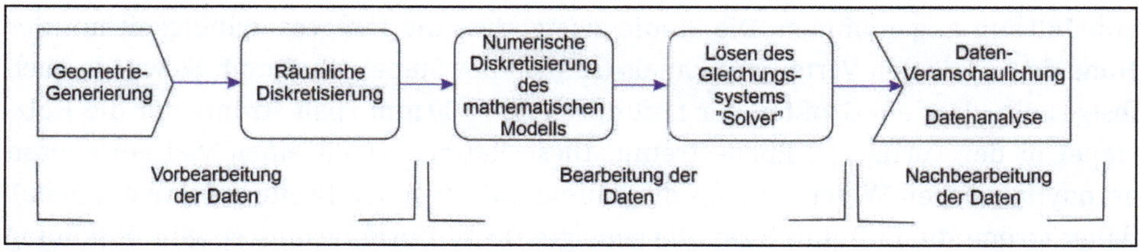

Bild 2.31 Etappen der numerischen Simulierung (Quelle: [33], mit Genehmigung)

Die Simulation der Luftströmung in einer Trocknungsanlage umfasst die Lösung der Reynolds-gemittelten Navier-Stokes-Gleichungen (RANS), die die Flüssigkeitsbewegung beschreiben [32]. Diese Gleichungen werden mithilfe einer Fluiddynamik-Simulationssoftware gelöst (CFD).

$$\frac{\partial \overline{v}_i}{\partial x_i} = \frac{\partial \overline{v}_1}{\partial x_1} + \frac{\partial \overline{v}_2}{\partial x_2} + \frac{\partial \overline{v}_3}{\partial x_3} = 0 \tag{2.41}$$

$$\rho\left(\frac{\partial \overline{v}_i}{\partial t} + \overline{v}_j \frac{\partial \overline{v}_i}{\partial x_j}\right) = \rho g i - \frac{\partial \overline{p}}{\partial x_i} + \frac{\partial}{\partial x_j}\left[\mu\left(\frac{\partial \overline{v}_j}{\partial x_i} + \frac{\partial \overline{v}_i}{\partial x_j}\right) - \rho \overline{v_i' v_j'}\right] \tag{2.42}$$

$$\rho\left(\frac{\partial k}{\partial t} + v_j \frac{\partial k}{\partial x_j}\right) = \frac{\partial}{\partial x_j}\left[\left(\mu + \frac{\mu_t}{Pr_k}\right)\frac{\partial_k}{\partial x_j}\right] + \mu_t \frac{\partial v_i}{\partial x_j}\left(\frac{\partial v_i}{\partial x_j} + \frac{\partial v_j}{\partial x_i}\right) - \rho\varepsilon \tag{2.43}$$

$$\rho\left(\frac{\partial \varepsilon}{\partial t} + v_j \frac{\partial \varepsilon}{\partial x_j}\right) = \frac{\partial}{\partial x_j}\left[\left(\mu + \frac{\mu_t}{Pr_\varepsilon}\right)\frac{\partial_\varepsilon}{\partial x_j}\right] + C_1 \frac{\varepsilon}{k}\mu_t \frac{\partial v_i}{\partial x_j}\left(\frac{\partial v_i}{\partial x_j} + \frac{\partial v_j}{\partial x_i}\right) - C_2 \rho \frac{\varepsilon^2}{k} \tag{2.44}$$

$$\mu_t = \rho C_\mu k^2/\varepsilon$$

Pr_k und Pr_ε Prandtl-Zahlen

C_μ, C_1, C_2 Konstanten

Der Grad der Luftturbulenz in einem Trockenraum wird auf 10 % geschätzt. Der höchste Turbulenzwert wird im Materialstapel registriert. Die Turbulenzmodellierung erfolgt mit dem Standard-*k*-*ε*- oder RNG-*k*-*ε*-Modell [34, 35].

Die Nachbearbeitungsphase ermöglicht eine qualitative Analyse in Form einer Farbkarte sowie eine quantitative Analyse anhand von Diagrammen und/oder durch Ermittlung der Werte der überwachten Parameter (Durchfluss, Geschwindigkeit und Gleichmäßigkeit).

a) Modellierung der Luftströmung in der gesamten Anlage

Die Luftströmungssimulation kann ohne vereinfachende Annahmen in einem 2D- oder 3D-Bereich durchgeführt werden. Bild 2.32 zeigt einen Rechenbereich, der zur Untersuchung der Luftzirkulation in einer herkömmlichen Trockenkammer verwendet wurde [31]. Folgende Bedingungen wurden angenommen: die Geschwindigkeit an der Einlaufgrenze 6 m/s, die Dicke der Stapellatten 19 mm und zwei Holzstapel mit je 30 Reihen, über die Höhe der Kammer. Zwischen den Stapeln wurde ein Abstand von 100 mm angenommen. Die Studie zeigte, dass die Luftgeschwindigkeit mit der Höhe des vertikalen Verteilungskanals (seitlich der Stapel) abnimmt. Es wurde auch festgestellt, dass ein Großteil der Luft durch den 100 mm Spalt strömt, der die Holzstapel in der vertikalen Ebene trennt. Diese Räume haben einen viel geringeren aerodynamischen Widerstand als die Räume zwischen den Brettern (aktive Kanäle), daher strömt die Luft durch sie. Die geneigte Deckenform begünstigt eine Erhöhung der Luftgeschwindigkeit beim Eintritt in den vertikalen Verteilungskanal seitlich der Stapel. Aufgrund dieses Phänomens entsteht durch die Geometrie der Zwischendecke und des oberen Leitblechs eine Turbulenzzone (Wirbel), die die Luftgeschwindigkeit im oberen Teil des Verteilungskanals verringert. Daher ist die Luftgeschwindigkeit über die Höhe der vertikalen Stapelgruppe ungleichmäßig (Bild 2.32 c).

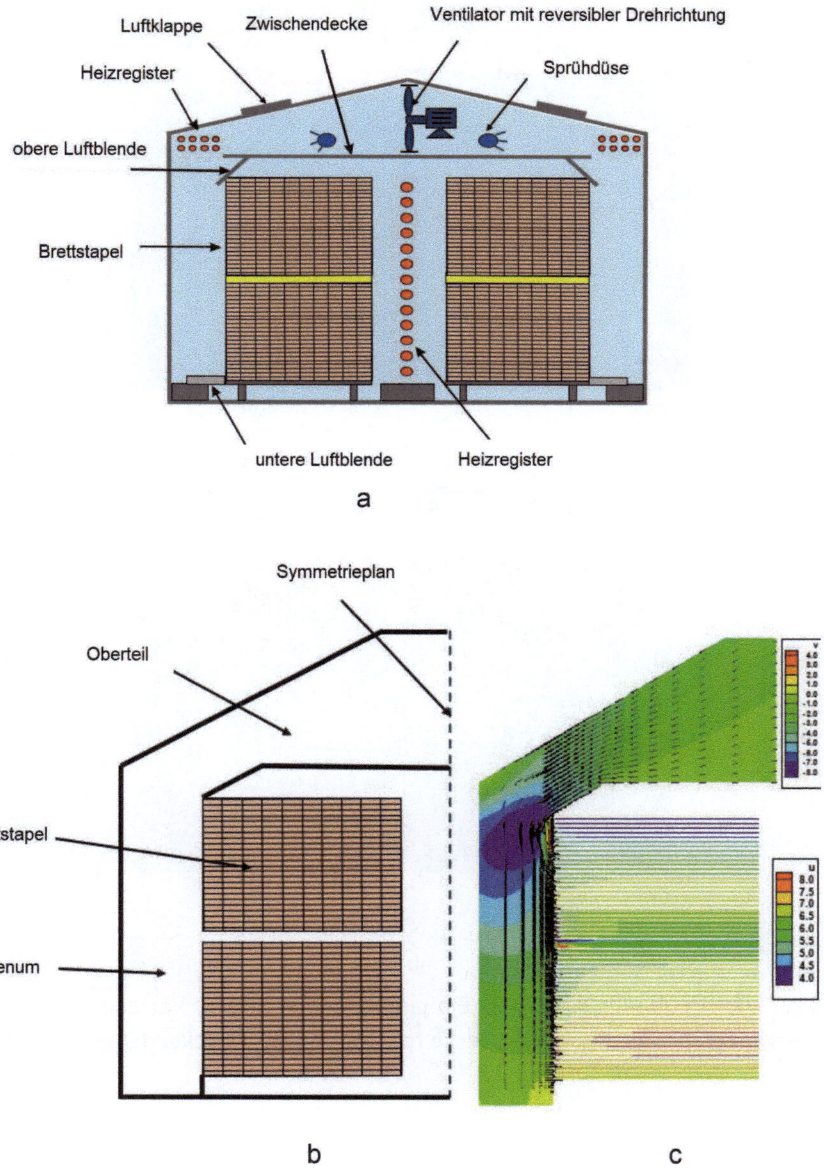

Bild 2.32 Simulation der Luftströmung in einer Trocknungskammer: a – Geometrie der Kammer; b – Berechnungsbereich und Grenzwerte; c – Luftgeschwindigkeitsprofile (in Anlehnung an [30])

Die Rezirkulationszone (Umwälzzone), die sich beim Eintritt der Luft in den seitlichen Verteilungskanal bildet (Bild 2.33), wird von Bedelean (2009) hervorgehoben [25]. In dieser Studie wurde ein 2D-Bereich mit einer Geschwindigkeit von 3 m/s an der Eingangsfront betrachtet. Drei Stapel in Raumhöhe und vier Stapel über die Kammerbreite wurden in Betracht genommen.

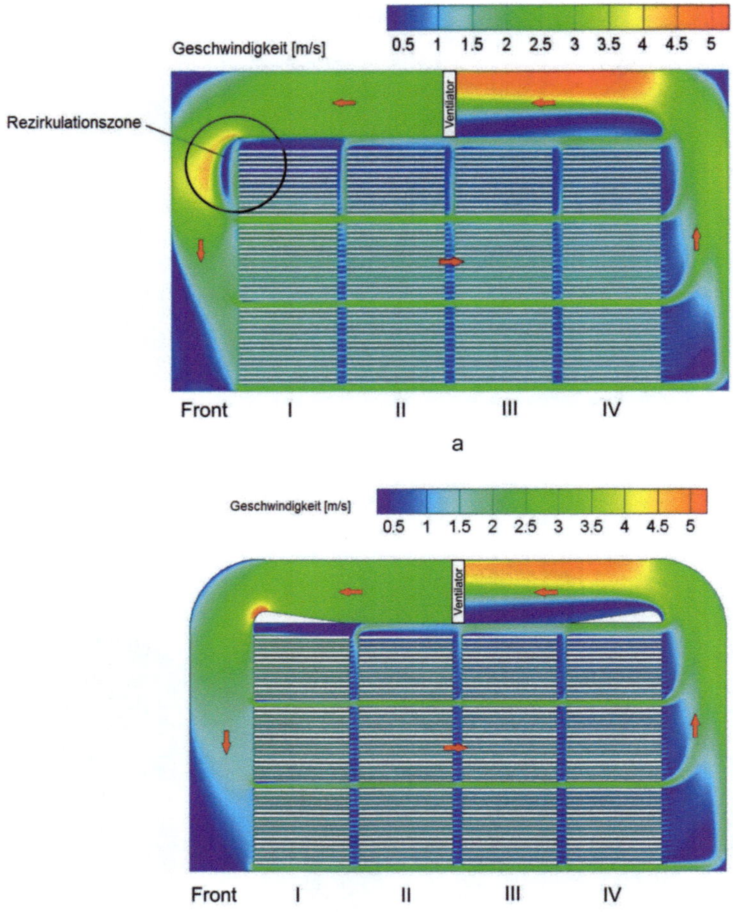

b

Bild 2.33 Rezirkulationszone beim Eingang in den vertikalen Verteilungskanal: a – Decke mit rechten Ecken; b – Decke mit abgerundeten Ecken (Quelle: [25])

Durch die Abrundung der Deckenecken (Bild 2.33 b) kann der negative Einfluss der Rezirkulationszone auf den Wert der Luftgeschwindigkeit und deren Gleichmäßigkeit verringert werden (Bild 2.34 b). Die Luftgeschwindigkeit nimmt oben zu, da der sich bildende Wirbel seine Wirkungsfläche verkleinert und dadurch ein höherer Luftanteil durch die oben liegenden Stapel strömt (Bild 2.34 a).

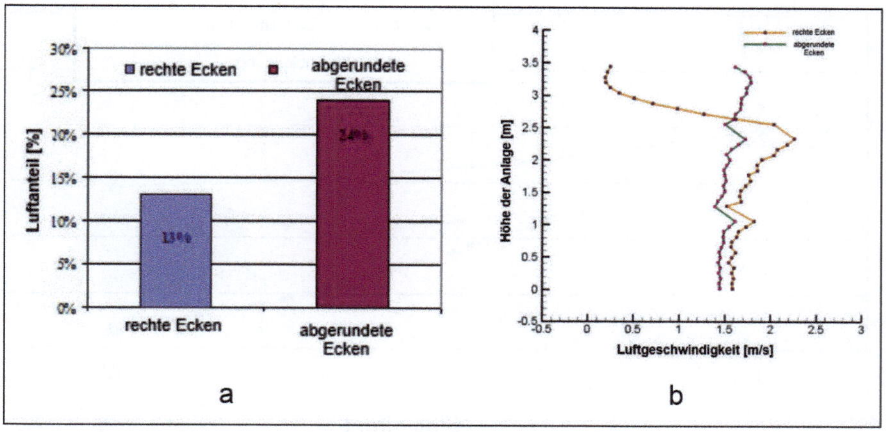

Bild 2.34 Einfluss der Geometrie der Trockenkammer auf den Luftanteil und die Geschwindigkeit: a – Prozentsatz der Luft, der durch den vertikalen Luftkanal seitlich der Stapel strömt; b – Luftgeschwindigkeitsprofil über der Raumhöhe (Quelle: [25])

Eine Erhöhung der Gleichmäßigkeit der Luftverteilung in der Trocknungskammer kann auch durch den richtigen Einsatz von Leitblechen erreicht werden. Die Art und Weise, wie die Leitbleche platziert werden, spielt eine wichtige Rolle für den Luftstrom [25]. Wenn nur ein oberes Leitblech am Lufteinlass in der Stapelgruppe verwendet wird, steigt der Prozentsatz der Luft, die durch den ersten strömt, leicht an. Der Einfluss ist aber minimal im Vergleich zur Abwesenheit der Leitbleche. Wenn das obere Leitblech im mittleren Teil des oberen Kanals angebracht wäre, würde sich gemäß der Grafik in Bild 2.35 eine Erhöhung der Luftgeschwindigkeit an allen vier Fronten ergeben. Zwei obere Leitbleche sorgen für einen sprunghaften Luftanstieg in der letzten Stapelgruppe.

In der Industrie sind für jede Stapelgruppe obere Leitbleche vorgesehen. In dieser Situation erhöht sich die Luftgeschwindigkeit in allen vier Stapelgruppen. Wenn alle passiven Kanäle abgeblendet werden, ist sowohl für eine deutliche Erhöhung der Luftgeschwindigkeit durch alle vier Stapelgruppen gesorgt als auch für deren Gleichmäßigkeit.

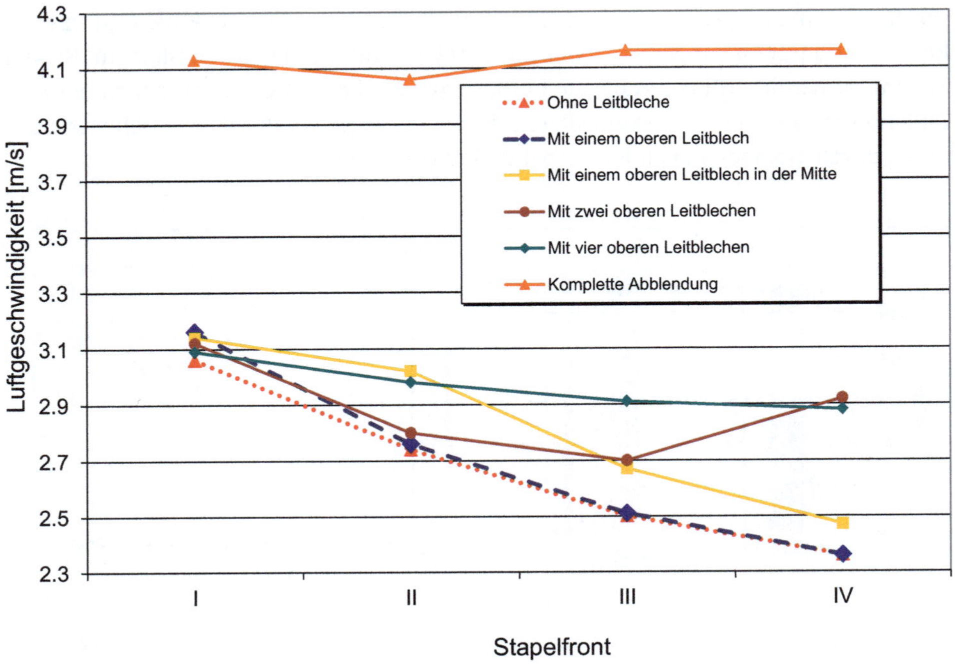

Bild 2.35 Einfluss der Abblendungsstrategie auf die durchschnittliche Geschwindigkeit durch die vier in Strömungsrichtung liegenden Stapelfronten (I – IV) (Quelle: [25])

Eine inkomplette Beladung der Kammer beeinflusst den Luftstrom [25]. Bild 2.36 zeigt die Situation, wenn der obere Stapel in der ersten Stapelfront fehlt. In diesem Fall strömt ein großer Teil des Luftstroms durch die oberen Stapel der Fronten II, III und IV. Daher nimmt der Wert der Luftgeschwindigkeit in den nächsten Stapelgruppen zu (Bild 2.37). Fehlt der Stapel aus der zweiten Stapelreihe (Bild 2.38), so kommt es in der zweiten Stapelgruppe zu einem plötzlichen Luftabfall (Bild 2.37). Daher sorgt die Platzierungsmöglichkeit in Bild 2.36 für eine bessere Luftzirkulation im Vergleich zur Option in Bild 2.38. Aus theoretischer Sicht wurde auch die Möglichkeit der Verwendung eines „falschen Stapels“ anstelle des fehlenden analysiert. Diese Variante gewährleistet eine ausreichende Luftbewegung in allen vier Stapelgruppen (Bild 2.37).

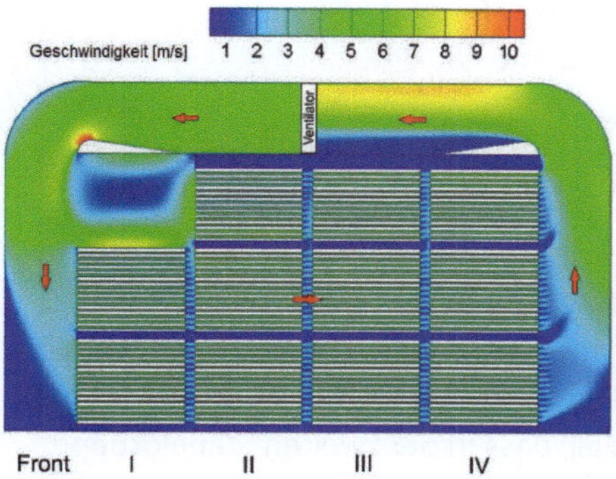

Bild 2.36
Modellierte Luftströmungsgeschwindigkeit durch die Trockenkammer im Fall, dass der oberste Stapel in der ersten Stapelgruppe fehlt (Quelle: [25])

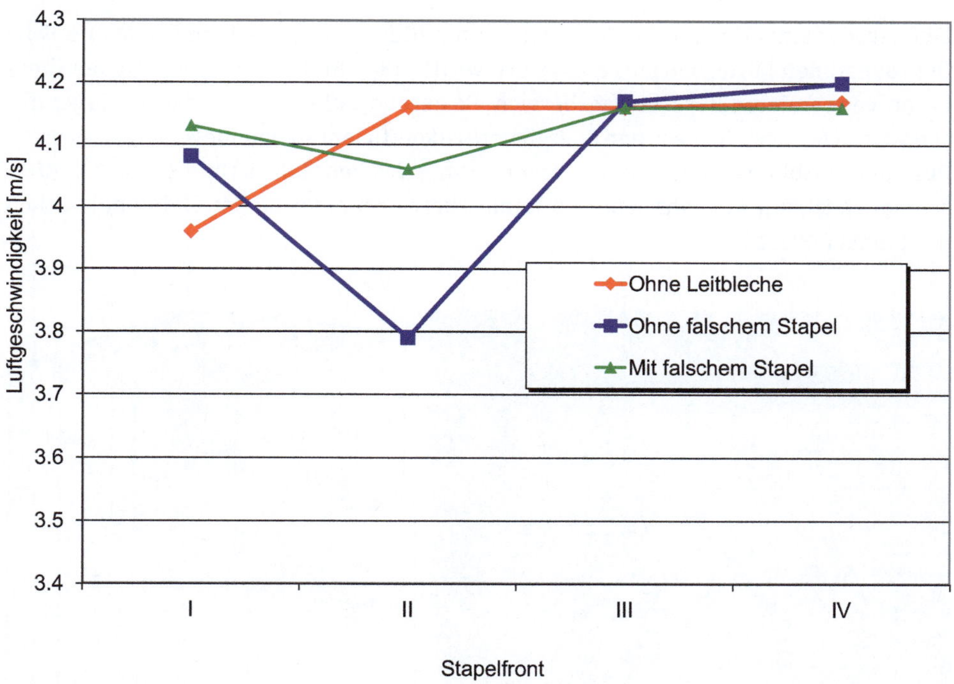

Bild 2.37 Einfluss des Einsatzes eines Leitblechs anstelle des fehlenden Stapels (Quelle: [25])

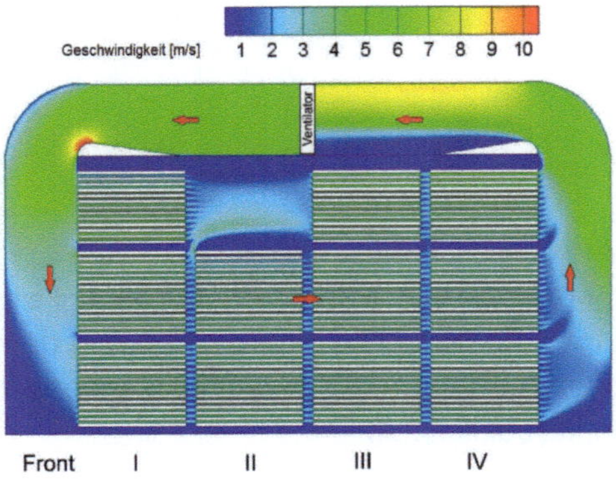

Bild 2.38 Modellierte Luftströmungsgeschwindigkeit durch die Trockenkammer für den Fall, dass in der zweiten Stapelgruppe ein Oberstapel fehlt (Quelle: [25])

Die Aerodynamik der Trockenkammer kann mithilfe eines 3D-Modells auch im Falle des reversiblen Lüfterbetriebs analysiert werden [34]. Bild 2.39 zeigt den in der Simulation verwendeten Berechnungsbereich. Basierend auf den numerischen Ergebnissen wurde festgestellt, dass der Energieverlustkoeffizient in den meisten analysierten Punkten in Abhängigkeit von der Drehrichtung des Ventilators (Bild 2.40 a, b) unterschiedlich ist, mit Ausnahme des Lufteinlassbereichs im vertikalen Luftkanal seitlich der Stapel (S3/S3B).

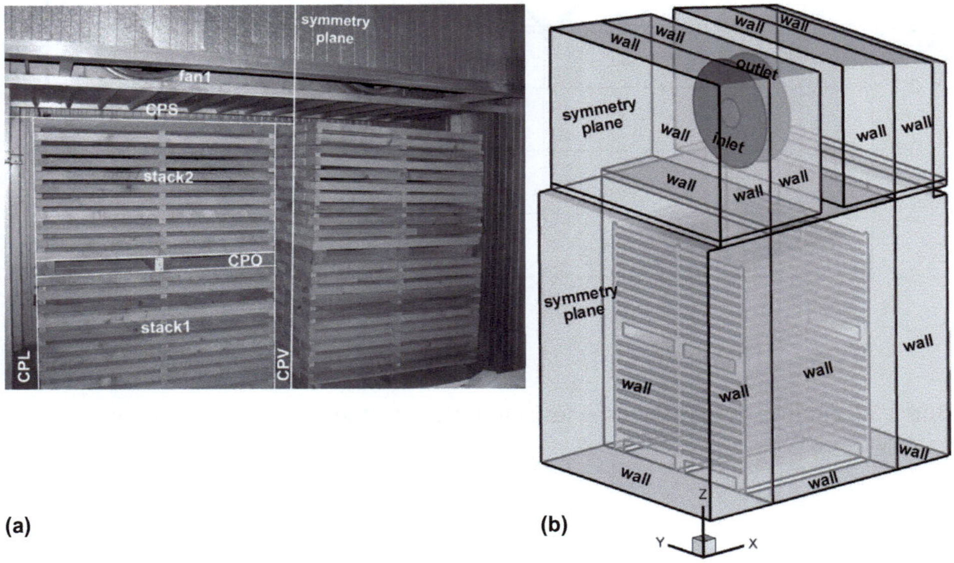

Bild 2.39 Berechnungsbereich für die numerische Simulation: a – in der Studie berücksichtigter Trockenraum; b – der in der Simulation verwendete 3D-Bereich (Quelle: [34])

Der Luftungleichmäßigkeitskoeffizient ist im Holzstapel viel höher, wenn der Ventilator in umgekehrter Richtung läuft als standardmäßig (Bild 2.40 c). Außerdem sind die Luftverluste durch die oberen, seitlichen und vertikalen Passivkanäle je nach Betriebsrichtung des Lüfters unterschiedlich (Bild 2.40 d).

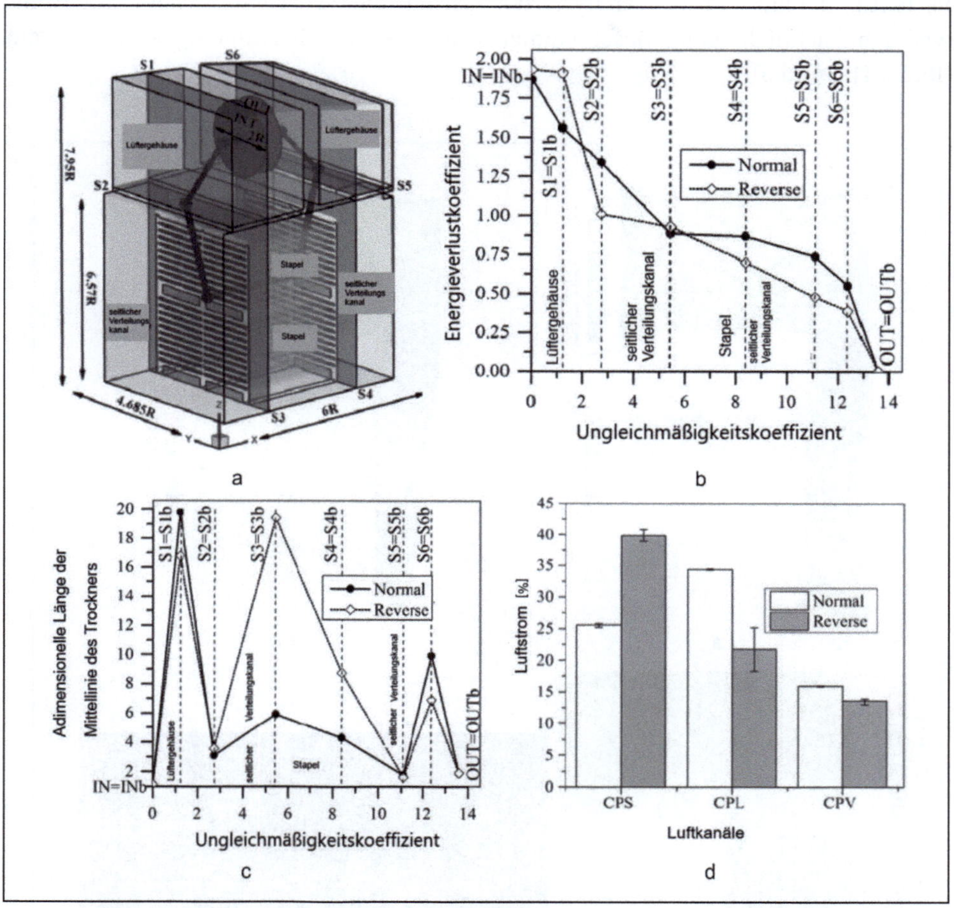

Bild 2.40 Variation des Energieverlustkoeffizienten, des Ungleichmäßigkeitskoeffizienten und der Verteilung des Luftvolumens in bestimmten definierten Abschnitten für beide Betriebsrichtungen des Ventilators: a – die im Rahmen der Analyse definierten Abschnitte; b – Energieverlustkoeffizient; c – Ungleichmäßigkeitskoeffizient; d – Verteilung des Luftstroms durch die oberen, seitlichen und vertikalen Passivkanäle (Quelle: [34])

Die Geometrie des seitlichen Verteilungskanals hat einen bedeutenden Einfluss auf die Verteilung des Luftstroms in diesem Kanal und beim Eingang der Luft in die Stapelfront [35]. Vier Varianten wurden analysiert (Bild 2.41). Die Luftgeschwindigkeitsverteilung ist in Bild 2.41 a, b, c dargestellt. Zuerst im normalen Verteilungskanal mit konstanter Breite (Bild 2.41 a), dann in einem konischen Verteilungskanal (Bild 2.41 b), dann in einem Kanal mit doppelter Breite im Vergleich zur Ausgangssituation (Bild 2.41 c), der zu einer Verringerung der Luftgeschwindigkeit am unteren Ende des Kanals führt (Bild 2.41 d). Aufgrund der Tatsache, dass der Kanalwiderstand abnimmt, wird auch eine Verbesserung der Luftgleichmäßigkeit erreicht. Im Fall des konischen Verteilungskanals wurde im analysierten Basisfall keine Verbesserung des Luftstroms weder hinsichtlich seiner Geschwindigkeit noch seiner Gleichmäßigkeit festgestellt (Bild 2.41 b und d).

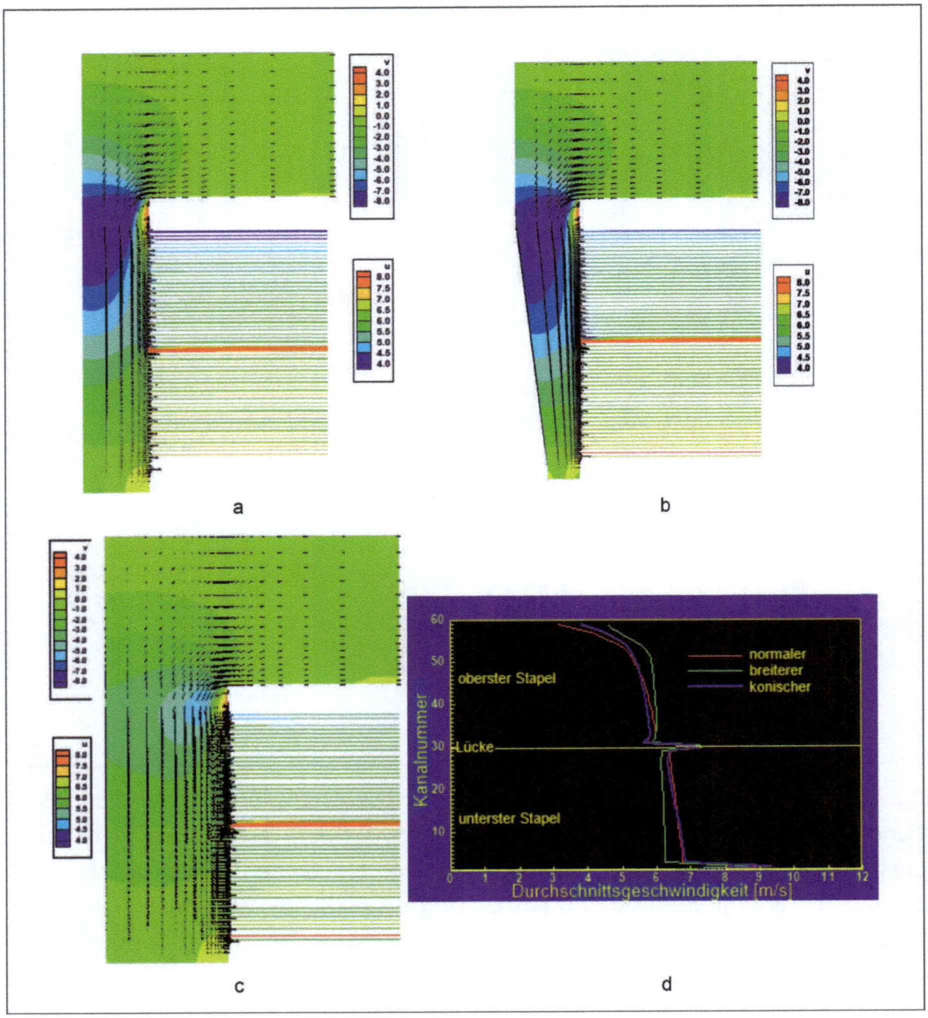

Bild 2.41 Durchschnittliche Luftgeschwindigkeit beim Austritt aus den Holzstapeln bei den analysierten Varianten: a – normaler Verteilungskanal (Referenz); b – konischer Verteilungskanal; c – breiterer Verteilungskanal; d – Durchschnittsgeschwindigkeit (Quelle: [36], mit Genehmigung)

Durch die Einführung einer vertikalen Platte im Verteilungskanal (Bild 2.42 b) wurde eine Unterteilung des Kanals angestrebt, um eine höhere Luftgleichmäßigkeit zu erreichen. Ergebnisse von Hua et al. (2001) zeigen, dass diese Lösung den Luftstrom im Vergleich zum Basisfall verschlechtert (Bild 2.42 a und c) [35].

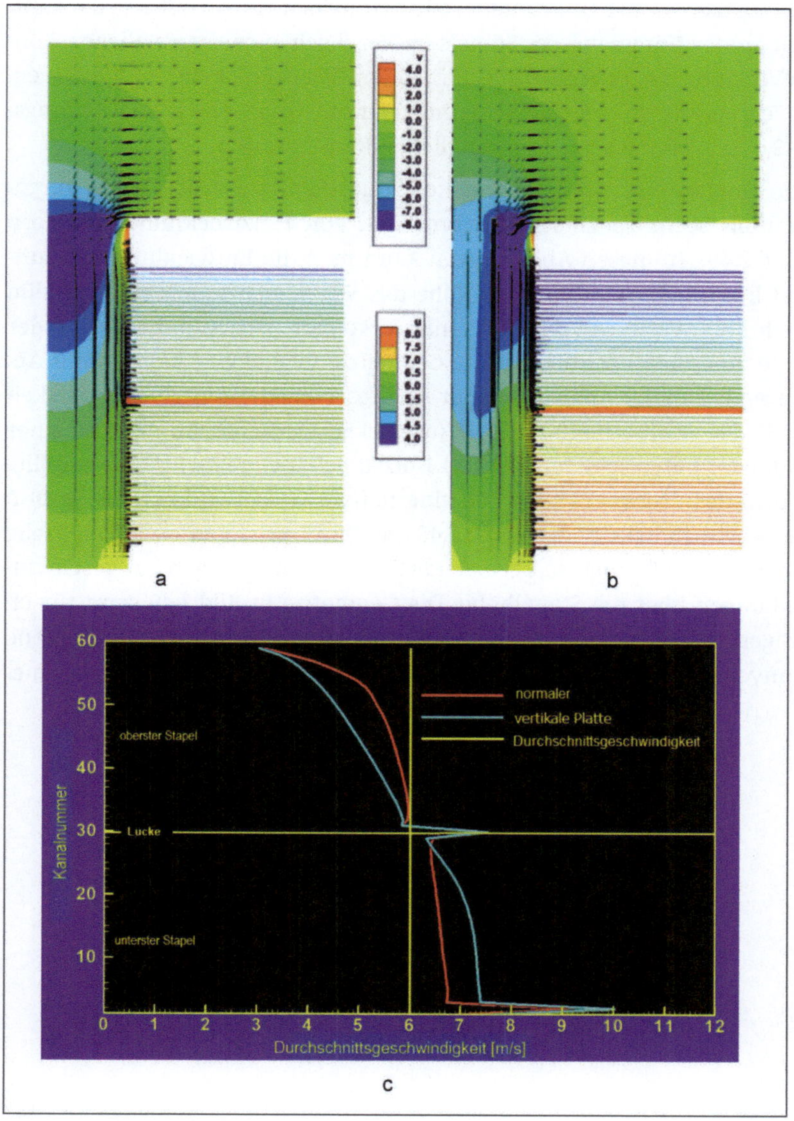

Bild 2.42 Durchschnittliche Luftgeschwindigkeit beim Austritt aus den Holzstapeln bei den analysierten Varianten: a – normaler Verteilungskanal (Referenz); b – Einsetzen einer vertikalen Platte in den Verteilerkanal; c – Geschwindigkeitsprofil (Quelle: [36], mit Genehmigung)

Der Einfluss der Deckengeometrie der Trocknungsanlage und des Neigungsgrades des oberen Leitblechs wurde von Hua et al. (2001) analysiert [35]. Die erhaltenen Geometrien sind in Bild 2.43 a, b dargestellt. Die geneigte Decke ermöglicht eine Beschleunigung des Luftstroms beim Eintritt in den vertikalen Verteilungskanal seitlich der Stapel. Ein Neigungswinkel der Leitblechposition von 30° führt zu einer Verringerung der Luftgeschwindigkeit an der Oberseite, begünstigt jedoch eine Erhöhung der Luftgeschwindigkeit an der Unterseite des Stapels im Vergleich zur ursprünglichen Konfiguration. Die Variante, das obere Leitblech in einem Winkel von 45° zu platzieren, führt zu einer Verringerung der Luftgeschwindigkeit über die Höhe des Verteilungskanals (Bild 2.43 c) im Vergleich zur ursprünglichen Konfiguration.

Die numerische Analyse wurde auch von Rodriquez-Ramirez et al. (2014) durchgeführt [37], mittels sechs spezifischer Geometrien von Holztrocknungskammern (Bild 2.44 bis Bild 2.49). In diesen Abbildungen kann man die Entwicklung der Luftgeschwindigkeit in Abhängigkeit von der Höhe des Verteilungskanals sowohl beim Eingang als auch beim Verlassen des Luftkanals erkennen. Die Nummerierung der Holzteile erfolgte von oben nach unten. Die Geometrie in Bild 2.44 kann durch Abrunden der oberen Ecken der Anlage zu einer Verbesserung der Luftgleichmäßigkeit führen (Bild 2.45). Die Geometrie in Bild 2.46 (dreieckige Deckenform) führt zu einer hohen Variabilität der Luftgeschwindigkeit im Holzstapel. Die in Bild 2.47 dargestellte abgerundete Form des Trockners sorgt für eine höhere Geschwindigkeit oben und eine niedrigere Geschwindigkeit unten. Bild 2.48 und Bild 2.49 zeigen zwei spezifische Geometrien für solare Trocknungsanlagen. Beide Geometrien erzeugen Luftgeschwindigkeitsschwankungen über die Stapelhöhe. Die Geometrie in Bild 2.49 sorgt für einen gleichmäßigeren Luftstrom als jene in Bild 2.49. Allerdings ist die empfohlene Variante für konventionelle Trocknungsanlagen die in Bild 2.45 dargestellte Geometrie.

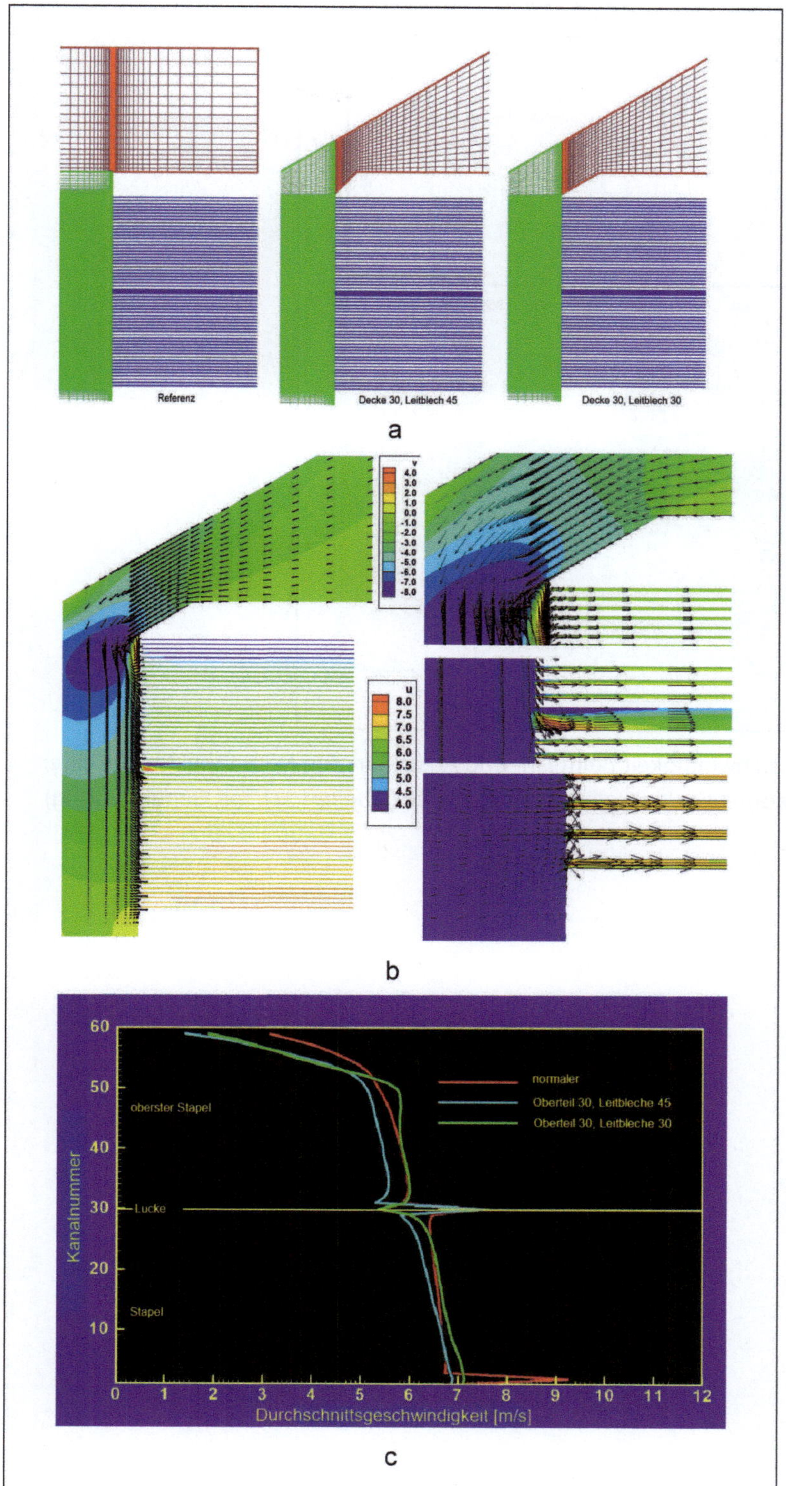

Bild 2.43 Berechnungsbereich (a und b) und Geschwindigkeitsverteilung (c) in Abhängigkeit von der Deckengeometrie und dem Neigungsgrad des Leitblechs (Quelle: [36], mit Genehmigung)

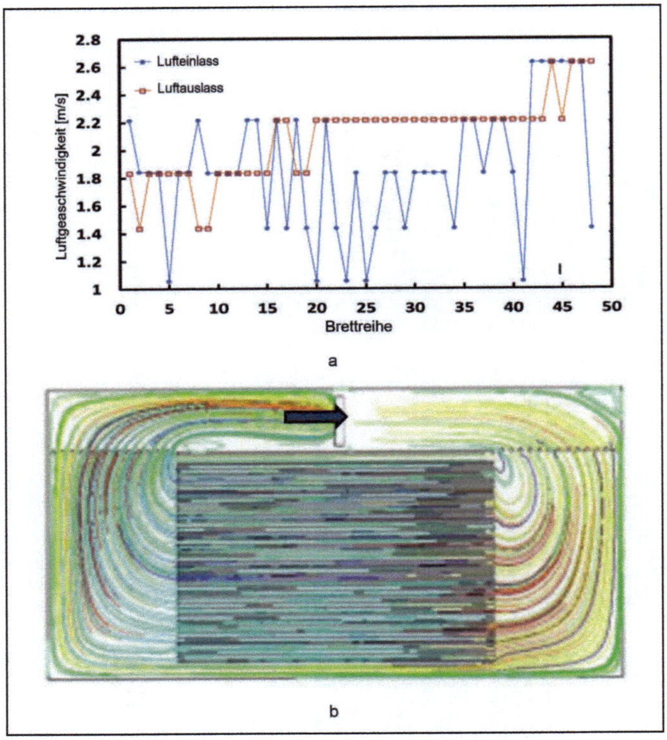

Bild 2.44 Luftgeschwindigkeit beim Ein- und Austritt in den Holzstapel (a), bei einer rechteckigen Geometrie der Trocknungsanlage (b) (Quelle: [37], mit Genehmigung)

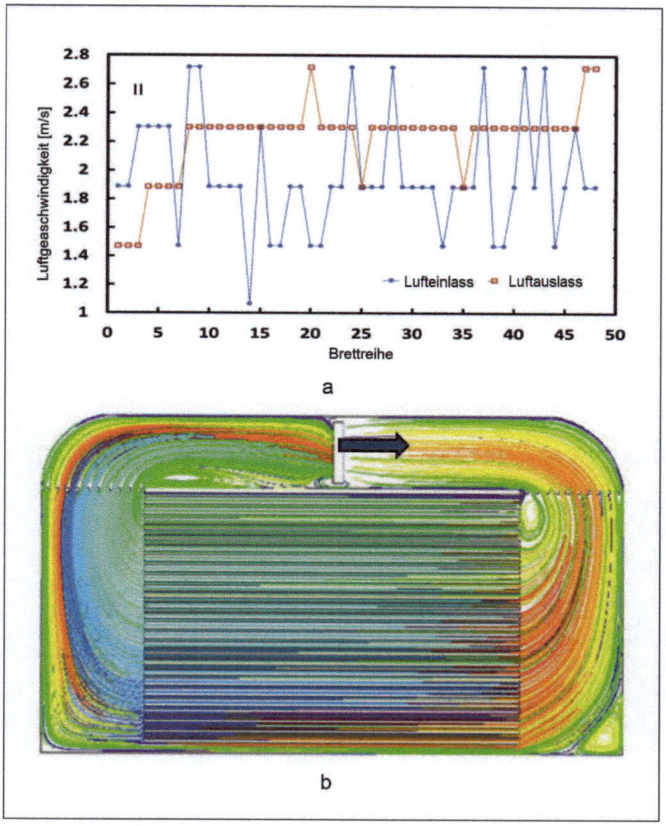

Bild 2.45 Luftgeschwindigkeit beim Ein- und Austritt in den Holzstapel (a) bei rechteckiger Geometrie der Trocknungsanlage mit abgerundeten Oberkanten (b) (Quelle: [37], mit Genehmigung)

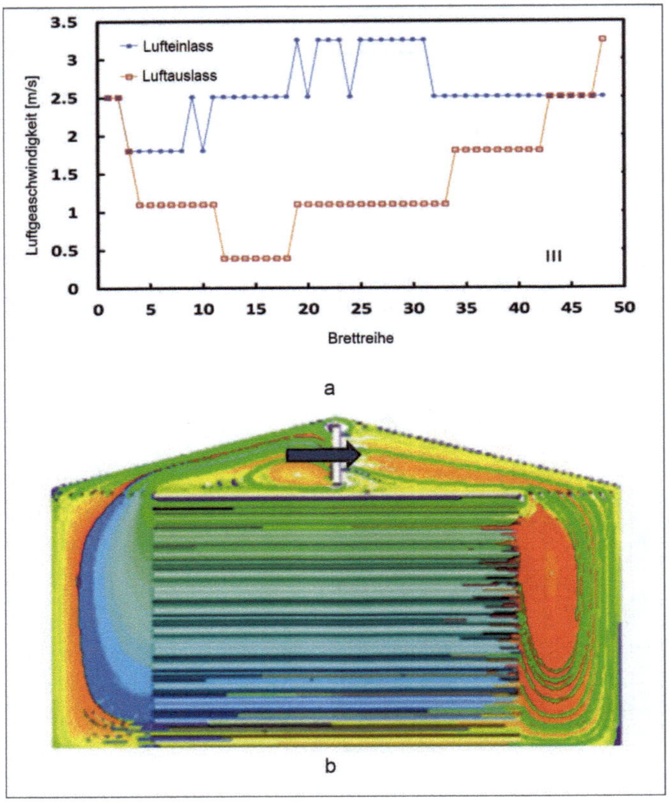

Bild 2.46 Luftgeschwindigkeit beim Ein- und Austritt in den Holzstapel (a) bei dreieckiger Geometrie der Trocknungsanlage (b) (Quelle: [37], mit Genehmigung)

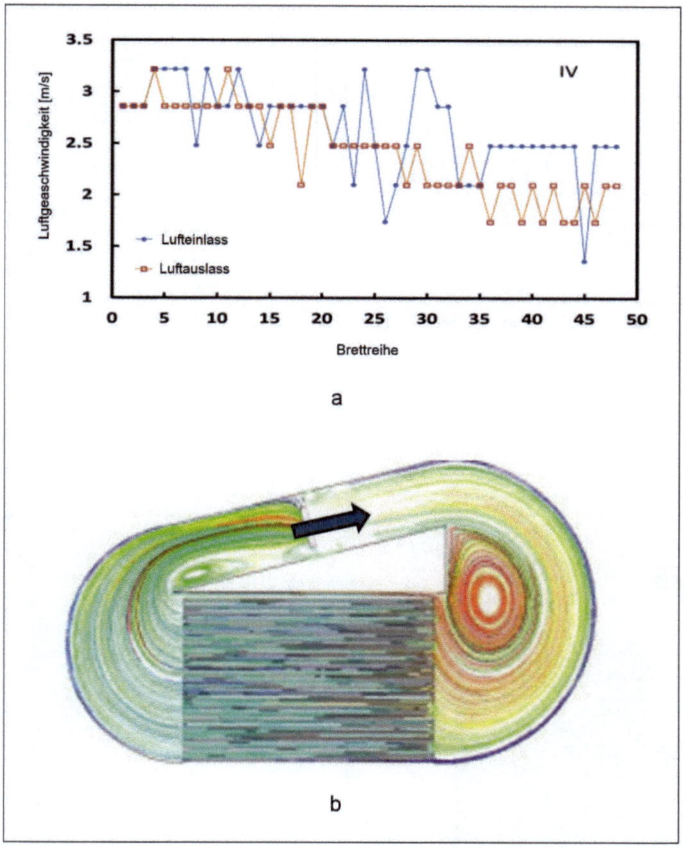

Bild 2.47 Luftgeschwindigkeit beim Ein- und Austritt in den Holzstapel (a) bei abgerundeter Geometrie der Trocknungsanlage (b) (Quelle: [37], mit Genehmigung)

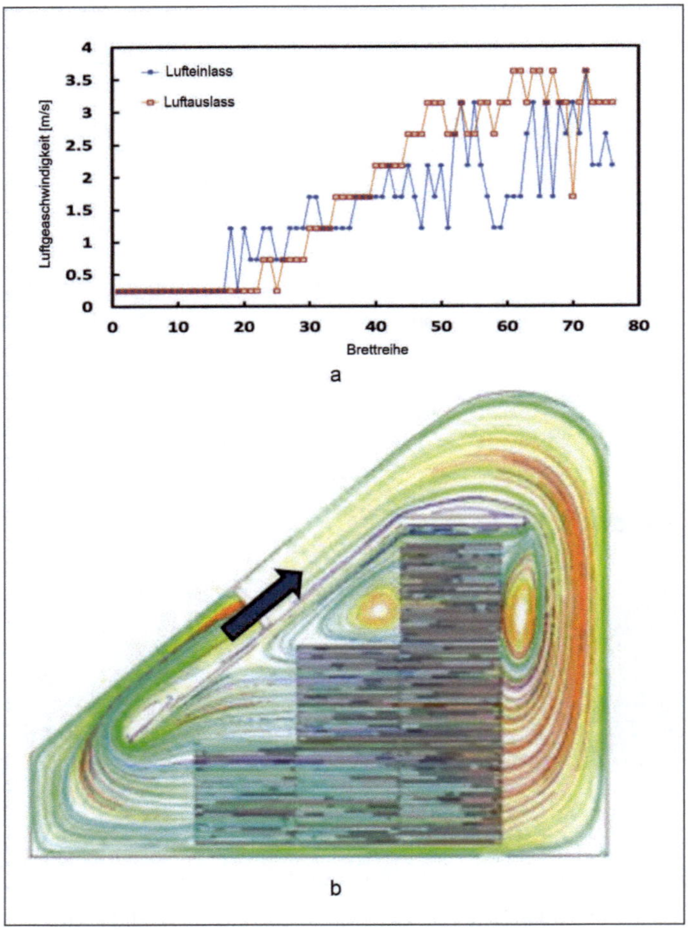

Bild 2.48 Luftgeschwindigkeit beim Ein- und Austritt in den Holzstapel (a) bei abgerundeter Geometrie einer Solar-Trocknungsanlage (b) (Quelle: [37], mit Genehmigung)

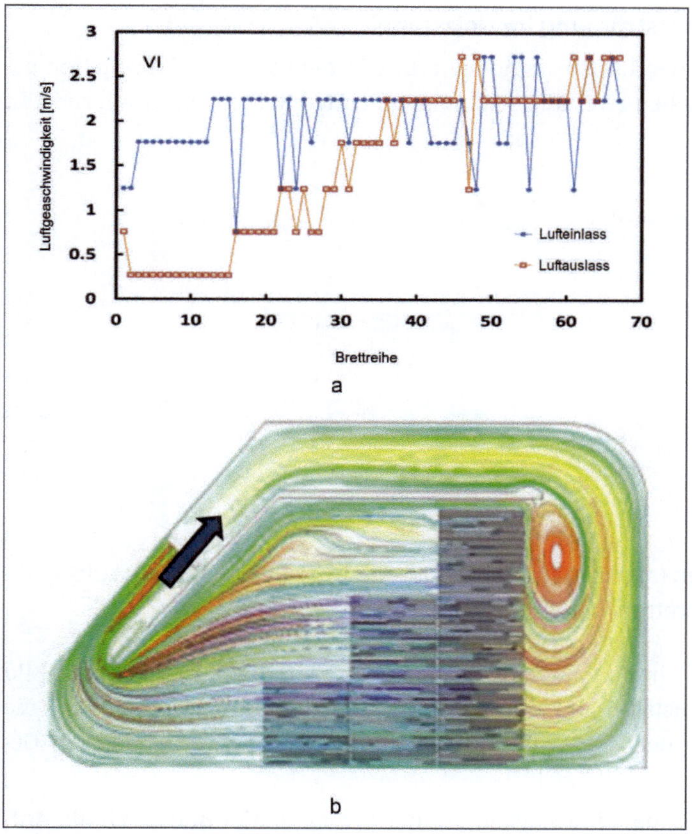

Bild 2.49 Luftgeschwindigkeit beim Ein- und Austritt in den Holzstapel (a) bei abgerundeter Geometrie einer zweiten Art von Solar-Trocknungsanlage (b) (Quelle: [37], mit Genehmigung)

b) Modellierung der Luftströmung im Holzstapel

Ein Beispiel für eine lokale Luftstrommodellierung in dem von den Stapellatten gebildeten Luftkanal zwischen zwei übereinanderstehenden Reihen von Brettern ist in Bild 2.50 dargestellt.

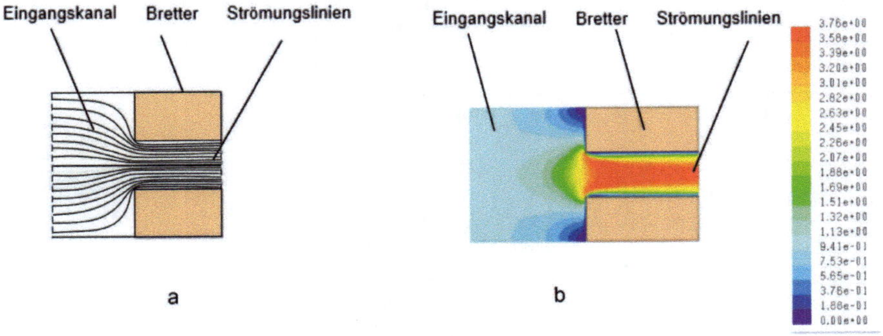

Bild 2.50 Luftstromlinien (a) und Luftgeschwindigkeit (b) beim Eingang des Luftstromes zwischen den Brettern (Quelle: [25])

Das Luftströmungsprofil in den aktiven Kanälen (zwischen den Brettern) ist in Bild 2.51 dargestellt. Die höchste Geschwindigkeit herrscht in der Mitte des Kanals und die niedrigste in der Nähe der Kanalwände. Daher entwickelt sich im Kanal ein Geschwindigkeitsgradient.

Wenn die Luft in den Stapel eindringt, bricht der Strom gemäß Bild 2.51 b ab. Aufgrund dieses Phänomens entsteht sowohl am oberen als auch am unteren Ende des Kanals eine Rezirkulationszone, die zu einer ungleichmäßigen Strömung über einen bestimmten Abschnitt des Kanals führt. Diese Ungleichmäßigkeit wird durch periodische Änderung der Luftrichtung in der Trocknungsanlage verringert.

Die Zwischenräume, die zwischen den in einer Reihe angeordneten Holzteilen entstehen, erzeugen eine turbulente Luftströmung und damit eine Intensivierung des Stoffaustauschs neben jedem Holzteil (Bild 2.51 c). Diese Räume können zu einer ungleichmäßigen Luftströmung führen, wenn sie unterschiedlich groß und/oder nicht gleichmäßig im Holzstapel verteilt sind [35].

Das Stapeln von Holzteilen unterschiedlicher Dicke in derselben Reihe (Bild 2.51 d) kann zu einer Erhöhung des Luftturbulenzgrades führen und dadurch zu einer Intensivierung des Stoffaustauschs in den jeweiligen Bereichen beitragen.

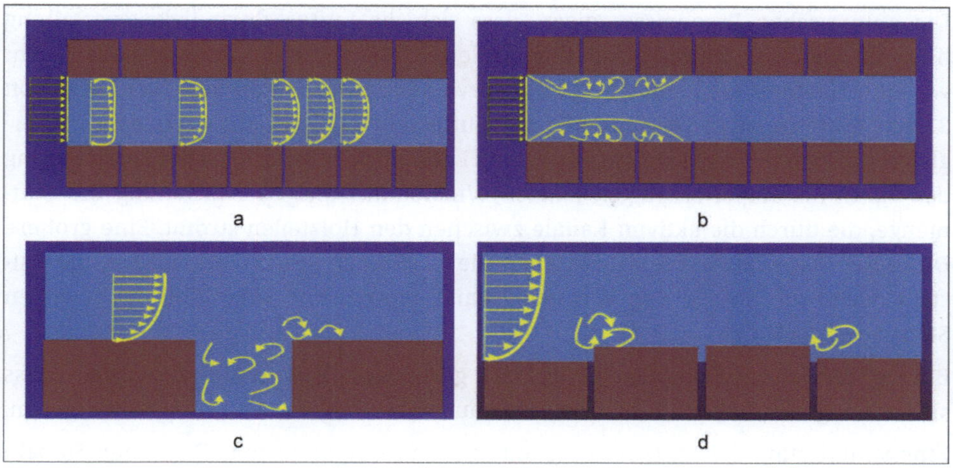

Bild 2.51 Phänomene, die beim Strömen der Luft durch den Holzstapel auftreten: a – Luftgeschwindigkeitsprofil in einem durch die gestapelten Holzteile gebildeten Kanal; b, c, d – Trennung des Luftstroms (Quelle: [36], mit Genehmigung)

Eine weitere Situation, die bei der Holztrocknung auftreten kann, ist das Fehlen eines Brettes innerhalb einer Reihe (Bild 2.51 c). Dieser Umstand führt zu einer turbulenten Luftströmung im Stapel und damit zu einer Intensivierung des Stoffaustausches [35].

Die Dicke der Stapellatten beeinflusst sowohl die Luftbewegung im Stapel (Bild 2.52) als auch die Kapazität der Trockenkammer.

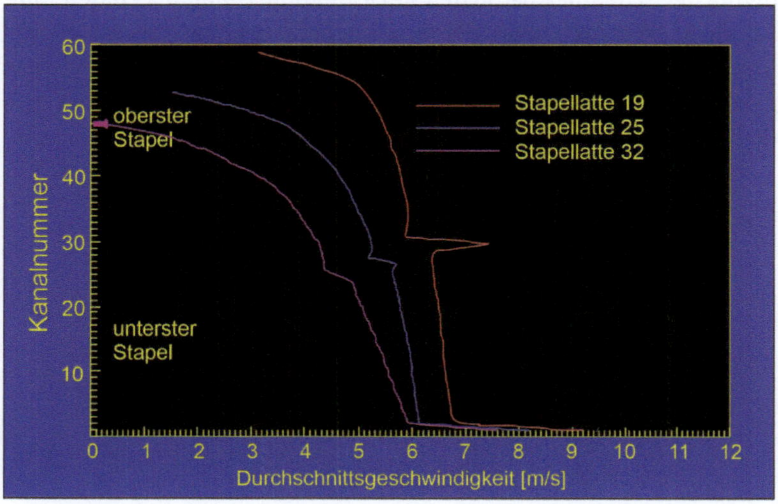

Bild 2.52 Luftgeschwindigkeitsprofil über der Höhe des Holzstapels in Abhängigkeit von der Dicke der Stapellatten: 19, 25 und 32 mm (Quelle: [36], mit Genehmigung)

Die numerischen Ergebnisse zeigen, dass sich die Luftgeschwindigkeitsverteilung über die Höhe des Stapels durch eine Änderung der Dicke der Stapellamellen nicht wesentlich ändert (siehe Bild 2.52). Die Verwendung von Latten mit einer Dicke von 32 mm führt zu einer Verringerung der Luftgeschwindigkeit im Holzstapel im Vergleich zur Lattendicke von 19 mm. Größere Lattendicken bewirken eine Verringerung des durch die Stapel erzeugten lokalen Widerstands und eine Erhöhung der Luftmenge, die durch die aktiven Kanäle zwischen den Holzteilen strömt. Eine größere Dicke der Stapellatten beeinflusst auch die Größe der Rezirkulationszone, die entsteht, wenn die Luft in den Verteilungskanal eintritt und einen Teil des obersten Stapels verstopft [35].

Bei der Verwendung von Stapellatten mit geringerer Dicke wurde festgestellt, dass sich ein ungleichmäßiger Luftstrom, aber auch eine längere Trocknungszeit ergeben.

Eine Simulierung der Luftströmung am Ein- und Ausgang der Luft aus den Stapeln wurde von [25] mithilfe der Analysebereiche, die in Bild 2.53 dargestellt sind, durchgeführt. Der Analysebereich besteht aus drei Teilen, nämlich dem Verteilerkanal beim Eingang der Luft in die Stapel, dem aktiven Kanal und dem Verteilerkanal beim Ausgang der Luft aus den Stapeln. Bild 2.53 b und d zeigen den Analysebereich im Zusammenhang mit einer theoretischen Situation, in der aerodynamische Profile am Stapelende angebracht werden [25]. Die Luftströmung in den beiden Varianten ist in Bild 2.54 veranschaulicht.

Es ist ersichtlich, dass durch die Anbringung einiger aerodynamischer Profile ein allmählicher Übergang von der Oberfläche des seitlichen Verteilungskanals zur Oberfläche der aktiven Kanäle und umgekehrt gewährleistet wird (Bild 2.54 bis Bild 2.58) sowie die Beseitigung der scheinbar bedingten Rezirkulationszonen bis zu den Kanten der Holzteile. Darüber hinaus sinkt der Druckverlust um etwa 30 %. Obwohl durch das Anbringen der aerodynamischen Profile eine Verbesserung des Luftstroms erreicht wird, sinkt die Trocknungsleistung der Anlage um etwa 25 % [38], was sich als unwirtschaftlich erweist.

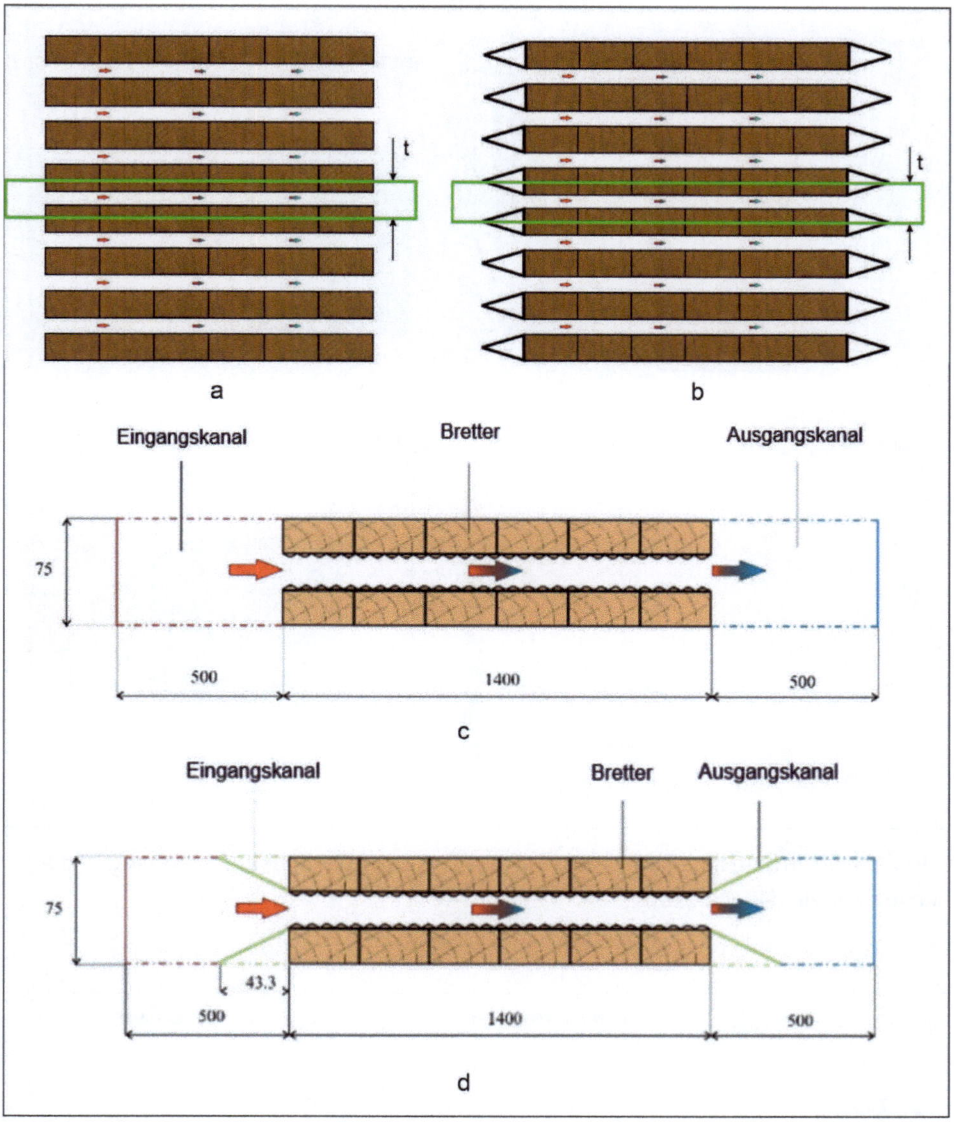

Bild 2.53 Definierung der Geometrie des aktiven Kanals (Quelle: [25]): a – das normale Aussehen des Stapels; b – Anbringen einiger aerodynamischer Profile auf der Eingang- und Ausgangseite der Luft im Stapel; c – Berechnungsbereich für die aktuelle Kanalform; d – Berechnungsbereich für die vorgschlagene Kanalform; *t* = Schritt des Netzwerks

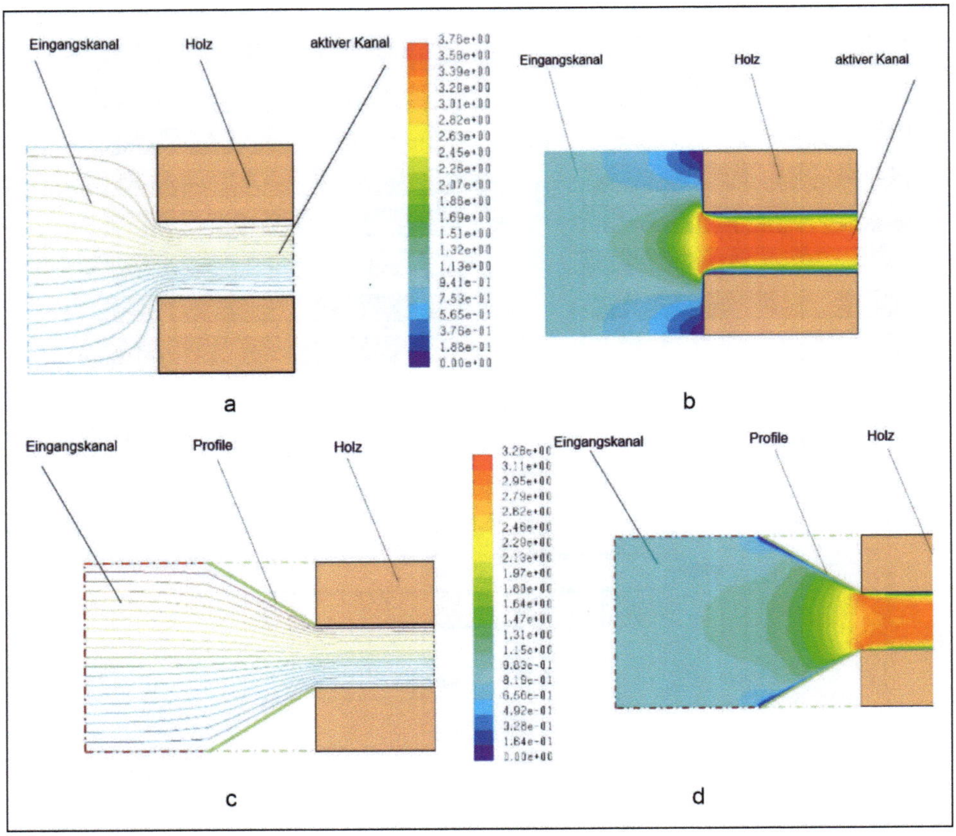

Bild 2.54 Strömungslinien (a, c) und Luftgeschwindigkeit (b, d) beim Eingang in die aktiven Kanäle (Quelle: [25])

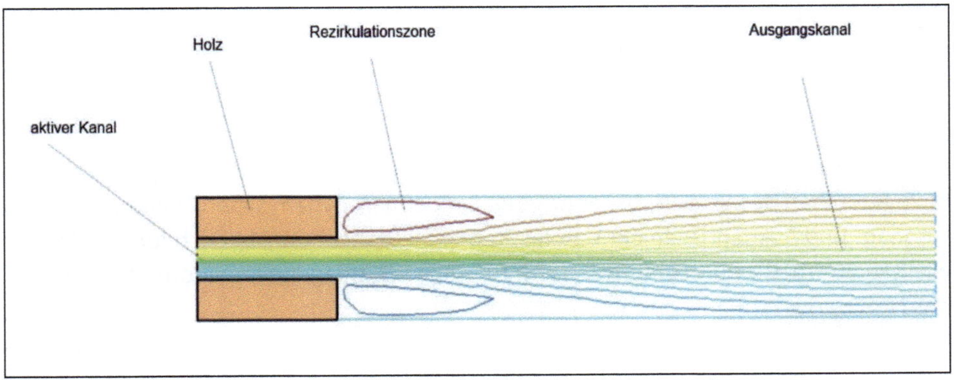

Bild 2.55 Strömungslinien beim Austritt der Luft aus dem aktiven Kanal: 1 – aktiver Kanal; 2 – Holz; 3 – Rezirkulationszone; 4 – Ausgangskanal (Quelle: [25])

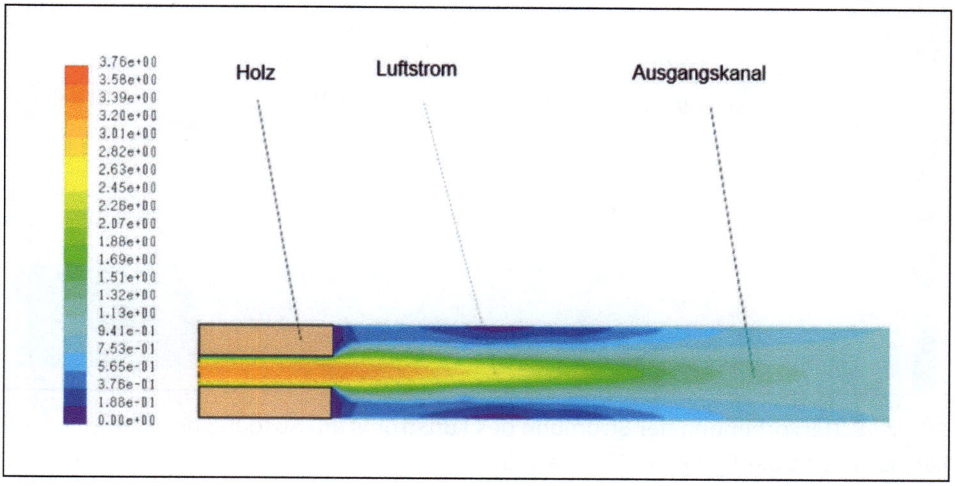

Bild 2.56 Geschwindigkeitsprofil beim Austritt der Luft aus dem aktiven Kanal (Quelle: [25])

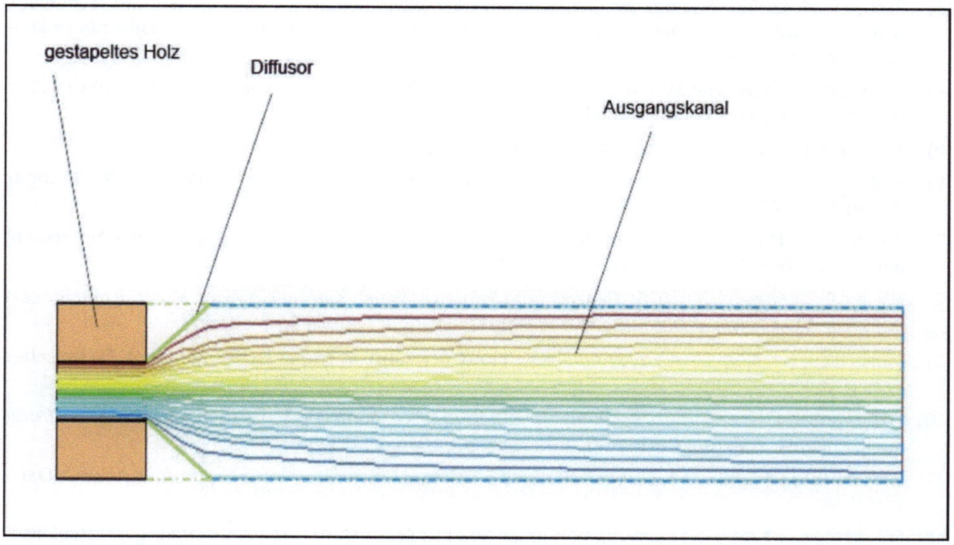

Bild 2.57 Hervorhebung der Strömungsrichtung des Luftstroms am Ausgang des aktiven Kanals anhand der Strömungslinien bei der Anbringung von aerodynamischen Profilen (Quelle: [25])

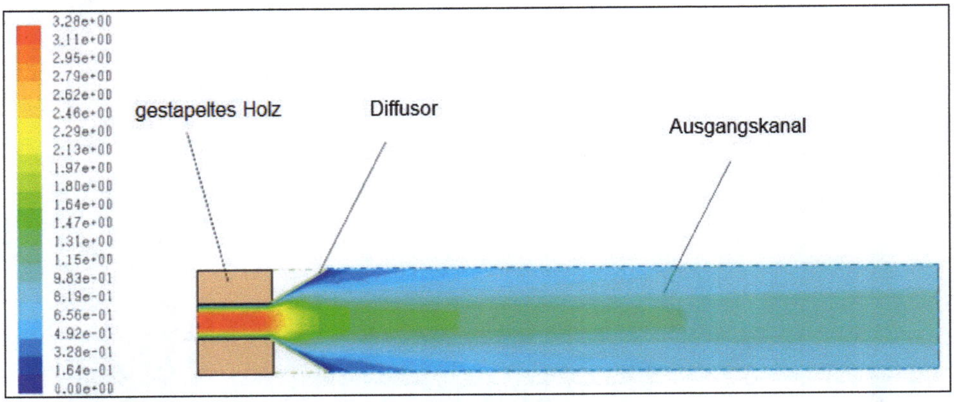

Bild 2.58 Hervorhebung der Strömung des Luftstroms am Ausgang des aktiven Kanals anhand der Farbkarte (Quelle: [25])

Literatur

[1] Timar, M. C. (2009): *Elektronischer Holzarten-Katalog*. Transilvania Universität, Brasov, Rumänien

[2] Janik, W. (1965): *Handbuch der Holztrocknung*. Fachbuchverlag, Leipzig

[3] Porojan, M. (2007): *Beiträge zur Untersuchung der physikalischen, mechanischen und technologischen Eigenschaften von Akazienholz* (in rumänischer Sprache). Doktorthesis, Transilvania Universität, Brasov, Rumänien

[4] Niemz, P.; Sonderegger, W. (2021): *Holzphysik. Eigenschaften, Prüfung und Kennwerte*. 2. aktualisierte Aufl., Carl Hanser Verlag, München

[5] Wagenführ, A. (2008): *Holzatlas*. Carl Hanser Verlag, München

[6] Kollmann, F. F. P. (1951): *Technologie des Holzes und der Holzwerkstoffe. Band 1*. 2. Aufl., Springer Verlag, Berlin/Göttingen/Heidelberg

[7] Kollmann, F. (1933): *Die Abhängigkeit der Trocknungsgeschwindigkeit des Holzes vom Raumgewicht und der Struktur*. In: Forsch.-Ber. Holz H. 1, Berlin

[8] Niemz, P.; Sandberg, D. (2025): *General Data Related to Wood*. Kapitel 1 in *Wood Material and Process Data. The Most Relevant Data, Tables and Figures*. Springer Nature Switzerland

[9] Marinescu, I. (1979): *Uscarea lemnului* (Die Holztrocknung, in rumänischer Sprache). Technischer Verlag, Bukarest, Rumänien

[10] Trübswetter, T. (2009): *Holztrocknung. Verfahren zur Trocknung von Schnittholz – Planung von Trocknungsanlagen*. 2. aktualisierte Aufl., Carl Hanser Verlag, Leipzig

[11] DIN EN 13183-1 (2002): Feuchtegehalt eines Stückes Schnittholz – Teil 1. Bestimmung durch Darrverfahren

[12] DIN EN 13183-2 (2002): Feuchtegehalt eines Stückes Schnittholz – Teil 2. Schätzung durch elektrisches Widerstands-Messverfahren

[13] DIN EN 13183-3 (2005): Feuchtegehalt eines Stückes Schnittholz – Teil 3. Schätzung durch kapazitives Messverfahren

[14] Informationsdienst Holz (2008): *Holz als konstruktiver Baustoff. Holzbau Handbuch, Reihe 4, Teil 1, Folge 1*. Holzabsatzfonds Absatzförderungsfonds der deutschen Forst- und Holzwirtschaft, Bonn

[15] Perre, P.; Keey, R. B. (2006): *Drying of Wood: Principles and Practices*. Kapitel 36 in *Handbook of Industrial Drying*. 3. Aufl., Taylor and Francis Group, CLC Press

[16] Keylwerth, R. (1969): *Praktische Untersuchungen zum Holzfeuchtigkeits-Gleichgewicht*. In: Holz als Roh- und Werkstoff, 27 (8), S. 285 – 290

[17] Frühwald, A.; Ressel, J. (1982): *Holztrocknung. Teil 1. Grundlagen der Holztrocknung*. Universität Hamburg

[18] DIN 52184 (1979): Prüfung von Holz – Bestimmung der Quellung und Schwindung

[19] Keylwerth, R.; Noack, D. (1968): *Über den Einfluss höherer Temperaturen auf die elektrische Holzfeuchtigkeitsmessung nach dem Widerstandsprinzip*. In: Holz als Roh- und Werkstoff, 14, S. 162 – 172

[20] Pitsch, H. (o. J.): Thermodynamik I. Institut für Technische Verbrennung, Universität Aachen. Online: *https://www.itv.rwth-aachen.de/fileadmin/LehreSeminar/Thermodynamik_I/Vorlesungen_SS14/Thermo_I_Kap_2.pdf*, abgerufen am 27. 04. 2025

[21] Lohmann, U. (1998): *Holz Handbuch*. 5., völlig überarb. und erw. Aufl., DRW Verlag, Leinfelden-Echterdingen

[22] Popa, V. (2012): *Automatizari in industria lemnului, Vol. 1* (Automatisierung in der Holzindustrie. Vol. 1, in rumänischer Sprache). Verlag der Transilvania Universität, Brasov, Rumänien

[23] Krischer, O.; Kröll, K. (1963): *Die wirtschaftlichen Grundlagen der Trocknungstechnik*. 2. erw. Aufl., Springer Verlag, Berlin/Göttingen/Heidelberg

[24] Langendorf, G.; Eichler, H. (1982): *Holzvergütung*. 3. Aufl., VEB Fachbuchverlag, Leipzig

[25] Bedelean, B. (2009): *Contributii cu privire la studiul aerodinamic al camerelor de uscare a lemnului* (Beiträge zur aerodynamischen Untersuchung von Holztrocknungskammern, in rumänischer Sprache). Doktorthesis, Transilvania Universität, Brasov, Rumänien

[26] Klinkmüller, H. (1987): *Versuche zur Bestimmung des Einflusses von wechselnden Luftrichtungen auf die Trocknung*. Bericht auf DGfH-Sitzung

[27] Brunner-Hildebrand (Hrsg.) (1987): *Die Schnittholztrocknung*. 5. Aufl., Hannover

[28] Câmpean, M.; Marinescu, I.; Ispas, M. (2003): *Evaluation of a Kiln Incorporating an Oscillating Plate Airflow System*. In: Maderas Ciencia y Tecnología, 5(2), S. 137 – 143. *https://doi.org/10.4067/S0718-221X2003000200005*

[29] Bedelean, B.; Campean, M. (2013): *Tratamente termice ale lemnului. Îndrumar pentru lucrări practice* (Thermische Behandlungen von Holz. Praxisleitfaden, in rumänischer Sprache). Verlag der Transilvania Universität, Brasov, Rumänien

[30] Bian, Z. (2001): *Airflow and Wood Drying Models for Woodkilns*. Master Thesis, University of British Columbia. *https://doi.org/10.14288/10080969*

[31] Ledig, S. F.; Paarhuis, B.; Riepen, M. (2007): *Airflow within Kilns*. In: Perre, P. (Hrsg.), Fundamentals of Wood Drying, European Cost A.R.BO.LOR.

[32] Idelcik, I. E. (1984): *Îndrumător pentru calculul rezistențelor hidraulice* (Leitfaden zur Berechnung hydraulischer Widerstände, in rumänischer Sprache). Technischer Verlag, Bukarest, Rumänien

[33] Muntean, S. (2008): *Analiza numerică a curgerii în turbinele hidraulice* (Numerische Analyse der Strömung in hydraulischen Turbinen, in rumänischer Sprache). Orizonturi Universitare Verlag, Timisoara, Rumänien

[34] Bedelean, B.; Muntean, S.; Campean, M. (2016): *Analysis of Drying Kiln Aerodynamics Based on a Full Three-Dimensional Turbulent Numerical Computation*. In: Drvna Industrija, 67(1), S. 53 – 64. *https://doi.org/10.5552/drind.2016.1515*

[35] Hua, L.; Bibeau, E.; He, P.; Gartshore, I.; Salcudean, M.; Bian, Z.; Chow, S. (2001): *Modeling of Airflow in Wood Kilns*. In: Forest Product Journal, 51, S. 74 – 81

[36] Bibeau, E. (2000): *Modelling of Airflow in Wood Kilns*. Kiln Drying Course, University of British Columbia, Canada

[37] Rodriguez-Ramirez, J.; Ignacio-Caballero, F.; Mendez-Lagunas, L. L.; Sandoval-Torres, S. (2014): *Air Flow Simulation in Timber (Lumber) Kilns: Shape and Geometry Effects*. In: 19th International Drying Symposium (IDS), Lyon, Frankreich

[38] Bedelean, I. B.; Sova, D. (2010): *Investigations into the Possibility of Minimising Aerodynamic Resistance of Kiln Drying Stacks*. In: International Wood Products Journal, 1(2), S. 62 – 69. *https://doi.org/10.1179/2042645310Y.0000000004*

3 Wärme- und Feuchtetransport bei der Holztrocknung

Die Trocknung von Holz ist von einem kontinuierlichen Austausch von Wärme und Feuchte zwischen dem Material und seiner Umgebung begleitet. Diese Prozesse gehören zur Kategorie der Transferphänomene und werden allgemein als Wärme- und Stofftransport (Feuchtetransport) bezeichnet.

Quantitativ sind alle Transferphänomene durch ähnliche mathematische Formeln gekennzeichnet, die auf ein und derselben Eigenschaft beruhen: Die Menge an Materie, sei es in Form von Energie oder Stoff, die sich in der Zeiteinheit bewegt, ist proportional zum Potenzialgradient und umgekehrt proportional zur Länge der Bewegung. Die Richtung des Transportes erfolgt immer in Richtung von höherem zu niedrigerem Potenzial.

Das Transferpotenzial wird durch die Intensität eines physikalischen Feldes dargestellt (z. B. die Temperatur ist das Transferpotenzial für Wärmetransportprozesse, die Feuchte ist das Transferpotenzial für den Feuchtetransport usw.).

Der Gradient einer physikalischen Größe entsteht, wenn sie innerhalb des Materials variiert. Er wird als Differenz zwischen dem maximalen und dem minimalen Wert dieser Größe innerhalb des Materials berechnet. Sobald ein Potenzialgradient zwischen zwei Punkten des Feldes existiert, wirkt dieser als treibende Kraft des Transferphänomens. Dieses findet statt, solange es eine Potenzialdifferenz gibt, und stoppt, sobald diese Null ist (z. B. die Wärmeübertragung von der warmen Luft zur Holzoberfläche findet nur statt, solange die Temperatur der Holzoberfläche geringer ist als die Lufttemperatur).

3.1 Wärmeübertragung bei der Holztrocknung

3.1.1 Arten der Wärmeübertragung

Es gibt drei Arten der Wärmeübertragung:

- durch Konvektion – das ist eine Wärmeübertragung durch Gas- oder Flüssigkeitsströmung;
- durch Konduktion (oder im Sprachgebrauch die Wärmeleitung) – das ist eine Wärmeübertragung durch direkten Kontakt;
- durch Strahlung – das ist eine Wärmeübertragung durch elektromagnetische Schwingungen.

In einem Trocknungsprozess können zwei oder sogar alle drei Formen der Wärmeübertragung stattfinden, z. B. bei der Frischluft-Abluft Trocknung: Die Erwärmung der Holzoberfläche erfolgt durch Konvektion, die inneren Schichten des Holzes erwärmen sich durch Konduktion und die seitlichen Teile der Stapel erwärmen sich zusätzlich auch durch Strahlung, wenn die Heizregister seitlich in der unmittelbaren Nähe der Stapel angebracht sind. Bei der Hochfrequenztrocknung (HF-Trocknung) hingegen wird zuerst die Erwärmung der inneren Schichten des Holzes durch Strahlung gesichert und nachher erfolgt die Wärmeübertragung durch Konduktion in der gesamten Holzmasse.

Je nach der dominierenden Form der Wärmeübertragung werden die Holztrocknungsverfahren gemäß Tabelle 3.1 klassifiziert.

Tabelle 3.1 Klassifizierung der Trocknungsverfahren nach der Form der Wärmeübertragung

Trocknung durch Konvektion		Trocknung durch Konduktion	Trocknung durch Strahlung
in Gasen	in Flüssigkeiten		
▪ Freilufttrocknung ▪ Frischluft-Abluft-Trocknung ▪ Kondensationstrocknung ▪ Hochtemperaturtrocknung ▪ Vakuumtrocknung ▪ Solartrocknung ▪ Trocknung in den Dämpfen organischer Substanzen ▪ Zentrifugaltrocknung ▪ Gefrier-Sublimation-Trocknung	▪ Trocknung in heißen Ölen ▪ Trocknung in organischen Lösungsmitteln	▪ Presstrocknung	▪ IR-Trocknung ▪ Hochfrequenztrocknung ▪ Mikrowellentrocknung

Tabelle 3.1 zeigt, dass die meisten Verfahren konvektiv sind und ein gasförmiges Trocknungsmittel (in den meisten Fällen Luft) verwenden. Für diese Verfahren gilt das Schema in Bild 3.1.

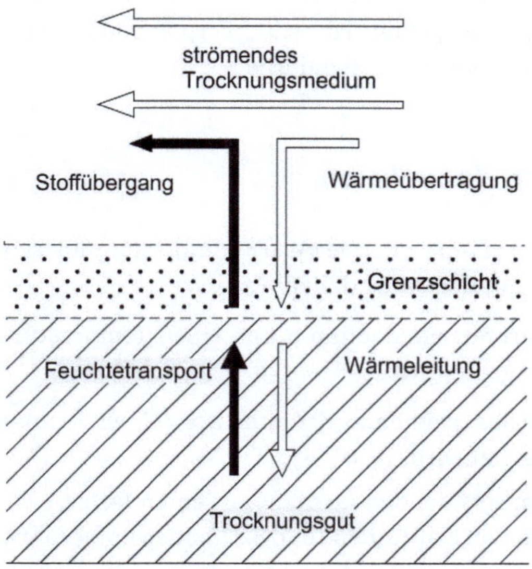

Bild 3.1
Wärme- und Feuchtetransport bei der konvektiven Trocknung (in Anlehnung an [1])

Man bemerkt, dass der Wärme- und Feuchteaustausch sowohl in der Grenzschicht zwischen Holzoberfläche und Trocknungsmedium stattfindet als auch im Inneren des Holzes.

In der Grenzschicht zwischen der Holzoberfläche und der Trocknungsumgebung finden die Oberflächenvorgänge statt:

- die Wärmeübertragung durch Konvektion, von der Umgebung zur Holzoberfläche orientiert (diese sichert die Erwärmung der Holzoberfläche)

  und

- der Stoffübergang (Wasserverdunstung), von der Holzoberfläche zur Trocknungsumgebung orientiert – dieser sichert die Entfernung des entweichenden Wassers.

Die zwei Transportphänomene hängen maßgeblich vom Zustand der Holzoberfläche (Temperatur, Oberflächenfeuchte, Rauheit usw.) und von den Parametern des Trocknungsmediums (Lufttemperatur, Luftgeschwindigkeit, Strömungsart und Turbulenzgrad usw.) ab.

Die Transportphänomene, die im Inneren des Holzes stattfinden, sind:

- die Wärmeübertragung durch Konduktion, von der Oberfläche ins Innere des Holzteils orientiert; diese sichert das Aufwärmen des gesamten Volumens des Holzteils und

- die Wasserbewegung im Holz (durch Kapillarbewegung und Diffusion), vom Holzinneren zur Oberfläche orientiert.

Diese zwei Transportphänomene werden hauptsächlich von den Holzeigenschaften bestimmt (Holzart, Dichte, Struktur, Hygroskopizität, Porosität, Permeabilität, Temperatur, Wärmeleitfähigkeit, Feuchte, Diffusionswiderstand usw.).

3.1.2 Wärmeübertragung durch Konvektion

Bei dieser Art der Übertragung bewegt sich die Energie (Wärme) mit den molaren Teilchen des Trocknungsmediums. Man unterscheidet dabei:

- die freie Konvektion – bei der das strömende Medium durch einen Temperatur- oder Dichteunterschied in Bewegung gesetzt wird;
- die erzwungene Konvektion – bei der das strömende Medium durch einen Ventilator oder eine Pumpe in Bewegung gesetzt wird.

Die Wärmeübertragung kann von einem strömenden Medium auf einen festen Körper (z. B. vom Luftstrom zur Holzoberfläche) stattfinden (Bild 3.2 a) oder umgekehrt, von einem festen Körper (z. B. das Heizregister) auf das strömende Medium (Bild 3.2 b).

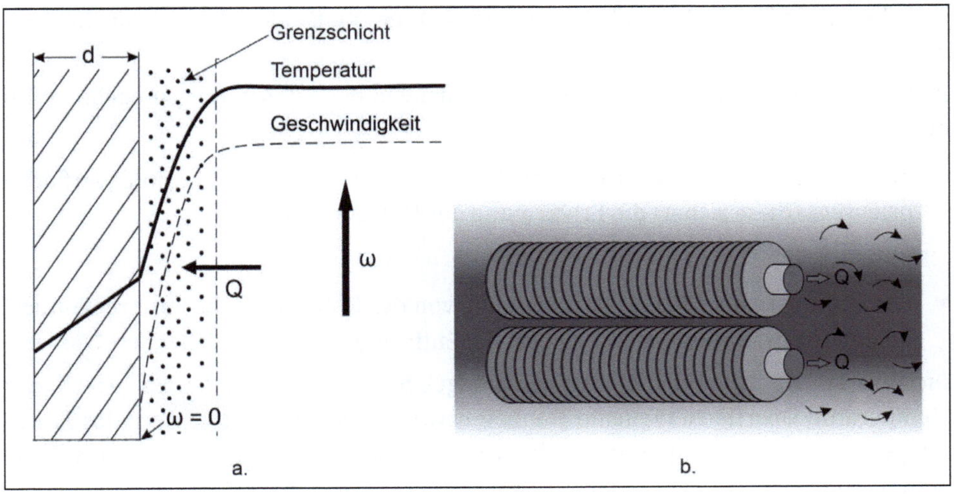

Bild 3.2 Schematische Darstellung der Wärmeübertragung durch Konvektion:
a – von einem strömenden Medium auf einen festen Körper (in Anlehnung an [2]);
b – von einem festen Körper auf das strömende Medium

Im ersten Fall, bei der Wärmeübertragung vom strömenden Medium auf das Trocknungsgut (Bild 3.2 a), wird die in der Zeiteinheit übertragene Wärmemenge ($\dot{Q}$) aus folgender Gleichung berechnet:

$$\dot{Q} = \alpha \cdot A \cdot (T_1 - T_2) \text{ [W]} \quad (3.1)$$

α Wärmeübergangszahl [W/m²K]

A Oberfläche, durch die der Wärmeübergang stattfindet [m²]

T_1 Temperatur des strömenden Mediums [K]

T_2 Temperatur der Holzoberfläche [K]

Die Wärmeübergangszahl (α) gibt also an, welche Wärmemenge in der Zeiteinheit durch 1 m², übertragen wird, wenn der Temperaturunterschied zwischen dem strömenden Medium und der Holzoberfläche 1 K beträgt.

Der Prozess der Wärmeübertragung zwischen Festkörpern und Gasen ist besonders komplex und hängt von zahlreichen Faktoren ab: Art des strömenden Mediums, Temperatur, Druck, Strömungsgeschwindigkeit, Orientierung des Stromes zur Oberfläche, Rauheit der Oberfläche, Dicke der Grenzschicht u. a. Alle diese Einflüsse sind in der Wärmeübergangszahl (α) zusammengefasst. Mit Genauigkeit kann der α-Wert nur empirisch bestimmt werden. Zum Beispiel bei der Luftströmung längs einer Platte ist eine Annäherung des α-Wertes durch folgende Gleichungen möglich [3]:

für $w < 5$ m/s:

$$\alpha = 5{,}8 + 4 \cdot w \text{ [W/m}^2\text{K]} \quad (3.2)$$

für $w > 5$ m/s:

$$\alpha = 7{,}15 \cdot w^{0{,}78} \text{ [W/m}^2\text{K]} \quad (3.3)$$

w Geschwindigkeit des Luftstromes [m/s]

Bei der Wärmeübertragung von einem festen Körper auf das strömende Medium (Bild 3.2 b) wird die in der Zeiteinheit übertragene Wärmemenge ($\dot{Q}$) mithilfe folgender Gleichung berechnet:

$$\dot{Q} = U \cdot A \cdot (T_1 - T_2) \text{ [W]} \quad (3.4)$$

U Wärmedurchgangskoeffizient [W/m²K]

A Oberfläche, durch die der Wärmeaustausch stattfindet [m²]

T_1 Temperatur des festen Körpers [K]

T_2 Temperatur des strömenden Mediums [K]

Der Wärmedurchgangskoeffizient (*U*) charakterisiert das Material, aus dem der feste Körper besteht. Im Falle der bimetallischen Rippenrohre, die heutzutage bei den Heizregistern der meisten Trocknungskammern eingesetzt werden, ist $U = 34 - 47\ \text{W/m}^2\text{K}$.

3.1.3 Wärmeübertragung durch Konduktion

Im Gegensatz zur Konvektion wird bei dieser Art der Übertragung nicht Materie transportiert, sondern nur Energie. Die Energieübertragung findet durch Kollisionen zwischen benachbarten Elementarteilchen statt. Die Wärmeübertragung durch Konduktion (Bild 3.3) ist spezifisch für feste Körper (wie z. B. im Fall der Kontakttrocknung, wo die Holzoberfläche durch den Kontakt mit einer heißen Platte erwärmt wird).

Laut Fouriers Gesetz, ist die Wärmemenge, die sich in der Zeiteinheit zwischen zwei isothermen Flächen im Inneren des Körpers bewegt, proportional zur Oberfläche (*A*), zum Temperaturgradient (ΔT) und ist umgekehrt proportional zum Abstand (*d*) zwischen den zwei Flächen (Bild 3.3):

$$\dot{Q} = \frac{\lambda \cdot A}{d} \cdot (T_1 - T_2) \tag{3.5}$$

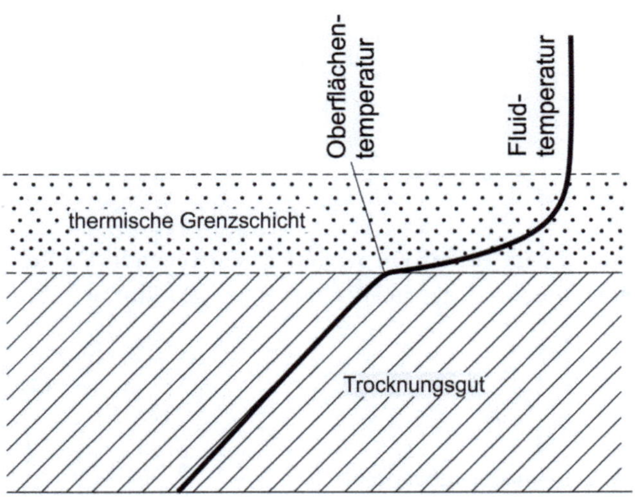

Bild 3.3 Schematische Darstellung der Wärmeübertragung durch Konduktion (in Anlehnung an [2])

Die Wärmeleitfähigkeit (λ) ist eine Materialcharakteristik. Im Falle des Holzes hängt sie von Holzart, Dichte, Feuchte, Temperatur und von der Orientierung des Wärmestromes zu der Faserrichtung ab (siehe Abschnitt 2.1.7).

3.1.4 Wärmeübertragung durch Strahlung

Die Strahlung ist der Prozess der Wärmeübertragung von einem Körper zum anderen durch elektromagnetische Wellen (Schwingungen). Wenn diese Wellen einen Körper treffen, der dafür aufnahmefähig ist, verwandelt sich die Strahlungsenergie in Wärmeenergie. Der Wellenlängenbereich der Wärmestrahlung erstreckt sich von 0,02 bis 800 µm.

Die Wärmeübertragung durch Strahlung wird bei der IR-Trocknung und bei der HF-Trocknung angetroffen.

Wärmeübertragung durch infrarote Strahlung. Der besonders wirkungsvolle Wellenlängenbereich der infraroten Strahlung reicht von 0,8 bis 400 µm.

Die gesamte Strahlungsenergie (E), die ein erhitzter Körper aussenden kann, ist nach dem Stefan-Boltzmann-Gesetz proportional zur vierten Potenz seiner absoluten Temperatur (T):

$$E = C \cdot \left(\frac{T}{100}\right)^4 \ [\mathrm{W/m^2}] \tag{3.6}$$

C Strahlungszahl [$\mathrm{W/m^2K^4}$]

T absolute Temperatur [K]

Dieses Gesetz gilt für den absolut schwarzen Körper, der alle Strahlen absorbiert. Das ist praktisch genügend genau für alle technischen Oberflächen [2].

Die Strahlungszahl (C) für den absolut schwarzen Körper ist $C = C_s = 5{,}77\ \mathrm{W/m^2K^4}$.

Die ausgestrahlte Energie wird von der Holzoberfläche absorbiert und dringt in begrenzter Tiefe ins Holz. Die Eindringtiefe hängt von der Wellenlänge der Strahlung ab, aber auch von der Holzart: Tanne und Fichte – 6 mm; Pappel, Kiefer – 4 mm; Buche – 3 mm; Eiche – 2 mm; Nussbaum – 0,5 mm. Daher ist die Trocknung mit IR-Strahlen nur für dünne Holzsortimente geeignet (Lamellen, Friesen, Furniere, Späne). Um eine gleichmäßige Trocknung zu erreichen, müssen alle Punkte der bestrahlten Oberfläche gleich weit von der Strahlungsquelle entfernt sein.

Wärmeübertragung im elektrischen Wechselfeld. Der Wellenlängenbereich der Hochfrequenzstrahlung (HF) ist wesentlich höher als bei der IR-Strahlung. Wellen aus zwei verschiedenen Frequenzbereichen werden bei der Holztrocknung eingesetzt: Radiofrequenzwellen (mit $f < 100$ MHz) und Mikrowellen (mit $f > 500$ MHz) (Tabelle 3.2).

Tabelle 3.2 Hochfrequenzbänder für die Industrie (Quelle: [4])

	Frequenz Hz	Band Hz	Wellenlänge m
Radiofrequenzen	13,56	13,530 - 13,567	22,11
	27,12	26,975 - 27,283	11,05
	40,68	40,660- 40,700	7,37
Mikrowellen	915	902 - 928	0,328
	2450	2400 - 2500	0,122
	5800	5725 - 5875	0,052

Nasses Holz enthält von Natur aus verschiedene Arten von magnetisierbaren Partikeln: positive und negative Ionen, Elektronen, Dipole (z. B. die Wassermoleküle) (Bild 3.4 a). Sobald das Holz als Dielektrikum zwischen die Platten (Elektroden) eines HF-Generators gesetzt wird, beginnen die Wassermoleküle, die im Holz enthalten sind, zu schwingen und haben das Bestreben, sich zum Pol mit entgegengesetzter Ladung zu orientieren (Bild 3.4 b). Das benötigt eine gewisse Zeit, da sie sich gegenseitig behindern. Die Polarisation kann den extrem schnellen Umkehrungen des elektrischen Feldes nicht folgen (Bild 3.4 c), sodass es zu einer Reibung zwischen den Molekülen kommt. Um diese zu überwinden, ist eine exakte Energiemenge nötig. Diese wird durch das elektrische Wechselfeld bereitgestellt und somit wird die elektrische Energie in thermische Energie („Reibungswärme") umgewandelt.

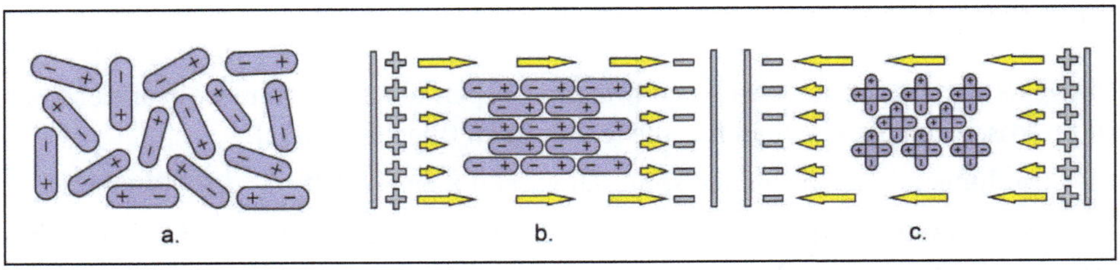

Bild 3.4 Polarisation der Wassermoleküle im elektrischen Wechselfeld (Quelle: [5])

Die feuchtesten Stellen im Inneren des Holzes absorbieren mehr Energie und erwärmen sich am meisten (Bild 3.5).

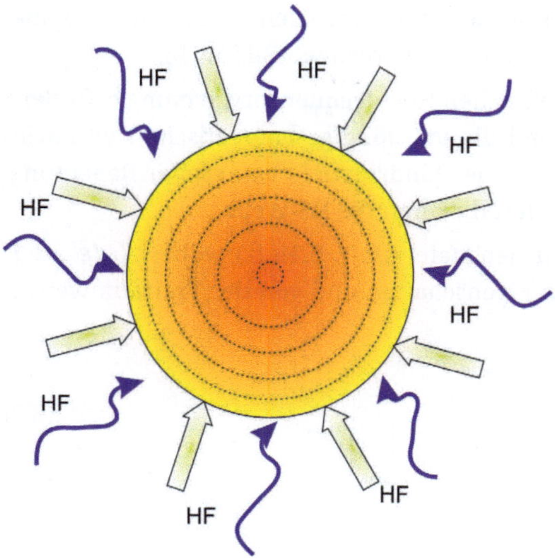

Bild 3.5
Prinzip der Holzerwärmung im elektrischen Wechselfeld (Quelle: [5])

Die spezifische Leistungsdichte (*P*), die das Material aufnimmt, kann mit folgender Gleichung bestimmt werden [4]:

$$P = 2\,\pi \cdot f \cdot \varepsilon_0 \cdot \varepsilon' \cdot \mathrm{tg}\delta \cdot E^2 \ [\mathrm{W/m^3}] \tag{3.7}$$

f Frequenz [s^{-1}]

ε_0 Dielektrizitätskonstante des Freiraums ($\varepsilon_0 = 8{,}8 \cdot 10^{-12}$ F/m);

ε' relative Dielektrizitätskonstante des feuchten Holzes [F/m] (siehe Abschnitt 2.1.8)

tgδ Verlustwinkel (Bild 3.6)

E elektrische Feldstärke, $E = U/d$ [V/m], wobei U Spannung [V], d Abstand zwischen den zwei Elektroden [m]

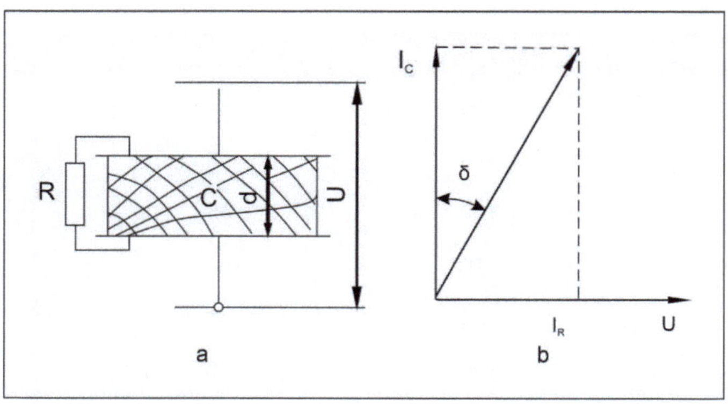

Bild 3.6 Schematische Darstellung des Kondensators mit Holz als Dielektrikum (a) und Vektordiagramm (b) [4]

Der Verlustfaktor (tgδ) wird als Verhältnis zwischen der realen (I_R) und der imaginären Komponente (I_C) der dielektrischen Impedanz berechnet (Bild 3.6 b).

Die meisten Anwendungen der volumetrischen Hochfrequenzerwärmung erfordern eine gleichmäßige Wärmeverteilung und die vollständige energetische Durchdringung des Holzteils. Daher ist die Kenntnis der Eindringtiefe von großer Bedeutung. Das Eindringen in ein dielektrisches Material dämpft die HF-Welle.

Der Dämpfungsfaktor (α) eines verlustarmen Materials (z. B. Holz), wobei $\varepsilon''_{\text{eff}}/\varepsilon' \ll 1$, ist abhängig von dessen dielektrischen Eigenschaften und von der Freiraumwellenlänge (λ'_0) [4]:

$$\alpha = \frac{\lambda'_0 \cdot (\varepsilon')^{0,5}}{\pi\, \varepsilon''_{\text{eff}}} \tag{3.8}$$

$\varepsilon''_{\text{eff}}$ effektiver Verlustfaktor

Die Wellenlänge (und Frequenz) der angewendeten Strahlung ist maßgebend in Bezug auf die Eindringtiefe, aber auch die Größe und Form des Holzteils spielen eine wichtige Rolle. Je länger die Wellenlänge der Strahlung ist, desto tiefer kann sie eindringen. Da Radiofrequenzen Wellenlängen in der Größenordnung von Metern haben, ist eine unzureichende Durchdringung selten ein Problem. Bei der Verwendung der Mikrowellen ist dies jedoch aufgrund der viel kleineren Wellenlängen (siehe Tabelle 3.2) ein Problem, und daher ist die Mikrowellenerwärmung und -trocknung des Holzes auf dünne Materialien und kleine Objekte beschränkt.

Tabelle 3.3 zeigt die ungefähren Eindringtiefen von Mikrowellen von 2,45 GHz für Holz mit zwei Dichten. Die Werte zeigen die Zunahme der Eindringtiefe mit abnehmender Holzfeuchte und mit abnehmender Temperatur.

Tabelle 3.3 Eindringtiefen der Mikrowellen mit f = 2,45 GHz in Holz senkrecht zur Faser (Quelle: [4])

Rohdichte [kg/m³]	Temperatur [°C]	Holzfeuchte [%]	Eindringtiefe [mm]
400	20	10	164
		30	58
		100	46
	50	10	160
		30	61
		100	50
	90	10	153
		30	70
		100	54

Rohdichte [kg/m³]	Temperatur [°C]	Holzfeuchte [%]	Eindringtiefe [mm]
800	20	10	67
		30	22
		100	15
	50	10	160
		30	24
		100	17
	90	10	62
		30	27
		100	20

3.2 Feuchtetransport bei der Holztrocknung

3.2.1 Verdunstung des Wassers von der Holzoberfläche

Die Verdunstung des Wassers von der Holzoberfläche ist vergleichbar mit der Verdunstung des Wassers von einer unbedeckten Oberfläche. Dabei handelt es sich um eine einseitig durchlässige Grenzfläche, denn nur einer der beteiligten Stoffe (der aus dem Holz austretende Wasserdampf) kann hindurchtreten. Die in entgegengesetzter Richtung diffundierende Luft kann von der feuchten Oberfläche nicht aufgenommen werden.

In diesem Fall wird die in der Zeiteinheit von der Flächeneinheit verdunstende Wassermenge mithilfe der folgenden Gleichung bestimmt [7]:

$$\dot{m}_W = \frac{\beta_H}{R_D \cdot T} \cdot (p_{D0} - p_{DL})\ [\text{kg/m}^2\text{s}] \tag{3.9}$$

β_H Stoffübergangszahl für die einseitig durchlässige Wand [m/s]

R_D Gaskonstante für Wasserdampf: $R_D = 461{,}5$ [J/kg·K]

T absolute Temperatur [K]

p_{D0} Dampfdruck an der Oberfläche [N/m²]

p_{DL} Dampfteildruck am Rande der Grenzschicht [N/m²]

Bei kleinen Dampfteildrücken, also wenn $p_{DL} \to 0$, wird $\beta_H \cong \beta$.

Formel 3.9 gilt bei konstanter Temperatur, Geschwindigkeit und Feuchte des Luftstromes und einem Luftstrom parallel zur Oberfläche.

Bei einem Luftstrom senkrecht zur Wasseroberfläche ist die verdunstete Wassermenge fast doppelt so hoch.

Über das Hirnholz verdunstet das freie Wasser um etwa 25 % intensiver als aus den Seitenflächen (Kanten), was wahrscheinlich auf die höhere Rauheit zurückzuführen ist, die die effektive Verdunstungsfläche im Vergleich zur geometrischen Fläche vergrößert [2].

Die Diffusion des dem Holz entzogenen Wasserdampfes in die Luft, d. h. der Feuchtigkeitsaustausch zwischen Holz und Luft an der Kontaktgrenze, wird durch den Druckunterschied zwischen den beiden Umgebungen erreicht. Voraussetzung für die Trocknung ist, dass der Dampfdruck an der Holzoberfläche größer ist als der Teildruck des Wasserdampfes in der Luftschicht, die in unmittelbarer Nähe der Holzoberfläche liegt ($p_{D0} > p_{DL}$).

Der Dampfdruck an der Holzoberfläche hängt von der Temperatur und von der Gleichgewichtsfeuchte des Holzes ab. Der Teildruck des Wasserdampfs in der Luft hängt von der Temperatur und der relativen Luftfeuchte ab. Das zeigt, dass die Verdunstung ein wärmebenötigender Prozess ist, der umso intensiver auftritt, je höher die Temperatur der Umgebungsluft, je geringer die relative Luftfeuchte und je höher die Luftgeschwindigkeit an der zu trocknenden Oberfläche sind.

Wenn $p_{D0} < p_{DL}$ kommt es zu einer Benetzung des Materials (Sorption).

Wenn $p_{D0} = p_{DL}$ ist, befindet sich das Holz im Gleichgewicht mit der Umgebung und es findet keine Verdunstung statt.

3.2.2 Feuchtetransport im Inneren des Holzes

Es ist das Ziel der technischen Trocknung, das Holz bis auf einen gewissen Wassergehalt in möglichst kurzer Zeit zu entfeuchten. Dabei sollen Risse und Verformungen vermieden werden, sodass ein großer Prozentsatz der getrockneten Ware die gestellten Anforderungen erfüllt.

Um diesen Zweck zu erreichen, ist es bei der Holztrocknung wichtig, wie die Bewegung des Wassers und des Wasserdampfes vom Inneren des Holzes zur Holzoberfläche verläuft. Bei einer zu raschen Bewegung treten Spannungen auf. Bei einer zu langsamen Bewegung ist die Trocknung unwirtschaftlich durch den großen Energieaufwand.

Daher ist es besonders wichtig, die Grundlagen des Feuchtetransports während der Holztrocknung zu kennen, um die Bewegung des Wassers so zu steuern, dass ein optimales Verhältnis zwischen Dauer und Qualität erreicht wird.

So wie schon in Abschnitt 2.1.3 erwähnt, enthält Holz sowohl freies Wasser in den Zellhohlräumen als auch gebundenes Wasser in den Zellwänden. Das freie Wasser ist flüssig; das gebundene Wasser ist sowohl in flüssigem Zustand vorhanden als auch als Wasserdampf. Dementsprechend erfolgt die Bewegung des Wassers je nach den Bindekräften mit dem Holz und nach dem Aggregatzustand, unterschiedlich. Dadurch hat die Feuchtebewegung in kapillarporösen Körpern einen sehr komplexen Charakter.

Oberhalb des Fasersättigungsbereiches wird die Bewegung des freien Wassers von Kapillarkräften bewirkt. Unterhalb des Fasersättigungsbereiches sind am Anfang noch die hohen Kapillarkräfte der feinen Kapillaren an der Bewegung des flüssigen Anteils des gebundenen Wassers beteiligt, aber der vorwiegende Transportvorgang ist die Diffusion.

Die Anteile der durch Kapillarkräfte und bzw. Diffusion bewegten Flüssigkeitsmengen ändern sich unter dem Einfluss der Temperatur. Je höher die Temperatur, desto kleiner wird der Anteil der Kapillarwasserbewegung, sodass man im hygroskopischen Bereich die Feuchtebewegung als reine Diffusion betrachten kann.

Solange die Trocknung im Bereich oberhalb der Fasersättigung verläuft, wirken die Holzeigenschaften nicht auf die Bewegung des Wassers. Maßgebend sind da die äußeren Bedingungen (Temperatur, relative Luftfeuchte, Luftgeschwindigkeit, Turbulenzgrad der Luftströmung usw.). Wenn diese Bedingungen konstant gehalten werden, bleibt die Trocknungsgeschwindigkeit (abgegebene Wassermenge pro Zeiteinheit) konstant. Es ändert sich nur die Verteilung des Wassers im Holz. Dieser Abschnitt der Trocknung ist durch den geraden Teil in Bild 3.7 dargestellt.

Unterhalb des Fasersättigungsbereiches machen sich die Holzeigenschaften, insbesondere die Schwindungskräfte, hemmend bemerkbar, sodass die Trocknungsgeschwindigkeit nach einer Exponentialkurve abnimmt (Bild 3.7). Da aber die Kapillarkondensation nicht schlagartig von der Diffusion abgelöst wird, sondern beide Vorgänge teilweise parallel laufen, bildet sich eine Übergangskurve, die den geraden Ast und die Exponentialkurve verbindet (siehe Bild 3.7). Daher kann man ohne wesentliche Fehler die ganze Trocknung von 100 % auf 0 % Holzfeuchte als eine Exponentialkurve annehmen.

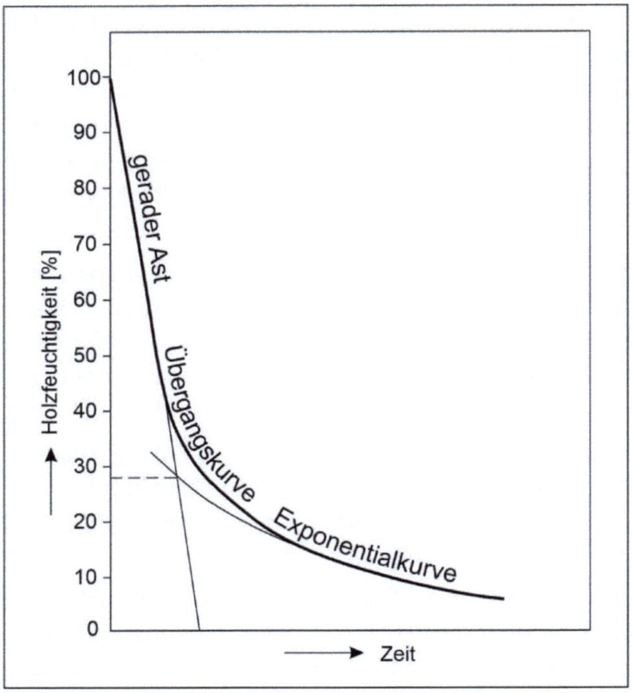

Bild 3.7
Verlauf der Trocknungskurve (in Anlehnung an [8])

Kapillarbewegung des freien Wassers im Holz

Oberhalb des Fasersättigungspunktes befindet sich in den größeren Zellräumen Wasser in Form von Tröpfchen. Diese sind nicht ganz „frei“, da sie durch Kapillarkräfte mit dem Holz verbunden sind. Die Bewegung des Wassers in den wassergefüllten Kapillaren wird durch die Oberflächenkräfte in den Flüssigkeitsmenisken bestimmt. Die Oberflächenspannung *T*, in einem Meniskus gebildet in einem Kapillarrohr mit Radius *R* (Bild 3.8), ist:

$$T = \frac{2 \cdot \beta}{R} \tag{3.10}$$

β Oberflächenspannungskoeffizient von Wasser [kg/m]

Dieser wird nach der Weinberg-Formel, in Abhängigkeit von der Temperatur *t* (in °C) berechnet:

$$\beta = 0{,}00769 \cdot (1 - 0{,}00225 \cdot t) \; [\mathrm{kg/m}] \tag{3.11}$$

Formel 3.10 zeigt, dass der Kapillardruck umgekehrt proportional zum Radius des Flüssigkeitsmeniskus ist. Besteht also ein Kapillarsystem aus Röhren unterschiedlichen Durchmessers (wie es bei Holz der Fall ist), treten in deren Flüssigkeitsmenisken unterschiedliche Zugkräfte auf, die dazu führen, dass bei Feuchteaufnahme Wasser von den weiten Kapillaren in die engen wandert, und bei Feuchteabgabe (Trocknung) das Wasser aus den engsten Kapillaren in den weiten Kapillaren gesaugt wird. Dadurch werden zuerst die Kapillaren mit den kleinsten Radien gefüllt. Mit anderen Worten wird in diesem Fall die Wasserbewegung im Holz durch das kapillare Druckgefälle erzeugt.

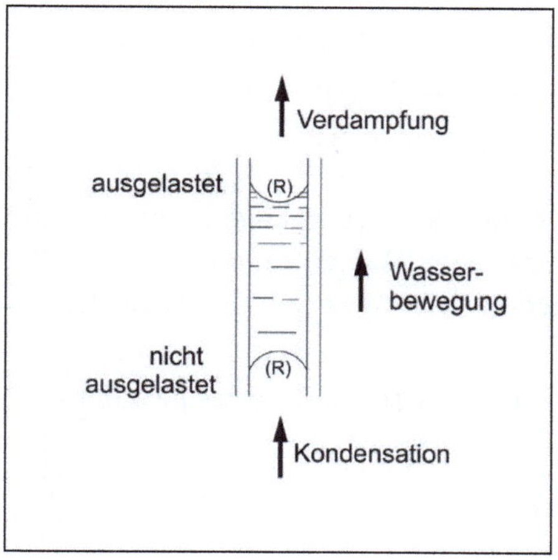

Bild 3.8
Schema der Wasserbewegung in Kapillaren (in Anlehnung an [8])

Bild 3.9 veranschaulicht die kapillare Feuchtebewegung während der Holztrocknung anhand einer vereinfachten Konfiguration [10]. Zu Beginn der Trocknung (Bild 3.9 a) sind alle Zellhohlräume mit Wasser gefüllt, mit Ausnahme der Zellhohlräume *f* und *h*, die Luftblasen enthalten (b_1 und b_2). Es ist anzumerken, dass in Kapillare *a*, die enger ist, der Wasserstand höher ist als in ähnlichen Kapillaren (*b* und *c*), die sich an der Verdunstungsoberfläche ($m - n$) befinden. Beginnt an der Holzoberfläche die Verdunstung, sinkt zunächst der Wasserspiegel in den angeschnittenen Zellhohlräumen (*a*, *b* und *c*) bis zu seiner vollständigen Beseitigung (Bild 3.9 b). Gleichzeitig beginnt die Trocknung der Zellwände. Die gestrichelte Kurve $x - y$ gibt den Verlauf der Fasersättigungsfeuchte in den Zellwänden an. Da der Meniskusradius in Kapillare *a* kleiner ist als der Radius der Luftblasen in den Kapillaren *f* und *h*, dehnen sich die Blasen aus und drücken das Wasser ständig an die Oberfläche, bis auch diese Kapillaren vollständig leer sind (Bild 3.9 c). Unterhalb des Fasersättigungsbereiches nimmt der Anteil der Wasserbewegung durch Diffusion stark zu.

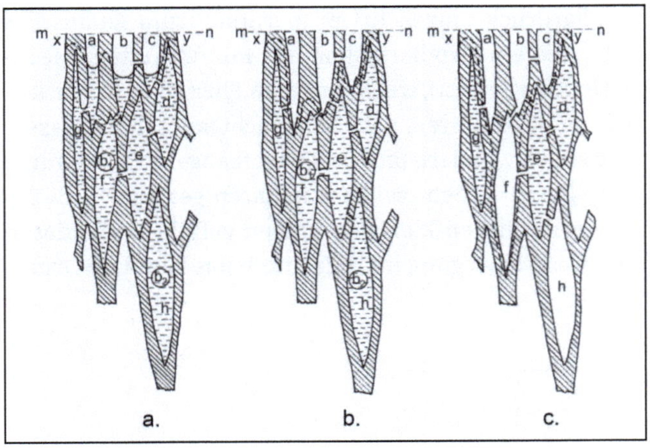

Bild 3.9 Schematische Darstellung der kapillaren Wasserbewegung im Holz (Quelle: [9])

Diffusion

Unter Diffusion versteht man alle molekularen Bewegungsvorgänge in einem Fluid (Gas oder Flüssigkeit) aufgrund einer Teildruck- oder Konzentrationsdifferenz. Bei der Holztrocknung findet die Bewegung des gebundenen Wassers (als Wasserdampf) durch Diffusion statt.

Die Diffusionsgeschwindigkeit (*g*) wird mithilfe des Fick'schen Gesetzes bestimmt:

$$g = -D \cdot \frac{\partial \mathrm{c}}{\partial \mathrm{x}} \tag{3.12}$$

D Diffusionskoeffizient [m^2/s]

$\partial \mathrm{c}/\partial \mathrm{x}$ Konzentrationsgradient [kg/m^4], wobei *c* Konzentration [kg/m^3] und *x* Länge [m]

Diese Gleichung gilt unter stationären Bedingungen und bei gleichbleibender Temperatur.

Der Diffusionskoeffizient (*D*) gibt die Flüssigkeitsmenge an, die in der Zeiteinheit bei einem Feuchtekonzentrationsunterschied von 1 kg/m^3 durch einen Querschnitt von 1 m^2 fließt. Er hängt von der Holzart, Temperatur, Feuchtegehalt des Holzes und von der Richtung der Wasserbewegung gegenüber der Holzfaser ab (Tabelle 3.4). Die *D*-Werte sind maximal bei der Bewegung längs zur Faser und 2 – 4 Mal kleiner in tangentialer Richtung (senkrecht zur Faser).

Die Diffusionsgeschwindigkeit kann analog auch mittels anderer Gradienten ausgedrückt werden (z. B. des Feuchtegradienten, des Temperaturgradienten oder des Druckgradienten) [10].

Unter der Wirkung des Feuchtegradienten ($\partial \mathrm{u}/\partial \mathrm{x}$) tendiert das Wasser dazu, sich innerhalb des Holzes vom feuchtesten Bereich zu dem mit dem geringsten Feuchtegehalt zu bewegen.

Tabelle 3.4 Diffusionskoeffizienten ausgewählter Holzarten (Quelle: [9])

Holzart	Schnitt-richtung	Temperatur [°C]	Diffusionskoeffizient [$m^2/s \cdot 10^{-10}$], bei einem Feuchtegehalt von:		
			10 %	15 %	20 %
Fichte	radial	20	0,4	0,8	1,6
		40	0,4	0,6	0,8
		60	1,1	1,5	2,1
		75	1,9	2,9	4,1
		100	6,2	8,7	12
	tangential	20	0,3	0,7	1,7
	längs	20	5,8	5,6	
		60	28	17	14
Kiefer	radial	20	0,6	1,4	2,4
	tangential	20	0,6	1,7	4,0
Buche	radial	20	0,5	0,8	1,3
	tangential	20	0,2	0,4	0,7
	längs	20	2,2	4,1	-
Eiche	radial	20	0,4	0,7	1,1
	tangential	20	0,3	0,5	0,6

Unter der Wirkung des Temperaturgradienten ($\partial t/\partial x$) bewegt sich das Wasser im Inneren des Holzes von der wärmsten Stelle zu der mit der niedrigsten Temperatur.

Unter der Wirkung des Druckgradienten ($\partial p/\partial x$), der durch Erhöhung des Drucks im Inneren des Holzes im Vergleich zur Außenumgebung entsteht (z. B. bei der Vakuumtrocknung), tendiert das Wasser dazu, sich in der Richtung der Zone mit niedrigerem Druck zu bewegen.

Bei der Frischluft-/Abluft-Trocknung (Bild 3.10 a), welche meistens als Referenz angenommen wird, weil sie das am meisten verbreitete Trocknungsverfahren ist, findet die Diffusion des gebundenen Wassers nur dank des Feuchtegradienten statt. Da bei der Hochfrequenztrocknung (Bild 3.10 b) das Holzinnere zuerst aufgewärmt wird, entsteht neben dem Feuchtegradient auch noch ein Temperaturgradient, ebenfalls vom Holzinneren zur Oberfläche orientiert. Dieser verringert die Dauer der Trocknung im Vergleich zur konventionellen Frischluft-/Abluft-Trocknung. Eine andere Situation, in der zwei von den drei Gradienten bei der Trocknung mitwirken, ist die

Vakuumtrocknung (Bild 3.10 c). In diesem Fall kommt der Druckgradient hinzu und befördert das gebundene Wasser zur Holzoberfläche. Die Hochfrequenz-Vakuum-Trocknung (HFV) ist das einzige Verfahren, bei dem alle drei Gradienten wirken und auch gleich orientiert sind, vom Holzinneren zur Oberfläche (Bild 3.10 d). Deshalb ist die HFV-Trocknung auch das schnellste Trocknungsverfahren, das bisher entwickelt wurde.

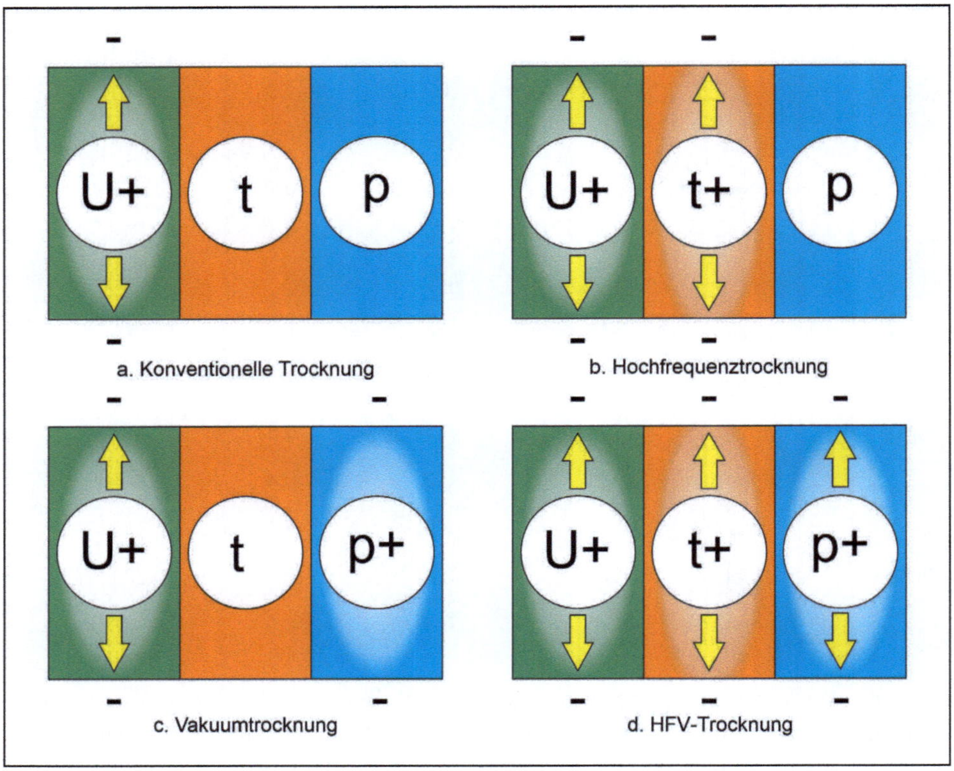

Bild 3.10 Orientierung des Feuchte-, Temperatur- und Druckgradienten bei verschiedenen Trocknungsverfahren

Die Wasserentfernung aus Holz während der Trocknung ist das Resultat einer komplexen Kopplung zwischen den oben erwähnten Wärme- und Stofftransportvorgängen. Basierend auf den grundlegenden Gleichungen, die diese Vorgänge beschreiben, und unter Annahme verschiedener Vereinfachungen und Grenzbedingungen sind Modelle entstanden, die die Holzfeuchteabnahme simulieren und eine annähernde Berechnung der Trocknungszeit für ein bestimmtes Holzsortiment ermöglichen (siehe Kapitel 5).

Literatur

[1] Ressel, J. (1986): *Untersuchungen über den Energieverbrauch bei der technischen Schnittholztrocknung und Möglichkeiten zu dessen Verringerung*. Dissertation, Universität Hamburg

[2] Frühwald, A.; Ressel, J. (1982): *Holztrocknung. Teil 1. Grundlagen der Holztrocknung*. Universität Hamburg

[3] Recknagel, H.; Sprenger, E. (1981): *Taschenbuch für Heizung und Klimatechnik*. Oldenbourg Verlag, München

[4] Resch, H. (2009): *Drying Wood with High-Frequency Electric Current*. University of Natural Resources and Applied Life Sciences, Vienna, Austria und Society of Wood Science and Technology, Wisconsin, USA

[5] Câmpean, M. (2005): *Heat Treatments of Wood*. Verlag der Transilvania Universität, Brasov, Rumänien

[6] Marinescu, I. (1980): *Uscarea și tratarea termică a lemnului. Vol. 2* (Holztrocknung und thermische Behandlung des Holzes, in rumänischer Sprache). Technischer Verlag, Bukarest, Rumänien

[7] Kneule, F. (1959): *Das Trocknen*. Verlag H. R. Sauerländer & Co., Aarau und Frankfurt am Main

[8] Janik, W. (1965): *Handbuch der Holztrocknung*. Fachbuchverlag, Leipzig

[9] Niemz, P.; Sonderegger, W. (2021): *Holzphysik. Eigenschaften, Prüfung und Kennwerte*. 2. aktualisierte Aufl., Carl Hanser Verlag, München

[10] Siau, J. F. (1995): *Wood: Influence of Moisture on Physical Properties*. Department of Wood Science and Forest Products, Virginia Polytechnic Institute and State University, Keene, NY

4 Die Frischluft-/Abluft-Trocknung

Die Frischluft-Abluft-Trocknung (auch konventionelle Trocknung genannt, dank ihrer weiten Verbreitung) findet in einem Luft-Dampf-Gemisch (z. B. feuchte Luft) statt, welches zuerst erhitzt wird und dann dem Holz die zur Trocknung notwendige Wärmeenergie überträgt. Gleichzeitig übernimmt die Luft die aus dem Holz austretende Feuchte und führt sie ab.

4.1 Kinematik und Mechanik der konventionellen Trocknung

Die Kinematik der Holztrocknung untersucht die Wasserbewegung im Holz während der Trocknung. Zur Veranschaulichung werden die Feuchteverteilungskurven über die Dicke des Holzstückes in aufeinanderfolgenden wichtigen Etappen des Prozessverlaufs dargestellt.

Die Mechanik der Holztrocknung untersucht die Ursachen der Trocknungsspannungen. Es ist schon bekannt, dass Holz schwindet, sobald die Entfernung des gebundenen Wassers beginnt. Das führt unvermeidlich zu Spannungen im Holz während der Trocknung. Die Anisotropie des Holzes und die ungleichmäßige Verteilung der Feuchte innerhalb des Holzes verstärken diese unerwünschten Spannungen noch mehr.

Um das Auftreten von Spannungen hervorzuheben, kann ein Holzteil verwendet werden, welches der Dicke nach in zwei Hälften geschnitten wird. Wenn Spannungen im Holz existieren, dann verformen sich die zwei Hälften zu der Seite, die einer Dehnungsbeanspruchung ausgesetzt ist.

Um auch die Intensität der Spannungen zu quantifizieren, werden mehrere Schnitte (Zähne) über die Dicke des Holzteils vorgenommen. Sobald die Verbindungen unterbrochen sind, wird sich jeder Zahn frei verhalten, d. h. er wird schwinden, wenn seine Feuchte unter dem Fasersättigungsbereich liegt und er wird desto mehr schwinden, je kleiner seine Feuchte ist. Je größer der Unterschied zwischen dem Schwund verschiedener Zähne innerhalb desselben Holzteils ist, desto größer werden die verursachten inneren Spannungen sein.

Das kinematische und mechanische Verhalten des Holzes während der Trocknung sind miteinander eng verflochten. Der zeitliche Verlauf des Trocknungsprozesses ist in Bild 4.1 dargestellt. Bild 4.2 verdeutlicht die wichtigsten Etappen der Wasserbewegung im Holz während dieses Prozesses, anhand der Feuchteverteilungskurven über die Holzdicke. Bild 4.3 veranschaulicht die Spannungen, die in diesen Etappen auftreten. Um das Verhalten des Holzes bei der Trocknung zu verstehen, müssen die drei Bilder parallel analysiert werden.

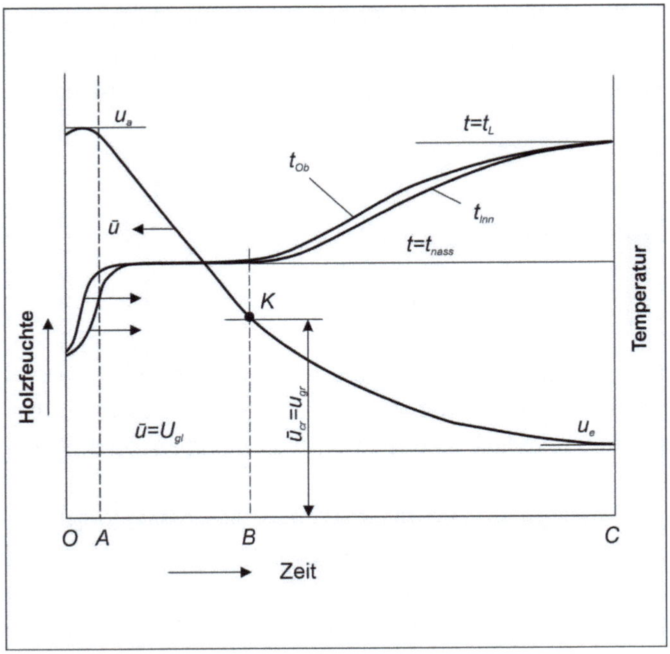

Bild 4.1 Zeitlicher Verlauf der konvektiven Trocknung bei Temperaturen < 100 °C (Quelle: [1], mit Genehmigung)

Es wird also ein Holzteil mit der Dicke d und der Anfangsfeuchte u_a ($u_a > u_{fs}$) betrachtet (Etappe 0 in Bild 4.1 und Bild 4.2), das zum Trocknen in eine gasförmige Umgebung (warme und feuchte Luft) mit einer Temperatur unter 100 °C gebracht wird.

In der ersten Phase des Prozesses (OA in Bild 4.1) wird das Material erwärmt, wobei seine Feuchte ungefähr konstant beim anfänglichen Wert (u_a) bleibt. Die Temperatur der Materialoberfläche (t_{Ob}) steigt schnell an und nach relativ kurzer Zeit beginnt eine oberflächliche Verdunstung, die zunächst zu einer Feuchteabnahme der äußeren Schichten führt (Etappe 0 bis 1 in Bild 4.2). In dieser Phase gibt es theoretisch keine Spannungen im Holz (Bild 4.3 a), weil die Holzfeuchte im ganzen Holzvolumen noch über dem Fasersättigungsbereich liegt und daher keine Schwindung auftritt.

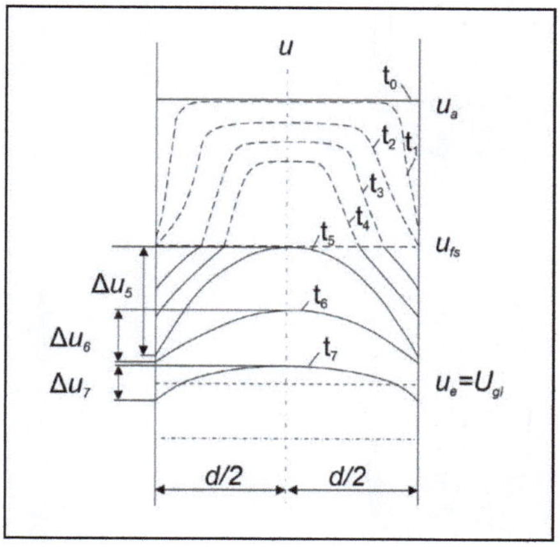

Bild 4.2
Verteilungskurven des Feuchtegehaltes über die Holzdicke (Quelle: [1], mit Genehmigung)

Nachdem das freie Wasser von der Oberfläche vollständig entfernt ist (Punkt B in Bild 4.1 und Etappe 1 in Bild 4.2), entsteht zwischen den inneren Schichten (wo die Makrokapillaren noch mit Wasser gefüllt sind) und der Oberfläche (wo die Makrokapillaren frei sind und das Wasser nur noch in den Mikrokapillaren der Zellwände vorhanden ist) ein Kapillardruckgradient, der die Bewegung des freien Wassers an die Oberfläche gewährleistet.

Zu Beginn erfolgt die Bewegung des freien Wassers aus den äußeren Holzschichten, wobei die Oberflächenfeuchte im Fasersättigungsbereich auf einem konstanten Niveau bleibt (Etappe 2 in Bild 4.2). Die Temperatur des Materials bleibt während dieser Prozessphase konstant und gleich der Kühlgrenze (t_{nass}) (Strecke AB in Bild 4.1). Die Trocknungsgeschwindigkeit ist ebenfalls konstant und wird von der Intensität der Wasserverdunstung von der Oberfläche bestimmt. Deshalb wird diese Etappe als Phase der konstanten Trocknungsgeschwindigkeit bezeichnet. Während dieser Phase ist der Teildruck des Dampfes an der Holzoberfläche gleich dem Sättigungsdruck und hängt nur von der Temperatur der Holzoberfläche ab.

Bei der Trocknung von Schnittholz ist die Etappe der konstanten Trocknungsgeschwindigkeit sehr kurz. Sie macht sich eher bemerkbar bei den Sortimenten, die viel Splintholz enthalten und die aus grünem Zustand getrocknet werden [2]. Auch beim Trocknen dünner Sortimente (z. B. Furnier) macht die Dauer dieser Phase einen erheblichen Prozentsatz der Gesamtdauer aus.

Die Phase der konstanten Trocknungsgeschwindigkeit dauert so lange, wie die Oberfläche mit freiem Wasser versorgt wird und die Bewegungsgeschwindigkeit des freien Wassers gleich mit der Verdunstungsgeschwindigkeit ist. Auch während dieser Phase gibt es keine Spannungen im Holz und daher auch keine Rissgefahr (Bild 4.3 a).

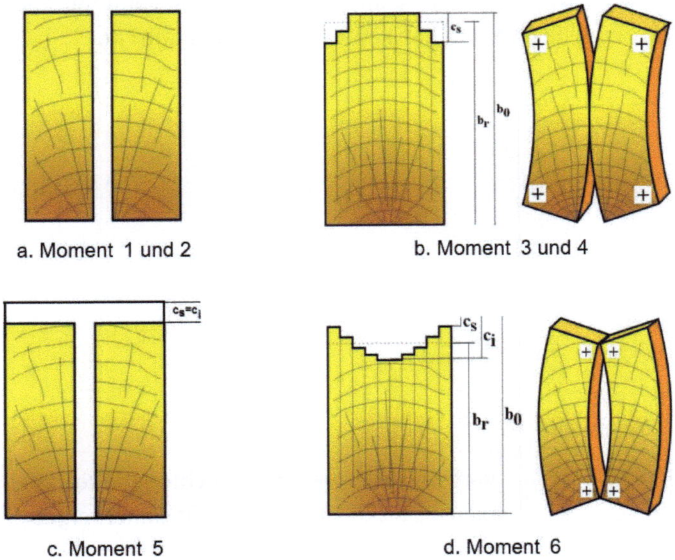

Bild 4.3 Verbildlichung der inneren Spannungen in den ausgewählten Momenten 1–6 (siehe Bild 4.2) während der Holztrocknung (Quelle: [3])

Mit der Zeit, je länger der Weg des freien Wassers aus immer tieferen Schichten bis zur Oberfläche wird, wird der Dampfteildruck an der Holzoberfläche kleiner als der Sättigungsdruck. Folglich sinkt der Feuchtegehalt der Holzoberfläche unterhalb des Fasersättigungsbereiches (Etappe 3 in Bild 4.2) und es beginnt die Etappe der abnehmenden Trocknungsgeschwindigkeit (Abschnitt BC in Bild 4.1).

Der durchschnittliche Feuchtegehalt des Materials ($\bar{u}$) am Ende der Etappe mit konstanter Geschwindigkeit und zu Beginn der Etappe der abnehmenden Geschwindigkeit wird als Grenzfeuchte (u_{gr}) bezeichnet. Die Grenzfeuchte ist diejenige Holzfeuchte nach deren Unterschreitung, das Trocknungsklima problemlos verschärft werden kann, ohne dass Risse entstehen [4]. In der Praxis der Trocknung ist die Grenzfeuchte ein Ersatzwert für die Fasersättigungsfeuchte (u_{fs}), die schwierig mit Genauigkeit bestimmt werden kann. Außerdem hängt der passende Moment der Trocknungsklima-Verschärfung auch stark von der Holzart ab. Es gibt Holzarten, die leicht trocknen, z. B. Tanne, Fichte, Kiefer. Bei diesen kann die Grenzfeuchte viel höher gesetzt werden als die Fasersättigungsfeuchte ($u_{gr\_Nadelhölzer}$ = 45 %) und somit wird die Trocknungsdauer deutlich gekürzt. Bei den schwer trocknenden Hölzern hingegen, z. B. Eiche, ist die Grenzfeuchte viel kleiner (u_{gr_Eiche} = 27 %). Die höhere Dichte und die größeren

Schwundzahlen wie auch die Neigung zu hohen Wachstumsspannungen empfehlen diese vorsichtige Trocknungsweise bei Hartholz.

Die Phase der abnehmenden Trocknungsgeschwindigkeit ist von der Bildung zweier Zonen im Holz gekennzeichnet:

- eine äußere Zone, mit einer Feuchte unterhalb des Fasersättigungsbereiches;
- eine innere Zone, wo noch freies Wasser anwesend ist und deshalb als Kapillarzone bezeichnet werden kann.

Unter der Wirkung der Kapillarkräfte wird freies Wasser an die Kontaktfläche der beiden Bereiche angezogen, wo es teilweise in Dampf übergeht und sich teilweise als Flüssigkeit durch das Mikrokapillarsystem weiterbewegt.

Die äußere Zone ist jetzt durch die völlige Abwesenheit des freien Wassers gekennzeichnet. Die Bewegung des gebundenen Wassers in dieser Zone erfolgt nur unter der Wirkung des Feuchtegradienten nach dem Fick'schen Gesetz (Formel 3.12). Die Feuchteverteilung über die Holzdicke während dieser Prozessphase wird durch die Kurven 3 und 4 in Bild 4.2 veranschaulicht. Die mittleren Abschnitte dieser herkömmlichen Kurven sind als gestrichelte Linien gezeigt. In der Realität kann die Feuchteverteilung in der Kapillarzone nicht streng gleichmäßig sein, weil die Durchlässigkeit der mikrokapillaren Struktur des Holzes, bedingt durch die Lage und den Füllungsgrad der Poren, im Materialvolumen inhomogen ist.

Sobald die Oberflächenfeuchte unter der Fasersättigungsfeuchte sinkt (Etappe 3 in Bild 4.2), tendieren die Oberflächenschichten zu schwinden, aber die Innenschichten setzen sich entgegen. Wenn die Verbindungen zwischen den Schichten gebrochen werden (Bild 4.3 b), bemerkt man, dass sich die äußeren Zähne kürzen (c_s = Oberflächenschwund), während die Höhe der inneren Zähne unverändert bleibt (b_0). Die gesamte ungeschnittene Probe hat eine reelle Dimension (b_r), wobei $b_r < b_0$. Folglich werden die Oberflächenschichten Zugbeanspruchungen ausgesetzt, was auch von der Verformungstendenz der zwei Hälften nach außen (Bild 4.3 b, rechts) gezeigt wird. In dieser Etappe können Oberflächenrisse auftreten. Das passiert nur dann, wenn die Spannungen die maximale Zugfestigkeit der betreffenden Holzart überschreiten.

Wenn man weiterhin die Kinematik der Wasserentfernung verfolgt, kommt man nach einiger Zeit zum Moment, an dem die gesamte Menge an freiem Wasser entzogen wurde (Moment 5 in Bild 4.2) und der Feuchtetransport weiterhin ausschließlich durch Diffusion erfolgt.

Die inneren Spannungen gleichen sich aus, sobald das Holz gleichförmig über die ganze Dicke schwinden kann (Oberflächenschwund c_s = Schwund der inneren Schichten c_i) (Bild 4.3 c). Leider dauert diese sichere, rissfreie Trocknungsetappe nicht bis an das Ende des Prozesses.

Wäre das Holz ein ideales elastisches Material, würden die bei den Momenten 3 und 4 die in ihm auftretenden inneren Spannungen später mit abnehmender Feuchteabnahme allmählich abgebaut werden und schließlich beim endgültigen Feuchteausgleich vollständig verschwinden. In Wirklichkeit verschwinden die Spannungen im Holz in einem Zwischenstadium des Prozesses (Moment 5), aber sie nehmen danach gegen Ende der Trocknung wieder zu, mit geändertem Vorzeichen. Die Ursache dieses Phänomens ist die Entwicklung von Restverformungen im Holz.

In der Anfangsphase des Prozesses, wenn das erhitzte nasse Holz eine hohe Plastizität aufweist, treten unter dem Einfluss der in den oberflächlichen Schichten wirkenden Zugbeanspruchungen Restdehnungsverformungen auf, und in den inneren Schichten unter dem Einfluss der Druckbeanspruchungen verbleibende Verkürzungsverformungen. Außerdem werden beim Trocknen des Holzes die elastischen Verformungen mit abnehmender Feuchte teilweise in bleibende Verformungen umgewandelt.

Dadurch wird gegen Ende des Prozesses (Etappe 6 in Bild 4.2) die Schwindung der oberflächlichen Schichten(c_s) kleiner als die Schwindung der inneren Schichten (c_i) (Bild 4.3 d). Mit anderen Worten wird das Nennmaß der oberflächlichen Schichten größer sein als das Nennmaß der inneren Schichten und folglich treten im Holz außen Druckkräfte und innen Zugkräfte auf, was sich auch in der entsprechenden Spannungsentlastung widerspiegelt: Die zwei Hälften biegen sich nach innen (Bild 4.3 d, rechts). In dieser Etappe können Innenrisse im Holz auftreten.

Die Trocknung verläuft weiterhin immer langsamer. Die Intensität des Wasserverlusts nimmt nach einer logarithmischen Kurve allmählich ab (siehe Kurvensegment BC in Bild 4.1), und der Feuchtegradient über die Holzdicke wird immer kleiner ($\Delta u_6 < \Delta u_5 < \Delta u_4$ – siehe Bild 4.2).

Die Temperatur des Materials steigt allmählich an und tendiert gegen Ende des Prozesses dazu, die Umgebungstemperatur (t_L) zu erreichen (siehe Bild 4.1). Auch die Holzfeuchte tendiert dazu, die Gleichgewichtsfeuchte (U_{gl}) zu erreichen. In der Praxis wird der Trocknungsprozess nicht bis zum Erreichen der Gleichgewichtsfeuchte durchgeführt (dazu würde es zu viel Zeit in Anspruch nehmen), sondern endet etwas früher, wenn die erforderliche Endfeuchte (u_e) erreicht ist.

Zusammenfassend gibt es bei der Frischluft-/Abluft-Trocknung mit Temperaturen unter 100 °C zwei kritische Etappen:

- die Etappen 3–5, in der die Oberflächenschichten zugbeansprucht sind und die Gefahr für Oberflächenrisse groß ist; in dieser Etappe ist es äußerst wichtig, mit einer mäßigen Temperatur und vor allem mit einer hohen relativen Luftfeuchte zu trocknen, um diese Risse zu vermeiden;
- die Etappen 6–7, in der die Innenschichten zugbeansprucht sind und die Gefahr für Innenrisse groß ist; obwohl die Rissgefahr in dieser Etappe eigentlich durch eine zu aggressive Trocknung in der vorherigen Etappe (3–5) verursacht wurde, ist es empfehlenswert, auch in dieser Phase vorsichtig zu trocknen. Diese Trocknungsphase wird durch den Trocknungsgradienten (*TG*) kontrolliert:

$$TG = \frac{\bar{u}}{U_{gl}} \tag{4.1}$$

$\bar{u}$ durchschnittliche Holzfeuchte der von den Holzfeuchtemessstellen angegebenen Werte in einem bestimmten Zeitpunkt [%]

U_{gl} Gleichgewichtsfeuchte in demselben Zeitmoment [%]

Wenn man die Bedingung setzt, dass der Trocknungsgradient konstant sein muss, lässt sich die Gleichgewichtsfeuchte in Abhängigkeit von der abnehmenden Holzfeuchte regeln, laut der Beziehung:

$$U_{gl} = \frac{\bar{u}}{TG} \ [\%] \tag{4.2}$$

wobei der *TG*-Wert je nach der Holzart gewählt wird (z. B. *TG* = max. 3,5 für Nadelhölzer und *TG* = 1,5 für Eiche).

Eine Zusammenfassung der wichtigsten Etappen während der Holztrocknung, mit der Hervorhebung der kritischen Etappen, und einige Empfehlungen für die Steuerung der Trocknung, um Risse zu vermeiden, sind in Bild 4.4 dargestellt.

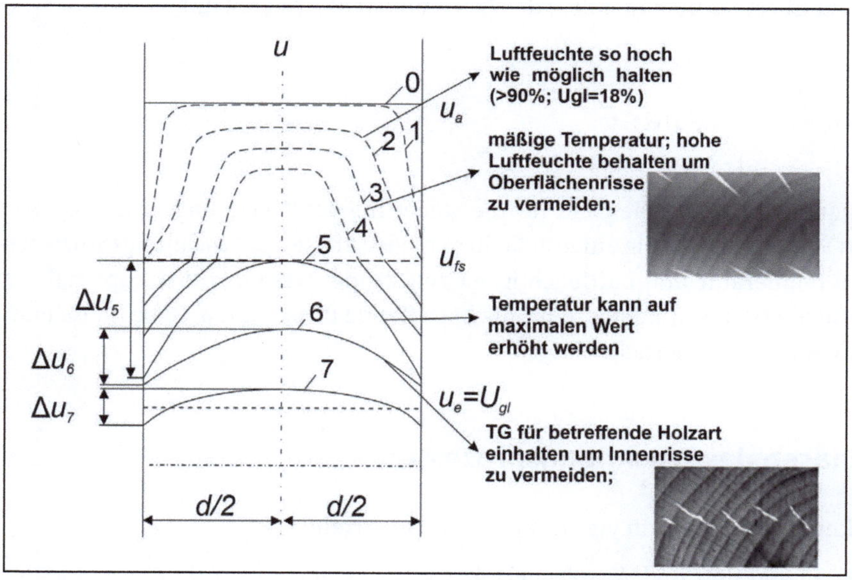

Bild 4.4 Kritische Etappen bei der Schnittholztrocknung und vorbeugende Maßnahmen

Es ist leider unmöglich, bei der konventionellen Frischluft-/Abluft-Trocknung das Auftreten innerer Spannungen im Holz vollständig zu vermeiden, weil deren Ursache die unvermeidbare Schwindung ist. Es handelt sich dabei um die freie Schwindung, aber auch um die eingeschränkte Schwindung, die zu Restspannungen führt [5]. Die Trocknungsspannungen können durch die Verwendung von Proben mit kleinen Abmessungen minimiert werden. Je dicker die Holzteile sind, desto mehr Probleme verursacht der Feuchtigkeitsgradient zwischen der Oberfläche und dem Kern. Durch Anwendung angepasster Temperaturen und durch die jeweilige Befeuchtung des Trocknungsmediums ist es auch bei diesen schwierigen Sortimenten möglich, die inneren Spannungen zu reduzieren.

Die analytische Berechnung der Holzeigenspannungen während der Trocknung ist an sich schon ein besonders komplexes Problem angesichts der besonders spezifischen Eigenschaften des Holzes, die sogar innerhalb desselben Baumes variieren und daher nur schwer in mathematischen Modellen zu erfassen sind. In den letzten Jahren wurden durch die zahlreichen diesem Thema gewidmeten Forschungsarbeiten und mithilfe moderner Computertechnik bemerkenswerte Fortschritte in dieser Richtung erzielt, durch die Entwicklung immer ausgefeilterer Modelle zur Simulation des mechanischen Verhaltens von Holz während der Trocknung, die dem realen Verhalten immer näherkommen. Solche Modelle werden im Kapitel 5 näher erläutert.

Durch eine korrekte Aufstellung des Trocknungsplans ist es möglich, den Trocknungsprozess so zu steuern, dass die auftretenden Spannungen die Widerstandsgrenze des Holzes nicht überschreiten und dass die Trocknung fehlerfrei abläuft.

4.2 Trocknungspläne

Ein Trocknungsplan stellt die Basis für die Steuerung des Trocknungsprozesses dar. Er wird in Form einer Tabelle aufgestellt, in der jeder Phase des Trocknungsprozesses Werte der Temperatur und Luftfeuchtigkeit zugeordnet werden, die als optimal für das betreffende Holzsortiment und für die betreffende Phase gelten. Dabei muss man den Zweck jeder Phase berücksichtigen.

4.2.1 Phasen des Trocknungsprozesses

Der Trocknungsprozess ist in vier Hauptphasen unterteilt:

- Aufheizen von Holz und Wasser im Holz;
- reine Trocknung;
- Konditionieren;
- Abkühlen.

Jede von ihnen hat einen genau definierten Zweck.

Die **Aufheizphase** dient der allmählichen Anpassung des Holzes an die Trocknungsumgebung. In dieser Phase wird die Temperatur auf einen moderaten Wert (t_1) erhöht, der der ersten Trocknungsstufe entspricht. Dieser Wert variiert je nach Holzart und liegt zwischen 30 °C für empfindliche Holzarten (z. B. Eiche) und 60 °C für leicht zu trocknende Holzarten (z. B. Fichte).

Wichtig ist, dass die Aufheizgeschwindigkeit (Temperaturanstieg pro Zeiteinheit) konstant ist und nicht 5 °C/h überschreitet, sodass die Erwärmung gleichmäßig über die gesamte Dicke des Teils erfolgt und der Temperaturunterschied zwischen den oberflächlichen und den inneren Schichten relativ gering bleibt. Insbesondere gefrorenes Holz muss sehr langsam auf eine Temperatur von 20 °C erhitzt werden, da sonst hohe Spannungen im Holz entstehen.

In dieser Phase spielt die relative Luftfeuchtigkeit (φ) eine besonders wichtige Rolle. Durch reichliche Sprühung von Dampf oder Wasser muss ein hoher Wert (φ = 85 – 95 %) erreicht werden, entsprechend einer Gleichgewichtsfeuchte von etwa 18 %, um die Verschalung der Oberfläche zu vermeiden. Ausnahme von dieser Regel bilden helle Holzarten (z. B. Ahorn, Erle). Um Verfärbungen zu vermeiden, muss in diesem Fall das Holz so schnell wie möglich unterhalb des Fasersättigungspunktes getrocknet werden, und daher erfolgt das Aufheizen in diesem Fall ohne Sprühung.

Zu Beginn der Aufheizperiode, bis eine Temperatur von 25 – 30 °C im Trockner erreicht wird, funktionieren nur die Ventilatoren und die Heizkörper. Erst nach Erreichen dieser Temperatur erfolgt die entsprechende Befeuchtung der Luft (bei vorgetrockneten Sorten schneller, bei solchen mit hoher Anfangsfeuchtigkeit später).

Während der Aufheizphase sollte die Holzfeuchte nicht abnehmen. Sie kann manchmal leicht zunehmen.

Der Übergang zur nächsten Phase des Prozesses erfolgt erst, wenn der Temperaturfühler auf der Zuluftseite den geplanten Wert (t_1) anzeigt.

Die reine Trocknung hat als Ziel die kontrollierte Reduzierung der Holzfeuchte vom Ausgangswert (u_a) auf den gewünschten Endwert (u_e). Wenn die anfängliche Holzfeuchte höher ist als die Fasersättigungsfeuchte, dann enthält das Holz noch freies Wasser und die reine Trocknung wird in zwei unterschiedliche Etappen unterteilt:

- I – Trocknung von der Anfangsfeuchte bis zum Fasersättigungspunkt, oder besser bis zur sogenannten Grenzfeuchte;
- II – Trocknung bis auf die gewünschte Endfeuchte.

Die Grenzfeuchte-Werte (u_{gr}) für die am häufigsten verwendeten einheimischen Holzarten sind in Tabelle 4.1 aufgeführt.

In der ersten Etappe der reinen Trocknung (von u_a auf u_{gr}) muss der Trocknungsplan schonende Trocknungsbedingungen sichern, um die Entstehung hoher Spannungen im Holz zu vermeiden. Aus diesem Grund wird die Temperatur vorläufig noch nicht erhöht, sondern sie bleibt beim am Ende der Aufheizperiode erreichten Wert (t_1). Die relative Luftfeuchtigkeit wird etwas reduziert und dann konstant auf dem Wert $\varphi = 60 - 90\,\%$ gehalten, sodass sich die Gleichgewichtsfeuchte auf $U_{gl1} = 13 - 18\,\%$ einstellt (die niedrigeren Werte im gegebenen Intervall entsprechen der Trocknung von Nadelholz und Weichholz, und die höheren Werte dem Trocknen empfindlicher Arten wie z. B. Eiche). Diese Trocknungsbedingungen müssen so lange eingehalten werden, bis alle Holzfeuchtemesspunkte die Grenzfeuchte erreichen.

Tabelle 4.1 Regelungsdaten für die konventionelle Schnittholztrocknung (Quelle: [4])

Gruppe	Holzart	t_1 [°C]	U_{gl1} [%]	u_{gr} [%]	t_2 [°C]	TG
		bei $u \geq u_{gr}$			bei $u < u_{gr}$	
1	Fichte, Tanne, Kiefer	60	13	45	90	3,5
2	Erle, Linde, Pappel, Weide	50	14	39	80	2,8
3	Kastanie, Lärche	50	15	37	80	2,5
4	Birnbaum, Kirschbaum, Nussbaum, Birke	50	16	35	80	2,2
5	Buche	45	17	34	80	2,0
6	Weißbuche	40	15	30	75	2,0
7	Eiche	30	18	27	70	1,5
8	Esche, Ahorn, Buche (wenn hell bleibende Farbe gefordert ist)	45	13	32	60	2,5

Bemerkungen:

- Die in Tabelle 4.1 angegebenen Werte entsprechen einem schonenden Trocknungsplan. Um die bestmögliche Trocknungsqualität zu erzielen, wird empfohlen, diese Referenzwerte bei der ersten Charge anzuwenden. Im Falle einer erfolgreichen Trocknung kann ein schärferer Plan ausprobiert werden, aber in keinem Fall sollte der Trocknungsgradient erhöht werden, um eine niedrigere Temperatur auszugleichen.
- Für die Gruppen 1–6 kann die Temperatur t_1 für Holzsorten mit Dicken unter 40 mm um 10 °C erhöht werden.
- Außerdem kann für die Gruppen 1–6 der Trocknungsgradient (TG) im Stadium der Feuchteabnahme unter 15 % um das (1,5 – 2)-fache erhöht werden, um den Prozess zu beschleunigen.

In dieser Etappe funktionieren nur die Ventilatoren kontinuierlich. Die Heizung, die Sprühung und die Lüfter werden je nach Bedarf regelmäßig geöffnet und geschlossen, um die erforderlichen Parameter (t_1 und U_{gl1}) zu erreichen und dann zu erhalten.

Ab dem Zeitpunkt, an dem alle Holzfeuchtemessstellen den Grenzfeuchte-Wert anzeigen, kann die zweite Etappe der reinen Trocknung beginnen. Diese ist von der Erhöhung der Temperatur (auf t_2) und von einer allmählichen Senkung der Luftfeuchtigkeit charakterisiert. Die Reduzierung der Luftfeuchte wird vom sogenannten Trocknungsgradient geregelt.

Der Trocknungsgradient (*TG*) ist ein Indikator für den Schärfegrad des Trocknungsregimes: Je höher der Unterschied zwischen der Holzfeuchte und der Gleichgewichtsfeuchte ist, desto höher ist der *TG*-Wert, und desto schärfer sind die Trocknungsbedingungen. Er wird im Bereich unterhalb der Fasersättigung/Grenzfeuchte genutzt. Sein Wert hängt weitgehend von der Holzart ab. Die Werte in Tabelle 4.1 dienen zur Orientierung.

Wie schon in Formel 4.1 angezeigt, wird *TG* als Verhältnis zwischen der Holzfeuchte zu einem bestimmten Zeitpunkt und der Gleichgewichtsfeuchte zu demselben Zeitpunkt. Wenn man die Holzfeuchte zu einem bestimmten Zeitpunkt kennt, und *TG* als konstanten Wert aus Tabelle 4.1 entnimmt, kann man die Gleichgewichtsfeuchte, die dem betreffenden Zeitpunkt entspricht, mit Formel 4.2 berechnen.

Somit wird in der zweiten Etappe der reinen Trocknung die Lufttemperatur schrittweise auf den für die jeweilige Holzart maximal zulässigen Wert (t_2 – siehe Tabelle 4.1) erhöht und gleichzeitig wird mit abnehmender Holzfeuchte die Luftfeuchtigkeit kontinuierlich gesenkt, sodass der Trocknungsgradient konstant bleibt.

In dieser Etappe funktionieren die Ventilatoren kontinuierlich und die Heizregister, bis die Betriebstemperatur erreicht ist. Um die Luftfeuchtigkeit zu reduzieren, werden die Lüfterklappen periodisch geöffnet, allerdings erst nach Erreichen der vorgesehenen Temperatur, da die Luftfeuchtigkeit durch die Erwärmung ohnehin abnimmt. Die reine Trocknungsphase gilt als abgeschlossen, wenn die gewünschte Endfeuchte erreicht ist.

Das **Konditionieren** hat als Hauptziel die Egalisierung der Endfeuchte innerhalb der Charge und den Abtrieb der inneren Spannungen im Holz (Bild 4.5). Diese Phase ist optional beim Trocknen dünner Holzsorten ($d < 40$ mm), sollte aber unbedingt durchgeführt werden bei $d \geq 40$ mm.

Das Konditionieren des Holzes wird durch Sprühung erreicht. Dabei steigt die Feuchtigkeit der Oberflächenschichten etwas an, während die inneren Schichten aufgrund der angesammelten Wärme weiter trocknen. Dadurch wird der Feuchteunterschied über den Querschnitt des Holzes reduziert.

In dieser Phase wird gewöhnlich die Temperatur um etwa 10 – 15 °C im Vergleich zur Temperatur am Ende der reinen Trocknung (t_2) gesenkt. Es funktionieren die Ventilatoren und die Sprühung. Die Heizung ist ausgeschaltet und die Lüfter sind geschlossen.

Die Konditionierphase kann entweder in Abhängigkeit von einer gewünschten Feuchtedifferenz über den Querschnitt des Holzes (z. B. max. 5 %) oder in Abhängigkeit von der Zeit beendet werden.

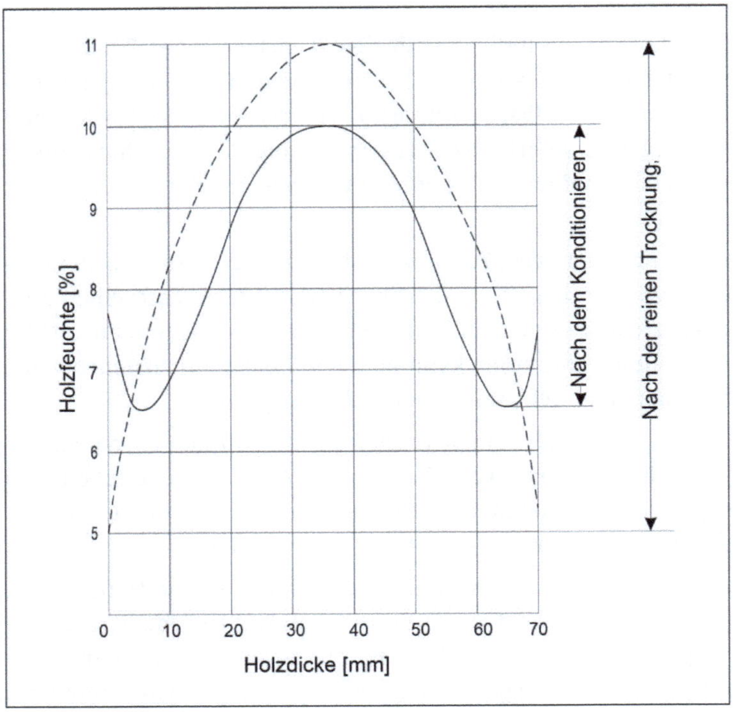

Bild 4.5 Reduzierung des Feuchtegefälles über die Holzdicke durch Konditionieren (in Anlehnung an [6])

Das **Abkühlen** ist die letzte Phase des Trocknungsprozesses und zielt auf die allmähliche Reduzierung der Holztemperatur, um den thermischen Schock beim Entleeren der Trockenkammer zu vermeiden.

In dieser Phase werden Heizung und Befeuchtung vollständig gestoppt. Die Lüftungsklappen werden maximal geöffnet und mithilfe der Ventilatoren werden die Stapel mit kalter und trockener Frischluft „gespült", um die Holztemperatur auf etwa 30 °C zu senken.

4.2.2 Aufstellung des Trocknungsplans

Trocknungspläne können abhängig von der Regelungsfeuchte, von der Zeit oder von den inneren Spannungen aufgestellt werden.

Die erste Option wird in der Praxis am häufigsten eingesetzt und bietet den Vorteil, dass sich die Prozess-Steuerung hierbei am individuellen Verhalten jeder einzelnen Charge orientiert. Die Zeit ist in diesem Fall kein Regimeparameter.

Zeitabhängige Trocknungspläne bieten zwar großen Komfort beim Betrieb der Trocknungsanlagen, gewährleisten jedoch nicht immer die entsprechende Qualität, da die Prozess-Steuerung starr nach einem festen Programm erfolgt, bei dem sich die Temperatur und die Luftfeuchtigkeit in festgelegten Zeitabständen ändern, unabhängig davon, ob die Holzfeuchtigkeit den für den Übergang zur nächsten Phase spezifischen Schwellenwert erreicht hat oder nicht. Diese Art Trocknungspläne sind daher nur für Unternehmen mit langjähriger Erfahrung anwendbar, die Jahr für Jahr die gleichen Sortimente (Holzarten, Dicken) in der gleichen Anlage trocknen.

Die dritte Kategorie, Trocknungspläne, die auf den inneren Spannungen basieren, sind qualitativ am hochwertigsten, da sie eine rechtzeitige Erkennung ungünstiger Trocknungsbedingungen und die Vermeidung schwerwiegender Trocknungsfehler (z. B. Verschalung, Risse und Kollaps) ermöglichen. Zur Erkennung innerer Spannungen wurde z. B. das Ultraschallverfahren [7] eingesetzt. Grundlage hierfür ist die Analyse der Schallemissionen während der Trocknung. Durch die Zunahme des Feuchtigkeitsgefälles über den Querschnitt der Holzteile entstehen im Holz innere Spannungen, die Mikrorisse verursachen. Diese Mikrorisse stellen keine qualitative Beeinträchtigung dar und ihre Entstehung wird von Schallsignalen mit Frequenzen zwischen 50 Hz und 1,5 MHz begleitet. Diese können mithilfe eines im Inneren der Anlage befindlichen Ultraschallempfängers aufgenommen werden. Die Signale werden dann verstärkt und mit einem Oszilloskop veranschaulicht. Das schwierigste Problem bei diesem System besteht darin, die durch die Mikrorisse verursachten Geräusche herauszufiltern, wenn man bedenkt, dass in der Trocknungskammer auch andere Körper (z. B. Ventilatoren, Metallwände usw.) Schallsignale aussenden.

Eine andere Methode zur Messung der inneren Spannungen basiert auf einem mikrostrukturierten Druck-Messinstrument aus Silikon, das in eine zylindrische Teflonhülle im Holz eingesetzt wird [8] oder einem Extensometer [9], welches Spannungen in der Längsrichtung messen kann. Wird der Sensor in eine Bohrung in einer bestimmten Tiefe im Holz platziert, kann er die durch die Schwindung des Lochdurchmessers verursachte Druckspannung direkt messen. Diese Art Sensoren haben das Potenzial, in der industriellen Trocknungssteuerung eingesetzt zu werden.

Zurzeit werden aber die Trocknungspläne hauptsächlich in Abhängigkeit von der Regelfeuchte, tabellarisch, aufgestellt (Tabelle 4.2). Dabei werden jeder Prozessphase Werte der Regelungsparameter (Temperatur, Gleichgewichtsfeuchte, Trocknungsgradient) so zugeordnet, dass jede Phase ihren Zweck erfüllen kann und am Ende das Holz die gewünschte Endfeuchte erreicht.

Tabelle 4.2 Trocknungsplan in Abhängigkeit von der Regelungsfeuchte – Muster (in Anlehnung an [4])

Phase	Holzfeuchte [%]	Temperatur [°C]	Gleichgewichts-feuchte [%]	Trocknungs-gradient
Aufheizphase	u_a	t_1	18	–
Reine Trocknung	von u_a bis u_{gr}	t_1	U_{gl1}	–
	von u_{gr} bis 20	t_2	$[(u_{gr}+20)/2]/TG$	TG
	von 20 bis 15	t_2	$[(20+15)/2]/TG$	TG
	von 15 bis u_e	t_2	$[(15+u_e)/2]/TG$	TG
Konditionieren	u_e	t_2–10	u_e	–
Abkühlen	u_e	30	–	–

u_a – gemessene Anfangsfeuchte [%]; u_e – gewünschte Endfeuchte [%]; u_{gr} – Grenzfeuchte [%]; t_1, t_2, U_{gl1}, TG –Regelungsdaten (siehe Tabelle 4.1)

Basierend auf diesen Referenzwerten wurde als Beispiel ein Trocknungsplan für Lärchenholz ermittelt (Tabelle 4.3). Dieser gilt für Holz mit einer Dicke über 40 mm, das bis auf 10 % Endfeuchte getrocknet werden soll. Für dünnere Sortimente kann man die maximale Temperatur auf 90 °C erhöhen und die Konditionierphase auslassen.

Tabelle 4.3 Trocknungsplan für 48 mm starkes Lärchenholz

Phase	Holzfeuchte [%]	Temperatur [°C]	Gleichgewichts-feuchte [%]	Trocknungs-gradient
Aufheizphase	70	50	18	–
Reine Trocknung	70 bis auf 37	50	15	–
	37 bis auf 20	80	11,4	2,5
	20 bis auf 15	80	7	2,5
	15 bis auf 10	80	5	2,5
Konditionieren	10	70	10	–
Abkühlen	10	40	–	–

In der Fachliteratur, z. B. [10–14], werden verschiedene Methoden zur Ermittlung des Trocknungsplans vorgeschlagen und jeder Trockenkammerhersteller hat eigene Programme, die er in der Steuerungssoftware seiner Anlagen integriert, z. B. [15, 16]. Alle Ermittlungsmethoden basieren auf einer Gruppierung der Holzarten nach Schwierigkeitsklasse, wobei für jede Gruppe „optimale“ Werte empfohlen werden. Was von Literaturquelle zu Literaturquelle unterschiedlich ist, sind die Werte dieser Parameter. Früher wurden für dasselbe Holzsortiment höhere Temperaturwerte empfohlen. Wenn diese mit einer niedrigen Luftfeuchte und/oder einem hohen Trocknungsgradient kombiniert werden, führt das zu einer scharfen Trocknung, bei der eine kürzere Zeit, aber auch hohe Rissgefahr zu erwarten ist. Um die Holzressourcen zu schonen und die Trocknungsfehler so weit wie möglich zu reduzieren, werden heutzutage eher mildere Trocknungsbedingungen angewendet.

Weitere Beispiele von Trocknungsplänen für verschiedene europäische Holzarten sind in Anhang D aufgeführt.

4.3 Berechnung der Trocknungsdauer

Entsprechend den vier Phasen des Prozesses setzt sich die Gesamttrocknungszeit (D) aus folgenden vier Komponenten zusammen:

- Dauer der Aufheizphase (D_a);
- Dauer der reinen Trocknungsphase (D_{tr});
- Dauer der Konditionierphase (D_K) (optional bei Holzsortimenten unter 40 mm Dicke, stark empfohlen über 40 mm Dicke);
- Dauer der Abkühlphase (D_k).

$$D = D_a + D_{tr} + D_K + D_{ab}\ [\mathrm{h}] \tag{4.3}$$

Die **Dauer der Aufheizphase** hängt von der Fläche der Heizanlage und den Parametern des Wärmeträgers ab. Allgemein, kann man folgende Faustregel anwenden:

$D_a = 1$ h/cm Dicke für Nadelhölzer und weiche Harthölzer

und

$D_a = 1{,}5$ h/cm Dicke für Harthölzer.

Die **Dauer der reinen Trocknungsphase** hängt von zahlreichen Faktoren ab, wie zum Beispiel:

- Holzart (Dichte);
- Anfangs- und Endfeuchtigkeit des Holzes;
- Dicke der Bretter;

- Besäumung der Bretter;
- Temperatur und Feuchte der Trocknungsumgebung;
- Trocknungsgradient;
- Luftgeschwindigkeit;
- Betriebsmodus der Heizungsanlage (h/Tag);
- gewünschte Qualität;
- Zustand der Anlage usw.

Die Feuchteabnahme während der Trocknung erfolgt nach einer logarithmischen Funktion, daher geht die theoretische Berechnung der Trocknungsdauer von Kollmanns Formel [13] aus:

$$D_{tr} = \ln \frac{u_a}{u_e} \text{ [h]} \tag{4.4}$$

Um all die obengenannten Einflüsse zu berücksichtigen, wird dann der erhaltene Wert mit Koeffizienten, die die Material- und Medieneigenschaften berücksichtigen, multipliziert.

Entsprechend den beiden Etappen der reinen Trocknung besteht die Dauer D_{tr} aus zwei Komponenten:

- D_{tr_1} – Dauer der ersten Trocknungsetappe (von u_a bis auf u_{gr}) und
- D_{tr_2} – Dauer der zweiten Trocknungsetappe (von u_{gr} bis auf u_e).

Die beiden Komponenten werden mit folgenden Gleichungen berechnet:

$$D_{tr\_1} = \ln \frac{u_a}{u_{gr}} \cdot f_1 \cdot f_{2'} \cdot f_3 \cdot f_{4'} \cdot f_5 \cdot f_6 \text{ [h]} \tag{4.5}$$

und

$$D_{tr\_2} = \ln \frac{u_{gr}}{u_e} \cdot f_1 \cdot f_{2''} \cdot f_3 \cdot f_{4''} \cdot f_5 \cdot f_6 \cdot f_7 \text{ [h]} \tag{4.6}$$

u_a Anfangsfeuchte [%]

u_{gr} Grenzfeuchte [%] (siehe Tabelle 4.1)

u_e Endfeuchte [%]

f_1–f_7 Koeffizienten in Abhängigkeit von der Holzart (Tabelle 4.4), Dicke (Tabelle 4.5), Besäumung (Tabelle 4.6), Temperatur (Tabelle 4.7), Geschwindigkeit (Tabelle 4.8), Betriebszeit (Tabelle 4.9) und Trocknungsgradient (Tabelle 4.10)

Bemerkungen:

1. Der Koeffizient f_4 hat unterschiedliche Werte in Formel 4.5 und Formel 4.6, weil die Temperatur in den beiden Etappen der reinen Trocknung unterschiedlich ist.
2. Bei der Berechnung der Dauer der ersten Trocknungsphase (D_{tr_1}) wird der Koeffizient f_7 nicht berücksichtigt, weil bei Holzfeuchten oberhalb der Grenzfeuchte der Trocknungsgradient (*TG*) eine fiktive Größe ist.

Tabelle 4.4 Werte des Holzart-Koeffizienten f_1 (Quelle: [4])

Holzart	f_1
Nadelholz mit $\rho_0 \leq 500$ kg/m³ (Tanne, Kiefer, Fichte)	19
Nadelholz mit $\rho_0 > 500$ kg/m³ (Lärche)	26
Weichholz mit $\rho_0 \leq 450$ kg/m³ (Pappel, Erle, Linde, Weide)	20
Hartholz mit $\rho_0 = 450 - 650$ kg/m³ (Buche, Eiche, Esche, Ahorn, Kastanie, Kirschbaum, Nussbaum, Ulme)	30
Hartholz mit $\rho_0 > 650$ kg/m³ (Robinie, Weißbuche)	40

Tabelle 4.5 Werte des Dicke-Koeffizienten f_2 (in Anlehnung an [4])

Dicke [mm]	f_2
15	0,60
20	0,80
25	1,00
30	1,20
35	1,40
40	2,02
50	2,41
60	5,76
70	7,84
80	10,24
90	12,96
100	16,00
120	23,04
140	31,36

Tabelle 4.6 Werte des Koeffizienten f_3 in Abhängigkeit von der Art der Besäumung (Quelle: [4])

Art der Besäumung	f_3
Zuschnitte	0,70 – 0,90
Besäumtes Holz	1,00
Unbesäumtes Holz	1,10 – 1,30

Tabelle 4.7 Werte des Temperatur-Koeffizienten f_4 (in Anlehnung an [4])

Temperatur [°C]	f_4
30	8,000
35	5,956
40	4,560
45	3,564
50	2,828
55	2,270
60	1,837
65	1,495
70	1,222
75	1,000
80	0,818
85	0,669
90	0,544
95	0,441

Tabelle 4.8 Werte des Luftgeschwindigkeits-Koeffizienten f_5 (in Anlehnung an [6])

Luftgeschwindigkeit [m/s]	f_5
0,5	1,25
1,0	1,15
1,5	1,08
2,0	1,00
2,5	0,98
3,0	0,94
3,5	0,90
4,0	0,88
4,5	0,84
5,0	0,80

Tabelle 4.9 Werte des Koeffizienten f_6 in Abhängigkeit von der Betriebszeit der Trockenkammer (Quelle: [4])

Betriebszeit [h/Tag]	f_6
24	1,00
16	1,17
12	1,26
8	1,30

Tabelle 4.10 Werte des Trocknungsgradient-Koeffizienten f_7 (in Anlehnung an [4])

Trocknungsgradient	f_7
1,5	2,0
2,0	1,5
2,5	1,2
3,0	1,0
3,5	0,86
4,0	0,75

Die Dauer der reinen Trocknung erhält man dann als Summe der beiden Komponenten:

$$D_{tr} = D_{tr\_1} + D_{tr\_2}\ [\mathrm{h}] \tag{4.7}$$

Die **Dauer der Konditionierphase** ist:

$$D_K \approx 0{,}1 \cdot D_{tr}\ [\mathrm{h}] \tag{4.8}$$

D_{tr} Dauer der reinen Trocknung [h]

Ausschlaggebend für die Festlegung dieser Dauer ist die gewünschte Qualität (Gleichmäßigkeit der Endfeuchte).

Die **Dauer der Abkühlphase** ist:

$$D_{ab} = D_a\ [\mathrm{h}] \tag{4.9}$$

Alle ermittelten Werte werden in der Regel auf den nächsten ganzen Wert aufgerundet und danach summiert (Formel 4.3), um die Gesamtdauer des Trocknungsprozesses zu erfahren.

Dazu muss auch noch die **Manipulationszeit** (D_m) für die Beschickung und das Entleeren der Trockenanlage addiert werden:

$$D_m = 0{,}33\ \mathrm{h/m^3} \tag{4.10}$$

Es muss betont werden, dass es sich bei der rechnerischen Ermittlung der Trocknungszeit nur um eine Schätzung handelt. Genaue Trocknungszeiten können nur in der Praxis ermittelt werden.

Wie hoch ist die Belegungszeit einer Trocknungskammer die 100 m³ unbesäumtes Buchenholz mit 40 mm Dicke von 60 % Anfangsfeuchte auf 10 % Endfeuchte trocknet?

Lösung:

$D_a = 1{,}5\ \mathrm{h/cm} \cdot 4\ \mathrm{cm} = 6\ \mathrm{h}$

$D_{tr\_1} = \ln(60/34) \cdot 30 \cdot 2{,}02 \cdot 1{,}3 \cdot 3{,}564 \cdot 1 \cdot 1 = 174\ \mathrm{h}$

$D_{tr\_2} = \ln(34/10) \cdot 30 \cdot 2{,}02 \cdot 1{,}3 \cdot 0{,}818 \cdot 1 \cdot 1 \cdot 1{,}5 = 118\ \mathrm{h}$

$D_{tr} = D_{tr\_1} + D_{tr\_2} = 292\ \mathrm{h}$

$D_k = 0{,}1 \cdot D_{tr} = 29\ \mathrm{h}$

$D_{ab} = D_a = 6\ \mathrm{h}$

$D_m = 0{,}33\ \mathrm{h/m^3} \cdot 100\ \mathrm{m^3} = 33\ \mathrm{h}$

$D_{gesamt} = D_a + D_{tr} + D_k + D_{ab} + D_m = 366\ \mathrm{h} = 15{,}25$ Tage

---

4.4 Das Trocknungsdiagramm

Das Trocknungsdiagramm (Bild 4.6) ist die grafische Gestaltung des Trocknungsplans. Es zeigt den zeitlichen Ablauf der wichtigsten Trocknungsparameter (Holzfeuchte, Temperatur und Gleichgewichtsfeuchtigkeit) während des gesamten Trocknungsprozesses.

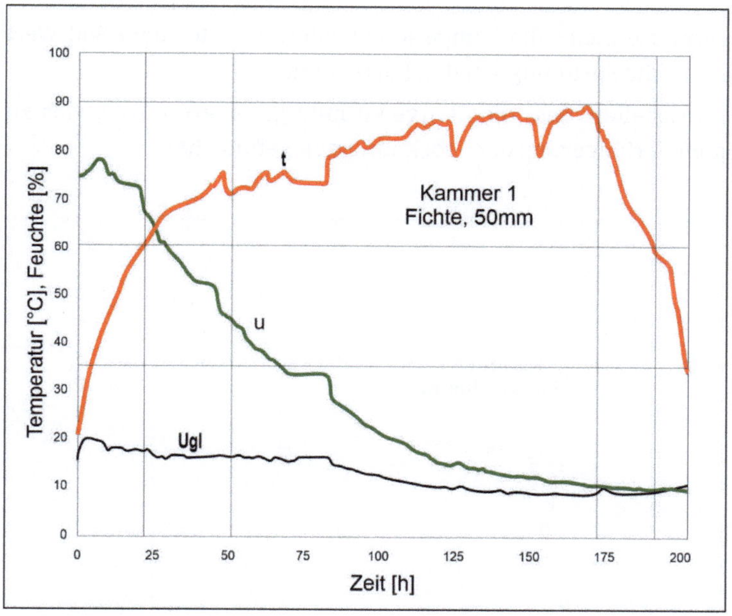

Bild 4.6 Trocknungsdiagramm für Fichte, 50 mm, von einer Anfangsfeuchte $u_a = 75\,\%$ bis auf einer Endfeuchte $u_e = 10\,\%$ (in Anlehnung an [18])

Das Trocknungsdiagramm zeigt, ob der Prozess korrekt durchgeführt wurde. Jede Abweichung des Verlaufs der Trocknungskurven vom theoretischen Verlauf weist auf mögliche Mess- oder Regelfehler hin, die die Ursache für manche Trocknungsfehler sein können. Daher ist das Trocknungsdiagramm ein wichtiges Element für die Prozessanalyse und für dessen Optimierung.

Das Beispiel in Bild 4.7 für dasselbe Holzsortiment (Fichte, 50 mm) zeigt zahlreiche Abweichungen in allen Prozessphasen:

- in der Aufheizphase wurde nicht der Soll-Wert der Gleichgewichtsfeuchte $U_{gl} = 18\,\%$ erreicht, sondern nur 14 %; die wahrscheinlichste Ursache ist ein zu kleiner Druck des Wassers in der Sprüheinrichtung;
- in der reinen Trocknungsphase über der Grenzfeuchte (45 %) wurde der Soll-Wert der Temperatur (60 °C) nicht erreicht; als Ursache wurde eine unzureichende Kes-

selleistung ermittelt. Der U_{gl}-Wert blieb weiterhin kleiner als der Soll-Wert (11,9 % statt 13 %), was wieder auf den Fehldruck des Wassers in der Sprüheinrichtung zurückzuführen ist;

- in der reinen Trocknungsphase unter der Grenzfeuchte können dieselben Mängel festgestellt werden: Die Temperatur ist kleiner als der Soll-Wert (64 °C statt 90 °C). Außerdem führte eine unbeabsichtigte Sprühung im Moment 105 h zu einer plötzlichen Senkung der Temperatur und zur Erhöhung der Luftfeuchte und der Holzfeuchte;
- in der Konditionierphase bleibt die Temperatur weiterhin unter dem Soll-Wert (62 °C statt 80 °C), aber die Sprühung schaltet korrekt ein.

Allgemein kann man feststellen, dass die Charge zu mild gesteuert wurde, was zu einer ungerechtfertigten Verlängerung der Trocknungszeit geführt hat.

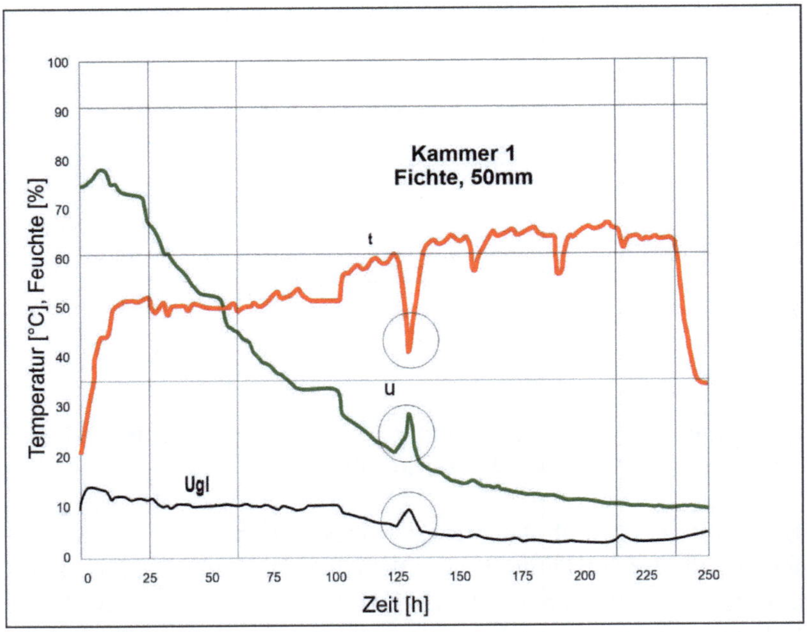

Bild 4.7 Trocknungsdiagramm, das Abweichungen vom normalen Ablauf der Trocknung aufweist

Literatur

[1] Marinescu, I. (1979): *Uscarea lemnului* (Die Holztrocknung, in rumänischer Sprache). Technischer Verlag, Bukarest, Rumänien

[2] Perré, P. (1993): *Fundamentals of Wood Drying*. COST A.R.BO.LOR, ENGREF, Nancy, Frankreich

[3] Câmpean, M. (2003): *Heat Treatments of Wood*. Verlag der Transilvania Universität, Brașov, Rumänien

[4] Trübswetter, T. (2009): *Holztrocknung. Verfahren zur Trocknung von Schnittholz – Planung von Trocknungsanlagen*. 2. aktualisierte Aufl., Carl Hanser Verlag, Leipzig

[5] Avramidis, S.; Lăzărescu, C.; Rahimi, S. (2023): *Basics of Wood Drying*. Kapitel 13 in *Handbook of Wood Science and Technology*. Springer International Publishing, Cham, S. 679 – 706

[6] Câmpean, M. (1997): *Tratamente termice ale lemnului. Uscarea cherestelei* (Thermische Behandlung des Holzes. Die Schnittholztrocknung, in rumänischer Sprache). Verlag der Transilvania Universität, Brașov, Rumänien

[7] Becker, H. F. (1982): *Schallemissionen während der Holztrocknung*. In: Holz als Roh- und Werkstoff, 40, S. 345 – 350

[8] Allegretti, O.; Ferrari, S. (2008): *A Sensor for Direct Measurement of Internal Stress in Wood During Drying: Experimental Tests Toward Industrial Application*. In: Drying Technology, 26(9), S. 1150 – 1154. *https://doi.org/10.1080/07373930802266256*

[9] Sanchez, J. Y. C. S.; Lima, J. T.; da Silva, J. R. M.; Dias Soares, B. C. (2022): *Application of a Strain Gauge to Assess Drying Stresses in Normal and Tension Wood of Corymbia citriodora*. In: Maderas. Ciencia y Tecnología, 24. *http://dx.doi.org/10.4067/s0718-221x2022000100421*

[10] Boone, S. C.; Bois, C.; Wengert, E. (1988): *Dry Kiln Schedule for Commercial Woods: Temperate and Tropical*. USDA Forest Products Laboratory, GTR-57, Madison, USA

[11] Denig, J.; Wengert, E. M.; Simpson, W. T. (2000): *Drying Hardwood Lumber*. USDA Forest Service, Forest Products Laboratory, Madison, WI, USA

[12] Dumitrescu, N. St. (1969): *Uscarea lemnului* (Holztrocknung, in rumänischer Sprache). Technischer Verlag, Bukarest, Rumänien

[13] Kollmann, F. F. P. (1951): *Technologie des Holzes und der Holzwerkstoffe. Band 1*. 2. Aufl., Springer Verlag, Berlin/Göttingen/Heidelberg

[14] Langendorf, G.; Eichler, H. (1982): *Holzvergütung*. 3. Aufl., VEB Fachbuchverlag, Leipzig

[15] Hildebrand, R. (Hrsg.) (1979): *Schnittholztrocknung*. 4. Aufl., Oberboihingen

[16] Cividini, R. (2001): *Conventional Kiln-Drying of Lumber*. NARDI S.p.A., Chiampo, Italien

[17] Lohmann, U. (1998): *Holz Handbuch*. 5., völlig überarb. und erw. Aufl., DRW Verlag, Leinfelden-Echterdingen

[18] Bedelean, B.; Campean, M. (2013): *Tratamente termice ale lemnului. Îndrumar pentru lucrări practice* (Thermische Behandlungen von Holz. Praxisleitfaden, in rumänischer Sprache). Verlag der Transilvania Universität, Brașov, Rumänien

[19] Janik, W. (1965): *Handbuch der Holztrocknung*. Fachbuchverlag, Leipzig

5 Modellierung der Schnittholztrocknung

Die Modellierung des Trocknungsprozesses ist eine Möglichkeit, das Verhalten eines Holzteils in einer bestimmten Umgebung mit einer gewissen Genauigkeit zu bestimmen [1]. Wissenschaftler haben verschiedene mathematische Modelle entworfen, um ein nützliches Instrument für den Entwurf, die Analyse und die Optimierung von Trocknungsanlagen zu entwickeln. Die wichtigsten Leistungsindikatoren für die Optimierung sind meistens: kürzere Trocknungszeiten, geringerer Energieverbrauch und bessere Qualität des getrockneten Materials.

Lange Zeit konzentrierte sich die Modellierung hauptsächlich auf das Phänomen der Feuchtigkeitsübertragung [2]. Seit Tuttle im Jahr 1925 die erste Modelltheorie des Trocknungsprozesses vorstellte, wurden zahlreiche Modelle entwickelt [1–5], wobei verschiedene Modellierungsmethoden zum Einsatz kamen, wie zum Beispiel:

- Modelle, die auf der Feuchtigkeitsdiffusionsgleichung basieren, und Modelle, die auf dem 1855 postulierten Gesetz von Adolf Fick basieren, dass sich allgemein auf das Phänomen der Diffusion bezieht [1]. Diese Modelle beschreiben die Bewegung des Wassers im Holz vom Inneren zur Oberfläche. Neben dem Fick'schen Gesetz wurde auch das Fourier'sche Gesetz verwendet, welches die Grundgleichung der Wärmeleitung in Festkörpern darstellt [1, 4].
- Empirische Modelle, die experimentell ermittelt wurden und eine Beziehung zwischen Eingangsvariablen (Anfangsfeuchtigkeit, Holzart, Luftparameter usw.) und der Trocknungsgeschwindigkeit bzw. dem Feuchtigkeitsgehalt zu einem bestimmten Zeitpunkt beschreiben.
- Modelle, die auf grundlegenden Gleichungen der Feuchte- und Wärmeübertragung basieren. Diese Modelle berücksichtigen die gleichzeitige Übertragung von Stoff und Wärme während der Trocknungsperiode mit oder ohne Integration des Luftstroms in die Anlage. Diese Modelle werden durch die Anwendung von FEM (Finite-Elemente-Methode) oder CFD-Methoden (Computational Fluid Dynamics) erstellt.

- Modelle, die auf Techniken der künstlichen Intelligenz basieren, z. B. künstliche neuronale Netze, die in der Lage sind, eine Beziehung zwischen den Eingabe- und Ausgabevariablen des Prozesses viel effizienter zu bestimmen als Regressionsgleichungen [2, 5].

Die Ergebnisse der Modellierungsbemühungen wurden durch die Erstellung theoretischer Modelle materialisiert, die in verschiedenen Trocknungsprozessanalyse- und Optimierungsprogrammen wie Torksim [1, 6] u. a. implementiert wurden.

5.1 Modelle basierend auf der Feuchtigkeitsdiffusionsgleichung

Das Fick'sche Gesetz zur Feuchtediffusion im Holz ist in seiner vereinfachten Form in Formel 5.1 [1] dargestellt:

$$\frac{\partial u}{\partial t} = \frac{\partial}{\partial x}\left(D\frac{\partial u}{\partial x}\right) \tag{5.1}$$

u Feuchtigkeitsgehalt

t Zeit

x räumliche Koordinate

D Diffusionskoeffizient

Es wurden zahlreiche Studien durchgeführt, um den Diffusionskoeffizienten (*D*) einiger Holzarten in den drei Hauptrichtungen für verschiedene Feuchtigkeitsbereiche und unterschiedliche Temperaturwerte zu bestimmen.

Formel 5.1 kann nur gelöst werden, wenn Randbedingungen für das betrachtete Volumen definiert sind und eine Wechselwirkung zwischen dem Holzstück und der Umgebung hergestellt wird. Die einfachste Alternative besteht darin, davon auszugehen, dass die Oberfläche des Holzstücks fast augenblicklich eine Gleichgewichtsfeuchtigkeit erreicht, die nur von den Umgebungsparametern abhängig ist. Dies bedeutet, dass der Massentransportwiderstand an der Oberfläche vernachlässigt wird. Es ist jedoch wünschenswert, diesen Widerstand nicht zu vernachlässigen und die Einführung einer Näherung bei der Modellierung zu berücksichtigen [1].

Die analytische Lösung von Formel 5.1 wird in Formel 5.2 dargestellt, die den externen Massentransferwiderstand berücksichtigt. Der Feuchtigkeitsfluss pro betrachteter Flächeneinheit ist:

$$\frac{\dot{m}}{A} = S(u_{\mathrm{Ob}} - u_{\mathrm{Ugl}}) \tag{5.2}$$

u_{Ob} Oberflächenfeuchtigkeitsgehalt

u_{Ugl} Gleichgewichtsfeuchte entsprechend der Umgebung, in der sich das Teil befindet

S Oberflächenemissionskoeffizient

Newman präsentierte 1931 sowohl die analytischen Lösungen für Formel 5.1 und Formel 5.2 als auch die numerischen Werte für eine unidirektionale Strömung innerhalb zweier Ebenen. Diese Studie war der Ausgangspunkt zahlreicher Bemühungen zur Bestimmung der *S*- und *D*-Koeffizienten [1].

Formel 5.1 kann den eigentlichen Trocknungsprozess nicht beschreiben, ohne die Temperatur einzubeziehen. Theoretisch ergibt sich die Gleichung zur Bestimmung des Temperaturfelds in Festkörpern aus Formel 5.1, indem man die Feuchte durch die Temperatur (T) und den Diffusionskoeffizienten durch den Temperaturleitfähigkeitskoeffizienten (a) ersetzt, wodurch man die Fourier-Gleichung erhält. Allerdings wird durch die Einbeziehung der Fourier-Gleichung noch keine vollständige Wechselwirkung zwischen den Feuchte- und Temperaturfeldern erreicht. Um diesen Nachteil zu überwinden, müssen für jedes Element des untersuchten Volumens Massen- und Energiebilanzgleichungen ermittelt werden. Auf diese Weise werden die Feuchtigkeits- und Temperaturfelder gekoppelt. Die Randbedingungen werden mit Formel 5.3 und Formel 5.4 [1] definiert.

$$\frac{\dot{m}}{A} = \beta(c_{\mathrm{Ob}} - c_{\mathrm{Luft}}) \tag{5.3}$$

Dabei sind c_{Luft} und c_{Ob} die Dampfkonzentrationen in der Luft und in der Luftschicht, die im Gleichgewicht mit dem Feuchtigkeitsgehalt an der Oberfläche steht, und β ist der Massenübertragungskoeffizient.

$$\frac{\phi}{A} = \alpha(T_{\mathrm{Luft}} - T_{\mathrm{Ob}}) \tag{5.4}$$

ϕ/A Wärmestrom pro betrachteter Flächeneinheit

α Wärmeübergangskoeffizient

T_{Luft} Lufttemperatur

T_{Ob} – Temperatur an der Oberfläche des Holzmaterials

Für ein Temperaturniveau unter 80 °C bei Atmosphärendruck ist ein auf Massen- und Energiebilanzen basierendes Modell ausreichend [1]. Bei langsamen Trocknungsprozessen und langsamen Temperaturänderungen kann das Vorhandensein von Temperaturgradienten im Holz vernachlässigt werden. Dabei wird davon ausgegangen, dass die Temperatur im Material konstant, im Zeitverlauf jedoch variabel ist. Bei Modellen, die für Temperaturen nahe oder über dem Siedepunkt von Wasser entwickelt wurden, muss auch die Art und Weise der Feuchtigkeitsbewegung im Holz berücksichtigt werden, indem neben dem Feuchtigkeits- und Temperaturgradienten auch ein Druckgradient berücksichtigt wird.

Die Similarität der Gleichungen von Fick und Fourier, aber auch zwischen Formel 5.3 und Formel 5.4, lässt darauf schließen, dass innerhalb der gemeinsamen Grenzschicht ein Zusammenhang zwischen dem Massenübertragungskoeffizienten (β) und dem Wärmeübertragungskoeffizienten (α) besteht. Ist mindestens einer der Koeffizienten bekannt (meistens der Koeffizient α), kann mithilfe von Formel 5.5 der andere Übertragungskoeffizient ermittelt werden.

$$\frac{\alpha}{\beta} = c \cdot \rho \tag{5.5}$$

c spezifische Wärme der feuchten Luft in der Grenzschicht

ρ Rohdichte

Diese Kopplung wird als Masse-Wärme-Analogie bezeichnet.

Der Wärmeübertragungskoeffizient (α) kann mithilfe der Formel 5.6 (Dittus-Boelter-Gleichung) bestimmt werden.

$$Nu = 0{,}023\, Re^{0{,}8}\, Pr^{1/3} \tag{5.6}$$

Nu, Re und Pr Nusselt-, Reynolds- und Prandtl-Zahl

Diese Gleichung weist einige Einschränkungen auf, beispielsweise die Tatsache, dass sie davon ausgeht, dass der Luftstrom in einem glatten Kanal erfolgt. In Wirklichkeit ist der Wert des Wärmekoeffizienten (α) viel höher, und zwar aufgrund von Faktoren, die zur Verstärkung der Luftturbulenz beitragen (Zwischenräume zwischen den Holzteilen, Trennung des Luftstroms durch die Kanten der Holzstücke, plötzliche Verengungen und Erweiterungen des Strömungsquerschnitts usw.). Weitere Informationen zu den Besonderheiten der Wärmeübertragung in einer Trocknungsanlage werden in [1] aufgeführt.

5.2 Empirische Modelle

Eines der ersten empirischen Modelle wurde 1976 von Bramhall entwickelt [2]:

$$\frac{d\overline{M}}{d_t} = \frac{P_{\mathrm{DS\_tr}} - P_{\mathrm{DS\_nass}}}{R} \tag{5.7}$$

$P_{\mathrm{DS\_tr}}$ Sättigungsdruck von Wasserdampf bei der Trockentemperatur [Pa]

$P_{\mathrm{DS\_nass}}$ Sättigungsdruck von Wasserdampf bei der Feuchttemperatur [Pa]

R Widerstand gegen Feuchtigkeitsverschiebung [Pa kg kg^{-1}]

Der Feuchtigkeitsbewegungswiderstand wird mit Formel 5.8 oder Formel 5.9 berechnet:

$$R = c_1 \ \exp(-c_2\overline{M}) \tag{5.8}$$

$$R = c_3 \ \overline{M}^{-c_4} \tag{5.9}$$

c_1, c_2, c_3 und c_4 experimentell bestimmte Konstanten

Ein weiteres empirisches Modell wurde von Tschernitz und Simpson [2] entwickelt:

$$\overline{\Phi} = exp\left(\frac{-b \cdot t}{l^n}\right) \tag{5.10}$$

t Trocknungszeit [Tage]

l Holzdicke [cm]

b, n empirische Parameter

Olek et al. (1994) schlugen ein neues empirisches Modell für die Trocknung der Rotbuche (*Fagus sylvatica*) vor [2]:

$$-\frac{d\overline{M}}{dt} = a_1 + \frac{a_2}{(100\ M)^n + a_3} \tag{5.11}$$

a_1, a_2, a_3 und n sind die Parameter, die grafisch auf der Grundlage experimenteller Daten ermittelt wurden. Ihre Werte variieren je nach Trocknungsbedingungen.

In der Fachliteratur werden nebst empirischer Modelle auch grafisch-analytische Methoden vorgestellt [2]. Ein solches Modell, das an der Moskauer Staatlichen Forstuniversität entwickelt wurde, ist in Formel 5.12 dargestellt und begünstigt die Ermittlung der Trocknungszeit:

$$\tau = \frac{0{,}233}{D_\mathrm{m}}\left[1 + \frac{\pi^2}{4\ Bi^2}\right] \ln\left[B\frac{(u_\mathrm{Ob} - u_\mathrm{gl}) + 0{,}81(u_0 - u_\mathrm{Ob})}{\overline{u} - U_\mathrm{gl}}\right] \tag{5.12}$$

D_m durchschnittlicher Feuchtigkeitsdiffusionskoeffizient [m^2/s]

B_i Biot-Massenübergangszahl

B Koeffizient,

u_Ob Oberflächenfeuchtigkeit [%]

$\overline{u}$ durchschnittliche Feuchtigkeit über die Dicke des Holzteiles zum Zeitpunkt *D*

u_gl entsprechende Gleichgewichtsfeuchtigkeit [%]

u_0 durchschnittlicher Feuchtigkeitsgehalt (im Inneren des Holzteiles gemessen) zu Beginn des Trocknens [%]

Im Falle eines Trocknungsregimes für Buche, das drei Phasen umfasst, kann Formel 5.13 verwendet werden:

$$\tau = C\left[\frac{0{,}81(u_{01} - U_{\mathrm{gl1}})}{u - u_{\mathrm{e1}}}\ln\frac{u_{02} - u_{\mathrm{e2}}}{u_2 - u_{\mathrm{gl2}}} + \ln\frac{u_{03} - u_{\mathrm{gl3}}}{u_3 - u_{\mathrm{gl3}}}\right] \tag{5.13}$$

C ist ein Koeffizient, der von der Dicke des Holzes, der Breite des Stapels und der Luftgeschwindigkeit in der Trocknungskammer abhängt. Der Wert dieses Koeffizienten wird anhand spezifischer Nomogramme bestimmt [2]

u_{01} Holzfeuchte zu Beginn der Phase (%)

u_{gl} durchschnittliche Gleichgewichtsfeuchtigkeit, die der relativen Luftfeuchtigkeit entspricht

Kayihan (1993) entwickelte ein empirisches Modell, das den Einfluss der äußeren Bedingungen (über einen konstanten Trocknungsgeschwindigkeitskoeffizienten) und des internen Feuchtigkeitstransportprozesses (über einen Diffusionsparameter b) berücksichtigt, um die Änderungsgeschwindigkeit der durchschnittlichen Holzfeuchte abzuschätzen [2]:

$$-\frac{d\bar{u}}{d_{\mathrm{t}}} = \frac{b\bar{u}}{\left[1 + (b\bar{u}/a)^3\right]^{1/3}} \tag{5.14}$$

Das Trocknungsverhalten wird durch den Parameter (b) beeinflusst, der auch die Temperatur des Materials berücksichtigt. Der Wert des Parameters b wird mithilfe von Formel 5.15 berechnet, in Abhängigkeit von der Temperatur T [K].

$$b = b_0 \exp\left(-\frac{2700}{T}\right) \tag{5.15}$$

Keey und Pang (1994) analysierten die Trocknungskinetik von Kiefernholz (*Pinus Radiata*) mithilfe einer charakteristischen Trocknungskurve und der Analyse der Feuchtebewegung [2]. Das entwickelte Modell geht von der Existenz einer Phase mit konstanter Trocknungsrate aus, nämlich von der Anfangsfeuchte (u_0) bis zum ersten kritischen Trocknungspunkt (u_1). Diese konstante Trocknungszeit gilt nur für das Splintholz. Die Trocknungsrate (j_{w1}) kann mit Formel 5.16 berechnet werden

$$j_{\mathrm{w1}} = \varphi K_0\left(H_{\mathrm{s}} - H_{\mathrm{g}}^0\right) \tag{5.16}$$

$H_s - H_g^0$ Feuchtigkeitspotenzial [%]

K_0 Stoffübergangskoeffizient

φ relative Luftfeuchte [%]

Die erste Trocknungsperiode wird von der Holzfeuchte u_1 bis zur Holzfeuchte u_2 (zweiter kritischer Punkt) angewendet und die entsprechende Trocknungsrate ändert sich von j_{w1} auf j_{w2}.

Der normalisierte Feuchtigkeitswert (Φ_1) und die relative Trocknungsrate (f_1) werden durch die absolute Feuchtigkeit (u) und die reale Trocknungsrate (j_w) ausgedrückt.

$$\Phi_1 = \frac{u - u_2}{u_1 - u_2} \tag{5.17}$$

$u_2 < u < u_1$

$$f_1 = \frac{j_{w} - j_{w2}}{j_{w1} - j_{w2}} \tag{5.18}$$

$j_{w2} < j_w < j_{w1}$

Die zweite Phase der Reduzierung der Trocknungsgeschwindigkeit tritt ein, wenn das Holz die Gleichgewichtsfeuchtigkeit erreicht und die Trocknung endet. Der normalisierte Feuchtigkeitswert (Φ_2) und die relative Trocknungsrate (f_2) werden mit Formel 5.19 und Formel 5.20 berechnet.

$$\Phi_1 = \frac{u - u_{Ugl}}{u_1 - u_{Ugl}} \tag{5.19}$$

$u_2 > u > u_1$

$$f_2 = \frac{j_w}{j_{w2}} \tag{5.20}$$

$j_{w2} > j_w > 0$

Die Parameter u_1, u_2 und j_{w2} basieren auf den Eigenschaften der jeweiligen Holzart.

Derzeit kann nicht behauptet werden, dass es ein perfektes Modell gibt, da bei allen Modellen weiterhin eine Variabilität in der Vorhersage besteht. Dies liegt vor allem an den Koeffizienten der mathematischen Gleichungen, den vereinfachenden Annahmen, die der Entwicklung des Modells zugrunde lagen, und den unterschiedlichen Methoden, die zur Berechnung des Stoff- und Wärmeübergangs verwendet wurden [2].

5.3 Modelle basierend auf grundlegenden Gleichungen der Feuchte- und Wärmeübertragung

Holz kann als poröses, hygroskopisches Medium betrachtet werden, das aus Elementen im festen, flüssigen und gasförmigen Zustand besteht. Daher müssen für jede Phase gesondert Übertragungsmechanismen entwickelt werden, die die komplexe Wechselwirkung zwischen ihnen berücksichtigen. Da die Variabilität des Holzes sehr komplex ist, müssen die Gleichungen auf makroskopischer Ebene auf dem Erhaltungsgesetz basiert werden. Bis heute wurden mehrere Gleichungen entwickelt, um den Trocknungsprozess zu simulieren. Der erste signifikante Unterschied liegt in der Anzahl der Zustandsvariablen, die zur Beschreibung der Umgebung verwendet werden [7]:

- mathematische Modelle mit einer einzigen Zustandsgröße wie Holzfeuchte oder einer anderen äquivalenten Größe;
- mathematische Modelle mit zwei Variablen wie Holzfeuchte und Temperatur;
- mathematische Modelle mit drei Variablen wie Holzfeuchte, Temperatur und Umgebungsdruck.

Derzeit wird meist Modell 1 verwendet (Formel 5.21 bis Formel 5.23).

Feuchtekonservierungsgleichung:

$$\frac{\partial}{\partial t}\left(\varepsilon_w\rho_w + \varepsilon_g\rho_v + \overline{\rho}_b\right) + \nabla\cdot\left(\rho_w\overline{v}_w + \rho_v\overline{v}_g + \overline{\rho_b v_b}\right) = \nabla\cdot\left(\rho_g\overline{\overline{D}}_{\text{eff}}\nabla\omega_v\right) \tag{5.21}$$

Energiekonservierungsgleichung:

$$\frac{\partial}{\partial t}\left(\varepsilon_w\rho_w h_w + \varepsilon_g(\rho_v h_v + \rho_a h_a) + \overline{\rho}_b\overline{h}_b + \rho_o h_s - \varepsilon_g P_g\right)$$
$$+\nabla\cdot\left(\rho_w h_w\overline{v}_w + (\rho_v h_v + \rho_a h_a)\overline{v}_g + h_b\overline{\rho_b v_b}\right)$$
$$= \nabla\cdot\left(\rho_g\overline{\overline{D}}_{\text{eff}}(h_v\nabla\omega_v + h_a\nabla\omega_a) + \overline{\overline{\lambda}}_{\text{eff}}\nabla T\right) + \Phi \tag{5.22}$$

Luftkonservierungsgleichung:

$$\frac{\partial}{\partial t}(\varepsilon_g\rho_a) + \nabla\cdot\left(\rho_a\overline{v}_g\right) = \nabla\cdot\left(\rho_g\overline{\overline{D}}_{\text{eff}}\nabla\omega_a\right) \tag{5.23}$$

In Formel 5.21 werden die Geschwindigkeiten der Gas- und Flüssigkeitsphase durch das verallgemeinerte Darcy-Gesetz angegeben:

$$\overline{v}_l = -\frac{\overline{\overline{K}}_l\overline{k}_l}{\mu_l}\nabla\varphi_l \tag{5.24}$$

wobei: $\nabla\varphi_l = \nabla P_l - \rho_l g\nabla\chi$.

Für die Trocknung von Außenflächen werden folgende Randbedingungen formuliert:

$$J_w|_{x=0^+}\cdot\hat{n} = h_m c M_v \ln\left(\frac{1 - x_\infty}{1 - x_v|_{x=0^+}}\right) \tag{5.25}$$

$$J_e|_{x=0^+}\cdot\hat{n} = h(T|_{x=0^+} - T_\infty)$$

$$P_g|_{x=0^+} = P_{\text{atm}}$$

J_w und J_e stellen den gesamten Feuchtigkeitsfluss und die gesamte Enthalpie an der Außenfläche dar.

Das Zweigleichungsmodell für Wärme- und Stoffübertragung (Modell 2) kann als vereinfachte Version von Modell 1 betrachtet werden, da es nur zwei Variablen berücksichtigt, nämlich Temperatur und Feuchte. Unter der Annahme, dass der Kapillardruck nur vom Feuchtigkeitsgehalt (nicht auch von der Temperatur) abhängt, können sowohl die Gas- als auch die Flüssigphase durch Diffusionsmechanismen beschrieben werden, die die sogenannten „Pseudo-Diffusionskoeffizienten" (K_v und K_l) beinhalten. Da dieses Modell den inneren Druck auf die Bewegung des Wassers in der flüssigen und gasförmigen Phase nicht berücksichtigen kann, ist es für Trocknungsprozesse mit intensiven Feuchtigkeitsbewegungen nicht geeignet. Durch die Unterschiede zwischen den Enthalpien der Gas- und Flüssigphase berücksichtigt dieses Modell jedoch die latente Verdampfungswärme und beinhaltet somit die wichtigste Eigenschaft der Trocknung, nämlich die gekoppelte Übertragung von Wärme und Masse.

Wasserkonservierungsgleichung:

$$\frac{\partial}{\partial t}(\rho_0 X) = \nabla \cdot \left(\rho_v \overline{\overline{\boldsymbol{K}}}_v \nabla X\right) + \nabla \cdot \left(\rho_l \overline{\overline{\boldsymbol{K}}}_l \nabla X\right) \tag{5.26}$$

Energiekonservierungsgleichung:

$$\frac{\partial}{\partial t}[\rho_0(h_0 + X \cdot h_l)] + \nabla \cdot (\rho_l h_l \overline{q}_l + \rho_v h_v \overline{q}_v) = \nabla \cdot \left(\overline{\overline{\boldsymbol{\lambda}}}_{\text{eff}} \nabla T\right) + \Phi \tag{5.27}$$

$$\text{mit } \overline{q}_v = \nabla \cdot \left(\rho_v \overline{\overline{\boldsymbol{K}}}_v \nabla X\right);\ \overline{q}_l = \nabla \cdot \left(\rho_l \overline{\overline{\boldsymbol{K}}}_l \nabla X\right)$$

Grenzbedingungen

$$J_w|_{x=0^+} \cdot \hat{n} = h_m c M_v \ln\left(\frac{1 - x_\infty}{1 - x_v|_{x=0^+}}\right) \tag{5.28}$$

$$J_e|_{x=0^+} \cdot \hat{n} = h(T|_{x=0^+} - T_\infty)$$

$$P_g|_{x=0^+} = P_{atm}$$

Das Modell 3 mit einer einzigen Gleichung für Wärme- und Stofftransport [6] lässt sich aus Modell 2 ableiten, wenn man davon ausgeht, dass die Holztemperatur konstant und gleich der Lufttemperatur in der Anlage ist. Auch ist eine Differenzierung zwischen Flüssigkeits- und Gas-Strömung nicht mehr notwendig und die Verwendung eines globalen Diffusionskoeffizienten wird möglich.

Wasserkonservierungsgleichung:

$$\frac{\partial X}{\partial t} = \nabla \cdot \left(\overline{\overline{\boldsymbol{K}}} \nabla X\right) \tag{5.29}$$

Grenzbedingungen

$$\boldsymbol{J}_w|_{x=0^+} \cdot \hat{\boldsymbol{n}} = \alpha(c_v|_{x=0^+} - c_\infty) \tag{5.30}$$

Da das Ziel des Trocknens darin besteht, die Holzfeuchte zu entfernen, kann die Verwendung eines Modells mit nur einer Gleichung attraktiv sein, da es sich auf die Bewegung der Feuchtigkeit innerhalb des Mediums und an seiner Oberfläche konzentriert. Laut Perre und Turner [6] verwendet man in der Forschung vielfach das Modell mit einer Gleichung.

Das zweite Modell, das auf zwei Gleichungen basiert, stellt ein wesentlich realistischeres Simulationswerkzeug des Trocknungsprozesses dar [6]. Dieses Modell eignet sich zur Simulation der Trocknung bei moderaten Temperaturen oder zur Online-Überwachung des Trocknungsprozesses. Allerdings weist dieses Modell auch einige Einschränkungen auf, beispielsweise die Tatsache, dass es den Trocknungsprozess bei hohen Temperaturen, das Trocknen im Vakuum, das Erhitzen von Holz mit Mikrowellen usw. nicht simulieren kann.

Modell 1, das auf drei Gleichungen basiert, geht davon aus, dass Wärme- und Stofftransport auch in Längsrichtung stattfinden. Mit diesem Modell konnten mehrere Trocknungskonfigurationen erfolgreich simuliert werden, wobei sowohl die Dicke als auch die Länge des Materials berücksichtigt wurden [6].

Tabelle 5.1 präsentiert einen Vergleich der in der Literatur vorhandenen Studien hinsichtlich der Art des verwendeten Modells.

Je nach der Anzahl der abhängigen Variablen, der Modellgröße und dem Modelltyp kann die für die Simulation benötigte Zeit zwischen wenigen Sekunden und maximal einer Stunde variieren [7].

Hinsichtlich der Modellierung des Materialstapels empfiehlt die Fachliteratur die tatsächliche Modellierung der Stapelgeometrie durch die Betrachtung eines äquivalenten Luftströmungsmodells (Bild 5.1).

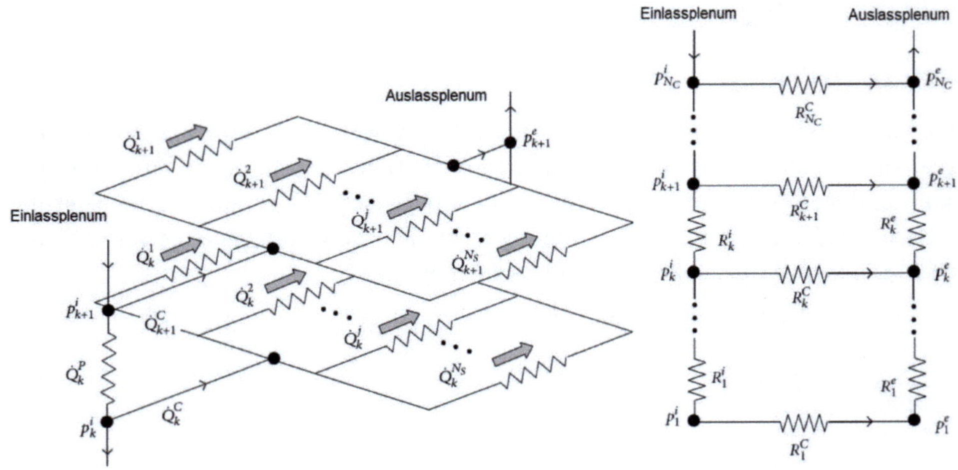

Bild 5.1 Äquivalenter Luftstromkreislauf zwischen zwei Holzteilen (links) und äquivalenter Luftstromkreislauf über die Höhe des Materialstapels (rechts) (Quelle: [8], mit Genehmigung)

Tabelle 5.1 Arten von Modellen, die zur Simulation des Trocknungsprozesses verwendet werden (in Anlehnung an [6])

Abhängige, Variablen, räumliche Dimension des Modells	Modell 3 – eine Variable Holzfeuchte	Modell 2 – zwei Variablen Holzfeuchte und Temperatur	Modell 1 – drei Variablen Holzfeuchte, Temperatur und Druck
1D (Dicke)	Es ist einfach, berücksichtigt aber nicht alle physikalischen Phänomene (z. B. Kopplung von Stoff- und Wärmeübertragung). Daher sind die Ergebnisse nicht sehr aussagekräftig.	Geeignet für die Trocknung bei niedrigen Temperaturen (<100 °C)	Es ermöglicht eine detaillierte Modellierung physikalischer Phänomene, liefert jedoch kein realistisches Ergebnis für den Innendruck. Bei der Hochtemperaturtrocknung sind die Ergebnisse nicht sehr aussagekräftig.
2D (Dicke und Breite)	Es beschreibt die Querschnittsform zwar korrekt, berücksichtigt jedoch nicht alle physikalischen Phänomene (z. B. Kopplung von Stoff- und Wärmeübertragung). Daher sind die Ergebnisse nicht sehr aussagekräftig.	Beschreibt korrekt die Form des Querschnitts, geeignet für die Trocknung bei niedrigen Temperaturen (<100 °C)	Es ermöglicht eine detaillierte Modellierung physikalischer Phänomene, liefert jedoch kein realistisches Ergebnis für den Innendruck. Bei der Hochtemperaturtrocknung sind die Ergebnisse nicht sehr aussagekräftig.
2D (Dicke und Länge)	Der zusätzliche Rechenaufwand gegenüber dem 1D-Modell ist nicht gerechtfertigt. Es berücksichtigt nicht alle physikalischen Phänomene (z. B. Kopplung von Stoff- und Wärmetransport). Die Ergebnisse sind wenig aussagekräftig.	Deutlich höherer Rechenaufwand im Vergleich zum 1D-Modell	Ermöglicht die detaillierte Modellierung physikalischer Phänomene. Bietet eine gute Beschreibung der analysierten Geometrie. Geeignet für alle Trocknungsprozesse. Berücksichtigt den Einfluss des Innendrucks.
3D	Komplexe numerische Berechnungen sind ungerechtfertigt, da sie nicht alle physikalischen Phänomene berücksichtigen. Die Ergebnisse sind wenig aussagekräftig.	Es bietet eine gute Beschreibung der analysierten Geometrie und kann bei der Berechnung der globalen Verformungen aller Bretter hilfreich sein.	Die beste Beschreibung auf makroskopischer Ebene sowohl hinsichtlich der Geometrie als auch der auftretenden physikalischen Phänomene.

5.4 Trocknungsmodelle basierend auf künstlicher Intelligenz

Künstliche neuronale Netze (KNN) sind ein Werkzeug, das zur Modellierung des Trocknungsprozesses eingesetzt werden kann. Wu und Avramidis [9] verwendeten diese Modellierungstechnik, um den endgültigen Feuchtigkeitsgehalt (M_f) des zu trocknenden Materials zu schätzen, indem sie die Anfangsfeuchte (M_i), Dichte (*GM*) und Trocknungszeit berücksichtigten (Bild 5.2).

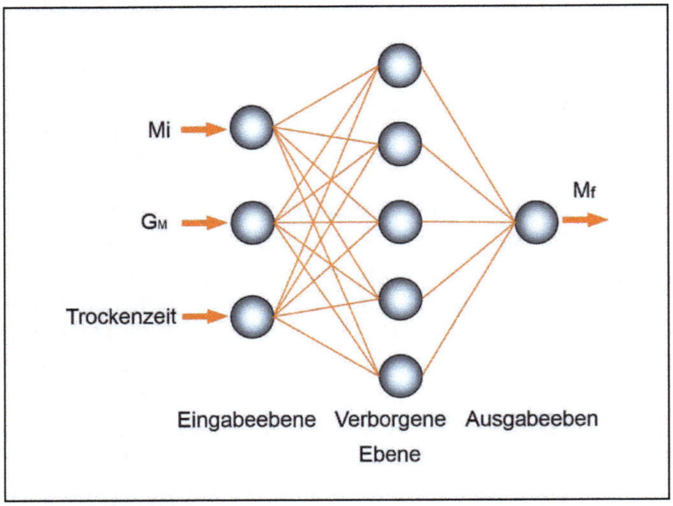

Bild 5.2 ANN-Modellarchitektur zur Schätzung des endgültigen Feuchtigkeitsgehalts (Quelle: [9], mit Genehmigung)

Zhang et al. [10] entwickelten ein ANN-Modell, das die Struktur eines Trocknungsplanes in ein mathematisches Modell umwandeln kann, mit dem der Trocknungsprozess gesteuert werden kann, um die Beziehung zwischen Temperatur, relativer Luftfeuchtigkeit und Holzfeuchte zu beschreiben. In der Studie wurden drei Holzarten berücksichtigt: *Fraxinus mandshurica, Betula platyphylla* und *Xylosma racemosum.*

Ceylan [11] verwendete diese Modellierungstechnik, um ein Modell zu entwickeln, mit dem der Feuchtigkeitsgehalt von Pappel- und Kiefernholz im Trockner geschätzt werden kann. Als Eingangsgrößen werden die Lufttemperatur, die relative Luftfeuchtigkeit und das Stapelgewicht berücksichtigt.

Watanabe et al. [12] entwickelten ein ANN-Modell zur Schätzung der Endfeuchte von Proben aus japanischem Zedernholz (*Cryptomeria japonica*) bei der Frischluft-/Abluft-Trocknung. Die Eingangsvariablen des entwickelten ANN-Modells sind Ausgangsfeuchte, Rohdichte, Jahresringorientierung, Jahresringbreite, Kernholzanteil und Farbdifferenz im CIE-L*a*b*-System.

Ebenfalls für japanische Zedernholzproben untersuchten Watanabe et al. [13] die Möglichkeit, das Spannungsniveau an der Oberfläche von Holz während des Trocknens mithilfe der Nahinfrarotspektroskopie (NIR) in Verbindung mit künstlichen neuronalen Netzwerken zu bestimmen. Der Input des ANN-Modells bestand aus dem NIR-Spektrum, das anschließend von einem genetischen Algorithmus analysiert wurde, um die Eingangsvariablen des Modells festzulegen.

Chai et al. [14] stellen ein ANN-Modell vor, das die Variation der Holzfeuchte während der HF-Vakuum-Trocknung, basierend auf der Trocknungszeit, der Position der Messpunkte, der Materialtemperatur und dem Druck schätzt. Für die Studie wurden Kiefernproben (*Pinus sylvestris* var. mongholica Litv.) verwendet.

Die von Fu et al. durchgeführte Studie [15] stellt ein ANN-Modell vor, mit dem die elastische Spannung (ES), der wichtigste Parameter im Zusammenhang mit Trocknungsspannungen, von Birkenholzproben (*Betula platyphylla* Suk) geschätzt werden kann. Als Eingangsparameter wurden die Temperatur (*T*), die Holzfeuchte (*MC*), die relative Luftfeuchtigkeit (*RH*) und der Abstand vom Mark (*DP*) berücksichtigt (Bild 5.3).

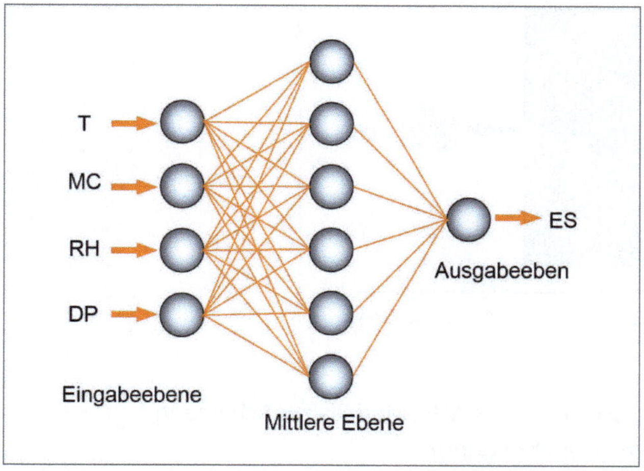

Bild 5.3 Neuronale Netzwerkarchitektur zur Schätzung elastischer Spannungen (Quelle: [15], mit Genehmigung)

Laaroussi et al. [16] verwendeten Techniken des maschinellen Lernens, um die durchschnittliche Holzfeuchte in einer Frischluft-/Abluft-Trockenkammer zu schätzen, wie z. B. Random Forest (RF), Extra Trees (ET), Adaboost (AB), Gradient Boosting (GB), Support Vector Regressor (SVR), Long Short-Term Memory (LSTM) und eine Kombination aus einem Faltungsnetzwerk und einem bidirektionalen LSTM (CBLSTM)-Algorithmus. Zu den berücksichtigten Eingabedaten gehören unter anderem die Temperatur und relative Luftfeuchtigkeit, die Phase des Trocknungsprozesses sowie jahreszeitlich bedingte Variablen, in denen die Trocknung durchgeführt wird. Am Ende blieben 20 der 39 berücksichtigten Eingangsvariablen übrig. Von allen analysierten Algorithmen war CBLSTM derjenige, der zur besten Schätzung der Endfeuchte führte.

Rahimi und Avramidis [17] entwickelten drei künstliche neuronale Netzwerke, nämlich das Multilayer-Perceptron (MLP)-Neuralnetzwerk, das Radial-Basis-Function (RBF)-Neuralnetzwerk und die Gruppenmethode zur Datenverarbeitung (GMDH), um ein Vorhersagemodell (Bild 5.4) zu erstellen, das die Materialeigenschaften (Dichte ρ_b, Anfangsgewicht w_i, Anfangsfeuchte M_i und Zielfeuchte M_t) mit der Endfeuchte (M_f) des Materials kombiniert. Um die Leistung der Modelle zu verbessern, haben die Autoren auch eine Monte-Carlo-Simulation durchgeführt. Das auf GMDH basierende Modell zeigte die beste Leistung bei der Schätzung des endgültigen Feuchtigkeitsgehalts, gefolgt vom MLP-Modell und anschließend dem RBF-Modell. In Bezug auf die Monte-Carlo-Simulation wurde im Fall des RBF-Modells die effizienteste Lösung erzielt. Von allen analysierten Variablen hatten der Anfangsfeuchte und die Raumdichte den größten Einfluss auf die endgültige Endfeuchte. Die analysierte Holzart war Hemlock.

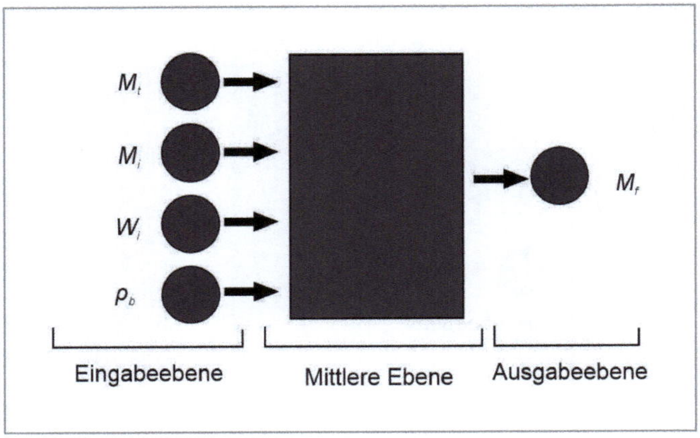

Bild 5.4 Struktur der Eingangsschichten des ANN-Modells zur Schätzung der Endfeuchte (Quelle: [17], mit Genehmigung)

Auch Rahimi et al. [18] entwickelten ein Gradient-Boosting-Maschinenlernmodell zur Analyse und Optimierung des Trocknungsprozesses von Hemlock-Holz. Die Eingangsvariablen des entwickelten Modells sind die Anfangsfeuchte, das Anfangsgewicht, die Dichte, die Konditionierungsparameter und die Lagerungsmethode nach der Trocknung. Es stellte sich heraus, dass von allen diesen Variablen das Anfangsgewicht den höchsten Korrelationsgrad mit der Endfeuchte des Materials aufweist.

Chai und Li [19] entwickelten ein neuronales Netzwerk zur Schätzung der Trocknungsqualität, basierend auf der Holztrocknungsrate und dem Längsrissbildungsgrad.

5.5 Modellierung von Trocknungsspannungen

Die meisten mathematischen Modelle gehen davon aus, dass die Gesamtdehnungsrate ε die Summe mehrerer Mechanismen ist, die während der Trocknung auftreten [1]:

$$\dot{\varepsilon} = \dot{\varepsilon}_{\mathrm{e}} + \dot{\varepsilon}_{\mathrm{u}} + \dot{\varepsilon}_{\mathrm{ve}} + \dot{\varepsilon}_{\mathrm{ms}} \tag{5.31}$$

Indizes:

e elastische Dehnung

u Quellen und Schwinden

ve Viskoelastizität

ms mechanosorptive Belastung

$$\dot{\varepsilon}_{\mathrm{ms}} = m(\sigma - E_{\mathrm{ms}}\varepsilon_{\mathrm{ms}})\,|\dot{u}_{\mathrm{b}}| \tag{5.32}$$

m eine Konstante

σ Spannung

E_{ms} Konstante in Bezug auf die maximale Spannung, die bei einem bestimmten Spannungsniveau erreicht werden kann

$\dot{u}_{\mathrm{b}}$ gebundener Wassergehalt

Für die Holztrocknung wurde festgestellt, dass 1D-Computermodelle nützliche Informationen für die Entwicklungs- und Analysephase von Trocknungssystemen liefern. 2D- und 3D-Modelle, die oft eine Maserungsneigung aufweisen, sind äußerst kompliziert. Der komplizierteste Teil bei der Simulation von Trocknungsspannungen besteht darin, den tatsächlichen Wert und die Variabilität der für die verwendeten Modelle erforderlichen Holzeigenschaften zu kennen. Daher ist es nahezu unmöglich, die Rissentwicklung im trocknenden Material genau abzuschätzen [1]. Durch die Modellierung kann jedoch nur der Grad der Wahrscheinlichkeit von Trocknungsrissen ermittelt werden – ein nützliches Werkzeug in der Analyse- und der Optimierungsphase von Trocknungsplänen.

In der Fachliteratur werden mehrere mathematische Formulierungen und Beispiele für die Verwendung des numerischen Codes TransPore zur Abschätzung von Trocknungsspannungen vorgestellt [20]. Beispielsweise können wir in Bild 5.5 die Feuchtigkeits- und Spannungsfelder in verschiedenen Zeitintervallen beobachten. Nach einer Trocknungszeit von sechs Stunden gelangt der äußere Teil des Profils in den hygroskopischen Bereich, was zur Entstehung von Schwundspannungen im Oberflächenbereich des Materials führt. Dadurch werden die Innenbereiche einer Kompression ausgesetzt. Am Ende des Trocknungsprozesses (nach 60 Stunden) hingegen kann man die Schwundspannungen im Innenbereich bemerken: Die Spannungsverteilung ist reversiert (Bild 5.5).

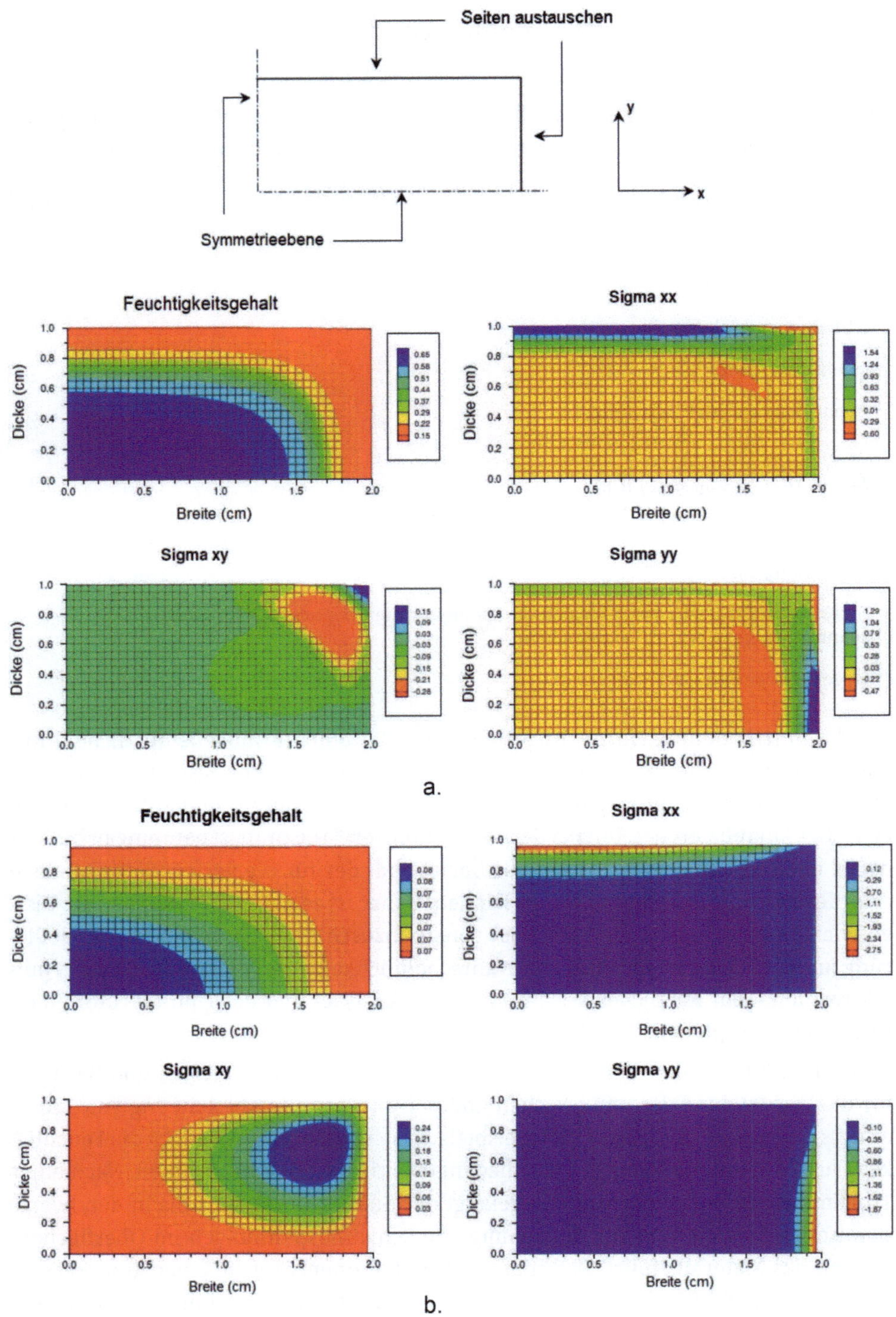

Bild 5.5 Feuchte- und Spannungsfelder nach 6 und 60 Stunden ($t = 80\,°C$ und $t_{nass} = 60\,°C$) (Quelle: [21], mit Genehmigung)

Salinas et al. [22] entwickelten ein eindimensionales Modell zur Simulation der beim Trocknen von Kiefernholz auftretenden Spannungen in Abhängigkeit vom Feuchtigkeitsgradienten. Das resultierende Modell ist ein Satz von Partialgleichungen, die anschließend mit der Finite-Volumen-Methode gelöst wurden. Nach der Validierung des Modells mit experimentellen Daten wurde festgestellt, dass das Modell zur Untersuchung des Phänomens der Trocknungsspannungen verwendet werden kann, das experimentell nur schwer zu bewerten ist.

Moutee et al. [23] entwickelten ein rheologisches Modell, mit dem die Entwicklung von Spannungen und Verformungen während der Holztrocknung abgeschätzt werden kann. Dieses Modell basiert auf den Schwindkoeffizienten, der unmittelbaren Beziehung zwischen Spannung und Dehnung, der rheologischen Verformung (zeitbedingtes Kriechen) und dem mechano-sorptiven Kriechen. Der mathematische Zusammenhang basiert auf einem elasto-viskoplastischen Modell, das den Feuchtigkeitsgradienten im Holz, den Einfluss äußerer Lasten sowie die Spannungs- und zeitabhängige viskoplastische Schwelle berücksichtigt. Nach der Validierung wurde festgestellt, dass das Modell das reversible Spannungsphänomen, die Restspannung und die maximale Spannung über die Materialdicke hinweg schätzen kann.

Pang [24] entwickelte ein eindimensionales Modell zur Abschätzung der Trocknungsspannungen von Kiefernholz auf Grundlage der Schwindkoeffizienten, der momentanen Spannungs-Dehnungs-Beziehungen, des mechano-sorptiven Kriechens, des zeitbedingten Kriechens und des Einflusses der Temperatur. Auch das Härtungsverhalten von Holz im plastischen Bereich und die Unterschiede zwischen zunehmenden und abnehmenden Spannungen wurden berücksichtigt. Das entwickelte Modell kann Spannungen abschätzen, wenn die mechanischen und rheologischen Eigenschaften bekannt sind.

Zusätzlich zum klassischen viskoelastischen Kriechen basieren die meisten mathematischen Modelle auf mechano-sorptivem Kriechen bei verschiedenen Feuchten. Weitere Informationen zu den entwickelten Modellen sind in der Literatur [25, 26] gegeben.

Eindimensionale (1D-) Modelle zur Berechnung von Trocknungsspannungen können in der Entwicklungs–und Optimierungsphase von Trocknungssystemen nützliche Informationen liefern, während zweidimensionale (2D-) oder dreidimensionale (3D-) Modelle, die die Faserausrichtung berücksichtigen, recht kompliziert in der Anwendung sind, da sie Kenntnisse über alle Holzeigenschaften und deren Variabilität erfordern. Daher ist es nahezu unmöglich, die während des Trocknungsprozesses auftretenden Spannungen genau vorherzusagen. Die bisher entwickelten Modelle dienen lediglich als Hilfsmittel, um eine Wahrscheinlichkeit für das Risiko der Rissbildung anzugeben [1].

Literatur

[1] Salin, J. G. (2010): *Problems and Solutions in Wood Drying Modelling: History and Future*. In: Wood Material Science and Engineering, 5, S. 123 – 124

[2] Avramidis, S.; Lăzărescu, C.; Rahimi, S. (2023): *Basics of Wood Drying*. Kapitel in Niemz, P.; Teischinger, A.; Sandberg, D. (Hrsg.): *Springer Handbook of Wood Science and Technology*. Springer, Cham. *https://doi.org/10.1007/978-3-030-81315-4_13*

[3] Čiegis, R.; Starikovičius, V. (2002): *Mathematical Modeling of Wood Drying Process*. In: Mathematical Modelling and Analysis, 7(2), S. 177 – 190. *https://doi.org/10.1080/13926292.2002.9637190*

[4] Tuttle, F. (1925): *A Mathematical Theory of the Drying of Wood*. In: Fuel, 200(5), S. 609 – 614. *https://doi.org/10.1016/S0016-0032(25)90713-2*

[5] OpenAI (2023): ChatGPT (Mar 14 Version) [Large Language Model]. *https://chat.openai.com/chat*

[6] Salin, J. G.; Wamming, T. (2008): *Drying of Timber in Progressive Kilns: Simulation, Quality, Energy Consumption and Drying Cost Considerations*. In: Wood Material Science & Engineering, 3(1–2), S. 12 – 20. *https://doi.org/10.1080/17480270802561003*

[7] Perré, P.; Turner, I. (2007): *Coupled Heat and Mass Transfer*. In Perré, P. (Hrsg.): *Fundamentals of Wood Drying*. A.R.BO.LOR., Nancy

[8] Vaz, M.; Zdanski, P. S. B.; Cerqueira, R. F.; Possamai, D. G. (2013): *Conjugated Heat and Mass Transfer in Convective Drying in Compact Wood Kilns: A System Approach*. In: Advances in Mechanical Engineering, 2013, Artikel-ID 538931. *https://doi.org/10.1155/2013/538931*

[9] Wu, H.; Avramidis, S. (2006): *Prediction of Lumber Kiln Drying Rates by Neural Networks*. In: Drying Technology, 24(12), S. 1541 – 1545

[10] Zhang, D.; Liu, Y.; Cao, J.; Sun, L. (2008): *Neural Network Prediction Model of Wood Moisture Content for Drying Process*. In: Scientia Silvae Sinicae, 44(12), S. 94 – 98

[11] Ceylan, I. (2008): *Determination of Drying Characteristics of Timber by Using Artificial Neural Networks and Mathematical Models*. In: Drying Technology, 26, S. 1469 – 1476

[12] Watanabe, K. (2013): *Artificial Neural Network Modeling for Predicting Final Moisture Content of Individual Sugi (Cryptomeria japonica) Samples During Air-Drying*. In: Journal of Wood Science, 59(2), S. 112 – 118

[13] Watanabe, K. (2014): *Application of Near-Infrared Spectroscopy for Evaluation of Drying Stress on Lumber Surface: A Comparison of Artificial Neural Networks and Partial Least Squares Regression*. In: Drying Technology, 32(5), S. 590 – 596

[14] Chai, H.; Chen, X.; Cai, Y.; Zhao, J. (2019): *Artificial Neural Network Modeling for Predicting Wood Moisture Content in High Frequency Vacuum Drying Process*. In: Forests, 10, 16. *https://doi.org/10.3390/f10010016*

[15] Fu, Z.; Avramidis, S.; Zhao, J.; Cai, Y. (2017): *Artificial Neural Network Modeling for Predicting Elastic Strain of White Birch Disks During Drying*. In: European Journal of Wood and Wood Products, 75, S. 949 – 955. *https://doi.org/10.1007/s00107-017-1183-x*

[16] Laaroussi, M.; Benabbou, L.; Ouhimmou, M.; Abasian, F.; Haddad, S. (2022): *Predicting the Wood Mean Moisture Content in a Conventional Kiln-Based Drying Process: A Data-Driven Approach*. In: International Federation of Automatic Control (IFAC), 55(10), S. 1447 – 1452

[17] Rahimi, S.; Avramidis, S. (2022): *Predicting Moisture Content in Kiln-Dried Timbers Using Machine Learning*. In: European Journal of Wood and Wood Products, 80, S. 681 – 692. *https://doi.org/10.1007/s00107-022-01794-7*

[18] Rahimi, S.; Nasir, V.; Avramidis, S.; Sassani, F. (2023): *The Role of Drying Schedule and Conditioning in Moisture Uniformity in Wood: A Machine Learning Approach*. In: Polymers, 15, 792. *https://doi.org/10.3390/polym15040792*

[19] Chai, H.; Li, L. (2023): *Prediction of Wood Drying Process Based on Artificial Neural Network*. In: BioResources, 18(4), S. 8212 – 8222

[20] Perré, P.; Passard, J. (2007): *Stress Development*. In Perré, P. (Hrsg.), *Fundamentals of Wood Drying*. A.R.BO.LOR., Nancy

[21] Perré, P.; Passard, J. (2004): *A Physical and Mechanical Model Able to Predict the Stress Field in Wood Over a Wide Range of Drying Conditions*. In: Drying Technology, 22(1–2), S. 27 – 44. *https://doi.org/10.1081/DRT-120028202*

[22] Salinas, C.; Chavez, C.; Ananias, R. A.; Elustondo, D. (2015): *Unidimensional Simulation of Drying Stress in Radiata Pine Wood*. In: Drying Technology, 33(8), S. 996 – 1005. *https://doi.org/10.1080/07373937.2015.1012767*

[23] Moutee, M.; Fortin, Y.; Fafard, M. (2007): *A Global Rheological Model of Wood Cantilever as Applied to Wood Drying*. In: Wood Science and Technology, 41, S. 209 – 234. *https://doi.org/10.1007/s00226-006-0106-5*

[24] Pang, S. (2000): *Modelling of Stress Development During Drying and Relief During Steaming in Pinus Radiata Lumber*. In: Drying Technology, 18(8), S. 1677 – 1696. *https://doi.org/10.1080/07373930008917806*

[25] Elustondo, D.; Matan, N.; Langrish, T.; Pang, S. (2023): *Advances in Wood Drying Research and Development*. In: Drying Technology, 41(6), S. 890 – 914. *https://doi.org/10.1080/07373937.2023.2205530*

[26] Yin, Q.; Liu, H.-H. (2021): *Drying Stress and Strain of Wood: A Review*. In: Applied Sciences, 11, 5023. *https://doi.org/10.3390/app11115023*

6 Verfahren der Schnittholztrocknung

6.1 Geschichtliche Entwicklung

Holz hat den Menschen durch alle seine Entwicklungsstadien begleitet. Die Notwendigkeit, es vor der Verwendung zu trocknen, ist seit der Antike bekannt. Möbelteile aus den Gräbern ägyptischer Pharaonen unterstützen diese Behauptung. Nachdem sie 2000 Jahre in hermetisch abgeschlossenen Kammern unter dem Wüstensand aufbewahrt wurden, zeigten die ausgegrabenen Holzgegenstände (Statuen, Truhen, Schränke) aus der Pharaonenzeit nicht die geringste Tendenz zur Rissbildung, zum Abblättern oder zum Lösen der Verbindungen.

Hesiod (750 v. Chr.), Vitruvius (50 v. Chr.) und Plinius (50 n. Chr.) liefern schriftliche Beweise für das zeitgenössische Wissen darüber, wie Holz gestapelt und getrocknet werden sollte. Freilufttrocknung, Rauchgastrocknung und Sandtrocknung waren die einzigen Techniken, die bis in die frühe Neuzeit angewendet wurden.

Es scheint, dass das erste Patent im Zusammenhang mit der Holztrocknung 1636 in England angemeldet wurde und sich auf die Trocknung von Holz für Schiffs- und Bootsbau bezieht [1].

Auch die ersten Trocknungsanlagen wurden in der Nähe von Häfen gebaut. Diese waren einfach, ohne Ventilatoren und mit direkter Beheizung mit Abgasen, die bei der Verbrennung von Holzabfällen anfielen (Bild 6.1).

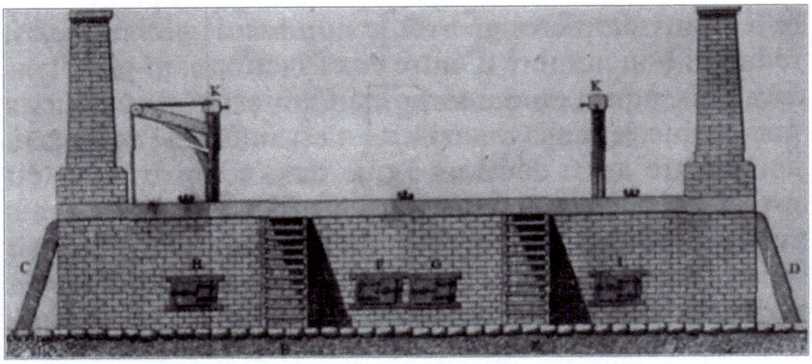

Bild 6.1 Holztrocknungsanlage aus dem 18. Jh. (in Anlehnung an [1])

Die ersten Trockner mit Heizkörpern (meist im unteren Teil der Anlage platziert) wurden zu Beginn des 18. Jahrhunderts gebaut und basierten auf dem Prinzip der natürlichen Konvektion (Bild 6.2).

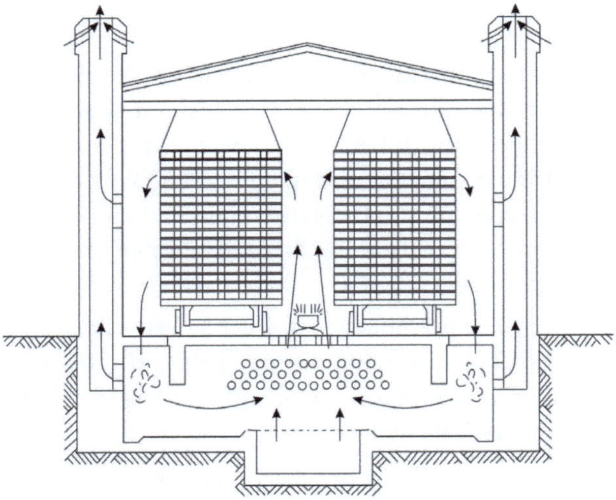

Bild 6.2 Trocknungsanlage mit natürlicher Konvektion (in Anlehnung an [1])

Aufgrund ihrer Wirtschaftlichkeit, Sicherheit und einfachen Bedienung waren diese Anlagen in Europa lange Zeit beliebt.

Doch sobald um das Jahr 1850 die Vorteile der künstlichen Belüftung bekannt wurden, betrat die Holztrocknung eine neue Etappe. Die Leistungen der mit Ventilatoren ausgestatteten Anlagen sind sowohl hinsichtlich der Trocknungsdauer als auch der Trocknungsqualität erheblich gestiegen. Es wurde erkannt, wie wichtig eine gleichmäßige Luftzirkulation als Voraussetzung für eine qualitativ hochwertige Trocknung ist.

Während des Ersten Weltkriegs in den USA entwickelt und später nach Europa importiert, verbreitete sich schnell die Technik der künstlichen Trocknung mit warmer Luft (die wir heute als „konventionelle" Trocknung oder Frischluft-/Abluft-Trocknung bezeichnen). Die ersten Anlagen waren gemauerte Trockner (Bild 6.3), erst später erfolgte der Übergang zu Metallkonstruktionen. Wie auch die heutigen Trockner waren diese Anlagen mit Wärmetauschern, Befeuchtungsrohren, Ventilatoren und Luftschächten ausgestattet. Die Motoren, die die Ventilatoren antrieben, befanden sich außerhalb der Anlage, um nicht durch die korrosive Umgebung innerhalb der Trocknungsanlage beschädigt zu werden.

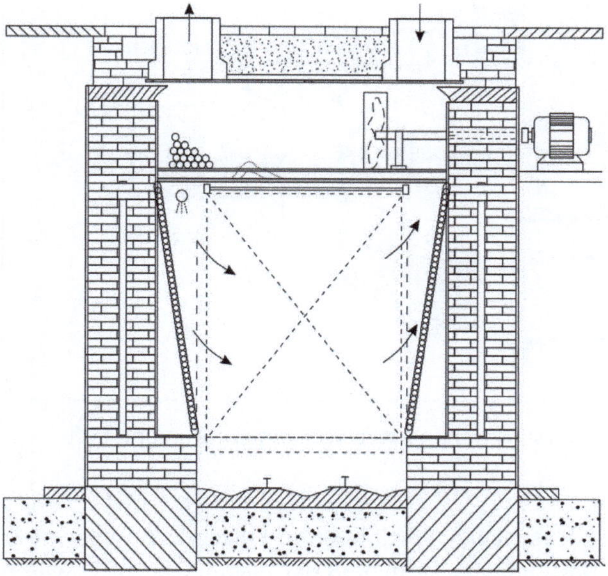

Bild 6.3 Gemauerte Trocknungsanlage (in Anlehnung an [2])

Für die Erzeugung und Führung der Luft durch die Stapel wurden verschiedene Varianten getestet (Bild 6.4). Man kam zur Einsicht, dass die beste Variante jene mit axialen, individuell angetriebenen Ventilatoren, die oberhalb der Zwischendecke platziert sind, ist. Dies gewährleistet eine gleichmäßige Luftzirkulation durch die Stapel und ermöglicht eine klare Abgrenzung der Überdruck-/Unterdruck-Zonen im Trockner. Daher ist diese Variante bis in den heutigen Tagen die am meisten angewendete.

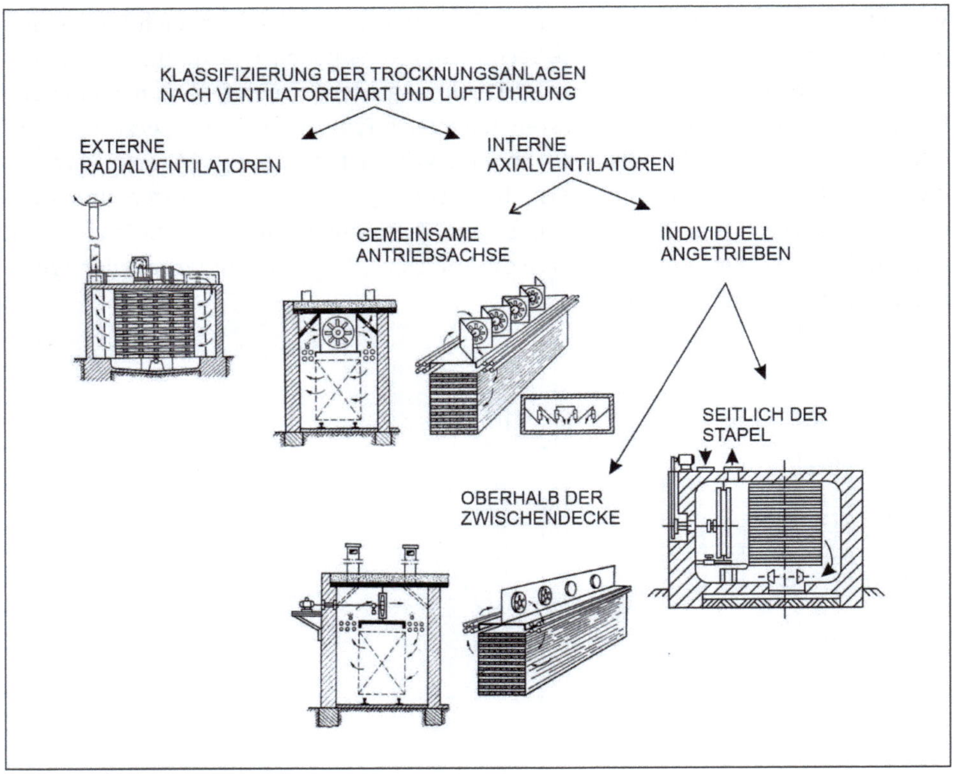

Bild 6.4 Arten von Trocknern mit verschiedenen Arten von Ventilatoren und Luftführung

Parallel zur Entwicklung dieses klassischen Trocknungsverfahrens sind aber auch Alternativen entstanden [2, 3]. Das Ende des 19. Jh. und der Beginn des 20. Jh. waren produktive Perioden der Innovation:

1865 patentiert Robbins [4] die Trocknung im Dampf organischer Flüssigkeiten mit einem Siedepunkt über 100 °C (z. B. Xylol 135 °C oder Toluol 110 °C), die mit Wasser nicht mischbar sind (damit die Separierung leichter erfolgt). Der Prozess wird in einem Autoklav durchgeführt (Bild 6.5). Ein Verdampfer sorgt für die Erwärmung der organischen Flüssigkeit und ihre Umwandlung in Dampf. Der heiße Dampf wird dann im Autoklav über das Holz geführt. Die Trocknung kann bei atmosphärischem Druck oder bei Unterdruck stattfinden. Die gemischten Dämpfe aus Chemikalien und Wasser werden kontinuierlich abgezogen und kondensiert. Nachdem Xylol und Wasser getrennt werden, setzt sich das Wasser durch die Schwerkraft ab und wird entsorgt, während die Chemikalie durch einen Lagertank zur Trocknung zurückgeführt und wiederverwertet wird. Nachdem der größte Teil der Trocknung abgeschlossen ist, wird ein letztes Vakuum angelegt, um die im Holz adsorbierte Substanz zu extrahieren und die Trocknung abzuschließen. Im industriellen Maßstab wurde das Verfahren erst 1942 in den USA unter dem Namen „Taylor-Colquitt-Verfahren“ [5] angewendet, wo es seine Wirksamkeit bei der Trocknung von Eisenbahnschwellen und Telegrafen-Masten unter Beweis stellte. Das Holz wird bis auf $t = 150$ °C in einem mit Xylol-Dampf gefüllten Autoklav bei Normaldruck erwärmt. Durch Vakuumtrocknung erreicht das imprägnierte Holz die Endfeuchte von etwa 15 %. Eichenholzschwellen brauchen 12 – 16 h, um eine Holzfeuchte von 40 % zu erreichen, und 200 mm dicke Kiefermasten brauchen 10 h, um von 90 % auf 35 % Feuchte zu kommen. Kleine Oberflächenrisse sind häufig. Die Trocknung im Dampf organischer Flüssigkeiten kann auch bei Buchenholz angewendet werden. 26 mm dicke Buchen-Bretter trockneten von 28 % bis 17 % in etwa 14 h [2]. Das Verfahren ist für die Trocknung von Holz, das imprägniert werden soll, geeignet.

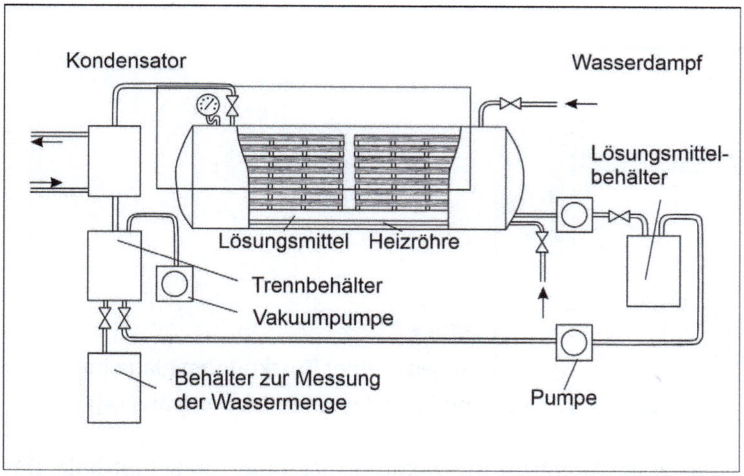

Bild 6.5 Schema einer Trocknungsanlage im Dampf organischer Flüssigkeiten mit hohem Siedepunkt (in Anlehnung an [2])

1867 patentieren Allen und Campbell [6] die Hochtemperaturtrocknung in überhitztem Dampf. Tiemann [7] nutzt dasselbe Prinzip in einer Anlage, bei der die Bewegung des Dampfes von vier Paar Dampfsprühleitungen sichergestellt wurde und auch reversiert werden konnte. Grundsätzlich wird Wasserdampf überhitzt, wenn seine Temperatur die des gesättigten Dampfes bei dem betreffenden Druck übersteigt. Wenn die Nasstemperatur (t_{nass} – siehe auch Abschnitt 2.2.2) bei atmosphärischem Druck unter 100 °C liegt, dann sind sowohl Luft als auch Wasserdampf in der Kammer vorhanden. Sobald die Nasstemperatur den Wert 100 °C erreicht und die Trockentemperatur über 100 °C ist, bleibt in der Kammer reiner Heißdampf. Beide Varianten werden als „Hochtemperaturtrocknung“ bezeichnet. Der Hauptvorteil dieses Verfahrens ist die Reduzierung der Trocknungszeit im Vergleich zur Trocknung bei Temperaturen unter 100 °C. 25 mm dickes Nadelholz kann in 24 Stunden bis auf 10 % getrocknet werden [8]. Allerdings ist es eine scharfe Trocknung mit häufigen Rissen. Nach einer Einstellperiode bis in die 1950er-Jahre führten neue physikalische Erkenntnisse bezüglich dieses Verfahrens zu einer Wiederbelebung und zur industriellen Anwendung, vor allem in den Gebieten, die große Mengen von Nadelholz trocknen [9–12].

1879 wird die Trocknung in heißen Ölen in England unter dem Namen „Boulton-Prozess“ [13] patentiert und zwei Jahre später in den USA. Das Prinzip besteht darin, das Holz in eine hydrophobe Flüssigkeit einzutauchen (Bild 6.6), die einen höheren Siedepunkt als Wasser hat. Diese wird auf etwa 120 °C erhitzt, also hoch genug, um das Wasser zu verdampfen. Gleichzeitig dringt das Öl in die geleerten Holzhohlräume des Holzes. Die Trocknung ist sehr scharf, Verschalung ist nicht vermeidbar. Das Verfahren wird auch heutzutage als Trocknungs- und Holzschutzverfahren gegen Schimmel und Insekten eingesetzt für Holz, das unter Außenbedingungen verwendet wird.

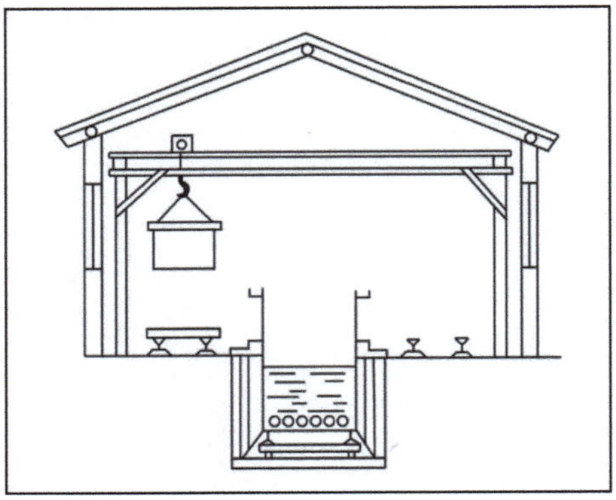

Bild 6.6
Schema einer Trocknungsanlage in heißen Ölen (in Anlehnung an [14])

1893 erhält Howard das erste Patent für die Vakuumtrocknung von Schnittholz. Das Verfahren wurde intensiv untersucht, aber ohne die erwarteten spektakulären Ergebnisse hinsichtlich der Trocknungszeitverkürzung zu erzielen. Vakuum hat nämlich nur einen sehr geringen Einfluss auf die Feuchtediffusion durch Holz. Der Abtransport des Wassers von der Oberfläche ist mit einem Kühleffekt verbunden, welcher die Diffusion verlangsamt. Daher muss dem Holz Wärme zugeführt werden [13]. Zuerst wurde versucht, zwischen den Vakuumperioden, bei atmosphärischem Druck, zu erwärmen (dieses Verfahren ist als „diskontinuierliche Vakuumtrocknung“ bekannt). Bessere Ergebnisse wurden bei kontinuierlicher Erwärmung im ununterbrochenen Vakuum erzielt. Erst nach 1965 wurden kombinierte Verfahren (Vakuum-Press-Trocknung, Vakuumtrocknung in überhitztem Dampf, Vakuum-Hochfrequenz-Trocknung) industriell angewendet. Näher werden diese in Abschnitt 6.6 behandelt.

1893 patentiert Lyon die Ozontrocknung [1]. Das Vorhandensein von Ozon in warmer und feuchter Luft führt zur Kondensation der im Trockenmittel enthaltenen Dämpfe, wodurch die Feuchtigkeit auf der Holzoberfläche erhalten bleibt und eine Verkittung verhindert wird. Ein weiterer Vorteil der Ozontrocknung ist die Oxidation der im

Holz enthaltenen Sekundärstoffe (z. B. Harze), wodurch der Effekt einer künstlichen Alterung erzielt wird. Obwohl in Frankreich in den Jahren 1925 – 1930 erfolgreich gefördert, bestätigten einige Jahre später in Indien durchgeführte Experimente mit einheimischen Arten nicht die gleichen guten Ergebnisse.

1914 wird in Frankreich ein elektrisches Trocknungsverfahren namens Nodon-Verfahren getestet, das als „Schnellverfahren zum Trocknen und Schützen von Holz" beworben wurde. Der Prozess basiert auf der Übertragung von Wärme von Elektroden in Form von Drahtgeflechten, die beim Stapeln zwischen Holzreihen platziert und an eine Stromquelle (Gleich- oder Wechselstrom) angeschlossen werden. Die Behandlung dauert 1 – 2 Tage und gilt als wirksame Methode zur Beschleunigung der Freilufttrocknung. Eine Weiterentwicklung dieses Prozesses findet sich in der Induktionstrocknung, die von Romanovski in Russland vorgeschlagen und getestet wurde. Diese besteht in der Einführung von Stabnetzen aus Weichstahl zwischen den Stapeln, die in ein elektromagnetisches Wechselfeld mit Industriefrequenzen (50 Hz) eingeführt werden. Dadurch wird es möglich, nicht nur das freie, sondern auch das gebundene Wasser aus dem Holz zu entfernen, und die Dauer wird im Vergleich zur Frischluft-/Abluft-Trocknung um das Zweifache verkürzt.

1928 wird die Trocknung von Holz im Hochfrequenzfeld zunächst von Whitney in den USA und ein Jahr später von John Gray in Großbritannien patentiert [7]. Der Hauptvorteil dieses Verfahrens ist die wesentliche Reduzierung der Trocknungszeiten. Dicke Holzsortimente mit hoher Dichte und Holzarten, die zum Kollaps neigen, können durch dieses Verfahren qualitativ getrocknet werden. Eine ausführliche Beschreibung des Verfahrens ist weiterhin in Abschnitt 6.7 gegeben.

1933 patentiert Stamm [15] die Trocknung von Holz in Lösungsmitteln, bei der das Holz im grünen Zustand einem heißen Lösungsmittel mit niedrigem Siedepunkt ausgesetzt wird. Stamm verwendete zunächst Paraffin als Lösungsmittel, dieses wurde dann aber durch Azeton ersetzt, welches einen noch niedrigeren Siedepunkt hat (56,2 °C). Das Gemisch aus Lösungsmittel und Holzwasser wird im Kreislauf geführt. Wenn die Mischung zu viel Wasser enthält, wird das Lösungsmittel durch Destillation zurückgewonnen. Durch dieses Verfahren wurde Ponderosa-Kiefer in 24 h von 150 % Anfangsfeuchte auf 12 % Endfeuchte getrocknet. Das Verfahren kann auch für die Gewinnung von Extrakten aus Holz (z. B. Tanning oder Polyphenole) verwendet werden.

1934 entwerfen Schwalbe und Bartels die erste Anlage zur Trocknung von Rundholz mit Solarenergie [13].

1935 veröffentlicht Rawling [16] eine Klassifizierung verschiedener Holzarten nach der Eindringtiefe von Infrarotstrahlung. *Pinus cembra* L. und *Acer pseudoplatanus* L. wurden als besonders durchlässig gefunden. Fichte wird als die durchlässigste Holzart angegeben, mit einer Eindringtiefe von 6 mm, gefolgt von Ahorn und Pappel (4 mm) und Kiefer (3 – 4 mm) [13]. Ziel dieser Forschungen war, dieses Erwärmungsprinzip als Trocknungsverfahren auf Holz anzuwenden. Spätere Experimente von

Keylwerth [17] zeigten, dass die Trocknung mit IR-Strahlung nur für dünne Holz-Sortimente (Furniere) geeignet ist.

1937 entwickelt Grau die Idee der „Schaukeltrocknung", um die Freilufttrocknung zu beschleunigen [2]. Die Bretter (mit einer Masse von etwa 10 t) wurden vertikal gestapelt und unter einem Winkel von 20° zur Vertikalen, mit 15 Schwingungen/Minute bzw. einer Luftgeschwindigkeit von 4 – 7 m/s in der Mitte der Höhe des Stapels balanciert (Bild 6.7). Die Trocknungszeit für 25 mm dicke Fichtenbretter beträgt 4,5 Tage von 90 % bis auf 30 % Holzfeuchte, und noch weitere 9,5 Tage bis auf 20 % Holzfeuchte. Im Vergleich zur Freilufttrocknung desselben Schnittholzsortiments verkürzt sich die Trocknungszeit um 33 – 66 %, bei einem sehr geringen Energieverbrauch (0,25 kWh/m^3 für eine große Schaukel und 0,10 kWh/m^3 für kleinere Schaukeln).

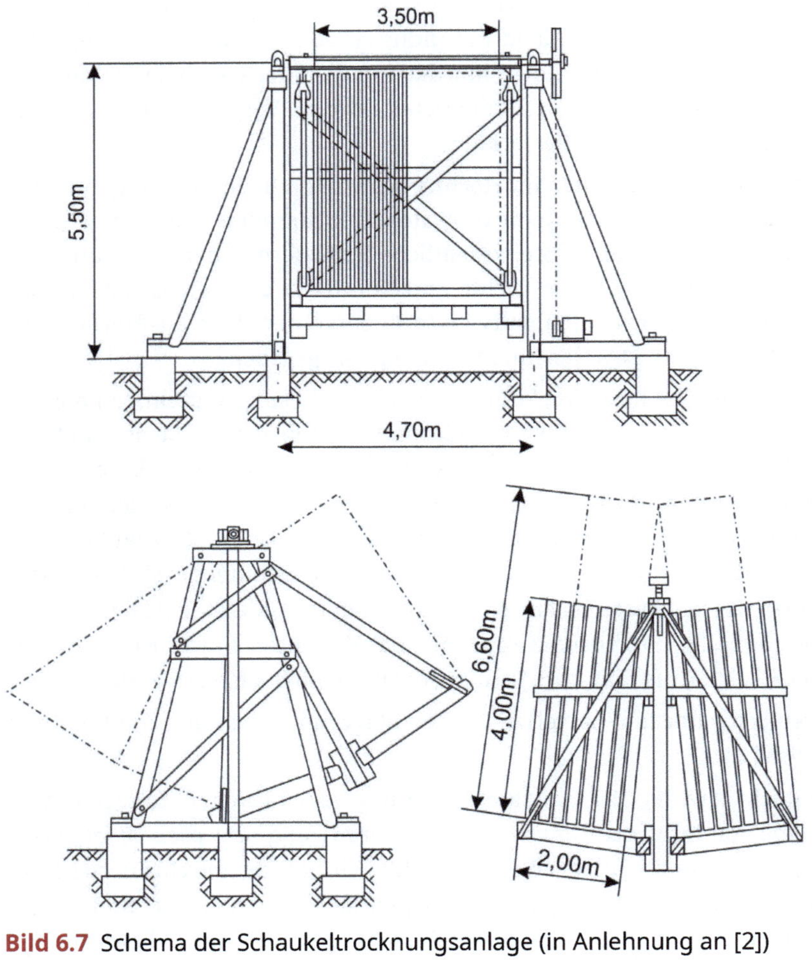

Bild 6.7 Schema der Schaukeltrocknungsanlage (in Anlehnung an [2])

1943 greift Kastmark [18] die Idee der Nutzung der Zentrifugalkraft beim Trocknen auf. Er baut die erste Anlage dieser Art in Schweden (Bild 6.8 a) und testet die Korrelation zwischen verschiedenen Holzfeuchteniveaus und der Drehgeschwindigkeit. Das Verfahren erweist sich nur für die Trocknung im Feuchtebereich über die Fasersättigung anwendbar. Eine Feuchtereduzierung von 55 % auf 35 % von auf 40 °C vorgewärmtem Holz wurde in 4 h erzielt. Die Endfeuchte war aber ungleichmäßig, mit höheren Werten an den Enden der Teile, was vermutlich auf die Bildung eines „Mantels“ aus luftgesättigter Luft zwischen dem Stapel und dem kreisförmigen Gehäuse zurückzuführen ist. Um diesen Mangel zu beheben, versuchte Eisenmann [19], das Design von Kastmark zu verbessern, indem er die Form des Gehäuses zu einem mit quadratischem Querschnitt und Leitblechen zur Luftlenkung änderte (Bild 6.8 b). Obwohl es nicht im industriellen Maßstab angewendet wurde, geriet das Verfahren nicht in Vergessenheit. 65 Jahre später baut Krämer [20] nach diesem Prinzip ein Karussell zum Trocknen von Brenn-Scheitholz.

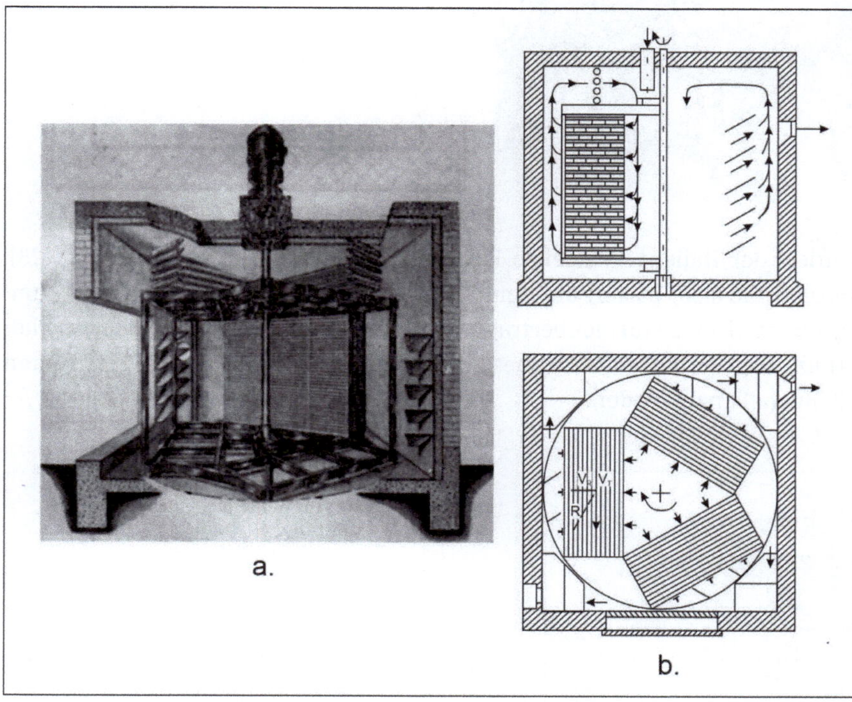

Bild 6.8 Zentrifugaltrockner (a – in Anlehnung an [1]; b – in Anlehnung an [2])

1945 wird das erste Patent für die Trocknung von Holz im Vakuum unter gleichzeitiger Erwärmung durch Hochfrequenzstrom (HFV-Verfahren) an Luth und Krupnick erteilt. Das Verfahren wurde 1948 auch von Miller in Kanada vorgeschlagen und 1949 von Murata und Iso in Japan untersucht [21]. Näher wird dieses Verfahren in Abschnitt 6.8 dargestellt.

1963 entwerfen Brown, Bovery & Cie einen Hochfrequenz-Tunnel für die Trocknung von Buchenholz (Bild 6.9). Der Generator arbeitete mit 13,56 MHz und die Leistung war zwischen 2 und 25 kW einstellbar. Ein Ventilator sorgte für die Kühlung der Rohre, während die warme Luft in den Tunnel geleitet wurde, wodurch Kondensation an den Tunnelwänden verhindert und auch etwas Wärme an das Holz übertragen wurde. Die Anlage war auch mit Luftschächten zum Abführen feuchter Luft vorgesehen [22]. Buchenholzblöcke, die zunächst auf einen Feuchtigkeitsgehalt unter dem Fasersättigungsbereich (etwa 20 %) gebracht wurden, konnten innerhalb von vier Stunden im HF-Feld nahezu fehlerfrei auf eine Endfeuchte von etwa 9 % getrocknet werden.

Bild 6.9
HF-Trockner von Brown, Bovery & Cie (Quelle: [1])

1965 patentiert der Italiener Vincenzo Pagnozzi die Vakuum-Press-Trocknung [23]. Das Verfahren (Bild 6.10) basiert auf dem Konzept der Beschleunigung der Vakuumtrocknung, durch direkte Wärmeübertragung durch Kontakt zwischen erhitzten Platten und Holz. Das Verfahren ist insbesondere bei Laubholzarten mit zerstreuten Poren (z. B. Buche) anzuwenden.

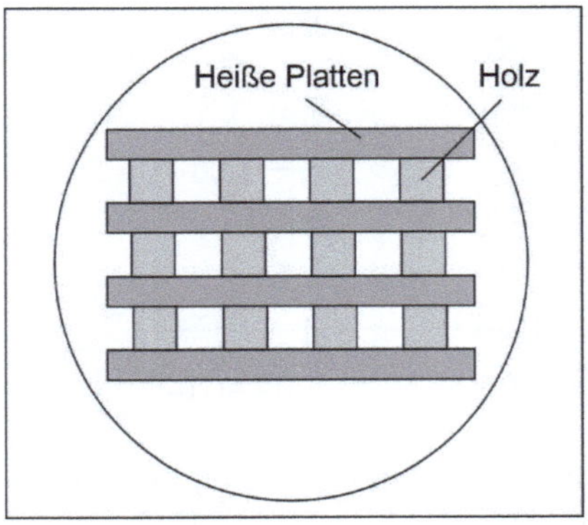

Bild 6.10
Prinzip der Vakuum-Press-Trocknung

Ende der 1960er-Jahre wird in den USA die Gefrier- und Sublimationstrocknung untersucht [24], in der Hoffnung, Schwund und Kollaps bei der Trocknung sehr empfindlicher Holzarten zu reduzieren. Dabei handelt es sich eigentlich um eine Variante der Vakuumtrocknung, bei der das frisch geschnittene Holz zunächst bei einer Temperatur von –30 °C eingefroren wird, um so das freie Wasser im Lumen der Zellen in Eis umzuwandeln. Diese Gefrierphase wird von einer Vakuumphase bei etwa 0,27 bar gefolgt, wodurch das Eis direkt in Dampf umgewandelt wird (Sublimationsphase). Die Entfernung des Wassers in Gasform aus dem Holz ohne die flüssige Phase zu durchlaufen, schützt das Holz und macht die Trocknung empfindlicher Holzarten, oder des archäologischen Holzes, möglich, dank der niedrigen Temperaturen.

Ende der 1960er- und Anfang der 1970er-Jahre wird die neue Technologie der Mikrowellenerwärmung und Mikrowellentrocknung auch im Bereich der Holzmaterialien getestet, insbesondere als kontinuierlicher Prozess für dünnere Materialien (Furniere, dünnes Schnittholz, Bleistifte) [25]. Der erste produktionsreife, kontinuierliche Mikrowellen-Heißlufttrockner wurde von Cryodry Corp. gebaut. Mit einer Mikrowellenleistung von 50 kW und einer Frequenz von 915 MHz wurde er entwickelt, um die Feuchte von Nadelholzfurnier zu nivellieren [26].

1971 patentiert Bror Häger [27] das sogenannte „Royal-Verfahren", eine Kombination aus Trocknung in heißen Ölen und Vakuumtrocknung. Das Verfahren wird auf Schnittholz im grünen Zustand angewendet. Das Holz wird in einem Autoklav gestapelt, das mit Öl mit hohem Siedepunkt (150 – 400 °C) gefüllt wird. Das Öl wird auf 60 – 90 °C erhitzt und gleichzeitig wird Vakuum erzeugt (0,03 – 0,16 bar). Der Unterdruck führt zur Wasserverdunstung. Die Trocknungszeit beträgt 4 – 6 h für 25 mm dickes Holz und 6 – 8 h für 50 mm dickes Holz. Ein ähnliches Verfahren wurde in Deutschland 30 Jahre später entwickelt, unter dem Namen „Oil Heat Treatment" (OHT™). Dieses Verfahren verwendet Pflanzenöle, die auf eine höhere Temperatur (180 – 220 °C) erhitzt werden, was nicht nur zu einer Trocknung, sondern auch zu Veränderungen in der chemischen Zusammensetzung (thermische Modifizierung) des Holzes führt.

1976 wird in den USA die Trocknung mit Luftentfeuchtung durch Kondensation patentiert. Dieses Verfahren wir ausführlich in Abschnitt 6.4 beschrieben.

1991 wird das Ecological Drying System (EDS) in Japan entwickelt [28] und befördert die Idee, das Holz mit Verbrennungsgasen thermisch zu behandeln. Das Verfahren wird sowohl für unentrindete Baumstämme (kleine Durchmesser) (Bild 6.11) als auch für Bauholz empfohlen. Bei hoher Umgebungstemperatur (t = 70 – 200 °C) reduziert das Holz seinen Feuchtigkeitsgehalt auf etwa 40 – 50 % in 3 – 5 Tagen. Die Rinde verhindert Risse und lässt sich nach dieser Behandlung viel einfacher entfernen. Nach der Behandlung werden die Stämme in Schnittholz umgewandelt, welches in der gleichen Anlage bis zu 8 – 10 % Endfeuchte getrocknet werden kann, wobei die Trocknungszeit je nach Holzart 3 – 7 Tage beträgt. Das Holz übernimmt bei diesem Verfahren einen spezifischen Geruch und eine dunkle (schwärzliche) Farbe. Untersuchungen mit EDS-behandeltem Buchenholz [29] zeigten, dass EDS-behandeltes Holz gleichmäßiger trocknet. Der Feuchtegradient über die Holzdicke am Ende der Trocknung ist bei EDS-behandeltem Buchenholz ohne Rotkern um 14 % und bei EDS-behandeltem Buchenholz mit Rotkern um 21,7 % geringer als bei unbehandeltem Holz. Da Buchenholz mit Rotkern als besonders inhomogen und dimensional instabil bekannt ist, wird der Nutzen der EDS-Behandlung noch deutlicher.

Bild 6.11 EDS-Trockner für unentrindete Baumstämme und Schnittholz (Quelle: [29], mit Genehmigung)

1992 wird das sogenannte „Inkubation-Dekompression“ (I/D)-Verfahren patentiert [30], von abwechselnden Überdruck–und Normaldruckphasen charakterisiert. Der Trocknungsprozess erfolgt in einem Autoklav. Während der „Inkubationsphase“ steigt der Druck auf 10 bar (oder mehr, bis zu 40 bar). Nach einer „Inkubationsphase“ folgt eine „Dekompressionsphase“, d. h. eine Entspannung des Drucks auf Atmosphärenwert (1 bar). Ein Zyklus dauert etwa 20 Minuten. Ohne jegliche Zufuhr thermischer Energie kann die Luftfeuchte im freien Wasserbereich reduziert werden. Für die Trocknung unter dem Fasersättigungspunkt ist eine Wärmezufuhr unbedingt erforderlich. Trotz der relativ hohen Investitionskosten wird die Amortisationszeit auf weniger als zwei Jahre geschätzt [31].

In den 1990er-Jahren beginnt auch eine intensive Untersuchung der Vakuum-Hochfrequenz-Trocknung in den USA und Kanada. Avramidis et al. [32–35] untersuchen in einer neuen HFV-Kammer mit 23 m^3 Fassungsvermögen das Trocknen verschiedener kanadischer Nadelholz-Arten mit einer Frequenz von 3 MHz und einer maximalen Leistung von 260 kW. Mit der HFV-Technologie gelang es, dicke Holzteile zu trocknen, die in herkömmlichen Trockenkammern nicht getrocknet werden können, da Heißlufttrockner zu lange Trocknungszeiten benötigen und inakzeptable Defekte verursachen würden. Durch geeignete Trocknungspläne lassen sich nicht nur Risse, sondern auch Verfärbungen vermeiden.

Ebenfalls in den 1990er-Jahren wird auch die Mikrowellentrocknung genauer untersucht. Forschungen von Antti et al. [36–38] zielen darauf ab, die Probleme der Feldverteilung und der Leistungsintensität bei der Entwicklung eines kontinuierlichen Mikrowellentrockners zu überwinden. Es werden Multimode-Applikatoren vorgeschlagen [39], um diese Technologie für die industrielle Anwendung weiterzuentwickeln. Eine weitere Verbesserung dieses Konzepts ist die zusätzliche Anwendung von Vakuum, um noch höhere Trocknungsraten zu erreichen und die Qualität des getrockneten Materials zu verbessern [40].

2001 patentiert Brunner eine Anlage basierend auf dem Prinzip der Vakuumtrocknung im überhitzten Dampf [41], die als „Trocknungsverfahren der Zukunft" angesehen wird, dank der viel kürzeren Trocknungszeiten und der besseren Qualität bei allen Holzarten [42].

2008 veröffentlicht Brodie [43] die Ergebnisse seiner Untersuchungen bezüglich der Kombination der Mikrowellenerwärmung mit der Solartrocknung. Experimente mit kurzen, 30 mm dicken *Populus alba*-Holzteilen, die zuerst in einem Mikrowellenofen erwärmt wurden, zeigten eine 17 % kürzere Trocknungszeit im Vergleich zu unbehandelten Proben, die in derselben experimentellen Solaranlage getrocknet wurden. Modellergebnissen zufolge sollte die Reduzierung bei dickerem Holz bis zu 60 % betragen. Weitere experimentelle Tests mit 30 mm dicken Proben von *Eucalyptus regnans* reduzierten die Trocknungszeit um 33 % im Vergleich zur Solartrocknung ohne Mikrowellenerwärmung. Basierend auf den experimentellen Ergebnissen dieser Forschung empfiehlt sich dieses kombinierte Verfahren besonders für Harthölzer mit geringer Durchlässigkeit und mittlerer bis hoher Dichte, mit Dicken über 30 mm.

Die nach dem Jahr 2000 verzeichneten Fortschritte beziehen sich nicht auf neue Verfahren, sondern mehr auf Optimierungen der bestehenden, und die Entwicklung immer smarterer Steuer- und Regelungssysteme.

Zusammenfassend zur geschichtlichen Entwicklung der Trocknungsverfahren kann man hervorheben, dass die Freilufttrocknung – das älteste Holztrocknungsverfahren – auch heutzutage noch angewendet wird, als billigere Variante zur künstlichen Trocknung, und auch in Situationen, in denen das Holz möglichst spannungsfrei getrocknet werden muss (z. B. bei Musikinstrumenten).

In der künstlichen Trocknung wurden bisher mehr als 40 verschiedene Verfahren für die Holztrocknung erprobt. Einige zielten darauf ab, die Dauer zu verkürzen, andere auf die Reduzierung des Energieverbrauchs, andere auf die Nutzung ökologischer Energiequellen, andere wieder auf die Verbesserung der Trocknungsqualität in bestimmten Aspekten.

Jedes Verfahren hat seine Vor- und Nachteile. Manche sind nur unter ganz bestimmten Bedingungen anwendbar und kannten daher keine industrielle Verbreitung. Die konventionelle Trocknung (Frischluft-/Abluft-Verfahren) hält seit Jahrzehnten die Spitzenposition mit etwa 85 % der industriell engagierten Anlagen. Auch die Kondensationstrocknung, die Vakuumtrocknung und die Hochfrequenztrocknung sind von industrieller Bedeutung. Ihre Prinzipien werden daher im Weiteren näher erläutert.

6.2 Freilufttrocknung (natürliche Trocknung)

Die natürliche Trocknung besteht darin, das Holz im Freien oder unter offenen Schuppen ordnungsgemäß zu stapeln und es vor der direkten Einwirkung der Sonnenstrahlen und Niederschlägen zu schützen, bis es die Gleichgewichtsfeuchte in der gegebenen Umgebung erreicht. Eine wesentliche Rolle bei der Freilufttrocknung spielt die Windgeschwindigkeit, die für die Belüftung der Stapel und den Abtransport der Feuchtigkeit von der Holzoberfläche sorgt.

Die Endfeuchte, die das Holz durch die natürliche Trocknung erreichen kann, hängt von der Jahreszeit und den örtlichen klimatischen Faktoren ab, die die Holzgleichgewichtsfeuchte bestimmen. Basierend auf den durchschnittlichen Temperatur- und Luftfeuchtewerten für Deutschland wurde der Graph in Bild 6.12 aufgebaut.

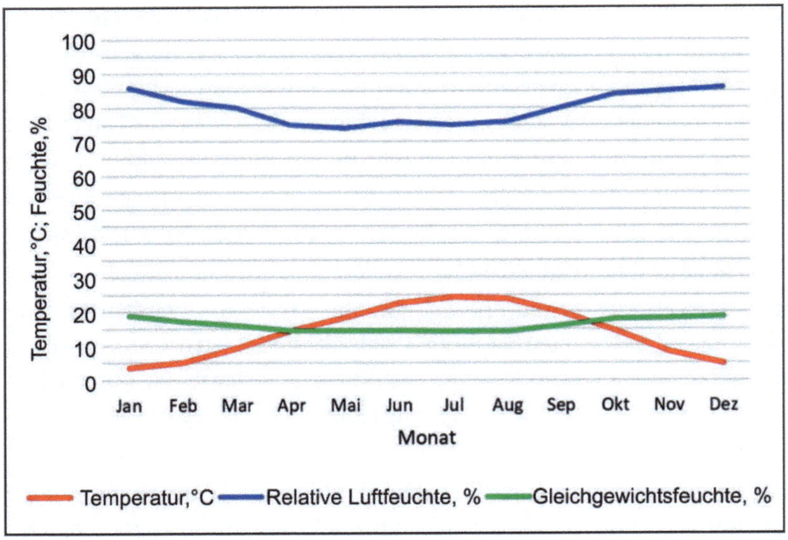

Bild 6.12 Durchschnittliche klimatische Bedingungen in Deutschland (in Anlehnung an Daten des Deutschen Wetterdiensts, *https://www.dwd.de*)

Man kann bemerken, dass die Gleichgewichtsfeuchte Deutschlands im Intervall 14,3 – 18,5 % liegt und daher mit dem für Mitteleuropa geltenden Intervall (15 – 18 %) praktisch übereinstimmt. Der Mindestwert wird in den Monaten Juli und August und der Höchstwert im Monat Januar erreicht. Der Mittelwert liegt bei 16,2 %.

Die Zeit, die zum Erreichen der Gleichgewichtsfeuchte bei der Freilufttrocknung benötigt wird, hängt maßgeblich von der Holzart, der Dicke, der Jahreszeit und den klimatischen Bedingungen des jeweiligen geografischen Gebiets ab (Jahresdurchschnittswerte der Temperatur und relativen Luftfeuchtigkeit, Höhe, Richtung und Intensität der vorherrschenden Winde, Intensität des Nebels, durchschnittliche jährliche Niederschlagsmenge, Sonneneinstrahlung u. a.). Richtwerte für die Dauer der Freilufttrocknung in Mitteleuropa sind in Tabelle 6.1 angegeben. Bei Nadelhölzern liegt die Trocknungsdauer im Freien in der Größenordnung von Wochen bis Monaten, bei Harthölzern kann sie jedoch eine Dauer von über drei Jahren erreichen, z. B. bei Eiche, wenn man bedenkt, dass von November bis März die Freilufttrocknung praktisch stagniert (Tabelle 6.2).

Tabelle 6.1 Dauer der Freilufttrocknung in der gemäßigten Klimazone [44]

Zeitspanne	Trocknungszeit, in Tagen, bei einer Holzdicke von:			
	≥ 18 mm	19 - 37 mm	38 - 75 mm	> 75 mm
Holzart: Nadelholz				
Okt - Apr	15 - 25	26 - 35	36 - 50	Minimum 51
Mai - Sep	10 - 18	19 - 28	29 - 35	Minimum 36
Holzart: Hartholz				
Okt - Apr	30 - 50	50 - 70	70 - 100	Minimum 100
Mai - Sep	20 - 36	35 - 56	55 - 70	Minimum 70

Tabelle 6.2 Dauer der Freilufttrocknung von 25 mm dickem Eichenholz von 50 % auf 25 %, je nach dem Monat der Stapelung [2]

Anfang der Trocknung	Jan	Feb	Mar	Apr	Mai	Jun	Jul	Aug	Sep	Okt	Nov	Dez
Ende der Trocknung	Jun	Jun	Jun	Jul	Aug	Sep	Nov	Mai	Mai	Jun	Jun	Jun
Dauer, Tage	160	140	120	110	90	70	120	250	240	240	220	180

Die lange Lagerung führt meistens zu Qualitätsminderungen (Vergrauung, Oberflächen- und Hirnrisse, Verschalung, Verformungen, Pilz- und Insektenbefall). Um diesen vorzubeugen, sollten folgende Regeln so weit wie möglich beachtet werden:

- der Schnittholzplatz sollte auf einer Anhöhe angelegt werden, dem Wind ausgesetzt und vor Hindernissen (Bäumen, hohen Gebäuden) geschützt;

- der Boden sollte flach und trocken sein; gut eignen sich wasserdurchlässige Lehm- oder Tonböden [45]; wenn der Boden sumpfig ist, muss er trockengelegt werden; die Unebenheiten müssen mit Erde, Kies oder Schlacke bedeckt werden; die Vegetation muss zerstört werden; zum Ablaufen des Regenwassers ist eine kleine Neigung (1:1000) vorteilhaft;
- frisches Schnittholz darf niemals, auch nicht vorübergehend, ungestapelt bleiben;
- die Stapel werden nicht direkt auf dem Boden, sondern in einem Abstand von 50 – 60 cm auf Stapelsteine platziert (Bild 6.13), um eine Feuchtigkeitsaufnahme aus dem Boden zu vermeiden;
- die Stapel müssen abgedeckt sein, um den direkten Kontakt mit Niederschlägen und Sonnenstrahlen zu vermeiden; das Stapeldach ist gegen Windwurf zu sichern, und sollte eine Neigung von etwa 3 % haben, damit die Niederschläge abfließen können; das Dach sollte die Stapellänge um etwa 0,5 m überschreiten, damit das Wasser nicht in der unmittelbaren Nähe des Stapels abfließt (Bild 6.14);
- für eine optimale Raumausnutzung können mehrere Stapel in einer Gesamthöhe von bis zu 8 m überlappt werden, sofern die Gesamthöhe das Dreifache der Breite des Stapels nicht überschreitet; dabei muss man aber auch die Tragfähigkeit des Bodens beachten, damit keine Einsinkgefahr besteht;
- bei langfristiger Lagerung von Holz im Freien und insbesondere bei Sortimenten mit einer Dicke von mehr als 40 mm sind wasserabstoßende Hirnholzanstriche mit Paraffin oder Wachsdispersionen empfohlen, um die vorzeitige Austrocknung der Sägekanten zu verhindern und somit die Bildung von Hirnrissen zu verringern.

Jede Holzart hat ihre Besonderheiten: Kiefer, Buche, Erle und Ahorn sind bläueanfällig und daher sollten sie so schnell wie möglich nach dem Einschnitt gestapelt werden. Lärche, Esche und Eiche müssen langsam trocknen und sollten daher eng gestapelt werden und gut vor Regen geschützt werden. Linde und Erle bedürfen einer luftigen Lagerung ohne direkte Sonnenbestrahlung [46].

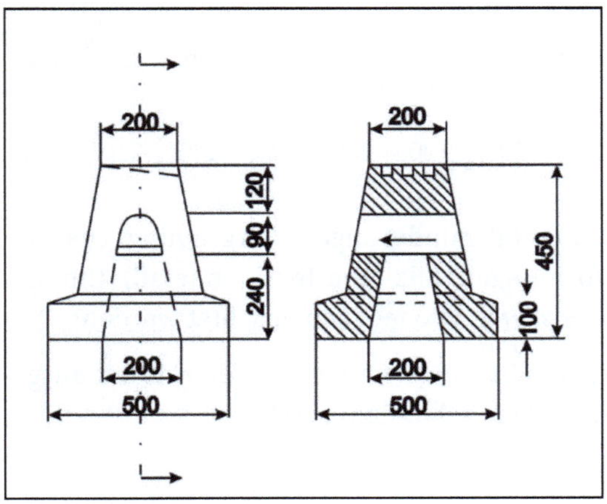

Bild 6.13
Betonstapelsteine (Quelle: [2], mit Genehmigung)

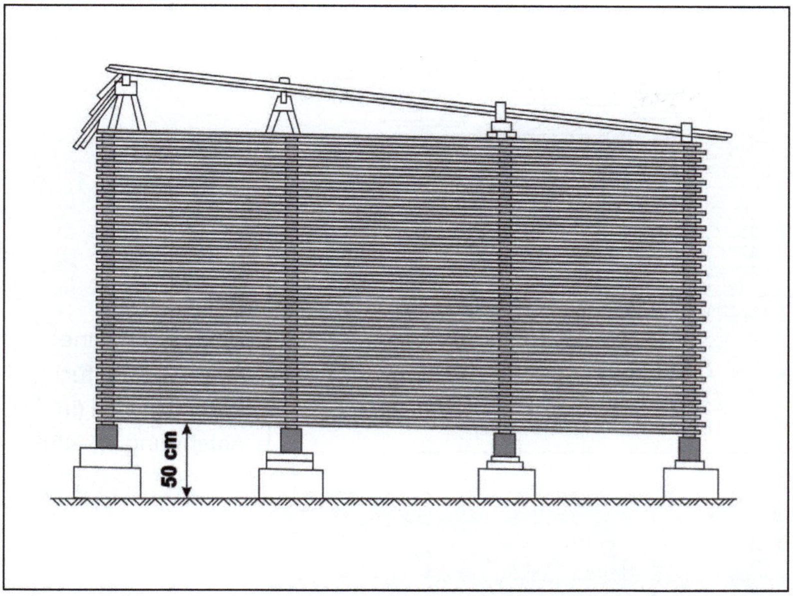

Bild 6.14 Freiluftstapel mit Dach (Quelle: [2], mit Genehmigung)

Angesichts der Freilufttrocknung wird das Schnittholz meistens als Kastenstapel (Bild 6.15 a) oder als Blockstapel (Bild 6.15 b) auf Latten gesetzt.

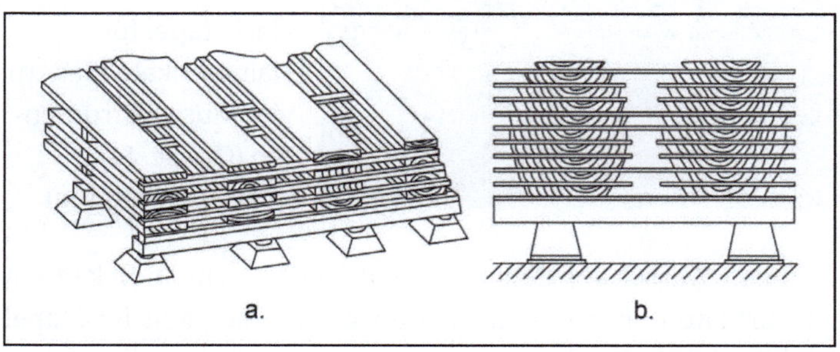

Bild 6.15 Stapelformen bei der Freilufttrocknung: a – Kastenstapel; b – Blockstapel (in Anlehnung an [45])

Sonderstapelformen (ohne Stapellatten), wie zum Beispiel der Flachstapel bei Parkett-Rohfriesen (Bild 6.16) oder bei Resonanzholzfriesen für Musikinstrumente (Bild 6.17), werden auch angetroffen.

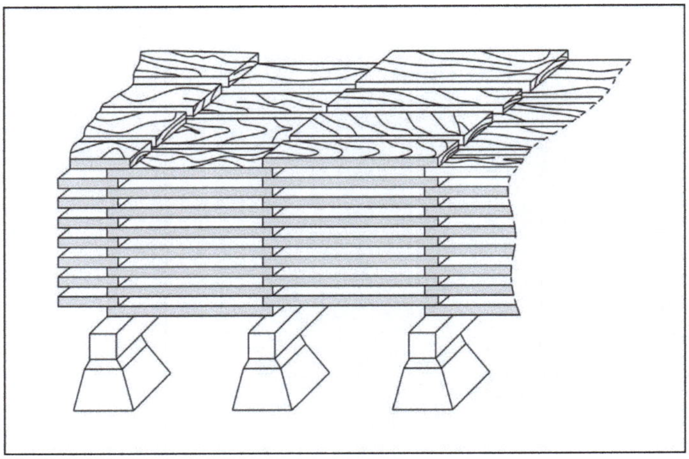

Bild 6.16
Flachstapel ohne Stapel-Latten für Parkettfriesen (in Anlehnung an [45])

Bild 6.17
Flachstapel für Halbfabrikate (Seiten) von Musikinstrumenten (Quelle: [47], mit Genehmigung)

Bei der Entfernung von freiem Wasser aus dem Holz ist die Luftgeschwindigkeit ein wesentlicher Faktor. Eine Erhöhung der Luftzirkulationsgeschwindigkeit im Stapel beim Trocknen im Freien ist möglich durch:

- Schrägstapelung (in Form eines „umgekehrten V") (Bild 6.18 a) der frischgeschnittenen Bretter, besonders bei Holzarten mit hoher Schimmelempfindlichkeit empfohlen. Diese Stapelform sollte man nur 5 – 10 Tage beibehalten, anderenfalls besteht Gefahr zur Längsverformung der Teile, insbesondere bei langer und dünner Ware;
- horizontale Dreiecksstapelung (Bild 6.18 b) schafft bessere Luftzirkulation zwischen den Brettern als die kompakte Stapelung, nimmt aber mehr Platz in Anspruch;
- Kastenstapelung mit Luftschacht (Bild 6.18 c).

Auch die Verwendung von mobilen Ventilatoren, seitlich der Stapel angerichtet (Bild 6.19), kann die Dauer der Freilufttrocknung reduzieren.

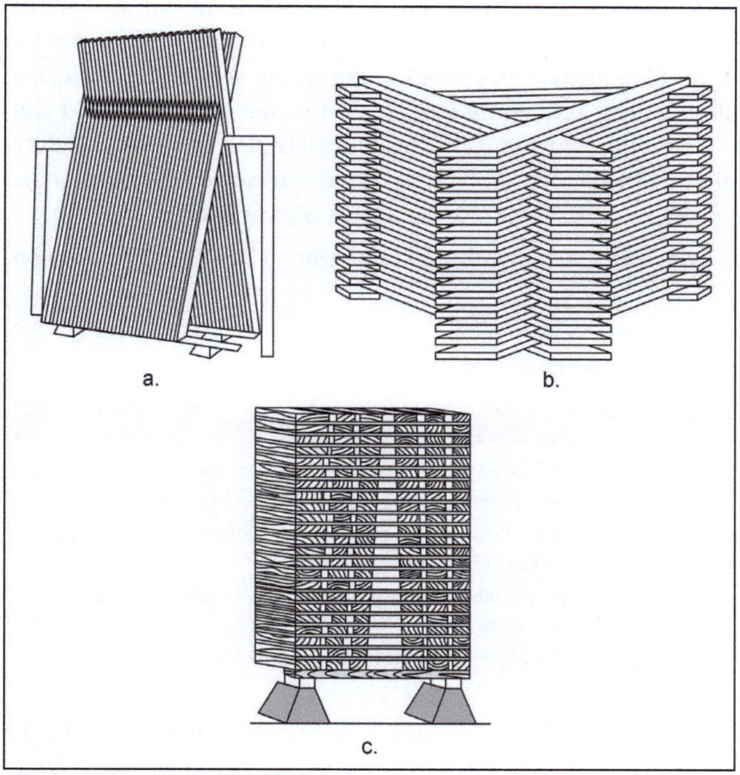

Bild 6.18 Sonderarten der Stapelung für die Beschleunigung der Lufttrocknung: a – Schrägstapelung, b – Dreieckstapelung, c – Luftkorb-Stapelung (Quelle: [2], mit Genehmigung)

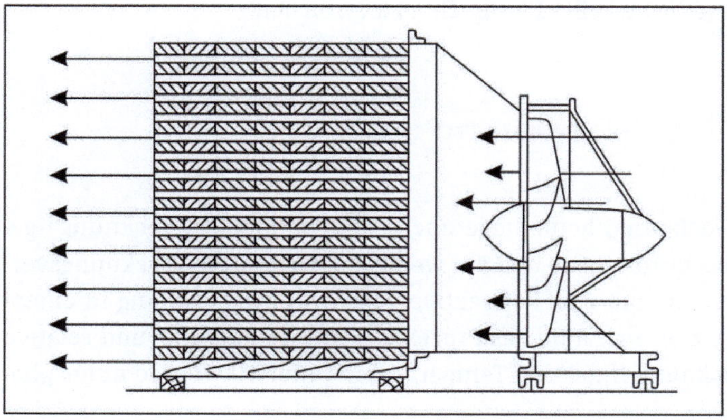

Bild 6.19 Beschleunigung der Freilufttrocknung durch seitlich angeordnete Ventilatoren (Quelle: [2], mit Genehmigung)

Eine weitere Möglichkeit, die Trocknung zu beschleunigen, ist die Nutzung von Sonnenenergie, die einen zusätzlichen Beitrag an Wärmeenergie mit sich bringt, die notwendig ist, um die Bindungen zwischen Feuchtigkeit und Holzsubstanz aufzubrechen. Die einfachste Anwendungsform ist ein Holzschuppen, dessen Südwand schwarz gestrichen ist, um Sonnenenergie einzufangen und die Temperatur im Schuppen um einige Grad zu erhöhen. Eine fortschrittlichere Lösung ist die Verwendung transparenter Kunststoffplatten an der Außenseite des Daches und der West-, Ost- und Südwände sowie an der Innenseite schwarz lackierter Wellblechplatten aus Aluminium. Die durch die Folie hindurchtretenden Sonnenstrahlen erwärmen die Aluminiumbleche und verhindern gleichzeitig, dass die Wärme nach außen entweicht.

Die Hauptvorteile und Nachteile der Freilufttrocknung sind in Tabelle 6.3 zusammengefasst.

Tabelle 6.3 Vor- und Nachteile der Freilufttrocknung

Vorteile	Nachteile
▪ Einfachheit ▪ minimale Investitionen ▪ öko-freundlich ▪ kein Energieverbrauch	▪ lange Trocknungsdauer und damit verbundene Immobilisierung wichtiger Materialvorräte und großer Platzbedarf ▪ ungleichmäßige Reduzierung der Holzfeuchte im Stapel (keine Kontrollmöglichkeit) ▪ Unmöglichkeit, in der gemäßigten Klimazone, die Holzfeuchte unter 12 – 15 % zu senken ▪ Holzbefallrisiko durch Pilze und Insekten

Aus diesem Grund wird die natürliche Trocknung nicht mehr als ausschließliche Trocknungsmethode (bis zur Gebrauchsfeuchte) eingesetzt, außer in warmen Klimazonen. In Europa wird sie hauptsächlich als Vortrocknung praktiziert, insbesondere bei Hartholz (z. B. Buchenfriesen, Eichenbretter) und bei Resonanzholz für Musikinstrumente. Sobald aber die Holzfeuchte den Fasersättigungspunkt erreicht, sollte das Holz künstlich bis auf den gewünschten Endwert getrocknet werden, um Zeit zu sparen und um eine gleichmäßig verteilte Endfeuchte zu erreichen.

6.3 Frischluft-/Abluft-Trocknung

Die Frischluft-/Abluft-Trocknung, heutzutage auch „konventionelle Trocknung" genannt, war und bleibt das bekannteste und am weitesten verbreitete Trocknungsverfahren. Es handelt sich dabei um eine konvektive Verdunstungstrocknung in einem Dampf-Luft-Gemisch, welches im Laufe des Prozesses seine Temperatur und relative Feuchte ändert. Die Trocknung findet bei Temperaturen unter 100 °C und atmosphärischem Druck statt.

Das **Prinzip** der Frischluft-/Abluft-Trocknung (Bild 6.20) besteht in der kontrollierten Umwälzung der vom Heizkörper erwärmten Luft mithilfe von Axialventilatoren durch die Holzstapel. Die Luftgeschwindigkeit im Stapel sollte 2 – 3 m/s betragen. Die warme Luft sorgt für eine kontinuierliche Wärmeabgabe an das Holzmaterial und gleichzeitig für die Übernahme der daraus entfernten Feuchtigkeit. Um einem vorzeitigen Abtrocknen der Holzoberfläche vorzubeugen, ist es vor allem am Anfang des Prozesses notwendig, zu sprühen. Kaltes, entkalktes Wasser oder Dampf kann hierfür durch Sprühdüsen in die Kammer eingespritzt werden. Wenn die Luft zu feucht wird, wird ein Teil der Umluft durch die mit verstellbaren Klappen ausgestatteten Luftschachte nach außen abgeführt, während gleichzeitig eine gleiche Menge Frischluft in die Kammer aufgesogen wird. Das heißt, dass die Luftentfeuchtung durch Austausch mit der Außenumgebung stattfindet, wobei die thermische Energie der ausgestoßenen Abluft verloren geht. Für eine bessere Energiebilanz kann ein Wärmetauscher im Belüftungskreislauf eingesetzt werden (Bild 6.21).

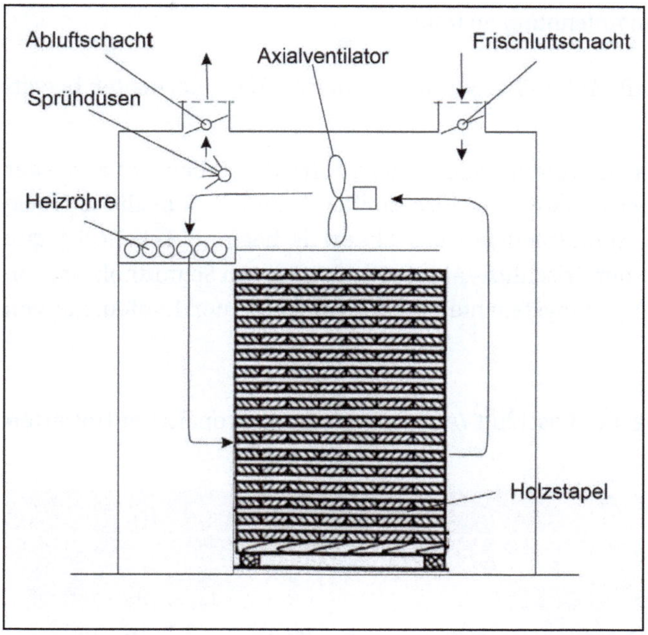

Bild 6.20 Prinzip der Frischluft-/Abluft-Trocknung (in Anlehnung an [48])

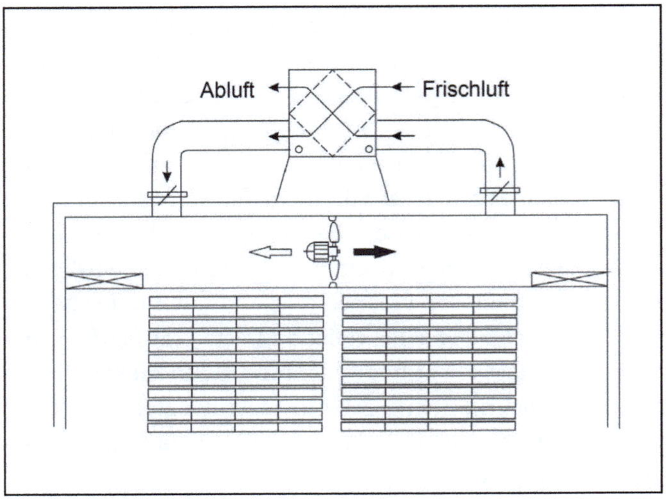

Bild 6.21 Partielle Wärmerückgewinnung durch Plattenwärmetauscher im Frischluft-/Abluft-Kreislauf (in Anlehnung an [49])

Die **Leistungen** der Frischluft-/Abluft-Trocknung lassen sich folgendermaßen bewerten:

- Die Dauer ist bei der Trocknung von Nadelhölzern zufriedenstellend, aber bei der Trocknung von Harthölzern relativ lang, insbesondere wenn die künstliche Trocknung von einer hohen Anfangsfeuchte des Materials beginnt. Tabelle 6.4 gibt Richtwerte für die Dauer der Frischluft-/Abluft-Trocknung von Schnittholz an, von einer durchschnittlichen Anfangsfeuchte von 60 % bis zu einer Endfeuchte von etwa 12 %.

Tabelle 6.4 Trockenzeiten bei der Frischluft-/Abluft-Trocknung europäischer Holzarten (Quelle: [2])

Dicke [mm]	Trockenzeit in Tagen				
	Fichte, Tanne	Kiefer, Pappel	Birke, Erle	Buche, Esche, Lärche	Eiche
19-22	1-2	2	3	5	10
24-30	2-3	2-3	4	6	12
30-40	3	3	5	6-8	15
40-50	3-4	4	6	10	20
50-60	4-5	5	8	12	25
60-70	6	6	10	15	30
70-80	6-8	8	12	20	-

- Der spezifische Energieverbrauch (ohne Wärmerückgewinnung) beträgt 280 – 330 kWh/m^3 für Nadelhölzer und 530 – 560 kWh/m^3 für Harthölzer [50]. Innerhalb des Gesamtenergieverbrauchs beträgt die für die Erwärmung notwendige thermische Energie etwa 70 % und die für die Luftzirkulation notwendige elektrische Energie etwa 30 %.
- Bei Anwendung korrekter Trocknungspläne und einer guten Steuerung ist die Trocknungsqualität bei Nadelholz sehr gut und bei Harthölzern befriedigend gut. Risse und ungleichmäßige Endfeuchte sind die meist aufkommenden Trocknungsfehler bei Hartholz, aber auch ein hoher Feuchtegradient zwischen den Oberflächenschichten und dem Inneren des Holzes bei dicken Bauholz–Sortimenten jeder Holzart.
- Die Kosten der Frischluft-/Abluft-Trocknung verdoppeln die Kosten des frischen Holzes (z. B. wenn 1 m^3 frisches Holz 300 Euro kostet, dann wird dasselbe 1 m^3 getrocknetes Holz etwa 600 Euro kosten).

Die **Hauptvorteile und Nachteile** der Frischluft-/Abluft-Trocknung sind in Tabelle 6.5 zusammengefasst.

Tabelle 6.5 Vor- und Nachteile der Frischluft-/Abluft-Trocknung

Vorteile	Nachteile
▪ universelles Verfahren, mit dem Holz jeder Art und Dicke getrocknet werden kann, von einer Anfangsfeuchtigkeit, egal wie hoch, bis zu einer Endfeuchtigkeit ≥ 6 % ▪ niedrige Trockenzeiten (1 – 7 Tage) bei Nadelholz mittlerer Dicke (< 60 mm) ▪ gute Qualität bei der Trocknung von Nadelholz	▪ hoher Energieaufwand verbunden mit hohen Kosten bei relativ schlechtem Wirkungsgrad, aufgrund des ständigen Luftaustausches mit der Außenluft ▪ Fehltrocknungen bei zu scharfer Trocknung ▪ braucht Kesselanlage

Der **Einsatzbereich** der Frischluft-/Abluft-Trocknung ist sehr groß. Sie ist besonders vorteilhaft für die Trocknung von Nadelholz, bei Dicken unter 60 mm. Für harte/dichte Holzarten und insbesondere für dicke Sortimente sollte man den Einsatz anderer Verfahren bedenken.

6.4 Kondensationstrocknung

Die Trocknung mit Luftentfeuchtung durch Kondensation ist wie auch das vorige Verfahren eine konvektive Verdunstungstrocknung im Dampf-Luft-Gemisch, die bei Temperaturen unter 100 °C und bei Atmosphärendruck stattfindet.

Der Unterschied zwischen den beiden Verfahren besteht in der Art und Weise der Luftentfeuchtung. Bei der Kondensationstrocknung wird die warme Abluft nicht mehr ins Freie geblasen, sondern in ein an den Trockner angeschlossenes Aggregat (Kondensationsgerät) geführt und dort abgekühlt (Wärmepumpenprinzip). Der in der Luft enthaltene Wasserdampf kondensiert und wird ausgeschieden. Die somit entfeuchtete Luft wird wieder aufgewärmt und in den Trockner zurückgeführt. Der geschlossene Kreislauf der Luftführung spart Energie. Allerdings handelt es sich dabei ausschließlich um elektrische Energie.

Das **Prinzip** der Kondensationstrocknung ist in Bild 6.22 veranschaulicht. Nach Durchströmen der Holzstapel wird die mit Wasserdampf beladene Luft in das angeschlossene Kondensationsgerät angesaugt.

Dort durchströmt die Luft zuerst eine Kühlschlange, die die Luft bis auf eine Temperatur unterhalb des Taupunkts abkühlt. Dadurch geht der in der Luft enthaltene Wasserdampf in flüssigen Zustand über und wird in einem Tank außerhalb des Entfeuchtungsgerätes gesammelt. Da die Kondensationsmenge der dem Holz entzogenen Feuchtigkeitsmenge entspricht, ist dies eine Möglichkeit, die Abnahme der Holzfeuchtigkeit ohne Sensoren zu verfolgen.

Die Wärme, die die Luft beim Abkühlen abgibt, wird vom Kältemittel in der Kühlschlange aufgenommen. Dieses verdampft und wird dann mithilfe eines Kompressors komprimiert und in einen zweiten Wärmetauscher gepumpt. Dieser spielt die Rolle einer Heizbatterie für die entfeuchtete Luft, die dabei einen Teil der durch die Entfeuchtung verlorenen Wärme zurückgewinnt. Die Rückgewinnungsausbeute beträgt 25 – 30 %. Um die entfeuchtete Luft auf die Betriebstemperatur zu erwärmen, ist eine weitere elektrische Heizbatterie erforderlich.

Die so wiedererwärmte und entfeuchtete Luft wird dann von einem axialen Ventilator in die Trockenkammer geblasen, wo sie erneut den Kreislauf durch die Stapel aufnimmt.

Da die Wärmepumpe erst bei einer Lufttemperatur von etwa 30 °C in Betrieb geht, ist es zur Sicherstellung erforderlich, dass der Trockenraum mit einem eigenen Heizregister ausgestattet ist.

Das Kondensationsgerät kann direkt im Trocknungsraum platziert werden (Bild 6.23 links), aber aufgrund der Korrosionsgefahr wird empfohlen, es außerhalb des Trocknungsraums aufzustellen (Bild 6.23 rechts). Alle seine Bestandteile müssen aus Aluminium oder Edelstahl bestehen.

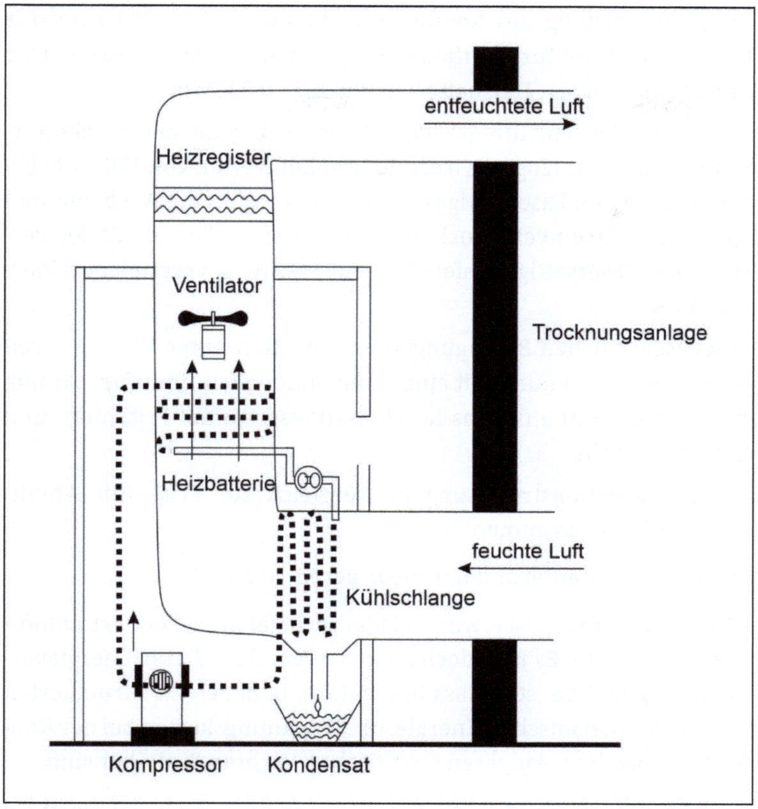

Bild 6.22 Prinzip der Kondensationstrocknung (Quelle: [51], mit Genehmigung)

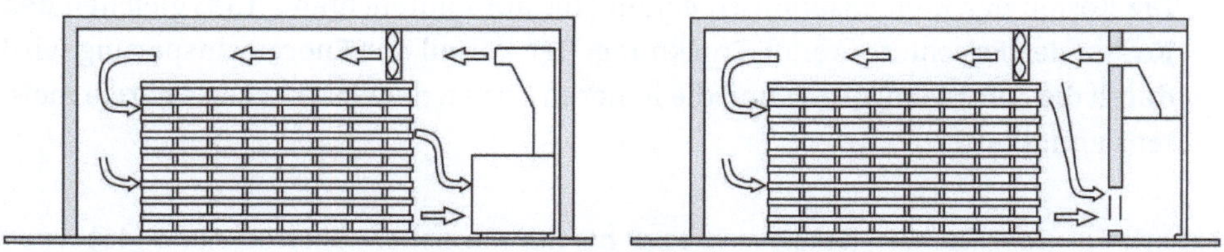

Bild 6.23 Platzierung des Kondensationsgerätes: a – innerhalb des Trockners; b – außerhalb des Trockners (Quelle: [2], mit Genehmigung)

Das grundlegende Merkmal dieses Verfahrens ist die relativ niedrige Trocknungstemperatur. Aus technischen Gründen, bezogen auf die Betriebsbedingungen der Wärmepumpe, beträgt diese maximal 60 °C. Aufgrund dieser Tatsache erfolgt die Trocknung langsam und ist nicht empfehlenswert bei Holzarten, die zum Bläuen neigen (z. B. Kiefer) und auch nicht bei hellen Arten, die die Farbe beibehalten sollen (z. B. Ahorn, Erle, Esche, Buche). Denn wenn diese über einen längeren Zeitraum einem sehr feuchten Klima mit niedriger Temperatur ausgesetzt sind, kommt es zu unerwünschten Verfärbungen.

Die spezifische installierte Leistung des Kompressors beträgt 0,17 – 0,22 kW/m³ für Weichhölzer und 0,33 – 0,44 kW/m³ für Harthölzer [49]. Hinzu kommt die spezifische installierte Leistung der zusätzlichen Heizbatterien von 0,3 – 0,5 kW/m³.

Die maximale Ausbeute des Entfeuchtungsaggregats ist zu Beginn der Trocknung, wenn dem Holz das freie Wasser entzogen wird, und liegt bei Werten von 100 – 130 l/h. Sobald die Holzfeuchte unter den Fasersättigungspunkt fällt, sinkt die Ausbeute und damit steigt der spezifische Stromverbrauch um das 6-fache, von 0,3 kW/kg verdunstetes Wasser (über der Fasersättigungsfeuchte) auf 1,9 kW/kg verdunstetes Wasser, bei Endfeuchten < 15 %.

Um bei günstigeren wirtschaftlichen Bedingungen Endfeuchten unter 15 % zu erreichen, muss die Kondensationstrocknung mit einer konventionellen Umlufttrocknung kombiniert werden. In diesem Fall muss das Kondensationsgerät mit Frischluft- und Abluftschachten ausgestattet sein.

Die **Leistungen** der Kondensationstrocknung im Vergleich zur Frischluft-/Abluft-Trocknung lassen sich wie folgt zusammenfassen:

- Die Trocknungszeit ist länger aufgrund der niedrigeren Temperatur.
- Der spezifische Energieverbrauch ist etwa zwei Mal geringer als bei der Frischluft-/Abluft-Trocknung (Tabelle 6.6). Es ist jedoch zu beachten, dass dieser Energieverbrauch ausschließlich elektrisch ist, sodass in Ländern, in denen die Stromkosten viel höher sind als die der thermischen Energie, die Trocknungskosten bei der Kondensationstrocknung trotz des geringeren spezifischen Verbrauchs höher sind.
- Die Trocknungsqualität ist durch die schonende Trocknung auch bei Hartholz sehr gut.
- Die Kosten der Kondensationstrocknung bis auf Endfeuchten ≥ 15 % gleichen den Kosten der Frischluft-/Abluft-Trocknung. Der Vorteil der Energieeinsparung wird durch die Zeitverlängerung und die höheren Kosten der elektrischen Energie meistens annulliert.

Tabelle 6.6 Spezifischer Energieverbrauch bei der Kondensationstrocknung [46]

Holzart	Holzdicke [mm]	Holzfeuchte [%]		Spezifischer Energieverbrauch [kWh/m³]
		u_a	u_e	
Fichte; Tanne	30	70	12	110 – 130
Kiefer	50	60	8	110 – 130
Buche	35	30	12	120 – 150
Eiche	25	25	11	120 – 150
	40	30	12	140 – 160
	65	80	10	340 – 380

Die **Hauptvorteile und Nachteile** der Kondensationstrocknung sind in der Tabelle 6.7 zusammengefasst.

Tabelle 6.7 Vor- und Nachteile der Kondensationstrocknung [46]

Vorteile	Nachteile
▪ schonende Trocknung bei schweren und schwierig zu trocknenden Laubhölzern dank niedriger Temperatur ▪ bis zu 50 % Energieeinsparung bei der Trocknung schwerer Hölzer verglichen mit der Frischluft-/Abluft-Trocknung ▪ keine Emissionsbelastung der Umwelt	▪ längere Trocknungszeiten und dadurch höhere Kapitalbindung als bei der Frischluft-/Abluft-Trocknung ▪ Endfeuchten unter 15 % brauchen lange Trocknungszeiten ▪ Verfärbungsgefahr bei Holzarten mit hoher Anfangsfeuchte wegen der langsamen Trocknung, aufgrund des für Pilze günstigen Klimas ▪ Kondensatableitung muss Umweltschutzregeln respektieren

Der **Einsatzbereich.** Obwohl mit diesem Verfahren Holz jeder Art und Dicke getrocknet werden kann, haben wirtschaftliche Analysen gezeigt, dass die Anwendung dieses Verfahrens unter folgenden Bedingungen optimal ist:

- bei Harthölzern mit einer Dicke über 40 mm und bei Nadelhölzern mit einer Dicke über 120 mm;
- für Holzsorten, die bis auf eine Endfeuchte von mehr als 15 % getrocknet werden müssen, da sich unterhalb dieses Wertes die Dauer stark verlängert;
- wenn das Unternehmen nicht über eine eigene Wärmeenergiequelle verfügt.

Das Verfahren ist nicht geeignet für Holzarten, die bläueanfällig sind oder zu Verfärbungen geneigt sind.

6.5 Hochtemperaturtrocknung

Die Trocknung bei Temperaturen über 100 °C wird generell Hochtemperaturtrocknung (HT-Trocknung) genannt. Als Trocknungsmittel können Rauchgas, Heißluft-Heißdampf-Gemisch, reiner Heißdampf oder heißes Öl dienen.

Prinzip. Die Erhöhung der Temperatur über 100 °C beschleunigt die Trocknung, führt jedoch auch zu einer scharfen Abnahme der Gleichgewichtsfeuchte (Tabelle 6.8), je höher die psychrometrische Differenz $(t - t_{nass})$ ist.

Tabelle 6.8 Abhängigkeit der Gleichgewichtsfeuchte des Holzes von der Temperatur bei der Hochtemperaturtrocknung im Dampf-Luft-Gemisch [2]

Trockentemperatur [°C]	Nasstemperatur [°C]	Holzgleichgewichtsfeuchte [%]
110	100	8,0
110	80	3,0
110	60	1,5
120	100	4,3
120	80	1,6
120	60	0,8
130	100	3,0
130	80	1,2
130	60	0,5

Wenn man zum Beispiel in der üblichen Weise (bei Atmosphärendruck) rasch auf 120 °C aufheizt, auch wenn t_{nass} = 100 °C ist, entspricht das einer scharfen Trocknung, denn das Holz strebt eine Gleichgewichtsfeuchte von 4,3 % an. Die Folge ist eine starke Verschalung. Die Trocknung muss daher anders gesteuert werden. Das hygroskopische Gleichgewicht bei Temperaturen über 100 °C und verschiedenen Druck-Werten (Bild 6.24) zeigt, dass die Hochtemperaturtrocknung in einer milderen Weise durchgeführt werden kann, entweder in einem Dampf-Luft-Gemisch bei erhöhtem Druck oder in Heißdampf mit oder ohne Luftbeimischung.

Die erste Variante benötigt drucksichere Anlagen, die kostspielig sind.

Daher hat eigentlich nur die **Trocknung in reinem Heißdampf** eine industrielle Anwendung erfahren.

Bei diesem Verfahren wird Holz in einer reinen Wasserdampfatmosphäre bei Temperaturen von 100 – 130 °C und Normaldruck getrocknet, während die Nasstemperatur konstant auf 98 – 100 °C gehalten wird. Der Wasserdampf ist unter diesen Umständen überhitzt und kann, ohne zu kondensieren, Wärme an das zu trocknende Holz abgeben, bis die Sättigungstemperatur (100 °C) erreicht ist. Seine Wiedererwärmung sichert von Neuem die Kapazität, Wasser aufzunehmen. Die Heißdampf-Temperatur muss sorgfältig (mit zehntel Grad) über 100 °C gesteigert werden (Tabelle 6.9), um die Abnahme der Holzgleichgewichtsfeuchte unter Kontrolle zu halten.

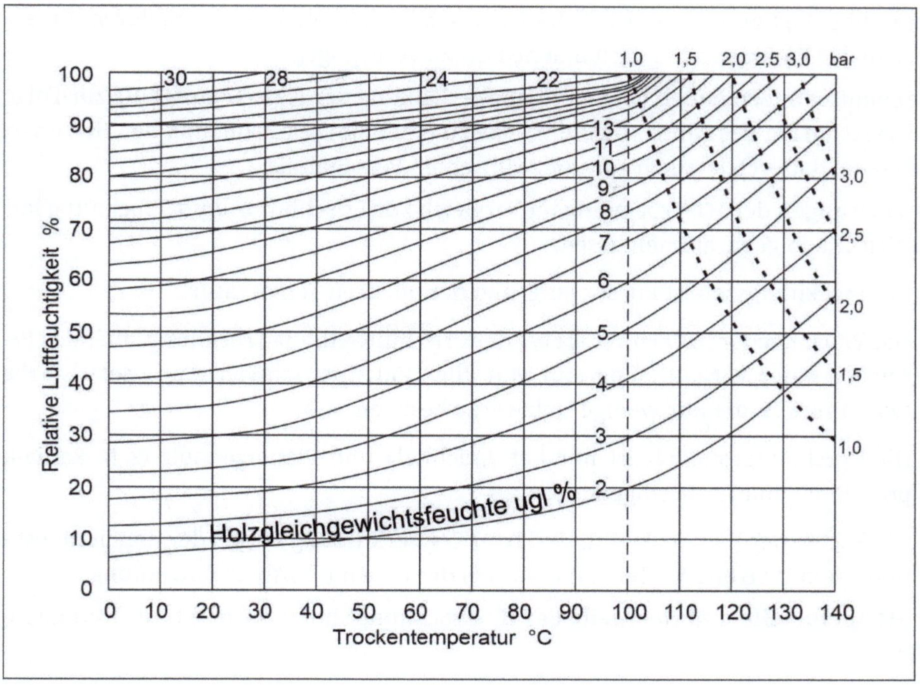

Bild 6.24 Hygroskopisches Gleichgewicht bei Temperaturen über 100 °C (in Anlehnung an [52])

Tabelle 6.9 Abhängigkeit der Gleichgewichtsfeuchte des Holzes vom Überhitzungsgrad, in reinem Heißdampf (Quelle: [2])

Trockentemperatur [°C]	Nasstemperatur [°C]	Holzgleichgewichtsfeuchte [%]
100,2	100	20
105,8	100	10
129,3	100	3

Während der gesamten Trocknung muss ausreichend Heizenergie für die Verdampfung des Wassers zur Verfügung stehen.

Die Heißdampftrocknung erlaubt einen größeren Trocknungsgradienten als die Frischluft-/Abluft-Trocknung, d. h., dass obwohl die Bedingungen schärfer sind, ist die Rissgefahr kleiner, dank der höheren Temperaturen und der hohen Feuchtigkeit, die dem Holz eine größere Plastizität verleiht. Die Trocknungsgeschwindigkeit ist 3 bis 5 Mal höher als bei der Frischluft-/Abluft-Trocknung.

Erhöhte Rissgefahr besteht nur während der Aufheizphase, bei Holztemperaturen, die noch weit unter 100 °C liegen. Bei vorgetrockneten Brettern und dickerem Holz muss unbedingt zu Beginn der Aufheizphase besprüht werden, um dadurch die anfangs in der Kammer noch vorhandene Luft zu verdrängen.

Luftbeimischungen haben eine wesentliche Senkung der Nass-Temperatur zur Folge und verschärfen das Klima. Das führt das zu einer starken Erhitzung der Holzoberfläche und dadurch letztlich zur unerwünschten Verschalung.

Die **Leistungen** der HT-Trocknung im Vergleich zur Frischluft-/Abluft-Trocknung lassen sich wie folgt zusammenfassen:

- Die Trocknungszeit ist kürzer aufgrund der höheren Temperatur.
- Der Wärmebedarf ist kleiner als bei der Frischluft-/Abluft-Trocknung, aber das Erreichen einer Vorlauftemperatur von über 100 °C ist schwierig und setzt starke Kessel voraus, die nur wenige Holzwerke besitzen.
- Die Trocknungsqualität ist nur bei Weichholz und Plantagenholz (z. B. Radiata pine, Pitch pine) befriedigend.
- Die Kosten der HT-Trocknung sind trotz Zeitverkürzung wegen der hohen Investitions- und Wartungskosten höher als bei der Frischluft-/Abluft-Trocknung.

Die **Hauptvorteile und Nachteile** der HT-Trocknung sind in Tabelle 6.10 zusammengefasst.

Tabelle 6.10 Vor- und Nachteile der Heißdampf-Hochtemperaturtrocknung

Vorteile	Nachteile
▪ sehr kurze Trockenzeiten, etwa 40 - 60 % der Trockenzeiten bei der Frischluft/Abluft Trocknung ▪ einfache Steuerung des Trocknungsverlaufes durch Regelung der Temperatur ▪ keine Oberflächenrisse, wenig Neigung zum Werfen	▪ nur für permeable Holzarten (Nadelholz, weiches Laubholz) geeignet ▪ hohe Beanspruchung des Materials (häufige Innenrisse und Zellkollaps) wegen scharfer Trocknungsbedingungen ▪ Oberflächenverfärbung (kann durch Abhobeln beseitigt werden) ▪ erfordert hohe Heizleistung des Trockners (Anlagen müssen mit einer größeren Heizfläche ausgestattet sein als bei der Frischluft-/Abluft-Trocknung) ▪ erfordert hohe Luftgeschwindigkeiten, bis 6 m/s (Anlagen müssen mit stärkeren Ventilatoren ausgestattet sein als bei der Frischluft-/Abluft-Trocknung)

Der **optimale Einsatzbereich** ist in Ländern, die große Mengen Weichholz trocknen. In Europa wird das Verfahren vorliegend für die Trocknung der Nadelholz-Mittellagen für Schichtenholz verwendet.

6.6 Vakuumtrocknung

Prinzip. Das Hauptmerkmal der Vakuumtrocknung ist die Verminderung des Druckes im Inneren der Trockenanlage (meistens ein Autoklav) bis auf 0,5 – 0,08 bar. Die Drucksenkung führt zur Reduzierung der Siedetemperatur (siehe Bild 2.15) des im Holz enthaltenen Wassers. Durch den Vakuumzustand ist der Dampfdruck des Wassers im Holz höher als in der Umgebung. Dadurch verdampft das Wasser im Holz und strömt in Form von Wasserdampf an die Oberfläche. Die Strömungsgeschwindigkeit ist größer, je kleiner der Druck ist.

Daher ist die Vakuumtrocknung von kürzeren Trockenzeiten gekennzeichnet als die Frischluft-/Abluft-Trocknung, aber auch durch eine bessere Trocknungsqualität, weil die Trocknung bei niedrigeren Temperaturen als bei Normaldruckanlagen erfolgt und somit das Holz vor Rissen schont.

Der niedrige Druck hat aber auch einen Nachteil, und zwar einen negativen Einfluss auf die Wärmeübertragung, da Vakuum ein sehr schlechter Wärmeleiter ist. Wenn man also bedenkt, dass die Entfernung von Wasser von der Oberfläche des Materials zu einer starken Abkühlung des Holzes führt, kommt es nach einiger Zeit zu einer Stagnierung der Trocknung, wenn dem Holz nicht kontinuierlich ausreichende Wärme zugeführt wird.

Es gibt drei Möglichkeiten, das Holz kontinuierlich zu erwärmen, während auch die Vakuumpumpe funktioniert:

- durch Kontakt – das sogenannte Vakuum-Press-Verfahren (oder „Plattenverfahren“);
- durch Konvektion in Heißdampf-Atmosphäre – das sogenannte Vakuum-Heißdampf-Verfahren;
- mittels eines Hochfrequenzfeldes – das sogenannte Vakuum-Hochfrequenz-Verfahren.

6.6.1 Vakuum-Press-Trocknung

Prinzip. Bei der Vakuum-Press-Trocknung (Bild 6.25) werden die Bretter ohne Latten auf einem Wagen gestapelt. Unter und über jeder Reihe Holz liegt eine Aluminiumplatte. Die Platten werden mittels flexibler Schläuche mit Heißwasser erwärmt. Die Kühlplatten sorgen für die Kondensierung der aus dem Holz austretenden Feuchte, damit die von der Vakuumpumpe abgesaugte Luft möglichst wenig Feuchtigkeit enthält.

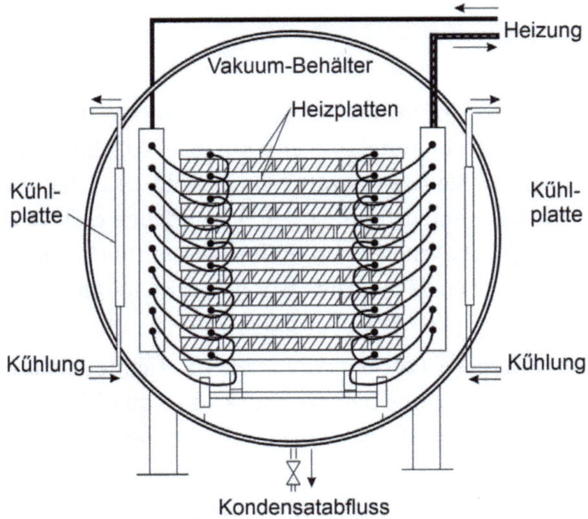

Bild 6.25
Prinzip der Vakuum-Press-Trocknung (in Anlehnung an [53])

Nach der Einführung der Holzstapel in den Autoklaven erfolgt zuerst eine Erwärmung auf etwa 50 °C bei Atmosphärendruck, danach kommt die Vakuumpumpe in Betrieb und erzeugt einen Unterdruck von 0,08 bar. Dieser niedrige Druck wird bis zum Ende der Trocknung aufrechterhalten.

Die Steuerung des Prozesses erfolgt entsprechend der Holzfeuchteabnahme durch die Steuerung der Temperatur der Platten (die mit abnehmender Holzfeuchte zunimmt).

Eine wesentliche Voraussetzung für den Erfolg der Trocknung bei diesem Verfahren ist, dass die Holzteile die gleiche Dicke haben, um einen gleichmäßigen Kontakt zwischen den Platten und dem Material auf der gesamten Oberfläche zu gewährleisten.

Forschungen bezüglich der Trocknungsdauer bei diesem Verfahren haben deutlich schnellere Trocknungsraten für Harthölzer angegeben als bei der Frischluft-/Abluft-Trocknung (z. B. 20 – 50 % kleinere Trockenzeit für 40 mm dickes Eichenholz [54]).

Die **Hauptvorteile und Nachteile** der Vakuum-Press-Trocknung sind in Tabelle 6.11 zusammengefasst.

Tabelle 6.11 Vor- und Nachteile der Vakuum-Press-Trocknung

Vorteile	Nachteile
▪ kurze Trockenzeiten ▪ sehr gute Holzqualität; schonende Trocknung ▪ niedriger Energieverbrauch	▪ relativ lange Beschickungs- und Entleerungszeit wegen Heizplatten ▪ Reduzierung der Holzdicke (Holzkompression) unter dem Gewicht der Heizplatten ▪ leichte Dunkelfärbung der Holzoberfläche

Der **optimale Einsatzbereich** dieses Verfahrens ist bei der Trocknung zerstreutporiger Harthölzern (z. B. Buche). Dank der direkten Kontaktwärmeübertragung ist die Trocknungszeit sehr kurz: 5 bis 20 Mal kürzer als bei der Frischluft-/Abluft-Trocknung, und die Trocknungsqualität ist dank des schonenden Trocknungsregimes (niedriger Druck, maximale Temperatur 70 °C) sehr gut.

6.6.2 Vakuumtrocknung im überhitzten Dampf

Prinzip. Das Trocknen in einem Gemisch aus Luft und überhitztem Dampf bei niedrigem Druck ist die modernste Variante der Vakuumtrocknung, die es ermöglicht hat, Anlagen mit größerer Kapazität zu bauen als beim Plattenverfahren, mit Durchmessern von bis zu 4 m und Längen bis zu 30 m. Diese haben eine den Frischluft-/Abluft-Trocknern ähnliche Ausstattung (Bild 6.26). Das Edelstahl-Autoklav ist mit Ventilatoren und Heizrohren ausgestattet. Außerdem besitzt es ein Kühlsystem zur Kondensation von Wasserdampf. Im Unterschied zu den herkömmlichen Trocknern haben die Ventilatoren einen höheren Volumenstrom, denn sie müssen Geschwindigkeiten von 20 – 40 m/s erzeugen können. Auch die Heizfläche ist größer (etwa doppelt) als bei einem Frischluft-/Abluft-Trockner. Die Stapelung des Materials erfolgt mit normalen Stapellatten.

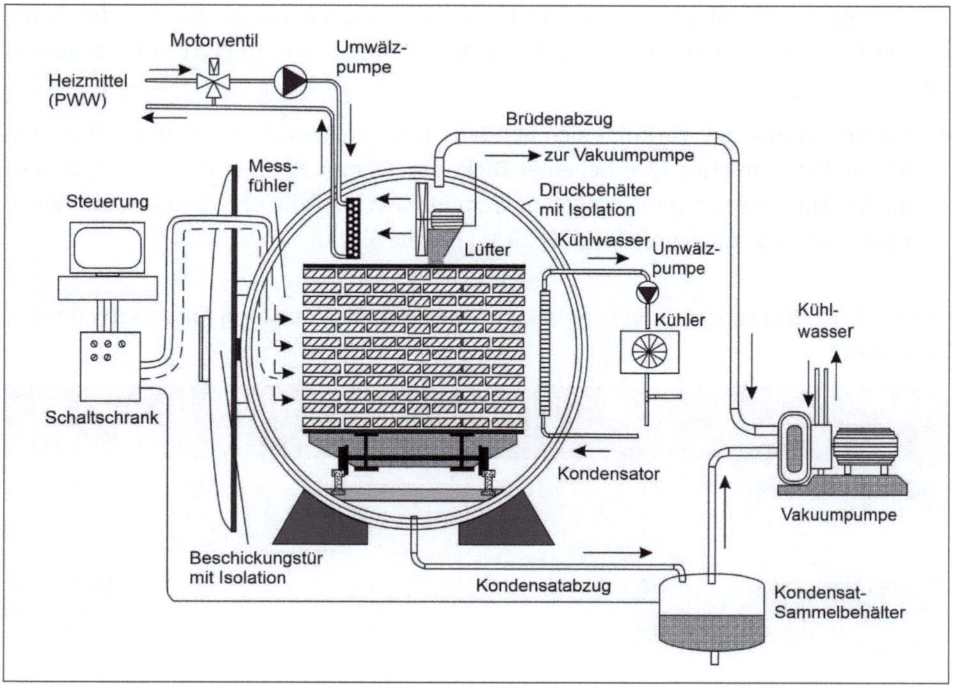

Bild 6.26 Prinzip der Vakuum-Heißdampf-Trocknung (in Anlehnung an [53])

Nach dem Einlegen der Stapel wird sofort das Vakuum (etwa 0,1 bar) für 80 Minuten angelegt. Anschließend wird die Temperatur auf den Siedepunkt von Wasser erhöht. Durch die Verdunstung des Wassers aus dem Holz und ggf. zusätzlicher Sprühung entsteht die Heißdampf-Umgebung. Die Trocknungsgeschwindigkeit hängt in diesem Fall nur von der Differenz zwischen der Temperatur in der Anlage und der Siedetemperatur des Wassers (vom Unterdruck abhängig) ab.

Der Trocknungsprozess wird entsprechend der Holzfeuchte gesteuert. Die gemessenen Parameter sind: die Temperatur des Holzes, der Druck im Inneren der Anlage, die Gleichgewichtsfeuchte und die Holzfeuchte. Die Steuergrößen sind die Temperatur und der Druck der Umgebung.

Das größte Problem bei diesem Verfahren besteht darin, eine gleichmäßige Trocknung innerhalb der gesamten Anlage zu erreichen. Dafür werden zwei Bedingungen gestellt:

- die Geschwindigkeit des Trocknungsmediums durch die Stapel sollte so hoch wie möglich sein;
- innerhalb der Anlage dürfen keine Temperaturschwankungen auftreten, da bei niedrigen Drücken kleine Temperaturschwankungen zu einem deutlichen Abfall der relativen Luftfeuchtigkeit und damit auch der Gleichgewichtsfeuchte führen, was schwerwiegende Trocknungsfehler (innere Risse) verursachen kann.

Die **Leistungen**, die mit diesem Verfahren erzielt werden können, das sowohl bei der Trocknung von Nadel- als auch von Harthölzern erfolgreich eingesetzt werden kann, im Vergleich zur Frischluft-/Abluft-Trocknung, können wie folgt zusammengefasst werden:

- Die Trocknungszeit verkürzt sich bei Nadelholz um etwa 60 % bei einer Dicke von 52 mm bzw. um etwa 72 % bei einer Dicke von 90 mm. Bei Hartholz (z. B. Eiche) ist die Verkürzung der Dauer sogar noch deutlicher, jeweils um 75 – 80 % im Feuchtigkeitsabfallbereich von 60 % bis 20 % (Tabelle 6.12).

Tabelle 6.12 Trockenzeiten bei der Vakuum-Heißdampf-Trocknung für verschiedene Holzarten

Holzart	Dicke [mm]	Anfangsfeuchte [%]	Endfeuchte [%]	Dauer [h]	Quelle
Fichte (*Picea abies*)	23	77	12	73,5	[55]
	48	49	13	127	
Fichte (*Picea abies*)	52	80	20	58	[42]
	90	80	20	108	

Holzart	Dicke [mm]	Anfangsfeuchte [%]	Endfeuchte [%]	Dauer [h]	Quelle
Eiche (*Quercus robur*)	27	80	8	288	[42]
	52	80	8	624	
Eiche (*Quercus robur*)	27	50	10	230	[56]
	54	100	10	560	
Roteiche (*Quercus rubra*)	50	63,3	7,8	684	[57]
Weißeiche (*Quercus alba*)	50	53,1	14,5	519	[58]

- Der gesamte spezifische Energieverbrauch ist vergleichbar mit dem der Frischluft-/Abluft-Trocknung, mit Werten von etwa 150 – 200 kWh/m^3, wovon fast 50 % elektrische Energie darstellt.
- Die Trocknungsqualität ist sehr gut, selbst bei schwer zu trocknenden Holzarten mit hoher Dichte und Sortimenten mit großer Dicke, nicht nur durch die Reduzierung des Anteils an Rissen, sondern auch im Hinblick auf Verfärbungen und Verformungen.
- Die Kosten für die Trocknung von 1 m^3 sind mit jenen der Frischluft-/Abluft-Trocknung vergleichbar. Der Verkürzung der Trocknungszeit stehen leider die hohen Kosten für die Abschreibung der Investition gegenüber.

Die **Hauptvorteile und Nachteile** der Vakuum-Heißdampf-Trocknung sind in Tabelle 6.13 zusammengefasst.

Tabelle 6.13 Vor- und Nachteile der Vakuum-Heißdampf Trocknung

Vorteile	Nachteile
▪ kürzere Trockenzeiten als bei der Frischluft-/Abluft-Trocknung ▪ sehr gute Holzqualität, auch bei Harthölzern mit ringporiger Struktur; keine Risse, keine Verfärbungen ▪ niedrigerer Energieverbrauch als beim Plattenverfahren ▪ weniger Aufwand bei der Beschickung und Entleerung der Anlage als beim Plattenverfahren	▪ teure Anlagen ▪ empfindliche Sensorik ▪ anspruchsvolle Wartung der Anlagen ▪ großer Kühlwasserverbrauch ▪ Harzaustritt bei der Trocknung von harzhaltigen Nadelhölzern (z. B. Kiefer)

Der **optimale Einsatzbereich.** Die obengenannten Vorteile stufen das Vakuum-Heißdampf-Verfahren als vorteilhafte Alternative zur Frischluft-/Abluft-Trocknung ein, insbesondere wenn die zu trocknende Spezifikation wertvolle Holzarten (z. B. Eiche, exotische Holzarten) oder dicke Bauholzsortimente umfasst, die durch andere Verfahren nicht qualitativ getrocknet werden können.

Aus wirtschaftlicher Sicht haben sich die Vakuumverfahren bei der Trocknung von Harthölzern beliebiger Dicke und bei Weichhölzern mit Dicken über 120 mm bewährt, wobei die Trocknungszeit im Vergleich zur herkömmlichen Trocknung um 50 – 75 % verkürzt werden kann.

Aufgrund der hohen Kosten der Anlagen empfiehlt sich die Wahl dieses Verfahrens nur dann, wenn die Möglichkeit besteht, die Anlagen mit maximaler Leistung zu betreiben. In diesem Sinne gibt es zwei Hauptrichtungen der wirtschaftlichen Anwendung der Vakuumtrocknung:

- wenn das Unternehmen bereits über eine Trockenpartie mit Frischluft-/Abluft-Anlagen verfügt, in denen verschiedene Spezifikationen getrocknet werden (sowohl Nadel- als auch Laubholzarten), die jedoch nicht mehr die gesamte erforderliche Jahreskapazität abdecken kann, sodass die Anschaffung einer Vakuumtrocknungsanlage für eine relativ kleine, konstante Menge an wertvollen Laubhölzern jedoch das Problem der unzureichenden Kapazität lösen und gleichzeitig eine Verbesserung der Qualität dieser schwierig trocknenden Sorten ermöglichen würde;
- wenn der Betrieb über eine große Menge lang trocknender Sortimente verfügt, für die eine besondere Trocknungsqualität erforderlich ist (z. B. Eichenholz, große Dicken).

6.7 Trocknung im Hochfrequenzfeld

Prinzip. Die Hochfrequenztrocknung (HF) nutzt den Effekt der Erwärmung der Feuchte in einem nassen Körper (in diesem Fall Holz), wenn dieser einem elektromagnetischen Hochfrequenzfeld ($f > 100$ MHz) ausgesetzt wird, dank der dielektrischen Verluste (siehe auch Abschnitt 2.1.8).

Da die Wärmeenergie im Inneren des Holzes erzeugt wird, wo die Luftfeuchtigkeit am höchsten ist, entsteht im Holz ein Temperaturgradient, der aus dem Holzinneren zur Oberfläche orientiert ist und somit, die Wasserbewegung im Holz beschleunigt. Das wirkt sich positiv auf die Trockenzeiten aus, die bei der HF-Trocknung wesentlich kleiner sind als im Fall der Frischluft-/Abluft-Trocknung. Das Verfahren ist nur für permeable Holzarten (z. B. Nadelhölzer, Buche ohne Rotkern, Birke, Pappel, Nussbaum) geeignet, denn wenn das Holz nicht durchlässig genug ist (z. B. bei verthyllten Holzarten wie Weißeiche, Robinie, Esche, Ulme), steigen Druck und Temperatur im Holz so stark an, dass es zu Innenrissen und Kollaps kommen kann.

Bei der industriellen HF-Trocknung können zwei verschiedene Frequenzbereiche unterschieden werden (Tabelle 6.14): Radiofrequenzen unter 100 MHz, bei denen offene Schaltkreise verwendet werden, und Mikrowellen mit Frequenzen über 500 MHz, bei denen Wellenleiter zur Energieübertragung verwendet werden.

Tabelle 6.14 Hochfrequenzbänder für die Industrie (Quelle: [59])

	Frequenz [MHz]	Wellenlänge [m]
Radiofrequenzen	13,56	22,11
	27,12	11,05
	40,68	7,37
Mikrowellen	915	0,328
	2450	0,122
	5800	0,052

Wegen der geringen Durchdringtiefe sind Mikrowellen eher für die Trocknung von dünnen Holzsortimenten (z. B. Furnier) geeignet.

Radiofrequenztrockner kommen in der Regel als Tunnelanlagen (Bild 6.27) zum Einsatz. Das Metallband, das dem Transport der Holzteile dient, ist gleichzeitig die untere (geerdete) Elektrode. Die obere Elektrode aus perforiertem Aluminiumblech ist höhenverstellbar. Dadurch lässt sich der Trocknungsverlauf indirekt steuern, denn die auf das Holz übertragene Energie hängt von der Dicke der Luftschicht zwischen der oberen Elektrode und dem Holz ab. Die Endfeuchte wird durch die Vorschubregelung bestimmt. Um eine möglichst gleichmäßige Reduzierung der Holzfeuchte zu erreichen, ist die Vortrocknung des Holzes bis auf etwa 40 % notwendig.

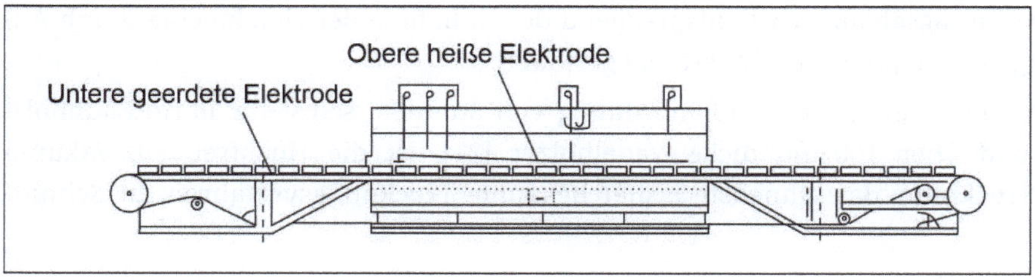

Bild 6.27 Schematische Darstellung eines Hochfrequenztrockners für Holz (in Anlehnung an [22])

Die **Hauptvorteile und Nachteile** der Hochfrequenztrocknung sind in Tabelle 6.15 zusammengefasst.

Tabelle 6.15 Vor- und Nachteile der Hochfrequenztrocknung

Vorteile	Nachteile
▪ kürzere Trockenzeiten (etwa 5 – 20 % der notwendigen Zeit bei der Frischluft-/Abluft-Trocknung) ▪ sehr gute Holzqualität bei permeablen Harthölzern; keine Risse, keine Verfärbungen	▪ teure Anlagen ▪ hoher Energieverbrauch ▪ anspruchsvolle Wartung der Anlagen

Der **optimale Einsatzbereich** ist für permeable Holzarten (Nadelhölzer, Buche, Birke, Pappel, Nussbaum u. a.).

6.8 Hochfrequenz-Vakuum-Trocknung

Noch bessere Ergebnisse bezüglich der Trocknungsdauer und -qualität sind durch das Kombinieren der Vakuumtrocknung und der Erwärmung im Hochfrequenzfeld (Bild 6.28) erreichbar. In diesem Fall erfolgt die Erwärmung des Holzes dielektrisch, indem mithilfe eines Generators ein hochfrequentes elektrisches Feld zwischen den beiden Elektroden erzeugt wird. Der Unterdruck im Zylinder ($p = 0{,}03$ bar) wird mithilfe einer Wasserring-Vakuumpumpe erreicht, die mit einem Luftinjektor ausgestattet ist. Der dem Holz entzogene Wasserdampf wird mithilfe der Vakuumpumpe teilweise aus dem Trocknungsraum abgesaugt, anschließend in einem Kondensator abgekühlt und kondensiert und teilweise am Boden der Anlage in Form von Kondensat abgeführt, das mittels einer Pumpe in einen Wassertank geleitet wird.

Der Trocknungsablauf wird entsprechend der Abnahme der Holzfeuchte durch Anpassung der Frequenz des Generators gesteuert.

Mit Trockenzeiten in der Größenordnung von Stunden, selbst für harte Laubholzarten und über 100 mm dicke Nadelhölzer [21], ist die Hochfrequenz-Vakuum (HFV)-Trocknung das schnellste bisher bekannte Trocknungsverfahren für Schnittholz.

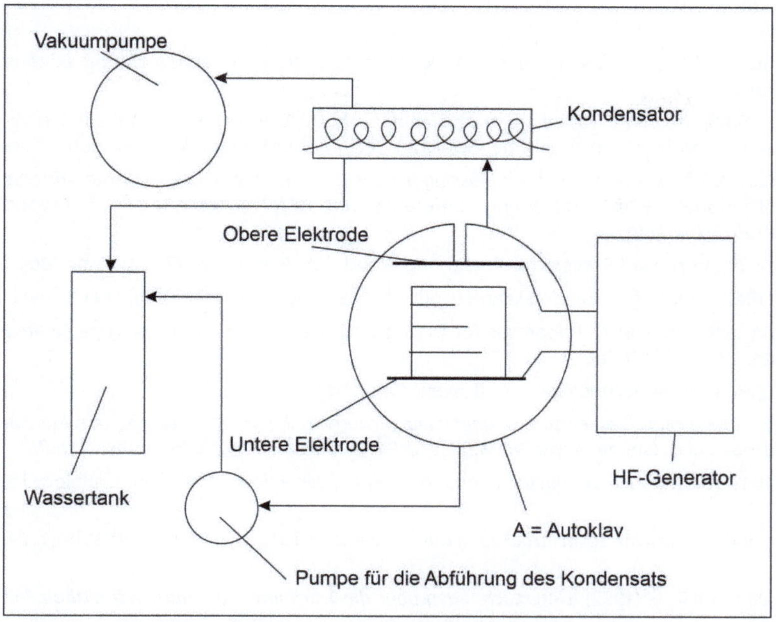

Bild 6.28 Prinzip der Hochfrequenz-Vakuum-Trocknung

Die **Leistungen** der HFV-Trocknung im Vergleich zur Frischluft-/Abluft-Trocknung können wie folgt zusammengefasst werden:

- Die Trocknungszeit wird mindestens auf die Hälfte verkürzt.
- Der spezifische Energieverbrauch ist vergleichbar und beträgt etwa 250 kWh/m^3; die Energiekosten sind jedoch höher als bei der Frischluft-/Abluft-Trocknung, da mindestens 50 % (je nach Prozess) des Gesamtenergieverbrauchs elektrisch ist.
- Neben Strom und teilweise auch Wärmeenergie ist ein erheblicher Verbrauch an Kühlmittel zur Kondensation erforderlich, etwa 0,2 – 5,0 m^3 Kaltwasser/m$^3_{\text{Holz}}$ h.
- Die Trocknungsqualität ist auch bei schwer zu trocknenden Holzarten und Sortimente sehr gut und zeichnet sich durch die Abwesenheit von Rissen, Verfärbungen und Verformungen aus, sowie durch die Gleichmäßigkeit der Endfeuchte über die gesamte Dicke des Materials.
- Die Trocknungskosten werden stark von den Investitionskosten (teure Anlagen mit vielen Komponenten) und den Energiekosten beeinflusst.

Der **optimale Einsatzbereich** ist bei wertvollen und zu Kollaps neigenden Holzarten, z. B. Eukalyptus, empfohlen, die durch kein anderes Verfahren qualitativ getrocknet werden können.

Literatur

[1] Villiere, A. (1966): *Séchage des bois* (Holztrocknung, in französischer Sprache). Dunod Editeur, Paris, Frankreich

[2] Marinescu, I. I. (1980): *Uscarea și tratarea termică a lemnului. Vol. 2* (Die Trocknung und die thermische Behandlung des Holzes, in rumänischer Sprache). Technischer Verlag, Bukarest, Rumänien

[3] Câmpean, M. (2010): *Timber Drying Methods: Passing from History into the Future*. Keynote Address at the 11th International IUFRO Wood Drying Conference „Recent Advances in the Field of Wood Drying", Skellefteå, Schweden

[4] Robbins, L. S. (1865): Improved Process for Preserving Wood. U.S. Patent No. 47 132, 4 Apr. 1865

[5] Hudson, M. S. (1942): Treating Wood and Wood Products. U.S. Patent No. 2 273 039, 17 Feb. 1942

[6] Allen, C. F.; Campbell, L. W. (1867): Apparatus for Drying and Seasoning Lumber by Superheated Steam. U.S. Patent No. 64 398, 1867

[7] Tiemann, H. D. (1944): *Wood Technology*. 2. Aufl., New York und Chicago

[8] Mathewson, J. S. (1960): *High-Temperature Drying: Its Application to the Drying of Lumber*. In: Australian Timber Journal, 26(9). Online: *https://www.fpl.fs.usda.gov/documnts/pdf1960/mathe60a.pdf*

[9] Keylwerth, R. (1949): *Grundlagen der Hochtemperaturtrocknung des Holzes*. In: Holz-Zentralblatt, 75, S. 953 - 954

[10] Eisenmann, E. (1949): *Künstliche Schnelltrocknung mit Temperaturen über 100 °C*. In: Holztechnik, 29, S. 151

[11] Kollmann, F.; Malmquist, L. (1952): *Untersuchungen über die Trocknung von Kiefernschnittholz mit erhöhten Temperaturen*. Schwedisches Holzforschungsinstitut, Stockholm, Schweden

[12] Sturany, H. (1952): *Trocknung im reinen Heißdampf*. In: Holz als Roh- und Werkstoff, 10, S. 358 - 362

[13] Kollmann, F.; Côté, W. A. Jr. (1968): *Principles of Wood Science and Technology. Vol. I. Solid Wood*. Springer Verlag, Berlin/Heidelberg/New York

[14] Folomin, A. I. (1955): *High-Temperature Seasoning of Wood in Petrolatum*. In: Derev. Prom., 4(4), S. 3 - 7

[15] Stamm, A. J. (1933): *Method for Simultaneously Seasoning and Treating Water-Swollen Fibrous Materials*. U.S. Patent No. 2 060 902, 1933

[16] Rawling, S. O. (1935): *Infrared Photography*. 2. Aufl., London, Großbritannien

[17] Keylwerth, R. (1951): *Infrarotstrahler in der Holzindustrie*. In: Holz als Roh- und Werkstoff, 9, S. 224 - 231

[18] Kastmark, C. F. (1943): *Eine neue Verfahrensweise beim Trocknen von Holzwaren*. In: Trävaruindustrien, 9, S. 134

[19] Eisenmann, E. (1950): *Mechanische Holztrocknung mit Trockenzentrifugen*. In: Holz-Zentralblatt, 76(106), S. 1153

[20] Krämer, G. (2004): *Zentrifuge beschleunigt Trocknung von Scheitholz*. In: Holz-Zentralblatt, 76, S. 1076

[21] Resch, H. (2006): *High-Frequency Electric Current for Drying of Wood – Historical Perspectives*. In: Maderas Ciencia y Tecnología, 8(2), S. 67 - 82

[22] Czepek, E.; Sporckmann, H. (1968): *High-Frequency Drying of Beech Wood in a South-German Wood Factory*. In: Elektrowärme International, 26(12), S. 440 - 447

[23] Pagnozzi, V. (1970): Process and Plant for the Vacuum Drying of Wood in the Form of Planks or Laths. U.S. Patent No. 3 521 373, 1970

[24] Erickson, H. D.; Schmidt, R. N.; Laing, J. R. (1968): *Freeze-Drying and Wood Shrinkage*. In: Forest Products Journal, 18(6), S. 63 - 68

[25] Resch, H. (1968): *Über die Holztrocknung mit Mikrowellen*. In: Holz als Roh- und Werkstoff, 26(9), S. 317 - 324

[26] Resch, H.; Lofdahl, C. A.; Smith, F. J.; Erb, C. (1970): *Moisture Leveling in Veneer by Microwaves and Hot Air*. In: Forest Products Journal, 20(10), S. 50 – 58

[27] Häger, B. O. (1971): Wood Treatment Method. U.S. Patent No. 3 560 251, 1971

[28] Ishii, S. (1991): System for Drying Green Wood. JP 6213568 / EP 0480445 / US 5283700

[29] Câmpean, M.; Ishii, S.; Georgescu, S. (2017): *Drying Time and Quality of EDS-Treated Compared to Untreated Beech Wood (Fagus japonica)*. In: Pro Ligno, 13(3), S. 23 – 30

[30] Schill, V.; Korger, V.; Stahl, W. (1992): *Mechanical Drying of Wood – An Alternative to Seasoning Drying*. In: Proceedings of the 3rd Int. IUFRO Wood Drying Conference, Wien, Österreich

[31] Stahl, M. (2000): *Das Inkubations-/Dekompressionsverfahren zur Holzentfeuchtung*. Dissertation, TU Karlsruhe

[32] Avramidis, S.; Zwick, R. L. (1992): *Exploratory Radiofrequency/Vacuum Drying of Three B.C. Coastal Softwoods*. In: Forest Products Journal, 42(7–8), S. 17 – 24

[33] Avramidis, S.; Zwick, R. L.; Neilson, J. B. (1996): *Commercial-Scale RF/V Drying of Softwood Lumber. Part 1: Basic Kiln Design Considerations*. In: Forest Products Journal, 46(5), S. 44 – 51

[34] Avramidis, S.; Zwick, R. L. (1996): *Commercial-Scale RF/V Drying of Softwood Lumber. Part 2: Drying Characteristics and Lumber Quality*. In: Forest Products Journal, 46(6), S. 27 – 36

[35] Avramidis, S.; Zwick, R. L. (1997): *Commercial-Scale RF/V Drying of Softwood Lumber. Part 3: Energy Consumption and Economics*. In: Forest Products Journal, 47(1), S. 48 – 56

[36] Antti, L. (1992): *Microwave Drying of Hardwood: Simultaneous Measurements of Pressure, Temperature, and Weight Reduction*. In: Forest Products Journal, 42(6), S. 49 – 54

[37] Antti, L. (1999): *Heating and Drying Wood Using Microwave Power*. Dissertation, Luleå University of Technology, Schweden

[38] Hansson, L.; Antti, L. (2003): *Design and Performance of an Industrial Microwave Drier for On-Line Drying of Wood Components*. In: 8th IUFRO Wood Drying Conference, Brașov, Rumänien, S. 156 – 158

[39] Leiker, M.; Adamska, M. A.; Mollekopf, N. (2004): *Microwave Drying of Single Wood Boards in Multimode Cavities*. In: Proceedings of the International Workshop and Symposium on Drying, Mumbai, Indien

[40] Leiker, M.; Aurich, K.; Adamska, M. A. (2005): *Accelerated Drying of Single Hardwood Boards by Combined Vacuum-Microwave Application*. In: 9th International IUFRO Wood Drying Conference, Nanjing, China, S. 185 – 190

[41] Brunner, R. (2001): Vacuum-Operated Drying Device, Especially for Sawn Timber. International Patent WO 01/59378 A3

[42] Brunner, R. (1999): *Vakuumtrocknung im Wirtschaftlichkeitsvergleich*. In: Holz-Zentralblatt, Nr. 55 – 58, S. 823 – 875

[43] Brodie, G. J. (2008): *Innovative Wood Drying. Applying Microwave and Solar Technologies to Wood Drying*. VDM Verlag Dr. Müller, Saarbrücken

[44] Câmpean, M.; Marinescu, I. (2012): *Tratamente termice ale lemnului. Uscarea cherestelei* (Thermische Behandlung des Holzes. Schnittholztrocknung, in rumänischer Sprache). Verlag der Transilvania Universität, Brașov, Rumänien

[45] Langendorf, G.; Eichler, H. (1982): *Holzvergütung*. 3. Aufl., VEB Fachbuchverlag, Leipzig

[46] Frühwald, A.; Ressel, J. (1982): *Holztrocknung. Teil 1. Grundlagen der Holztrocknung*. Universität Hamburg

[47] Gliga, V. (2021): *Cercetări privind influenţa unor factori specifici de material asupra calităţii sunetului viorilor din lemn* (Forschung zum Einfluss spezifischer Materialfaktoren auf die Klangqualität von Holzgeigen, in rumänischer Sprache). Dissertation, Transilvania Universität, Brașov, Rumänien

[48] Bollmann, L. (1977): *Leitfaden der Schnittholztrocknung*. Singen

[49] Trübswetter, T. (2006): *Holztrocknung. Verfahren zur Trocknung von Schnittholz – Planung von Trocknungsanlagen*. Fachbuchverlag Leipzig im Carl Hanser Verlag, München/Wien

[50] Jay, S.; Oliver, T. N. (1995): *Timber Drying: Trends in Energy Consumption and Equipment Utilization Within the UK Timber Industry*. In: Proceedings of the International Drying Symposium 1994, S. 663 - 670

[51] Hiziroglu, S. (2017): *Fundamental Aspects of Kiln Drying Lumber*. Oklahoma State University. Online: *https://extension.okstate.edu/fact-sheets/fundamental-aspects-of-kiln-drying-lumber.html*

[52] Eisenmann, E. (1949): *Künstliche Schnelltrocknung mit Temperaturen über 100 °C*. In: Holztechnik, Bd. 29

[53] Lohmann, U. (1998): *Holz Handbuch*. 5., völlig überarb. und erw. Aufl., DRW Verlag, Leinfelden-Echterdingen

[54] Fohr, J. P.; Chakir, A.; Arnaud, G.; du Peuty, M. A. (1995): *Vacuum Drying of Oak Wood*. In: Drying Technology, 13(8–9), S. 1675 - 1675

[55] Trübswetter, T.; Weber, M. (1992): *Untersuchungen an einer DWT Moldrup-Trockenanlage*. In: Holz als Roh- und Werkstoff, 50, S. 286 - 290

[56] Guilman, C.; Baixeras, O.; Jomaa, W. (1996): *Discontinuous and Convective Vacuum Drying of Oak: Experimental and Modeling Studies*. In: Proceedings of the 5th International IUFRO Wood Drying Conference, Québec, S. 147 - 157

[57] Tremblay, C.; Lavoie, V.; Savard, M. (2001): *Drying Performance of 8/4-Inch Red Oak in a Superheated Steam/Vacuum Kiln*. Canadian Forest Service, Forintek Canada Corp.

[58] Tremblay, C.; Lavoie, V.; Savard, M. (2001): *Drying Performance of 8/4-Inch White Oak in a Superheated Steam/Vacuum Kiln*. Canadian Forest Service, Forintek Canada Corp.

[59] Resch, H. (2009): *Drying Wood with High-Frequency Electric Current*. Wood Science and Technology, ISBN 978-0-9817876-1-9

7 Technologie der Frischluft-/Abluft-Trocknung

Der Prozess der Schnittholztrocknung hat mehrere technologischen Phasen, die in drei Kategorien eingeteilt werden können (Tabelle 7.1).

Tabelle 7.1 Technologische Etappen der Schnittholztrocknung

Vor der Trocknung	Während der Trocknung	Nach der Trocknung
▪ Sortierung ▪ Stapelung ▪ Anbringen der Holzfeuchte-Messstellen ▪ Vorbereitung der Trockenanlage ▪ Beschickung ▪ Abblendung der leeren Zwischenräume ▪ Anschluss der Holzfeuchte-Messstellen ▪ Tore schließen ▪ Eingabe der Anfangsdaten der Charge ▪ Erstellung/Überprüfung des vorgesehenen Trocknungsplans ▪ Beginn der Trocknung	▪ kontinuierliche Messung der Holzfeuchte ▪ kontinuierliche Messung der Luftparameter ▪ kontinuierliche Regelung der Luftparameter ▪ Übergang von einer Phase zur nächsten ▪ Aufzeichnung des Trocknungsprotokolls ▪ Überprüfung der Endfeuchte ▪ Ende der Trocknung	▪ Tore öffnen ▪ Ausladen der Stapel ▪ Konditionierung ▪ Qualitätskontrolle ▪ Ermittlung der möglichen Ursachen, falls Trocknungsfehler auftauchen ▪ Optimierung

Die Trocknungsqualität hängt in einem großen Maß von der Einhaltung der Regeln, die für jede dieser Phasen angegeben sind.

7.1 Sortierung und Stapelung

Vor dem Stapeln wird das Material so sortiert, dass nur Bretter gleicher Holzart, gleicher Dicke, möglichst gleicher Länge und möglichst homogener Anfangsfeuchte in einen Stapel eingebracht werden.

Schnittholz wird meistens per Hand gestapelt. Dabei können die Bretter auch visuell analysiert werden, und sichtbare Fehler (wie z. B. Hirnrisse und Oberflächenrisse) sollten mit Kreide markiert werden, um sie von den eigentlichen Trocknungsfehlern am Ende des Prozesses unterscheiden zu können.

Es gibt aber auch mechanische Stapelanlagen, die eingesetzt werden können, um die Stapelungszeit zu verkürzen und um die Personalkosten zu senken.

Die Stapelung ist ein technologischer Vorgang von großer Bedeutung für den Trocknungserfolg. Viele Trocknungsfehler (z. B. eine gestreute Endfeuchte, Längsverformungen, Querkrümmungen, bestimmte Verfärbungen) sind auf die Nichtbeachtung der Grundregeln des Stapelns zurückzuführen.

Eine richtige Stapelung ist jene, die ausreichende Räume für die Luftbewegung zwischen den Brettern schafft. Somit ist sowohl die gleichmäßige Erwärmung aller Holzteile als auch der schnelle Abtransport der Feuchte von der Holzoberfläche gewährleistet.

Empfindliche Holzarten, die zur Verfärbung neigen, z. B. Ahorn, Buche, Erle, Eiche, Kiefer, sollten sofort nach dem Einschnitt gestapelt werden.

Bei der technischen Trocknung wird das Schnittholz ausschließlich horizontal, auf Latten gestapelt (Bild 7.1). Diese Stapelart hat den Vorteil, dass sie das Eigengewicht der Holzteile zur Belastung ausnutzt, um Verformungen beim Trocknen zu vermeiden und zudem gleichmäßige Räume für die Luftbewegung zwischen den Brettern im Stapel schafft.

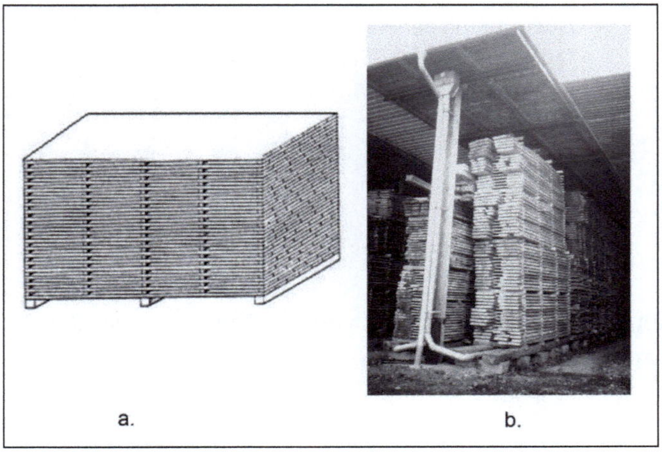

Bild 7.1
Schnittholzstapel für die technische Trocknung vorbereitet: a – Kastenstapel (für besäumte Ware) (Quelle: [1]); b – Blockstapel für unbesäumte oder einseitig besäumte Ware (Quelle: [2])

Stapelregeln. Bei der Stapelbildung sind folgende Grundregeln zu beachten:

- zwischen jeweils zwei Holzreihen wird eine Reihe Latten angebracht;
- wenn man den Stapel von der Seite anschaut (siehe Bild 7.1 a), müssen die Latten streng vertikal übereinanderliegen, um gleich weite Luftkanäle zwischen den Brettern zu schaffen (diese Regel ist für die Uniformität der Endfeuchte äußerst wichtig);
- die Stapellatten werden bündig an beiden Hirnenden verlegt, um Längsverformungen der Brettenden (Bild 7.2) zu vermeiden;
- im Inneren des Stapels werden die Latten in bestimmten Abständen je nach Holzdicke platziert (Tabelle 7.2); je dünner die Holzteile, desto größer ist das Risiko ihrer Längsverformung (siehe Bild 7.2) und daher müssen die Latten näher aneinander verlegt werden; ebenfalls sind geringe Abstände zwischen den Latten zu empfehlen bei Holz mit geneigter Faser oder Drehfaser;
- in Stapelbreite, sollten die Holzteile nicht Kante-an-Kante, sondern mit kleinen Abständen angelegt werden, um eine bessere Belüftung des Stapels zu gewährleisten;
- Bretter, die den Holzkern enthalten, sollten mit der Kernseite nach oben gelegt werden, um die Querkrümmung zu minimisieren;
- beim Aufstapeln unbesäumter Bretter ist darauf zu achten, dass die schrägen Brettkanten eine einheitliche Richtung aufweisen (Bild 7.3), um die Luftströmung nicht zu stören oder zu verhindern; bei einseitig besäumter Ware sollte immer die besäumte Seite der Lufteintrittseite zugewandt werden.

Bild 7.2
Längsverformungen bei der Holztrocknung wegen falscher Stapelung (Quelle: [2])

Tabelle 7.2 Entfernung zwischen den Stapellatten im Stapel

Holzdicke [mm]	Entfernung zwischen zwei aufeinanderfolgenden Stapellatten [m]
< 30	0,4 – 0,8
30 – 60	0,6 – 1,0
> 60	0,8 – 1,2

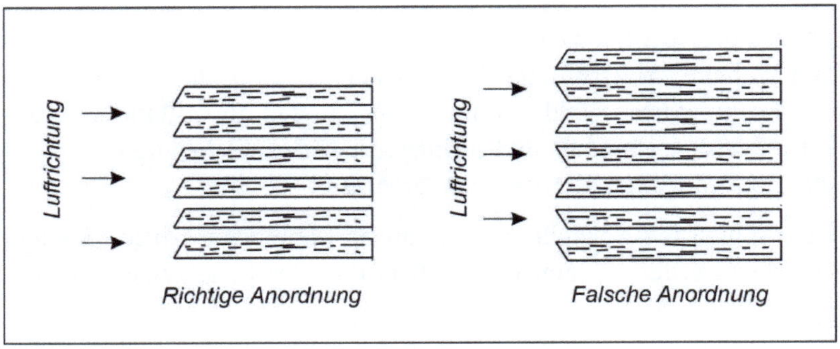

Bild 7.3 Anordnung der unbesäumten Brettkanten (in Anlehnung an: [3])

Stapellatten. Die Stapellatten werden üblicherweise aus vorgetrocknetem Holz gefertigt. Sie sind gewöhnlich 1,2 m lang (der Stapelbreite entsprechend), 30 mm breit und 20 mm dick. Um die Stabilität des Stapels zu gewährleisten, ist die gleichmäßige Dicke der Stapellatten mit einer Toleranz von ±1 mm, besonders wichtig. Fichtenholz wird bevorzugt, weil es nicht abfärbt.

Die Feuchte der Stapelleisten sollte höchstens 15 % betragen, damit sie keine Streifen auf der Brettoberfläche hinterlassen (Bild 7.4), aufgrund der schwierig zu entfernenden Feuchtigkeit aus dem Kontaktbereich zwischen der Latte und das Brett.

Bild 7.4 Lattenstreifen

Um diesen Mangel bei verfärbungsempfindlichen Holzarten zu vermeiden, vor allem bei hellfarbigen Hölzern, z. B. Ahorn, Esche, können auch besondere Holzlatten verwendet werden, um die Kontaktfläche zu reduzieren (Bild 7.5).

a.

b.

Bild 7.5 Besondere Stapellatten zur Reduzierung der Kontaktfläche zwischen der Latte und der Brettoberfläche: a – „Ventolatten" (Quelle: *https://gruber-saege.at/website/project/ventostapellatten/*); b – gewellte Aluminiumlatten oder gefräste Holzlatten (Quelle: *https://www.bm-online.de/wissen/technik/qualitaet-ab-lager/*)

Die Stapellatten können wiederverwendet werden, sofern sie nach der vorherigen Verwendung keine Beschädigungen (Quetschung, Risse, Schimmel) erlitten haben.

Stapelbelastung. Wegen der Schwindungsanisotropie (siehe auch Abschnitt 2.1.5) sind die Holzteile zu Querkrümmungen während der Trocknung geneigt, vor allem die Bretter im oberen Teil des Stapels (Bild 7.6). Um diesen Fehler zu vermeiden, sollten Betonblöcke zur Belastung des Stapels eingesetzt werden (Bild 7.7), vor allem bei Holzarten, die sich stark verziehen wie z. B. Buche und Zerreiche. Das Gewicht der Belastungsplatten muss so bemessen werden, dass der auf den Stapel ausgeübte Druck nicht 1 t/m^2 überschreitet. Bei höheren Drücken besteht die Gefahr einer Quetschung des Materials und der Stapellatten.

Anstrichmittel. Um die vorzeitige Austrocknung der Sägekanten zu verhindern und dadurch Hirnrisse vorzubeugen, können paraffinhaltige Anstriche, Wachsdispersionen oder auch ein Gemisch aus Sägestaub und PVAC-Klebemittel (Weißleim) zu diesem Zweck eingesetzt werden, vor allem bei dickem Holz (> 40 mm) und bei Holzarten, die stark zum Reißen neigen wie z. B. Eiche.

Bild 7.6 Querkrümmungen der Holzteile im oberen Teil des Stapels (Quelle: [2])

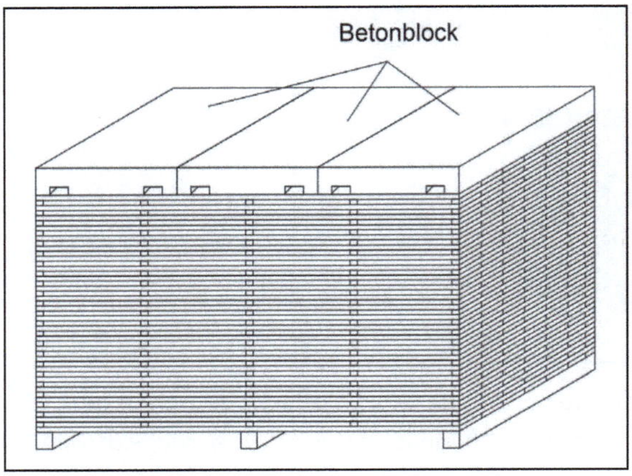

Bild 7.7 Stapel-Belastung mit Betonblöcken zur Vermeidung der Querkrümmungen (Quelle: [1])

Stapelabmessungen und Berechnung des Holzvolumens in einem Stapel. Die Abmessungen der Stapel werden in der Regel in Abhängigkeit von den Abmessungen der Bretter und den verfügbaren Transportmitteln gewählt. Somit entspricht die Länge des Stapels der maximalen Länge des Holzes. Wenn Holzteile unterschiedlicher Länge in denselben Stapel eingelegt werden müssen, wird die links-rechts-versetzte Anordnung versucht, damit der Stapel als Ganzes das Aussehen eines Parallelepipeds behält (Bild 7.8).

Die Breite des Stapels beträgt normalerweise zwischen 1 und 2 m, normalerweise 1,2 m.

Die Höhe des Stapels muss das Verhältnis von max. 3:1 zur Breite einhalten, um die Stabilität zu gewährleisten, wird aber auch durch die verwendeten Transportmittel begrenzt und beträgt in der Regel etwa 1 m.

Bild 7.8 Stapelung der Bretter mit unterschiedlichen Längen (Quelle: [2])

Das Holzvolumen in einem Stapel (V_{st}) kann mit folgender Gleichung berechnet werden:

$$V_{st} = L_{st} \cdot B_{st} \cdot H_{st} \cdot f_{st} \ [m^3] \tag{7.1}$$

L_{st} Stapellänge [m]

B_{st} Stapelbreite [m]

H_{st} Stapelhöhe [m]

f_{st} Stapelfaktor

$$f_{st} = f_L \cdot f_B \cdot f_H \tag{7.2}$$

f_L Längenfaktor, gewöhnlich nimmt man $f_L = 0{,}85$ an, weil meistens nicht alle Bretter gleichlang sind

f_B Breitenfaktor, $f_B = 0{,}8$ (für gesäumtes Holz); $f_B = 0{,}5$ (für ungesäumtes Holz)

f_H Dickenfaktor

$$f_H = \frac{d}{d_{st} + 1{,}08 \cdot d} \tag{7.3}$$

d Holzdicke [mm]

d_{st} Dicke der Stapellatten [mm]

1,08 Koeffizient für den Holzschwund

Das Holzvolumen in einem üblichen Stapel ($B_{st} = 1{,}2$ m und $H_{st} = 1$ m) von 4 m langen und 48 mm dicken Fichtenbrettern beträgt:

$$V_{st} = 4 \cdot 1{,}2 \cdot 1 \cdot f_{st}\ [\mathrm{m}^3] \tag{7.4}$$

wobei:

$$f_{st} = 0{,}85 \cdot 0{,}8 \cdot f_H \tag{7.5}$$

wobei:

$f_B = 0{,}8$ weil Nadelhölzer besäumt getrocknet werden und

$$f_H = \frac{d}{d_{st} + 1{,}08 \cdot d} = \frac{48}{20 + 1{,}08 \cdot 48} = 0{,}67 \tag{7.6}$$

Somit:

$f_{st} = 0{,}45$ und $V_{st} = 2{,}16$ m^3 (viel kleiner als das Volumen des Parallelepipeds: 4,8 m^3).

7.2 Anlegen der Holzfeuchte-Messstellen

Die Holzfeuchte dient als Referenzparameter bei der Frischluft-/Abluft-Trocknung. Daher muss sie kontinuierlich gemessen werden. Alle schon in Abschnitt 2.1.3 erwähnten Messmethoden können eingesetzt werden, aber die resistive Messmethode wird meistens bevorzugt, auch wenn ihre Genauigkeit begrenzt ist, vor allem bei Holzfeuchten über dem Fasersättigungsbereich.

Eine Messstelle besteht aus zwei Elektroden (Bild 7.9). Diese werden in einem Abstand von mindestens 50 cm vom Brettende und in einem Abstand von etwa 30 mm voneinander quer zur Faser auf die Holzoberfläche (nicht auf die Kante) in vorgebohrten Löchern eingeschlagen (Bild 7.10). Das Anbringen der Elektroden an der Unterseite des Brettes kann vorteilhaft sein, um die Ansammlung von Wasser im Messloch zu vermeiden.

Die Eindringtiefe sollte 1/3 – 1/2 der Brettdicke betragen. Die Elektroden müssen durch Reibung (nicht locker) in die Löcher eindringen. Elektroden mit silikon-isoliertem Mantel sind zu bevorzugen.

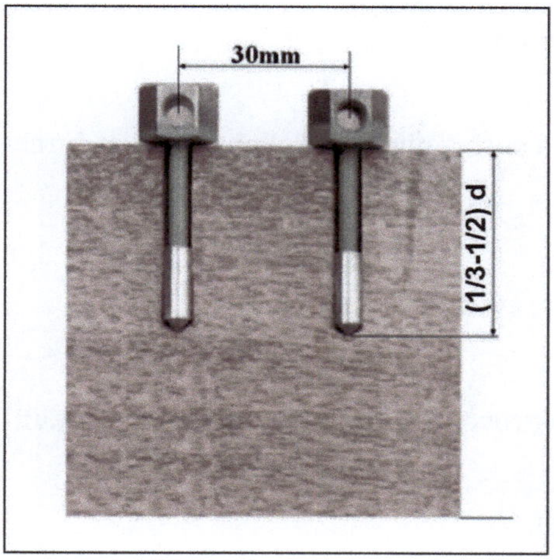

Bild 7.9
Elektroden zur Messung der Holzfeuchte während der Trocknung (Quelle: [1])

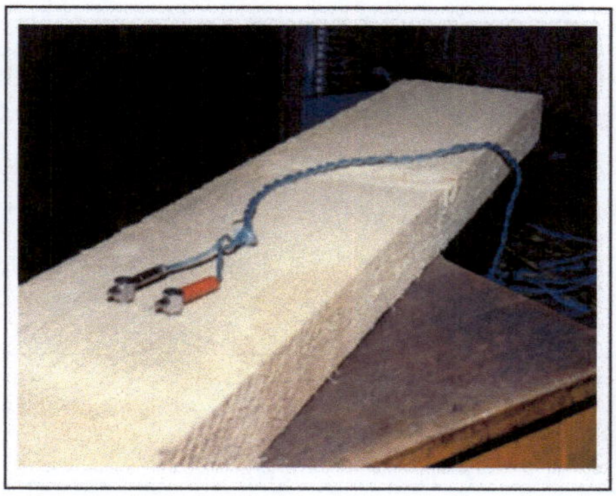

Bild 7.10
Resistive Messung der Holzfeuchte während der Trocknung

Die gemessenen Werte müssen repräsentativ für die ganze Charge sein. Daher ist es äußerst wichtig, wie viele Messstellen eingesetzt werden und wie man diese im Stapel positioniert. Als erste Regel gilt, die längsten und nassesten Bretter für die Einbringung der Elektroden auszuwählen.

Die Anzahl der Messstellen sollte so hoch wie möglich sein. Mindestens vier Messstellen sind notwendig, um einen zuverlässigen Mittelwert zu erhalten. Die Messstellen sollten im Trockengut verteilt werden, vorzugsweise in jene Positionen, von denen die Holzfeuchte am schwersten entweicht, z. B. in der Mitte des Stapels, im unteren Drittel der Stapelhöhe, auf der Luftaustritt-Seite usw.

Der Anschluss der Elektroden zur Steuer- und Regelungsanlage erfolgt über Spezialkabel nach der Einführung der Stapel in die Trocknungsanlage.

7.3 Vorbereitung der Trockenanlage

Vor der Beschickung der Trockenkammer sind noch einige Kontrolloperationen durchzuführen wie zum Beispiel:

- ob die Türdichtung ganz ist;
- Sprühvorrichtung auf Kalkansätze prüfen; eventuell, Düsen auswechseln;
- Ventilatoren-Zentrierung prüfen;
- normale Öffnung und Schließung der Elektroventile und der Klappen in den Luftschächten überprüfen;
- Messkabel auf Bruchfreiheit kontrollieren;
- hygroskopisches Plättchen des Ugl-Sensors auswechseln.

Bei der Beschickung des Trockners ist darauf zu achten, dass der Raum möglichst vollständig ausgefüllt wird. Zwischen dem obersten Stapel und der Zwischendecke sollte der maximale Abstand 10 cm betragen, sonst bevorzugt der Luftweg den leeren Zwischenraum und strömt am Stapel vorbei, wodurch die Trocknung deutlich verlangsamt wird. Eventuell vorhandene Zwischenräume sollten mit einer Kautschuk-Leinwand oder einer gelenkigen Metallplatte abgeblendet werden (Bild 7.11), damit die Luft nicht an den Stapeln vorbei strömt.

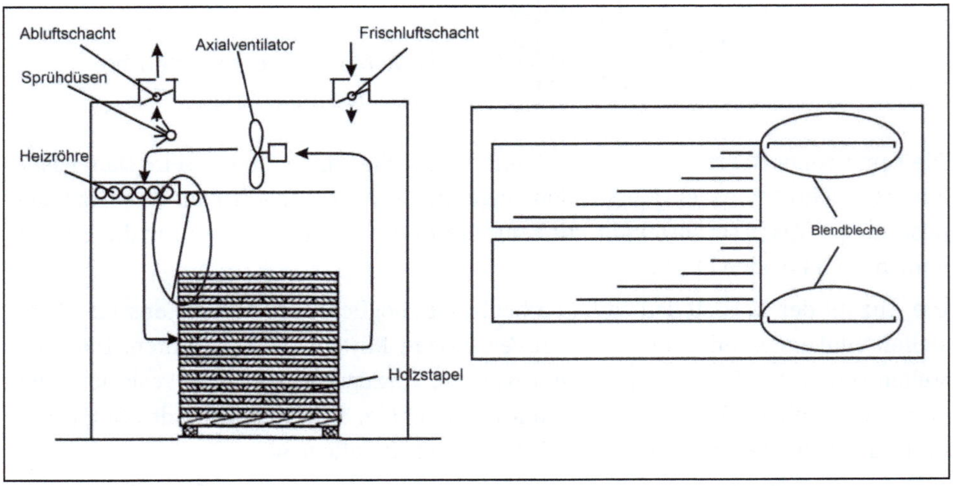

Bild 7.11 Abblendung der leeren Zwischenräume im Trockner (Quelle: [4])

7.4 Erstellung/Überprüfung des Trocknungsplanes

Da heutzutage in den meisten Fällen der Trocknungsprozess vom Computer gesteuert wird, ist der Trocknungsplan von der Software des Steuerungssystems vorgegeben. Der Bediener der Anlage muss nur die Anfangsdaten der Charge eingeben: Holzart, Dicke und gewünschte Endfeuchte. Sobald diese eingegeben sind, wählt die Software das passende Trocknungsprogramm aus ihrer Datei. Der Bediener sollte den vorgesehenen Trocknungsplan abfragen und visualisieren, um ihn zu überprüfen. Dazu sollten die Empfehlungen, die in Abschnitt 4.2 erläutert wurden, berücksichtigt werden. Diese entsprechen milden Trocknungsbedingungen, die auf jeden Fall bei der ersten Trocknung eingehalten werden sollten.

Im Falle einer erfolgreichen Trocknung kann eine Verschärfung der Trocknungsbedingungen vorgenommen werden, um die Trocknungsdauer zu verkürzen. Die Änderung der vorgegebenen Trocknungspläne sollte aber vorsichtig (± 1 – 2 °C oder ± 1 – 2 % U_{gl}) und treppenweise vorgenommen werden, d. h. auf keinen Fall gleichzeitig Temperatur erhöhen und Luftfeuchte senken.

7.5 Steuerung und Regelung

Die Steuerung des Trocknungsprozesses umfasst die kontinuierliche Messung der Hauptparameter (t und U_{gl}), den Vergleich mit den Werten, die im Trocknungsplan vorgesehen sind, und die entsprechende Regelung der zu regelnden Größen. Bei diesem Vorgang wird der Wert der zu regelnden Größe (Ist-Wert) fortwährend erfasst und mit dem Soll-Wert verglichen. Bei Abweichungen wird der Befehl ausgelöst, der zur Änderung der zu regelnden Größe führt.

Bei der Holztrocknung dient die Holzfeuchte als Führungsgröße und muss daher fortlaufend gemessen werden.

Die Lufttemperatur und die Luftfeuchte sind die zu regelnden Größen. Entsprechend gibt es bei der Trocknung zwei Regelkreise:

- der Temperaturregelkreis;
- der Luftfeuchtigkeitsregelkreis.

Um eine ordnungsgemäße Regelung vorzunehmen, muss die Anlage einerseits mit Elementen zur Messung der Ist-Werte der Luftparameter im Trockner und andererseits mit Stellgliedern zur Änderung dieser Parameter ausgestattet sein.

Temperaturregelkreis. Die Messung der Ist-Temperatur im Trockner erfolgt mithilfe eines thermoresistiven Sensors (z. B. Pt100) (Bild 7.12).

Das Stellglied für die Regelung der Temperatur ist ein Elektroventil (Bild 7.13), das die Zufuhr des Heizmittels im Heizkörper zulässt oder stoppt.

Die Temperaturregelung basiert auf dem Vergleich der gemessenen Temperatur mit dem vorgeschriebenen Wert:

- wenn die beiden Werte gleich sind, bleibt das Elektroventil in der momentanen Position;
- wenn der Ist-Wert < Soll-Wert, öffnet das Elektroventil, um die Lufttemperatur im Trockner zu steigern;
- wenn der Ist-Wert > Soll-Wert, schließt das Elektroventil.

Die modernen Regelungssysteme ermöglichen mithilfe von Proportionalreglern ein stufenloses Öffnen/Schließen des Elektroventils und erreichen so eine „feinere" Regelung als bei Reglern mit zwei Stellungen.

Luftfeuchtigkeitsregelkreis. Die Messung der Ist-Luftfeuchte im Trockner erfolgt meistens mithilfe eines Sensors mit hygroskopischem Plättchen aus Furnier oder Zellulose (Bild 7.12). Es gibt auch die Möglichkeit, statt der Gleichgewichtsfeuchte (U_{gl}) die relative Luftfeuchte (φ) zu messen und zu regeln. In diesem Fall wird das Psychrometer (siehe Abschnitt 2.2.2.4) als Messelement eingesetzt.

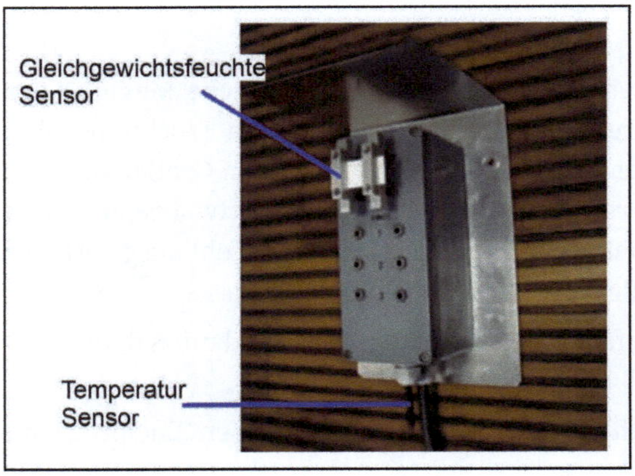

Bild 7.12
Messung der Temperatur und der Gleichgewichtsfeuchte bei der Holztrocknung

Für die Regelung der Luftfeuchte sind zwei Stellglieder notwendig: einerseits ein Elektroventil auf dem Sprührohr des Trockners (Bild 7.13) und zweitens die Motoren, die die Frischluft-/Abluft-Klappen öffnen und schließen (Bild 7.14). Die beiden Stellglieder funktionieren immer im Gegentakt: Wenn eines öffnet, muss das andere geschlossen sein.

Die Luftfeuchtigkeitsregelung basiert auf dem Vergleich der gemessenen Luftfeuchte mit dem vorgeschriebenen Wert:

- wenn die beiden Werte gleich sind, bleiben beide Stellglieder in der momentanen Position;

- wenn der Ist-Wert < Soll-Wert, werden zuerst die Luftklappen geschlossen und dann wird das Sprühventil geöffnet;
- wenn der Ist-Wert > Soll-Wert, schließt das Sprühventil und die Klappen werden geöffnet. In der gemäßigten Klimazone sinkt die Luftfeuchte im Trockner durch die Aufnahme frischer Luft aus der Außenatmosphäre.

Bild 7.13 Elektroventile zur Regelung der Temperatur und Luftfeuchte bei der Holztrocknung

Bild 7.14 Antriebsmotor der Frischluft-/Abluftklappen zur Regelung (Senkung) der Luftfeuchte bei der Holztrocknung

Gegenseitiger Einfluss der beiden Regelkreise. Es ist zu beachten, dass zwischen den beiden Luftparametern eine enge Abhängigkeit besteht, sodass die beiden Regelkreise nicht nur einzeln betrachtet werden sollten, sondern auch, was ihren gegenseitigen Einfluss anbelangt.

Zum Beispiel sollte man beachten, dass durch eine Erhöhung der Temperatur die Luftfeuchte sofort abnimmt. Deshalb muss insbesondere während der Aufheizphase und bei der Trocknung über den Fasersättigungspunkt, wenn das Erreichen einer hohen Luftfeuchtigkeit eine sehr wichtige Rolle spielt, die Erhöhung der Temperatur nur in kleinen Schritten erfolgen, sodass die Luftfeuchte nachkommen kann.

Es ist auch zu berücksichtigen, dass es je nach dem zur Befeuchtung verwendeten Sprühmittel bei der Befeuchtung auch die Temperatur leicht geändert werden kann. Beispielsweise wird bei der Befeuchtung mit Wasserdampf die Lufttemperatur leicht erhöht, während bei der Befeuchtung mit kaltem Wasser es zu einer Abkühlung der Luft kommen kann. Dieser Effekt sollte bei der Temperatureinstellung während der Konditionierphase berücksichtigt werden.

Regelung der Luftgeschwindigkeit. Außer den beiden Hauptparametern bieten die Trockenanlagen heutzutage auch die Möglichkeit, die Luftgeschwindigkeit anzupassen, um Strom zu sparen. Eine kontinuierliche oder Stufen-Regelung der Drehzahl ist möglich. Die kontinuierliche Drehzahlregelung im Intervall 1430 – 760 rpm (von 100 % bis auf 68 %) (Variante I in Tabelle 7.3) führt zu einer Einsparung von etwa 50 % des elektrischen Energieverbrauchs, aber auch zu einer Trockenzeitverlängerung von bis zu 21 % bei der Trocknung von Nadelholz und bis zu 13 % bei der Trocknung von Hartholz. Die stufenförmige Regelung (Variante II in Tabelle 7.3) hat eine viel kleinere Zeitverlängerung zur Folge und trotzdem eine Energieeinsparung von etwa 40 %.

Tabelle 7.3 Einfluss der Drehzahlregelung auf die Dauer und den elektrischen Energieverbrauch bei der Holztrocknung [5]

Var	Drehzahl* [rpm]	Holzfeuchte [%]	Dauer [h]	Verbrauch elek. Energie [kWh/Ventilator mit P = 3 kW]		
Fichte, 25 mm		**Anfangsfeuchte 80 %, Endfeuchte 12 %**				
I	1430 – 980	80 – 35	25	40,5	–	–
II	1430		22	–	63,8	–
III	1430		22	–	–	63,8
I	980 – 760	35 – 20	18	15,4	–	–
II	980		16	–	15,2	–
III	1430		14	–	–	40,6

Var	Drehzahl* [rpm]	Holzfeuchte [%]	Dauer [h]	Verbrauch elek. Energie [kWh/Ventilator mit P = 3 kW]		
I	760	20 – 12	15	9,5	–	–
II	760		15	–	7,5	–
III	1430		12	–	–	34,8
I	Gesamt Var I	58	65,4	–	–	
II	Gesamt Var II	53	–	86,5	–	
III	Gesamt Var III	48	–	–	139,2	
I	Änderung im Vergleich zu Variante III	21 %	53 %	–	–	
II		10 %	–	39 %	–	
Eiche, 40 mm		**Anfangsfeuchte 60 %, Endfeuchte 10 %**				
I	1430 – 980	60 – 35	205	439	–	–
II	1430		182	–	546	–
III	1430		182	–	–	546
I	980 – 760	35 – 20	160	147	–	–
II	980		150	–	150	–
III	1430		138	–	–	474
I	760	20 – 10	165	114	–	–
II	760		165	–	90	–
III	1430		148	–	–	444
I	Gesamt Var I	530	700	–	–	
II	Gesamt Var II	470	–	786	–	
III	Gesamt Var III	468	–	–	1404	
I	Änderung im Vergleich zu Variante III	13 %	50 %	–	–	
II		0,4 %	–	44 %	–	

* Variante I = kontinuierliche Drehzahlregelung von 1430 rpm auf 760 rpm
Variante II = Stufen-Drehzahlregelung: 1430/980/760 rpm
Variante III = ohne Drehzahlregelung (konstante Drehzahl: 1430 rpm)

Es steht fest, dass während der Aufheizphase keine Trocknung erfolgt, sodass wenig Wasser aus dem Holz entfernt wird und die Luftgeschwindigkeit kann niedriger sein. Allerdings kann das den Pilzbefall begünstigen.

Sobald die Trocknung beginnt, wird hingegen die Rolle der Luftgeschwindigkeit essenziell, um das aus dem Holz entfernte freie Wasser möglichst rasch vom Stapel wegzuführen. In dieser Phase ist die maximale Drehzahl der Ventilatoren erforderlich.

Mit fortschreitender Trocknung und immer geringer werdender Wassermenge, die pro Zeiteinheit entfernt werden muss, nimmt die Rolle der Luftgeschwindigkeit wieder ab. Dem liegt die Theorie zugrunde, dass während der Entfernung des gebundenen Wassers bis zum Ende der Trocknung und während der Aufheizphase die Geschwindigkeit reduziert werden kann (z. B. 760 rpm statt 1430 rpm). Betrachtet man jedoch die andere Rolle der Geschwindigkeit, nämlich die Gewährleistung des Wärmeaustauschs zwischen der Umgebung und dem Holz, ist es fraglich, ob die durch die Reduzierung der Geschwindigkeit erzielte Wirtschaftlichkeit den durch die Verlängerung der Trocknungszeit verursachten Kostenanstieg ausgleicht.

Im Gegensatz zu den beiden anderen Luftparametern erfolgt die Geschwindigkeitsregelung nicht durch den Vergleich eines gemessenen Werts mit dem vorgeschriebenen Wert, sondern durch die einfache Zuweisung (per Programmierung) eines bestimmten Prozentsatzes der maximalen Geschwindigkeit zu jeder Phase des Trocknungsprozesses. In Tabelle 7.4 wird ein Beispiel vorgestellt.

Tabelle 7.4 Beispielplan für die Drehzahlregelung bei der Holztrocknung

Phase	Ventilatorendrehzahl (als Prozentsatz vom maximalen Wert)
Aufheizphase	70 – 77 %
Trocknung im Bereich über der Grenzfeuchte	100 %
Trocknung im Bereich unter der Grenzfeuchte	80 – 74 %
Konditionieren	58 %
Abkühlen	5 %

Für diese Art von Regelung ist kein Messelement notwendig. Die eigentliche Drehzahländerung erfolgt mithilfe des Frequenzumrichters, der im Elektromotor jedes Ventilators integriert ist.

Steuerungssysteme. Derzeit erfolgt die Führung des Trocknungsprozesses in den meisten Unternehmen automatisch mithilfe eines Computers. Vollautomatische Systeme können den gesamten Trocknungsprozess selbstständig steuern, sodass nach der Eingabe der Ausgangsdaten (Holzart, Dicke, gewünschte Endfeuchte) ein Eingreifen des Bedieners nicht mehr erforderlich ist. Trotz des fortgeschrittenen Automatisierungsgrades hat die Praxis gezeigt, dass die Erfahrung des Bedieners für die Optimierung des Prozesses (Zusammenhang zwischen Qualität und Kosten der Trocknung) unabdingbar ist.

Ein automatisiertes System zur Steuerung des Trocknungsprozesses umfasst im Allgemeinen die folgenden Komponenten:

- Zentraleinheit;
- Schaltschrank;
- Signalverstärker;
- Messelemente;
- Stellglieder.

Die Platzierung der einzelnen Komponenten relativ zur Trocknungsanlage und die Verbindungen zwischen ihnen sind in Bild 7.15 veranschaulicht.

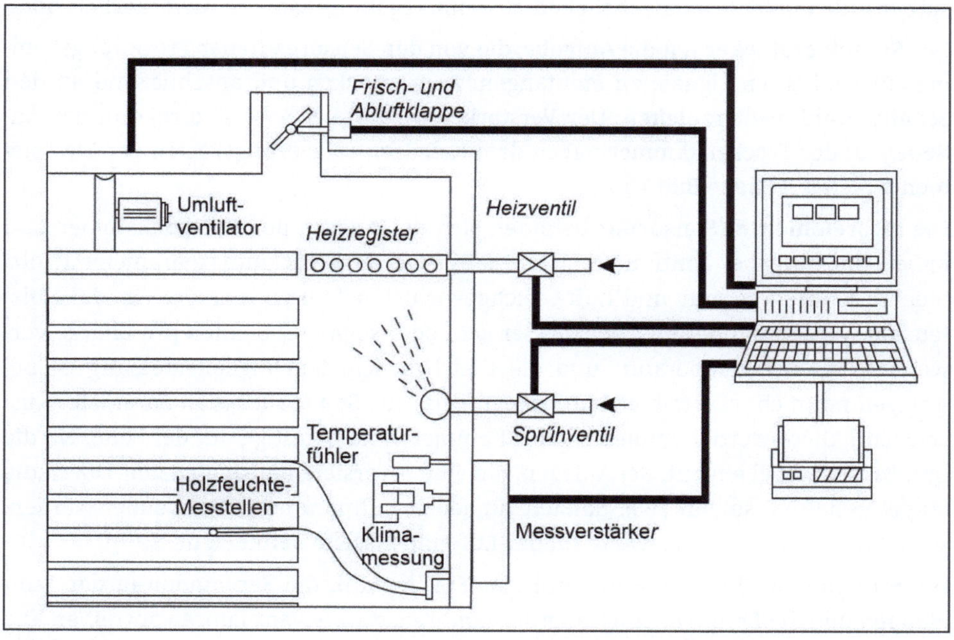

Bild 7.15 Schema eines automatischen Steuerungssystems (in Anlehnung an [2])

Die **Zentraleinheit** ist das Element, das die Zentralisierung der Trocknungsdaten und die Fernverwaltung des Prozesses von mehreren Anlagen simultan ermöglicht. Somit kann eine Zentraleinheit mehrere Trockner (in der Regel bis zu 16) bedienen. Die Zentraleinheit ist kein zwingender Bestandteil der Steuerung, da ihre Funktionen individuell für jeden Trockner vom Schaltschrank aus gewährleistet werden können. Die Anschaffung einer Zentraleinheit gilt als wirtschaftlich sinnvoll, wenn das Unternehmen über eine Anzahl von mindestens drei Trockenanlagen verfügt.

Der **Schaltschrank** ist die Grundkomponente des Steuerungssystems. Für jede Trocknungsanlage ist ein Schaltschrank erforderlich. Er muss in einem Raum in unmittelbarer Nähe des Trockners platziert werden. In der Regel ist der Schaltschrank mit einem Monitor (manchmal Touchscreen-Typ) ausgestattet, über den der Bediener die Anfangsdaten der Charge eingibt und über den er jederzeit den vorgesehenen Trocknungsplan, die gemessenen Werte oder den jeweiligen Status der Regelelemente abrufen kann.

Das in moderne Systeme eingebaute Mikroprozessorsystem ermöglicht die Festlegung des Trocknungsplanes, bestimmt den Zeitpunkt, wann der Übergang von einer Phase zu einer anderen vorgenommen werden soll u. a. Bei einigen Systemen ist es außerdem möglich, den Energieverbrauch zu messen, Trocknungsdiagramme („Archiv") zu speichern usw.

Gleichzeitig erhält der Schaltschrank Informationen über die von den Sensoren im Raum gemessenen Werte der Luftparameter und der Holzfeuchte und gibt die entsprechenden Befehle an die Stellglieder, wenn Regelungsvorgänge erforderlich sind.

Der **Signalverstärker** hat die Aufgabe, die von den Sensoren in der Trocknungskammer übermittelten Signale zu empfangen, zu verstärken und anschließend an den Schaltschrank weiterzuleiten. Der Verstärker wird üblicherweise direkt an der Außenwand der Trockenkammer neben dem Kabelzentralisierungskasten der Messelemente platziert (siehe Bild 7.15).

Die **Messelemente (Sensoren)** befinden sich im Inneren der Trockenkammer und haben die Aufgabe, kontinuierlich die Ist-Werte der Trocknungsparameter (Holzfeuchte, Lufttemperatur und Luft-Gleichgewichtsfeuchte) zu messen. Für die Holzfeuchte werden mindestens vier (besser acht oder sogar 16) Sonden pro Charge verwendet. Für die Temperatur- und die Gleichgewichtsfeuchtigkeitsmessung ist bei Anlagen mit nicht reversibler Luftbewegung je eine Sonde für jeden Parameter ausreichend. Diese werden immer auf der Kammerwand befestigt, auf der Seite, wo die Luft in den Stapel eintritt. Bei Anlagen, die eine reversible Luftumwälzung durch die Stapel gestatten, sollten zwei Sonden für jeden Luftparameter verwendet werden, sodass das Paar, das sich jeweils auf der Lufteintrittsseite befindet, misst.

Die **Stellglieder** sind das Heizventil, das Sprühventil, die Servomotoren der Luftklappen und die Frequenzumrichter der Motoren, die die Ventilatoren antreiben. Die Stellglieder erhalten Befehle vom Schaltschrank und haben die Aufgabe, die Luftparameter so anzupassen, dass sie die im Trocknungsplan vorgesehenen Werte erreichen.

Automatische Systeme zur Steuerung des Trocknungsprozesses bieten Sicherheit und Komfort beim Betrieb von Trocknungsanlagen. In diesem Fall beschränkt sich die Rolle des Bedieners auf die Eingabe der Ausgangsdaten. Eine regelmäßige Überwachung (tägliche Ablesungen) ist trotzdem empfohlen, um mögliche Schadensituationen, die während des Prozesses auftreten können, z. B. Blockierung eines Elektroventils usw., rechtzeitig zu beheben.

7.6 Trocknungsprotokoll und Trocknungsdiagramm

Das Dokument, das bescheinigt, wie die Trocknung einer Charge verlaufen ist, kann tabellarisch (als Trocknungsprotokoll – siehe Tabelle 7.5) oder grafisch, als Trocknungsdiagramm (siehe Beispiel in Bild 7.16) dargestellt werden. Unter beiden Formen zeigt es den zeitlichen Verlauf aller Trocknungsparameter (Holzfeuchte, Lufttemperatur, Luftfeuchte) über die Gesamtdauer des Trocknungsprozesses.

Das **Trocknungsprotokoll** (Tabelle 7.5) wird meistens von Hand basierend auf täglichen Messwerten erstellt. Es ermöglicht die Überprüfung der Trocknungsparameter während des Prozesses, nicht nur am Ende (wie im Fall des Trocknungsdiagramms), sodass, falls Probleme auftauchen, diese rechtzeitig erkannt und gelöst werden können. Außerdem ist es nicht besonders nützlich, wenn das Steuerungssystem nicht mit einem Drucker vorgesehen ist und auch keine Speicherungsfunktion für das Trocknungsdiagramm hat. In solchen Fällen können die Trocknungsdiagramme beendeter Chargen verlorengehen. Handgeschriebene Trocknungsprotokolle helfen dabei, ein Archiv der getrockneten Chargen sicherzustellen.

Tabelle 7.5 Trocknungsprotokoll

Kunde:							Holzart:			
Auftragsnummer:							Dimensionen:			
Chargen-Nummer:							Holzdicke:			
Datum	Zeit	Holzfeuchte					Temperatur		Ugl	
		M1	M2	M3	M4	…	Durchschnitt	Ist	Soll	Ist	Soll

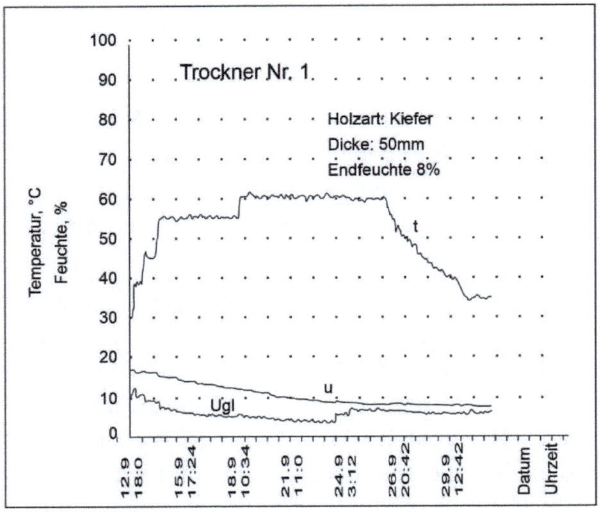

Bild 7.16 Trocknungsdiagramm: t = Temperatur; u = Holzfeuchte; U_{gl} = Gleichgewichtsfeuchte (Quelle: [6])

Die am häufigsten auftretenden Probleme, die anhand der beiden Instrumente (Trocknungsprotokoll und Trocknungsdiagramm) ermittelt werden können, sind in Tabelle 7.6 aufgeführt.

Tabelle 7.6 Probleme, die aus dem Trocknungsprotokoll erkannt werden können und deren Ursachen

Probleme	Mögliche Ursachen
Die vorgesehene Lufttemperatur wurde nicht erreicht	▪ unzureichende Kesselkapazität ▪ unzureichende Dimensionierung des Heizkörpers ▪ Fehlfunktion des Heizventils ▪ schmutzige, verrostete Heizregister ▪ Undichtigkeiten (insbesondere an den Türen)
Die vorgesehene Luftfeuchtigkeit wurde nicht erreicht	▪ fehlerhafte Funktion des Sprühventils ▪ Verkalkung der Sprühdüsen ▪ falscher Druck des Sprühmittels (zu hoch bei Verwendung von Dampf oder zu niedrig bei Verwendung von kaltem Wasser – es entsteht kein „Nebel“)
Die Luftfeuchtigkeit sinkt nicht schnell genug	▪ Fehlfunktion der Luftklappen ▪ unzureichende Dimensionierung der Luftschächte

Nachdem der Trocknungsprozess beendet ist, werden die Stapel ausgefahren und in einem geschlossenen, klimatisierten Raum für mindestens zwei Tage bei Nadelholz und mindestens sieben Tage bei Hartholz gelagert, um komplett abzukühlen und die Trocknungsspannungen abzubauen. Auf keinen Fall ist die Weiterbearbeitung oder Folienverpackung des Holzes gestattet, solange es noch warm ist.

7.7 Qualitätskontrolle: Trocknungsfehler

Eine Optimierung des Trocknungsprozesses ist nicht möglich, ohne die wichtigsten Trocknungsfehler und insbesondere deren Ursachen zu kennen.

Jede durch den Trocknungsprozess bedingte Verschlechterung der Materialqualität wird als Trocknungsfehler bezeichnet. Bei der Beurteilung von Trocknungsfehlern muss jedoch klar abgegrenzt werden zwischen:

- unvermeidliche Mängel, die durch die spezifischen Eigenschaften von Holz als nicht homogenem und anisotropem Material verursacht werden;
- eigentliche Trocknungsfehler, die durch die Nichteinhaltung prozessspezifischer Faktoren verursacht werden.

Als unvermeidbare Trocknungsfehler gelten:

- Fehler, die durch bestimmte strukturelle Anomalien des Holzes verursacht werden wie Äste, schräge Fasern, Drehwuchs, Reaktionsholz usw.;
- Fehler, die durch das ungleichmäßige Schwinden von Holz entlang der drei Strukturrichtungen verursacht werden (Annahme, dass die Stapelung einwandfrei durchgeführt wurde);
- Fehler, die durch biologische Faktoren (Insekten, Pilze) und atmosphärische Faktoren (Wind, Sonneneinstrahlung) während der Lagerung des Materials vor dem Trocknen verursacht wurden.

Um diese Mängel hervorzuheben, ist es notwendig, die Qualität des Materials vor dem Trocknen zu überprüfen und die Fehler (vor allem Risse) mit Kreide auf das Holz vor der Trocknung zu markieren, da man sie sonst nicht von den von der Trocknung bedingten Fehlern unterscheiden kann.

Die Ursachen (Bild 7.17) der eigentlichen Trocknungsfehler (Tabelle 7.7) sind in der Nichteinhaltung der technologischen Regeln während des gesamten Prozesses zu finden, z. B.:

- zu lange Aufbewahrung des Holzes im Freien; diese befördert Verschalung, Pilz- und Insektenbefall;
- Nichteinhaltung der Stapelungsregeln; diese führt zu Verformungen und ungleichmäßiger Endfeuchte;
- Anwendung eines ungeeigneten Trocknungsplanes; diese führt meistens zur Rissbildung und manchmal zu Verfärbungen;
- Fehlbedienung der Mess- und/oder Stellglieder; diese führt zur Nichteinhaltung des Trockenplans und meistens zur Verlängerung der Trockenzeit;

- fehlerhafte Konstruktion oder unsachgemäße Wartung der Trocknungsanlage; diese kann zu einer ungleichmäßigen Verteilung der Luftparameter, Wärmeverluste, oder zur Bildung von Kondensat führen;
- Aufbewahrung des Holzes unter unzureichenden Bedingungen nach der Trocknung; diese führt zu einer unerwünschten Änderung, meistens eine Zunahme der Holzfeuchte.

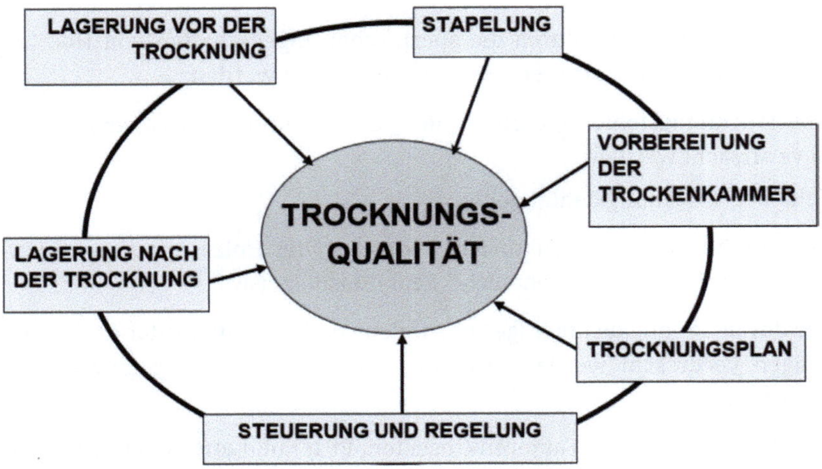

Bild 7.17 Faktoren, die die Trocknungsqualität beeinflussen

Die **Qualitätskontrolle** wird während der Entstapelung durchgeführt. Grundsätzlich gilt die europäische Norm EN 14298 [7] für die Ermittlung der Trocknungsqualität. Laut dieser Norm müssen die Genauigkeit und Streuung der Endfeuchte und eventuell die Verschalung geprüft werden. Auch wenn die Norm es nicht aufzwingt, ist eine visuelle Prüfung der Bretter als Basis der Prozessoptimierung auch empfehlenswert, um den Anteil und die Schwere der eventuellen Risse, Verformungen und Verfärbungen bestimmen zu können.

Tabelle 7.7 Eigentliche Trocknungsfehler – Ursachen, Vorbeugungsmöglichkeiten und ggf. Maßnahmen zur Behebung.

Trocknungsfehler	Ursachen	Maßnahmen zur Vorbeugung	Maßnahmen zur Behebung
1. Ungleichmäßige Endfeuchte	Ungleichmäßige oder zu kleine Luftgeschwindigkeit	Messung der Luftgeschwindigkeit an verschiedenen Stellen im Trockner Abblendung der leeren Zwischenräume nachprüfen	Längere Konditionierung
	Ungleichmäßig verteilte Temperatur	Heizrohre wegen Schmutzablagerungen oder Beschädigungen nachprüfen. Temperaturmessungen entlang des Heizregisters, um eventuelle Verstopfungen zu erkennen	
	Ungleichmäßig verteilte Luftfeuchte	Sprührohre wegen Verkalkung nachprüfen. Eventuelle Kondensatbildung an der Zwischendecke oder an den Lüfteröffnungen nachprüfen	
	Zu viele Stapel in Luftrichtung	Trockner mit weniger als vier Stapeln in Trocknerbreite kaufen	Stärkere Ventilatoren einbauen
2. Verschalung	Lange Aufbewahrung des Holzes im Freien Zu scharfe Trocknungsbedingungen (zu niedrige Luftfeuchte) in der Aufheizphase und am Anfang der Trocknung	Hohe Luftfeuchte (U_{gl} = 18 % oder φ = 90 %) in der Aufheizphase	Befeuchtung (wirkt nur wenn der Fehler rechtzeitig erkannt wird, bevor Risse entstehen)
3. Kollaps	Zu scharfe Trocknungsbedingungen (zu hohe Temperatur) am Anfang der Trocknung	Spezieller Trocknungsplan für empfindliche Holzarten	4–8-stündiges Dämpfen bei 100 °C und φ = 100 % (U_{gl} = 19 %) (wirkt nur, wenn der Fehler rechtzeitig erkannt wird)

Tabelle 7.7 Eigentliche Trocknungsfehler – Ursachen, Vorbeugungsmöglichkeiten und ggf. Maßnahmen zur Behebung. *(Fortsetzung)*

Trocknungsfehler	Ursachen	Maßnahmen zur Vorbeugung	Maßnahmen zur Behebung
4.Oberflächenrisse	Interne Spannungen, die am Anfang der Trocknung entstehen, wenn die Holzfeuchte an der Oberfläche schon unter dem Fasersättigungspunkt liegt, während im Inneren noch freies Wasser existiert	Einhaltung des Trocknungsplans am Anfang der eigentlichen Trocknung: gemäßigte Temperatur und hohe Luftfeuchte, bis das Holz die Grenzfeuchte erreicht	Gibt es nicht
5. Innenrisse	Interne Spannungen, gegen Ende der Trocknung	Einhaltung des Trocknungsplans: abwarten, bis die Grenzfeuchte erreicht wird und nur nachher Temperatur steigern und Luftfeuchte senken	Gibt es nicht
6. Endrisse	Höhere Diffusionsgeschwindigkeit des Wassers entlang der Faser Zu hohe Luftgeschwindigkeit	Hirnholz mit Anstrich schützen oder aufgenagelte Schutzleisten oder vor der Hirnfläche überstehende Stapelleisten (vor allem bei über 40 mm dicken Brettern empfohlen)	Gibt es nicht
7. Verformungen	Stapelungsfehler Abwesenheit der Last über dem Stapel.	Stapelungsregeln respektieren Stapelbelastung	Gibt es nicht
8. Bläue	Pilzbefall, vor allem wenn die Anfangsfeuchte sehr hoch ist	Leichtes Dämpfen (2 – 3 Stunden bei 70 – 75 °C), dann das Holz abkühlen lassen und dann den normalen Trocknungsplan anwenden	Oberflächen-Bläue kann durch Hobeln entfernt werden
9. Lattenstreifen	Verwendung feuchter oder schmutziger Latten	Stapellatten bis auf $u \leq 15\,\%$ trocknen Verwendung gefräster Latten (siehe Bild 7.5)	Kann durch Hobeln entfernt werden

Trocknungsfehler	Ursachen	Maßnahmen zur Vorbeugung	Maßnahmen zur Behebung
10. Kondens-flecken	Direkter Kontakt zwischen warmem Holz und kalten Wassertropfen (oder Sprühdampf)	Ausrichtung der Sprühdüsen muss überprüft werden Zwischendecke muss überprüft werden (ob sich dort nicht Kondensat bildet, vor allem im Winter häufig)	Kann durch Hobeln entfernt werden
11. Chemische Verfärbungen	Kontakt zwischen eisenhaltigen Teilen und -gerbstoffhaltigen Holzarten (z. B. Eiche), bei hoher Holzfeuchte Oxidative Reaktion von gerbstoffhaltigen Holzarten bei zu hoher Temperatur (> 30 °C) in der Aufheizphase Oxidative Reaktion von stärkehaltigen Holzarten (z. B. Erle) bei zu niedriger Temperatur (< 45 °C) in der Aufheizphase	Speziell adaptierte Trocknungspläne	Oberflächliche Verfärbungen können durch Hobeln entfernt werden Innere Verfärbungen können nicht mehr behoben werden.

a) Bestimmung der Gleichmäßigkeit der Endfeuchte innerhalb einer Charge ist gemäß EN 14298 das Hauptkriterium zur Beurteilung der Trocknungsqualität. Dieser Fehler bezieht sich auf die Differenz zwischen der Endfeuchte einiger empirisch ausgewählter Bretter aus der jeweiligen Charge und der gezielten Endfeuchte.

Die Stichprobennahme wird durch die ENV 12169 [8] geregelt. Je nach Chargengröße (siehe Tabelle 7.8 und Tabelle 7.9) wird eine bestimmte Anzahl von Brettern aus einer bestimmten Anzahl von Paketen zufällig ausgewählt und deren Durchschnittsfeuchte mittels eines Widerstandsmessgerätes bestimmt.

Zur Abschätzung der Konformität der Charge wird das arithmetische Mittel der einzelnen Durchschnittswerte gebildet und die Anzahl der nicht konformen Werte ermittelt.

Die Charge gilt als konform (Standardqualität), wenn zwei Bedingungen erfüllt sind:

- der durchschnittliche Feuchtegehalt (das arithmetische Mittel der einzelnen Messwerte) liegt innerhalb der in EN 14298 festgelegten Grenzwerte (Tabelle 7.10);
- 93,5 % der einzelnen Feuchtemesswerte müssen konform sein. Als konforme Bretter gelten jene, deren Feuchte im Bereich (0,7 – 1,3) von der gezielten Feuchte liegt.

Tabelle 7.8 Anzahl der zu öffnenden Pakete [8]

Anzahl der Pakete in der Charge	Anzahl der zu öffnenden Pakete
1	1
2 – 5	2
6 – 11	3
≥ 12	4

Tabelle 7.9 Einfache Stichprobenahme gemäß AQL 6,5 [8]

Anzahl der Bretter in der Charge	Anzahl Stichproben	Max. Anzahl nichtkonformer Bretter
100 – 150	20	3
151 – 200	32	5
201 – 500	50	7
501 – 1200	80	10
1201 – 3200	125	14
> 3200	200	21

Tabelle 7.10 Zulässige Bandbreite der Durchschnittsfeuchte einer Charge in Abhängigkeit von der angestrebten Endfeuchte [7]

Angestrebte Endfeuchte [%]	Grenzabweichungen [%]
7 – 9	± 1
10 – 12	± 1,5
13 – 15	± 2
16 – 18	± 2,5

b) Die äußere Verschalung besteht in einer Härtung der Holzoberfläche, die infolge der zu schnellen Wasserentfernung aus der oberflächlichen Schicht des Holzes auftritt (plastische Verformung). Die verschalte Oberfläche wirkt als Barriere für den Wasserentzug aus dem Inneren des Holzes. Dadurch entsteht ein großer Feuchteunterschied zwischen dem Kern und der Oberflächenschicht. Wenn dies nicht rechtzeitig erkannt wird, kann die Ansammlung des Wasserdampfes im Inneren des Holzes zu Innenrissen führen.

Die Bestimmungsmethode (Bild 7.18) ist von ENV 14464 [9] geregelt und besteht darin, ein 15 mm breites Teststück in einem Abstand von mindestens 300 mm vom Ende des Brettes zu schneiden. Dessen Enden werden entfernt, sodass ein Teststück mit den Abmessungen 100 mm × 15 mm × Holzdicke (*d*) entsteht. Dieses wird in der Mitte aufgetrennt. Die beiden resultierenden Hälften werden bei einer Temperatur von 20 °C und einer relativen Luftfeuchtigkeit von 55 % für 24 h bei Nadelhölzern bzw. 48 h bei Harthölzern konditioniert. Dabei biegen sich die beiden Hälften nach innen. Je stärker das Holz verschalt ist, desto größer ist die Krümmung. Der maximale Wert der Öffnung in mm gibt den Verschalungsgrad an.

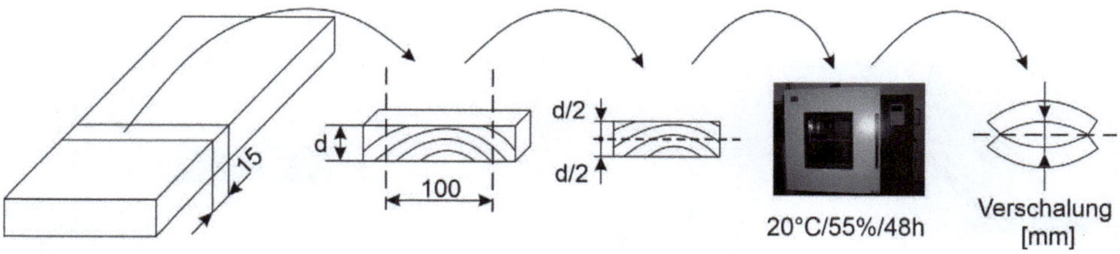

Bild 7.18 Messung der Verschalung

Gemäß EN 14298 [7] ist die Bestimmung der Verschalung optional. Die Bestimmung erfolgt an jedem zweiten Stück der Stichproben, die für die Endfeuchtebestimmung verwendet wurden (d. h. die Hälfte der zu messenden Stichproben gemäß Tabelle 7.9). Die Charge ist konform bezüglich der Verschalung, wenn 80 % der getesteten Teile unter dem zulässigen Grenzwert liegen (meistens 3 mm).

Wie schon in Tabelle 7.7 angegeben, gibt es auch andere Trocknungsfehler, die bei der Qualitätskontrolle aufgesucht werden sollten.

c) Der Zellkollaps ist der schwerwiegendste Trocknungsfehler, aber er kommt nur bei einigen Holzarten vor, z. B. Eukalyptus, Walnuss, Eiche, Aspe, insbesondere wenn das Holz eine hohe Anfangsfeuchtigkeit hat. Dieser Trocknungsfehler besteht im Zusammenbruch der Zellwände des Holzes infolge des Überdruckes, der in den Zellhohlräumen entsteht, wenn man mit zu hoher Temperatur bei hoher Anfangsfeuchte des Holzes trocknet. In diesem Fall verdunstet das freie Wasser schnell und in großen Mengen, ohne dass die Diffusion des entstehenden Dampfes im gleichen Maße erfolgen kann. Der Zellkollaps kann an einem Welligwerden der Oberfläche und der ungleichmäßigen Verringerung der Dicke erkannt werden. Er tritt zu Beginn der Trocknung bei Feuchten über dem Fasersättigungspunkt auf.

Die Bestimmungsmethode besteht darin, die minimale Dicke (d_{min}) und die maximale Dicke (d_{max}) zu messen (Bild 7.19). Die Differenz zwischen den beiden Dimensionen (d_c) gibt Aufschluss über die Schwere dieses Defektes [10]: Wenn $d_c > 5$ mm, ist die Situation kritisch.

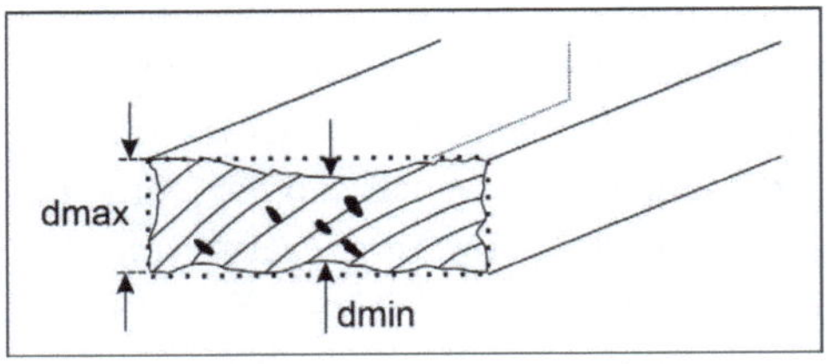

Bild 7.19 Kollaps-Bestimmung (in Anlehnung an [10])

d) Die Risse, die während der Holztrocknung auftauchen können, werden in drei Kategorien untergeteilt (Bild 7.20): **Oberflächenrisse, Endrisse** und **innere Risse**.

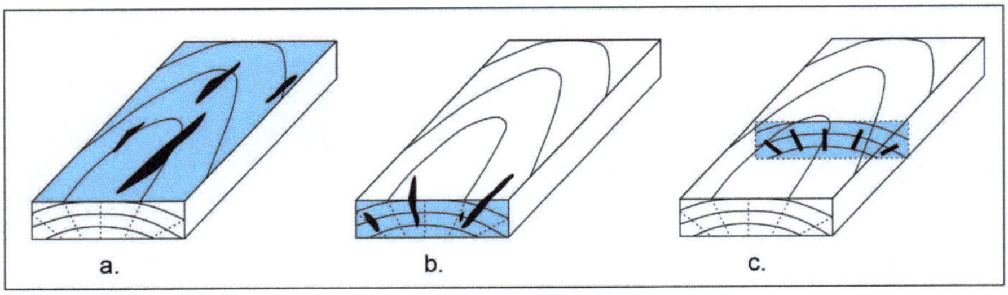

Bild 7.20 Trocknungsrisse: a – Oberflächenrisse; b – Endrisse; c – Innenrisse (in Anlehnung an [11])

Oberflächenrisse (Bild 7.21) – diese Risse entstehen in der ersten Trocknungsphase, wenn die Oberflächenschicht der Holzteile aufgrund einer zu niedrigen relativen Luftfeuchtigkeit zu schnell trocknet. Aufgrund dieses Phänomens neigt die Oberflächenschicht dazu, zu schwinden, wird jedoch durch die inneren, noch sehr feuchten Schichten, die noch nicht schwinden, behindert. Als Folge dieser Behinderung entstehen Trocknungsspannungen in der Oberflächenschicht, und wenn ihr Wert den Zugwiderstand des Holzes senkrecht zu den Fasern übersteigt, entstehen Oberflächenrisse.

Oberflächenrisse treten im Allgemeinen in dicken, breiten Holzteilen auf, die tangential zu den Jahresringen verlaufen [12]. Manchmal setzen sich diese Risse auch an den Kanten fort.

Die Schwere der Oberflächenrisse als Fehler wird durch deren Anzahl und Eindringtiefe bewertet. Die maximale Eindringtiefe wird durch mehrere Hobelgänge mit einer

Dicke von 1 mm ermittelt, bis der abgelöste Span durchgehend bleibt (Bild 7.22). Bei Rissen mit einer Eindringtiefe über 5 mm auf jeder Seite ist Optimierung anfällig.

Bild 7.21 Oberflächenrisse in einem Zerreichen-Brett

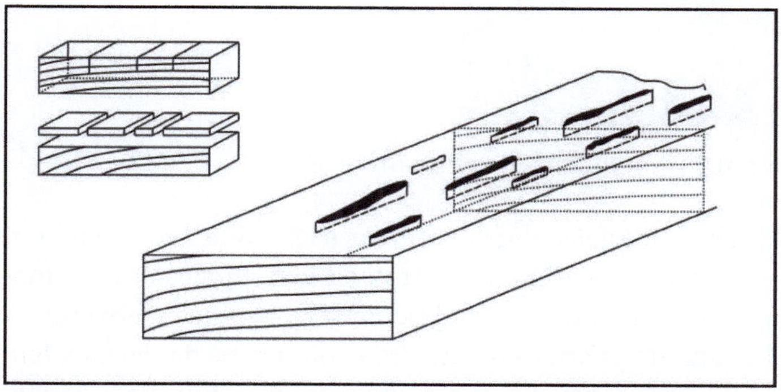

Bild 7.22 Bestimmung der Tiefe der Oberflächenrisse (in Anlehnung an [10])

Endrisse (Bild 7.23) – diese Art von Rissen entsteht an den Enden der Holzteile zu Beginn des Trocknungsprozesses. Endrisse entstehen dadurch, dass die Wasserdiffusionsgeschwindigkeit in Längsrichtung höher ist als senkrecht zu den Fasern. Aufgrund dieser Eigenschaft trocknen die Hirnenden der Bretter schneller als die Mitte und das führt zu Trocknungsspannungen.

Holzteile mit großer Breite und Dicke (> 40 mm) sind anfälliger für Endrisse. Um sie zu vermeiden, wird empfohlen, zu Beginn des Trocknungsprozesses eine hohe relative Luftfeuchte einzusetzen und Hirnanstriche aufzutragen. Um einen wirksamen Schutz zu erhalten, wird empfohlen, den Anstrich schon nach dem Aufteilen des Baumstamms auf die Brettenden aufzutragen, oder sogar direkt auf die Enden des Baumstamms vor dem Aufschnitt [12,13].

Endrisse können sich über die Länge des Holzes erstrecken. Diesem Nachteil kann entgegengewirkt werden, indem die Stapellatten genau unter den Enden der Holzteile platziert werden [12].

Die Schwere der Endrisse als Fehler wird durch deren Anzahl und maximale Länge bewertet. Die maximale Länge des Risses wird durch aufeinanderfolgende Schnitte von je 50 mm vom Ende, bis ein sauberes Ende ohne Risse oder Kratzer erreicht wird, ermittelt. Bei Längen über 200 mm bei mehr als 10 % der Charge ist Optimierung anfällig.

Bild 7.23 Endrisse bei einem 50 mm dicken Zerreiche-Brett

Innenrisse – diese sind an der Oberfläche nicht sichtbar (siehe Bild 7.20 c) und, um sie zu bestimmen, müssen die Holzteile in einem Abstand von mindestens 300 mm vom Ende geschnitten werden. Allerdings wird diese Bewertung normalerweise an Holzteilen mit großer Dicke durchgeführt, wenn der Verschalungstest das Vorhandensein von Innenspannungen ergeben hat. Innenrisse können auch mit einer zerstörungsfreien Methode erkannt werden, die auf der Bestimmung der Schallgeschwindigkeit durch das Holz basiert [13].

Um die Qualität der Trocknung im Hinblick auf innere Risse zu beurteilen, muss der Prozentsatz der Teile ermittelt werden, die diese Art von Fehler aufweisen. Wenn dieser höher ist als 10 % der Charge, ist Optimierung anfällig.

Verformungen – sind selten ein eigentlicher Trocknungsfehler, denn ihre Hauptursache ist die Anisotropie des Holzes. Sie werden als Trocknungsfehler nur dann anerkannt, wenn sie von einer unsachgemäßen Stapelung verursacht wurden (siehe Bild 7.2 und Bild 7.6).

Verfärbungen – wie auch bei den Verformungen werden Verfärbungen nur als Trocknungsfehler angesehen, wenn ein trocknungsprozessbedingter Faktor sie hervorruft. Bild 7.4 und Bild 7.24 bis Bild 7.27 veranschaulichen die Verfärbungen, die am häufigsten sowohl bei der Freilufttrocknung als auch bei der konventionellen Trocknung auftreten.

Bild 7.24
Bläuebefall bei einem Fichtenbrett

Bild 7.25
Kondensflecken

Bild 7.26
Eisen-Gerbstoff-Verfärbungen bei Eichenholz

Bild 7.27
Oxidative rötliche Verfärbung bei Eichenholz

In der Praxis sollte die Qualitätskontrolle der Trocknung unbedingt drei Vorgänge umfassen:

- Sichtprüfung der Teile zur Erkennung von mit bloßem Auge sichtbaren Mängeln (Verfärbung, Oberflächenrisse, Verformungen). Die größtmögliche Effizienz bei der Unterscheidung eigentlicher Trocknungsfehler von Wachstums- oder Lagerfehlern wird erreicht, wenn diese Prüfung auch vor dem Trocknen beim Stapeln durchgeführt wird und die sichtbaren Fehler mit Kreide markiert werden;
- Messungen zur Überprüfung der Endfeuchte an einer Anzahl von Brettern, abhängig von der Größe der Partie, die nach dem Zufallsprinzip ausgewählt werden;
- Schneiden einer Testprobe im Abstand von 300 mm vom Ende entfernt ab, um das mögliche Vorhandensein von inneren Rissen und/oder inneren Verfärbungen zu prüfen.

Bei Bedarf – bei harten Laubholzarten, dicken Sorten mit hoher Anfangsfeuchte usw. – empfiehlt sich zusätzlich die Durchführung des Verschalung-Tests.

Tabelle 7.11 zeigt ein Musterformular, das während der Trocknungsqualitätskontrolle ausgefüllt werden sollte, um die Ergebnisse aufzuzeichnen und somit eine Basis für die Prozessoptimierung zu setzen.

Tabelle 7.11 Prüfprotokoll [6]

Teil Nr.	Prüfkriterien	Vor der Trocknung	Nach der Trocknung
Sichtkontrolle			
	Oberflächenrisse	ja/nein+ Eindringtiefe	ja/nein+ Eindringtiefe
	Hirnrisse	ja/nein+ Länge	ja/nein+ Länge
	Eingefallene Oberfläche (Kollaps)	ja/nein+ d_c	ja/nein+ d_c
	Drehwuchs	ja/nein	ja/nein
	Verwerfungen über die Länge	ja/nein	ja/nein
	Sonstige Verformungen	ja/nein (wenn ja, welche)	ja/nein (wenn ja, welche)
	Verfärbungen	ja/nein (wenn ja, welche)	ja/nein (wenn ja, welche)

Teil Nr.	Prüfkriterien	Vor der Trocknung	Nach der Trocknung
Prüfung			
	Anzahl der Pakete/ Charge		
	Anzahl der geöffneten Pakete		
	Anzahl der Holzteile/ Charge		
	Anzahl der geprüften Stichproben		
	Mittelwert der Endfeuchte, %	–	
	Abweichung des Mittelwertes von der Sollfeuchte, %	–	
	Maximale ±-Abweichung der einzelnen Endfeuchten von der Sollfeuchte, %	–	
	Anzahl der nichtkonformen Holzteile bezüglich der Endfeuchte-Uniformität		
	Maximale Verschalung, mm	–	

Literatur

[1] Campean, M. (2003): *Heat Treatments of Wood*. Verlag der Transilvania Universität, Brasov, Rumänien

[2] Trübswetter, T. (2009): *Holztrocknung. Verfahren zur Trocknung von Schnittholz – Planung von Trocknungsanlagen*. 2. aktualisierte Aufl., Carl Hanser Verlag, München

[3] Frühwald, A.; Ressel, J. (1982): *Holztrocknung. Teil 1. Grundlagen der Holztrocknung*. Universität Hamburg

[4] Câmpean, M. (1997): *Tratamente termice ale lemnului. Uscarea cherestelei* (Die thermische Behandlung des Holzes. Die Schnittholztrocknung, in rumänischer Sprache). Verlag der Transilvania Universität, Brasov, Rumänien

[5] Schmidt, R. D. (1984): *Energie sparen durch veränderbare Luftgeschwindigkeit in Schnittholztrocknern – Sinn oder Unsinn?* Worblingen

[6] Bedelean, B.; Campean, M. (2013): *Tratamente termice ale lemnului. Îndrumar pentru lucrări practice* (Thermische Behandlungen von Holz. Praxisleitfaden, in rumänischer Sprache). Verlag der Transilvania Universität, Brasov, Rumänien

[7] EN 14298 (2001): Schnittholz – Ermittlung der Trocknungsqualität

[8] ENV 12169 (2000): Kriterien zur Konformitätsprüfung eines Loses Schnittholz

[9] ENV 14464 (2003): Schnittholz – Verfahren zur Ermittlung der Verschalung

[10] Welling, J. (1994): *EDG-Recommendation: Assessment of Drying Quality of Timber*

[11] Yin, Q.; Liu, H. H. (2021): *Drying Stress and Strain of Wood: A Review*. In: Applied Sciences, 11(11), 5023. *https://doi.org/10.3390/app11115023*

[12] Ward, J.; Simpson, W. (2001): *Drying Defects*. In: Dry Kiln Operator's Manual. Forest Products Laboratory, Madison

[13] Bergman, R. (2021): *Drying and Control of Moisture Content and Dimensional Changes*. In: Wood Handbook, Kapitel 13, S. 1 – 21. U.S. Department of Agriculture, Forest Service, Forest Products Laboratory

8 Furniertrocknung

8.1 Zielsetzung und Besonderheiten

Furniere sind dünne Holzschichten mit einer Dicke von 0,08 bis 6 mm. Sie werden durch Schälen oder Messern hergestellt. Das Schälen besteht in der rotierenden Bewegung des Holzblockes um die Längsachse (Bild 8.1 a). Das Messer besteht in einer geradlinigen Alternativbewegung eines Flachmessers relativ zum Holzblock (Bild 8.1 b).

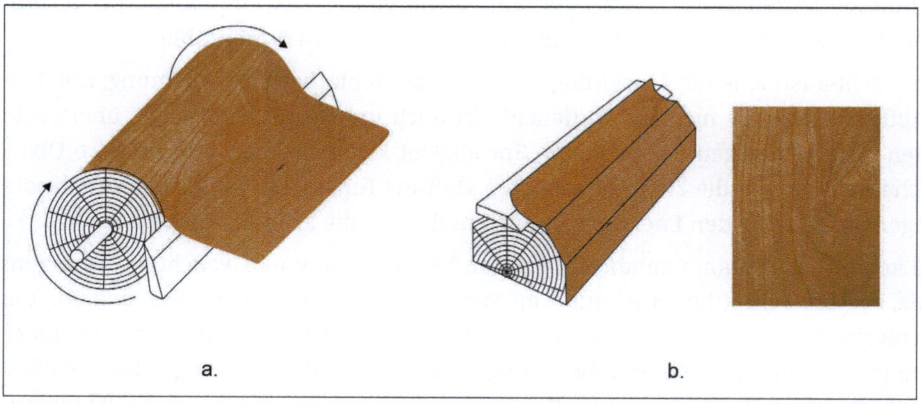

Bild 8.1 Furnierherstellung durch a – Schälen (Schälfurniere); b – Messern (Messerfurniere)

Um das Abtrennen zu erleichtern und eine gute Oberflächenqualität der Furniere zu erhalten, werden die Holzblöcke vor dem Schneiden durch Dämpfen oder Heißwassertränkung wärmebehandelt. Daher ist die Furnierfeuchte gleich nach dem Schneiden hoch, z. B. 80 – 100 % bei Kiefer-Splintholz, 80 – 120 % bei Erle, 70 – 90 % bei Linde, 60 – 90 % bei Birke, 60 – 100 % bei Buche, 60 – 80 % bei Eiche.

Der Zweck der Furniertrocknung besteht darin, ihre Feuchte so schnell wie möglich zu reduzieren, um den Befall durch Pilze (Bläue, Schimmel) zu verhindern sowie bestimmte chemische Reaktionen zu vermeiden, die nur in Gegenwart von freiem Wasser ablaufen und zu unerwünschten Verfärbungen führen.

Die Endfeuchte, die die Furniere nach dem Trocknen erreichen müssen, hängt von ihrem Anwendungsbereich ab und von der Art des verwendeten Klebstoffes. Man unterscheidet zwischen:

- Edelfurniere – diese werden aus hochwertigen, oft auch exotischen Holzarten hergestellt, denn die Ästhetik ist in diesem Fall ausschlaggebend. Sie werden meistens durch Messern hergestellt und sind dünner als die Schälfurniere. Sie werden in der Möbelindustrie als Deckfurniere auf preisgünstigen Trägermaterialien wie Spanplatten und MDF-Platten aufgebracht;
- technische Furniere – diese werden meistens als Schälfurniere aus preisgünstigeren Holzarten gefertigt wie z. B. Nadelholz, Birke, Pappel, Buche, weil in diesem Fall nicht die Ästhetik, sondern die Festigkeit und Stabilität eine viel wichtigere Rolle spielen. Diese Furniere werden, durch Verleimung mehrerer Schichten zur Erzeugung von Sperrholz oder Schichtholz (LVL) verwendet.

Allgemein sollte die Feuchte der getrockneten Furniere unter 7 % betragen [1]. Je nach der Art des Klebstoffes, der für die Weiterverarbeitung verwendet wird, ist für technische Mittellagenfurniere eine Endfeuchte von 5 – 6 % empfohlen, für technische Deckfurniere 6 – 8 %, und für Edelfurniere wird 7 – 14 % empfohlen [2].

Eine nicht-ausreichende Trocknung führt zu einer fehlerhaften Verleimung, z. B. Blasenbildung. Eine zu niedrige Endfeuchte ist auch unerwünscht, weil die übertrockneten Furniere wegen der erhöhten Sprödigkeit leicht brechen und gröbere Oberflächen aufweisen, die zu einer erhöhten Haftung führen [3]. Außerdem erhöht die längere Trocknung den Energieverbrauch und somit die Produktionskosten.

Die komplexen Zusammenhänge zwischen Wärmeleitung und Feuchtetransport im Holz, die die Schnittholztrocknung im Wesentlichen charakterisieren, sind für die Furniertrocknung nur von sekundärer Bedeutung. Die geringere Dicke der Furniere ermöglicht eine schnellere Aufwärmung. Außerdem ist das Gefüge des Furniers durch die herstellungsbedingte Auflockerung (Messerrisse, mechanische Beanspruchung des Holzes zwischen Messer und Druckbalken) für Wasserdampf durchlässiger als beim Schnittholz [4].

Die Trocknung von Furnieren weist Unterschiede im Vergleich zur Schnittholztrocknung auf. Die Ursache besteht im viel größeren Verhältnis zwischen Oberfläche und Rauminhalt (Tabelle 8.1).

Tabelle 8.1 Spezifische Verdunstungsoberfläche bei Furnieren vs. Schnittholz (Quelle: [5])

Holzsortiment	Dicke [mm]	Spezifische Oberfläche [m^2/m^3]
Bretter	30	71
	24	88
	18	115
	12	171
Furniere	3	671
	2,5	804
	2	1004
	1	2004

Daher ist die Trocknungszeit der Furniere viel kürzer und liegt in der Größenordnung von Minuten.

Aufgrund der geringeren Dicke der Furniere ist der Feuchtigkeitsgradient über der Dicke des Materials praktisch nicht mehr vorhanden, sodass in diesem Fall die Trocknung keine inneren Spannungen verursacht. Somit können höhere Trocknungstemperaturen verwendet werden (über 100 °C, häufig 150 – 210 °C).

Die Art der Luftströmung und die Luftgeschwindigkeit spielen eine sehr wichtige Rolle bei der Furniertrocknung. Um die dem Furnier entzogene Feuchtigkeit möglichst schnell aus der Umgebung zu entfernen, ist eine turbulente Strömung mit einer Geschwindigkeit von über 10 m/s erforderlich.

Wegen der geringen Dicke und der Schwundanisotropie neigen die Furniere dazu, sich während der Trocknung zu wellen. Deswegen ist es äußerst wichtig, die Furniere während der Trocknung zu pressen, damit sie eine flache (ebene) Form beibehalten.

Risse an den Enden der Furniere sind auch ein häufiger Defekt bei der Furniertrocknung. Hierzu empfiehlt es sich, die Enden der Furniere im Abstand von 5 – 10 cm zu überlappen.

Die sehr streuende Anfangsfeuchte kann zu einer ungleichmäßig verteilten Endfeuchte führen, vor allem bei dickeren Furnieren. Um eine präzise und konsistente Kontrolle der Endfeuchte zu erreichen, werden immer mehr industrielle Furniertrockner mit Sensoren zur umfangreichen Datenerfassung ausgestattet [6, 7]. Die Messung der Anfangsfeuchte, z. B. mit Bürstensensoren, (Bild 8.2) schafft die Prämisse zur Sortierung der Furniere nach ihrer Anfangsfeuchte und die Bildung zweier oder mehrerer Feuchte-Gruppen (z. B Anfangsfeuchten über und unter 40 %), die dann in verschiedenen Chargen getrocknet werden. Dadurch kann die Trocknungszeit jeder der Chargen optimiert werden und eine weitgehend gleichmäßigere Endfeuchte der Furniere erreicht werden [6].

Bild 8.2 Furnierfeuchtemessung mit Bürstensensoren (Quelle: © Raute Corporation, mit Genehmigung)

8.2 Trocknungszeit: Einflussfaktoren

Die Trocknungszeit der Furniere ist, wie auch bei Schnittholz, von vielen Faktoren beeinflusst: Holzart, Dicke, Anfangsfeuchte und Endfeuchte, Temperatur, Luftgeschwindigkeit, Richtung des Luftstromes relativ zum Furnier und Turbulenzgrad, Trocknungsmethode u. a.

Im Falle der konvektiven Heißlufttrocknung kann Formel 8.1 und die Nomogramme in Bild 8.2 und Bild 8.3 für die Ermittlung der Trocknungszeit verwendet werden:

$$D = \left(\frac{U_a - U_{FS}}{V_u} + \frac{2{,}3}{K_z} \cdot \ln \frac{U_{FS}}{U_e} \right) \cdot K_{Holz} \, [\text{Minuten}] \qquad (8.1)$$

U_a Anfangsfeuchte [%]

U_{FS} Fasersättigungsfeuchte [%]

U_e Endfeuchte [%]

V_u Koeffizient, der die Trocknungsgeschwindigkeit über dem Fasersättigungspunkt berücksichtigt (wird aus Bild 8.3 entnommen)

K_z Koeffizient, der die Trocknungsgeschwindigkeit unter dem Fasersättigungspunkt berücksichtigt (wird aus Bild 8.4 entnommen)

K_{Holz} Koeffizient, der von der Holzart abhängig ist: $K_{Holz} = 1$ für Buche, $K_{Holz} = 1{,}1$ für Eiche und $K_{Holz} = 0{,}9$ für Linde

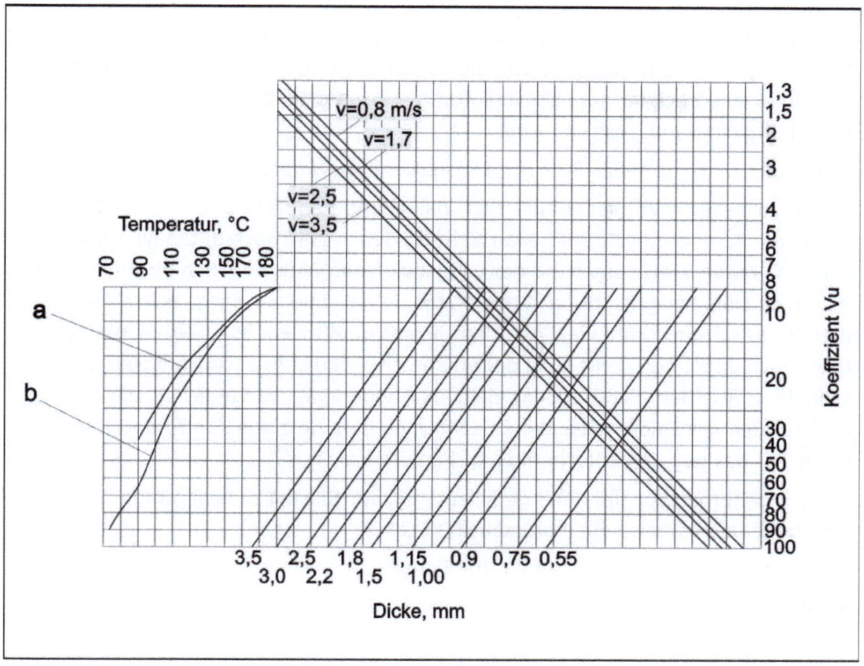

Bild 8.3 Nomogramm zur Bestimmung des Koeffizienten V_u (v = Luftgeschwindigkeit): a – Querbelüftung; b – Längsbelüftung (in Anlehnung an [2])

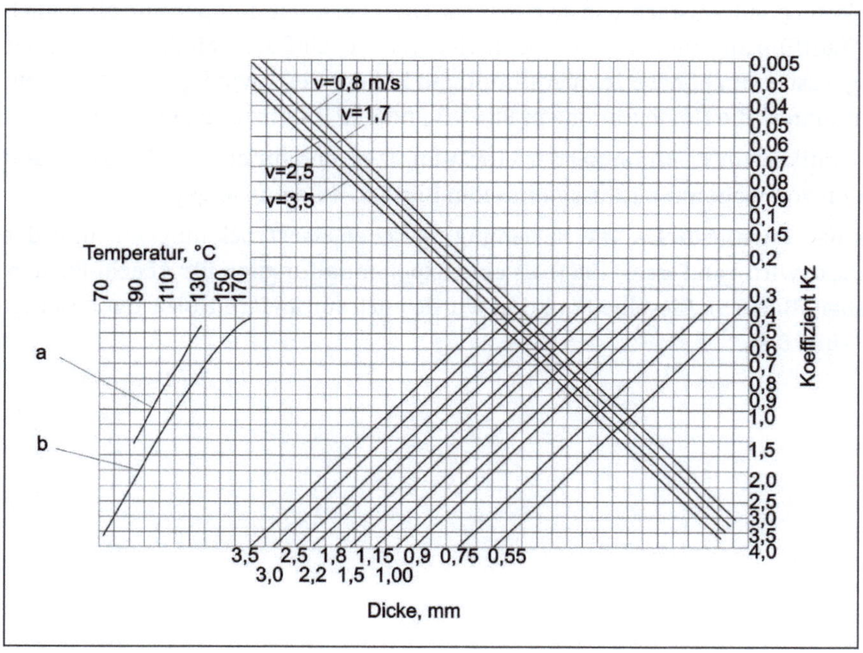

Bild 8.4 Nomogramm zur Bestimmung des Koeffizienten K_z (v = Luftgeschwindigkeit): a – Querbelüftung; b – Längsbelüftung (in Anlehnung an [2])

Man soll die Trocknungszeit für 2,2 mm dicke Eichenfurniere mit einer Anfangsfeuchte $U_a = 60\,\%$ ermitteln, bis zu einer Endfeuchte $U_e = 10\,\%$. Die Trocknung erfolgt in einem Trockner mit Längsbelüftung, bei einer Temperatur von 130 °C, mit einer Luftgeschwindigkeit von 3 m/s.

Man kennt U_a, U_e, $U_{FS} = 22 - 24\,\%$ (für Eiche). Nehmen wir an: $U_{FS} = 22\,\%$.

Um V_u zu bestimmen, verwendet man das Nomogramm in Bild 8.3. Der Eintritt ist mit der Temperatur (130 °C). Man zieht die Senkrechte nach unten bis zur Kreuzung mit Kurve *b* (entsprechend der Längsbelüftung). Aus dem Schnittpunkt zieht man eine Linie waagerecht nach rechts, bis sie die Linie der entsprechenden Furnierdicke (2,2 mm) schneidet. Aus dem Schnittpunkt zieht man eine Linie senkrecht nach oben, bis sie die Linie der entsprechenden Luftgeschwindigkeit (3 m/s) schneidet. Aus dem Schnittpunkt zieht man eine Linie waagerecht nach rechts, und auf der vertikalen Achse rechts kann man den Wert des Koeffizienten V_u ablesen. Für das gegebene Rechenbeispiel erhält man: $V_u = 7$.

Ähnlich geht man vor, um den Koeffizienten K_z aus Bild 8.4 zu bestimmen. Für das gegebene Rechenbeispiel erhält man: $K_z = 0{,}26$.

Der Holzart-Koeffizient ist $K_{Holz} = 1{,}1$ (für Eiche).

Somit:

$$D = \left(\frac{60 - 22}{7} + \frac{2{,}3}{0{,}26} \cdot \ln \frac{22}{10} \right) \cdot 1{,}1 = 13{,}6 \text{ [Minuten]} \qquad (8.2)$$

Die Trocknungszeit ist stark von der Art des Trockners, der Temperatur aber auch von der Luftführung und der Luftgeschwindigkeit beeinflusst. Moderne Trockner sind ausgerüstet, um höhere Temperaturen und höhere Geschwindigkeiten zu erzeugen. Hier können die Nomogramme in Bild 8.3 und Bild 8.4 unzureichend sein.

Weitere Grafiken zur Bestimmung der Trocknungszeit sind für andere Holzarten und in Funktion von weiteren Einflussfaktoren in Bild 8.5 – Bild 8.10 angegeben.

Einfluss der Furnierdicke. Die Beziehung zwischen der Trocknungszeit und der Furnierdicke wird von Fessel (1964) als eine Exponentialfunktion für Abachi-Furnier beschrieben (Bild 8.5). Dieselbe Funktion wurde auch für andere Holzarten bestätigt (Bild 8.6 – Bild 8.8).

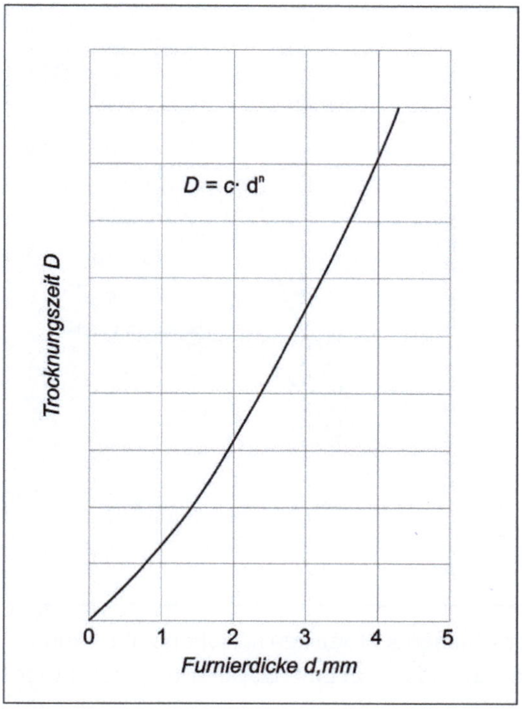

Bild 8.5
Abhängigkeit der Trocknungszeit von der Furnierdicke bei der Trocknung von Abachi Schälfurnieren: *c* – Beiwert; *n* – Exponent der Parabelfunktion (in Anlehnung an [8])

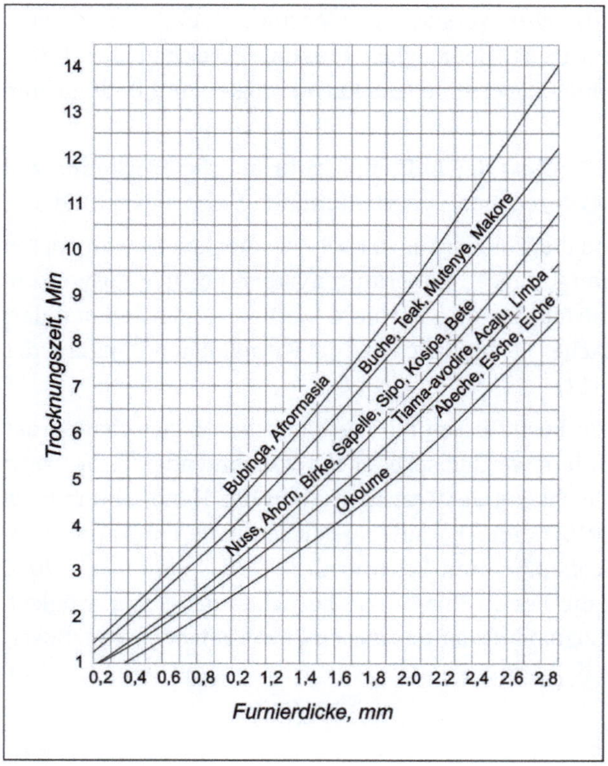

Bild 8.6
Abhängigkeit der Trocknungszeit verschiedener Edelfurniere von der Furnierdicke in einem Düsen-Bandtrockner von Cremona (in Anlehnung an [2])

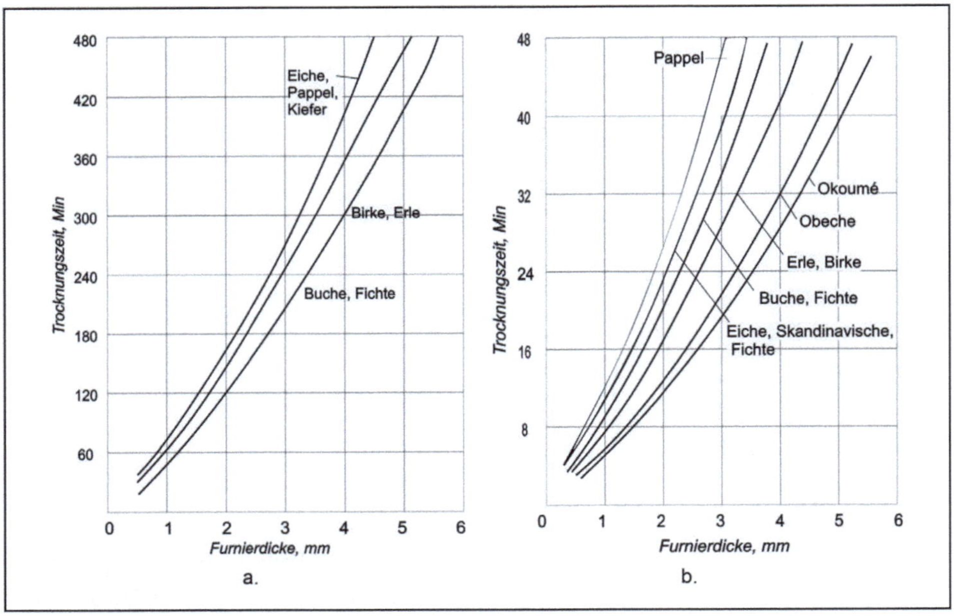

Bild 8.7 Trocknungszeit der Furniere verschiedener Holzarten in Abhängigkeit von der Furnierdicke in einem Rollentrockner (a) und einem Bandtrockner (b) von Büttner-Schilde-Haas (in Anlehnung an [8])

Einfluss der Anfangs- und Endfeuchte. Versuche von Marinescu (1980) mit Buchenfurnieren führten zu einer linearen Abhängigkeitsfunktion zwischen der Trocknungszeit und der Anfangsfeuchte für verschiedene Furnierdicken und Endfeuchten (Bild 8.8).

Einfluss der Temperatur. Der Einfluss der Lufttemperatur auf die Trocknungszeit der Furniere ist laut Fessel (1964) durch eine Hyperbelfunktion beschrieben (Bild 8.9).

Aus wirtschaftlicher Sicht ist also die Temperatur so hoch wie möglich zu wählen, um die Trocknungszeit zu reduzieren. Höhere Temperaturen haben positive Auswirkungen auch auf die Gleichgewichtsfeuchte (die Furniere werden dimensionsstabiler) [10], auf die Rauheit der Oberfläche [11] und auch auf die Formaldehyd-Emission des daraus gefertigten Sperrholzes [12].

Zu hohe Temperaturen hingegen beeinflussen die mechanischen Eigenschaften des Holzes negativ [13, 14]. Die Furniere werden spröder mit zunehmender Temperatur und somit steigt das Rissrisiko während des Transports und der Handhabung nach der Trocknung. Ozsahin et al. (2019) fanden heraus, dass die optimale Trocknungstemperatur für Fichtenfurniere (*Scots pine*) und Erlenfurniere (*Alnus glutinosa*) 170 °C und bzw. 190 °C betragen, um die besten Ergebnisse bezüglich der Scherfestigkeit, Biegefestigkeit und des Elastizitätsmoduls der aus diesen Furnieren erzeugten Sperrholzplatten zu erzielen [15].

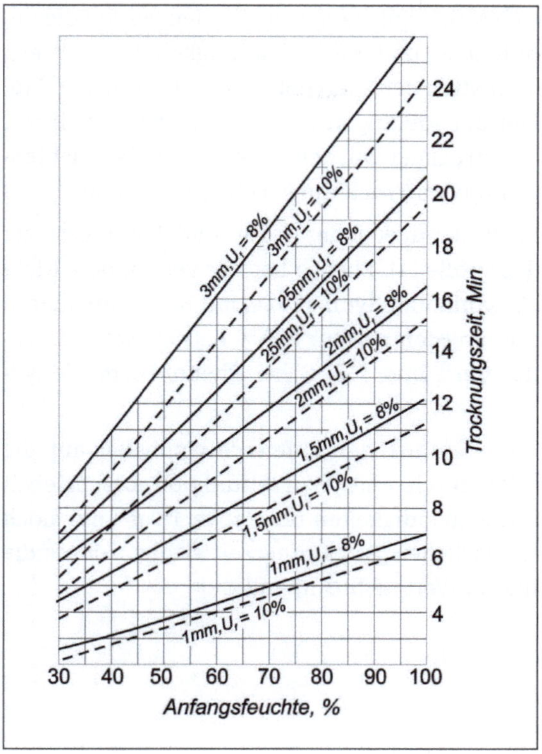

Bild 8.8 Abhängigkeit der Trocknungszeit von der Anfangsfeuchte und der Endfeuchte U_f für Buchenfurniere (Quelle: [2], mit Genehmigung)

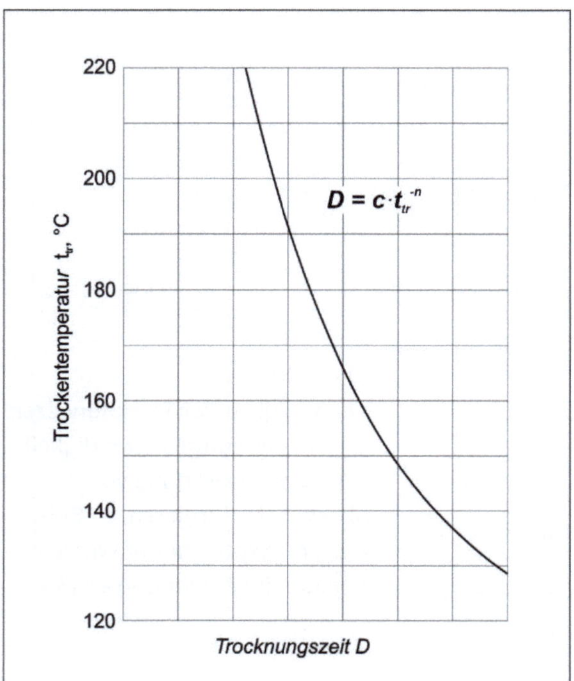

Bild 8.9
Abhängigkeit der Trocknungszeit von der Trocknungstemperatur bei der Trocknung von Abachi Schälfurnieren: *c* – Beiwert; *n* – Exponent der Hyperbelfunktion (in Anlehnung an [8])

Ozturk (2023) bestimmte mithilfe von KNN (künstliche neuronale Netzwerke) die optimalen Werte der Lufttemperatur, Endfeuchte und Wärmeleitfähigkeit des Furniers, die zu den besten mechanischen Eigenschaften der Sperrholzplatten führen. Bei Pappelfurnieren wurde die beste Festigkeit der Klebfugen (1,95 N/mm^2) bei Furnieren, die mit 128 °C bis auf 5,4 % Endfeuchte getrocknet wurden, erreicht und bei Fichtenfurnieren waren 110 °C und 4,6 % die optimalen Trocknungsbedingungen [16].

In der Praxis bestimmen die thermische Beständigkeit des Holzes und das eingesetzte Heizmedium die Grenzen dieser Einflussgröße [4]. Ebenso hat der verwendete Klebstoff einen Einfluss. So zeigen die von Ozsahin und Aydin (2014) mit Buchenfurnieren geführten Tests, dass die optimale Trocknungstemperatur 169 °C beträgt, wenn Harnstoff-Formaldehyd-Klebstoff verwendet wird und 125 °C bei Phenol-Formaldehyd-Klebstoff [17].

Einfluss der Luftgeschwindigkeit. Der Einfluss der Luftgeschwindigkeit auf die Trocknungszeit wird von Fessel (1964) durch eine Wurzelfunktion beschrieben (Bild 8.10). Man kann sehen, dass bei Geschwindigkeiten über etwa 15 m/s nur noch eine relativ geringe Abnahme der erforderlichen Trocknungszeit erfolgt, sodass die Erhöhung der Geschwindigkeit über diesen Wert nicht sinnvoll ist.

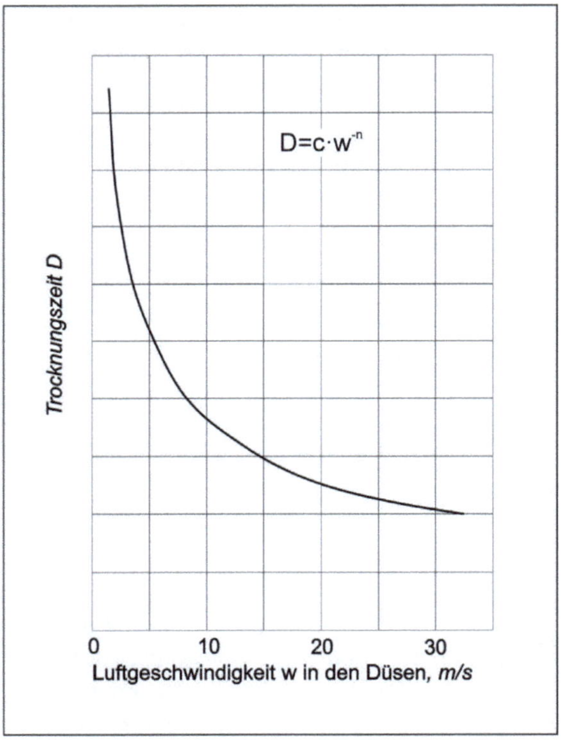

Bild 8.10
Abhängigkeit der Trocknungszeit (*D*) von der Luftgeschwindigkeit (*w*) bei der Trocknung von Abachi-Schälfurnieren: *c* – Beiwert; *n* – Exponent der Wurzelfunktion (in Anlehnung an [8])

Modellierung. Die konvektive Furniertrocknung ist ein komplexer Prozess, der von vielen Faktoren beeinflusst wird. Die Literatur umfasst zahlreiche Beiträge zur Prozess-Modellierung. Diese physikbasierten Modelle lieferten oft genaue Ergebnisse, erforderten aber auch detaillierte Eingaben zur Thermodynamik, die unter industriellen Bedingungen nicht zugänglich und/oder anwendbar sind.

Pang et al. (1997) modifizierten ihr bestehendes 2D-Modell zur Holztrocknung, um ein Modell zur Simulation der Mechanismen der Trocknung von Radiata pine (*Pinus insignis*)-Furnieren in einem Düsentrockner zu erstellen [18].

Hanhijärvi et al. (2003) gingen aus vom Fick'schen Gesetz der Diffusion über die Furnierdicke und benutzten experimentell erworbene Werte des Diffusionskoeffizienten. Dieser Ansatz ermöglichte die Entwicklung eines Modells [19] zur Voraussage der Trocknungsgeschwindigkeit des Furniers, welches allerdings begrenzte Anwendbarkeit hat (nur für Berechnungen, die den Versuchsbedingungen entsprechen).

Qiu und Cool (2023) führten eine fünfmonatige Untersuchung an einem industriellen Furniertrockner durch und erfassten und analysierten Daten. Ziel war es, Erkenntnisse über die Trocknungsqualität zu gewinnen, um ein verbessertes, datengesteuertes Qualitätskontrollsystem zu entwickeln. Zur Vorhersage wurden logistische Regressionsklassifikatoren und ein Random-Forest-Klassifikator eingerichtet [7]. Die Ergebnisse zeigten, dass eine genauere Sortierung der Furniere basierend auf der Anfangsfeuchte die Anzahl der erforderlichen Nachtrocknungen verringern könnte.

8.3 Trocknungsmethoden und -anlagen

Wie auch im Fall der Schnittholztrocknung werden die Methoden der Furniertrocknung nach der Art der Wärmeübertragung klassifiziert. Folgende Möglichkeiten bieten sich an:

- Konvektionstrocknung mit heißer Luft – hierbei sind insbesondere die Klima- und Strömungsverhältnisse in der Grenzschicht von ausschlaggebender Bedeutung;
- Kontakttrocknung – hierbei spielt die Temperatur der Heizplatten die entscheidende Rolle;
- Vakuumtrocknung – die Druckabsenkung führt zur Erhöhung der Trocknungsgeschwindigkeit im Vergleich zur Heißlufttrocknung;
- Trocknung mit infraroter Strahlung – die Wärmeübertragung durch Infrarot-Strahlung erlaubt die schnelle Erwärmung einer dünnen Oberflächenschicht (ohne ins Innere des Furniers einzudringen); aufgrund hoher Energiekosten wird das Verfahren selten genutzt;

- Trocknung in hochfrequenten Wechselfeldern – dieses Verfahren erlaubt die selektive Trocknung sogenannter Feuchtenester durch bevorzugte Erwärmung der feuchteren Stellen/Zonen. Das Verfahren ist für Furniere verschiedener Dicke anwendbar. Aus Kostengründen (Energiekosten, hoher technologischer Aufwand) wird das Verfahren nur selten eingesetzt.

8.3.1 Konvektionstrocknung

Das Prinzip. Die Konvektionstrocknung mit Heißluft ist das am häufigsten eingesetzte Verfahren und verläuft in vier Abschnitten (Bild 8.11):

- die Aufheizphase – diese ist relativ kurz. In dieser Zeit steigt die Temperatur im Inneren der Furniere. Sie muss die Kühlgrenze erreichen, sonst kondensiert die Feuchtigkeit auf das Furnier und die Trocknung tritt nicht ein. Die notwendige Zeit ist von der Holzdichte und der Furnierdicke abhängig. Sobald die Kühlgrenze im Inneren der Furniere erreicht wird (etwa 80 °C), setzt die Trocknungsperiode ein;
- die erste Trocknungsperiode – ist gekennzeichnet durch das Verdampfen des Kapillarwassers. In diesem Abschnitt ist die Heißluftgeschwindigkeit in der Grenzschicht Gas-Holz äußerst wichtig, denn sie beeinflusst sowohl den Wärmeübergang zur Furnieroberfläche als auch den Abtrieb des aus dem Furnier verdampften freien Wassers. Am Anfang dieser Trocknungsperiode besteht Verschalungsgefahr, vor allem bei sehr nassen und dicken Furnieren. Dünne Furniere neigen zur Verformung [5]. Beide Risiken lassen sich durch entsprechende Trocknungsbedingungen verringern;
- die zweite Trocknungsperiode – ist charakterisiert von der Verlagerung des Verdampfungsspiegels in tiefer gelegene Holzschichten und dem Ansteigen der Temperatur des Furniers über die Kühlgrenztemperatur hinaus. Es kommt zur sogenannten inneren Verdampfung des freien Wassers. Die Furnierfeuchte sinkt nach einem deutlichen ersten Knickpunkt. Aufgrund der hohen Temperaturen im Vergleich zur Schnittholztrocknung und der erhöhten Permeabilität der Furniere, erfolgt der Stofftransport nun als Dampf;
- die dritte Trocknungsperiode – tritt nach dem Unterschreiten der Fasersättigungsfeuchte ein. Sie ist gekennzeichnet von der steil ansteigenden Temperatur im Inneren der Furniere. Nach einem schwach ausgeprägten zweiten Knickpunkt in der Kurve der Trocknungsgeschwindigkeit beginnt die Verdampfung des gebundenen Wassers. Die Trocknungsgeschwindigkeit sinkt. Die Trocknung wird abgebrochen, wenn die Furnierfeuchte etwa 6 % erreicht. Wegen der variierenden Endfeuchte ist es zweckmäßig, dem Trockner eine Klimatisierzone und dann auch noch eine Kühlzone anzuschließen.

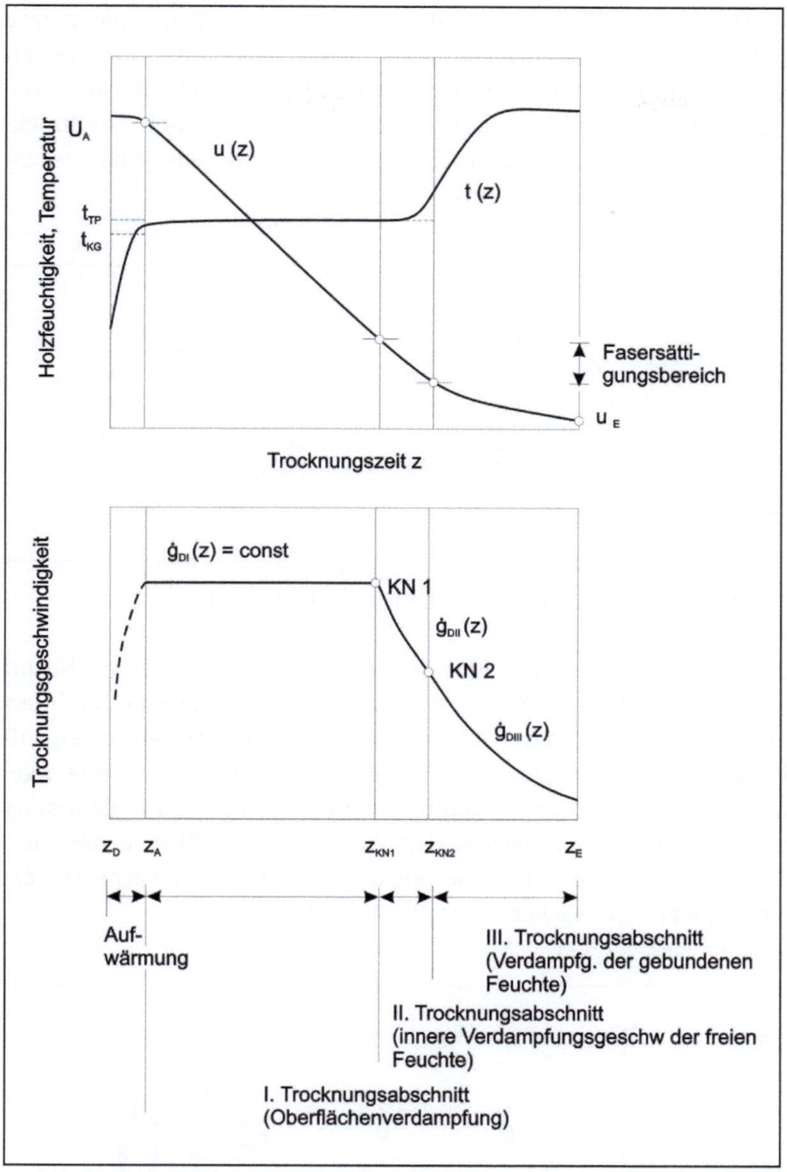

Bild 8.11 Schematischer Verlauf der Temperatur im Inneren des Furniers, der Holzfeuchte und der Trocknungsgeschwindigkeit bei der Furniertrocknung (in Anlehnung an [20, 21])

Bautypen. Konvektive Furniertrocker sind meistens metallische Durchlaufanlagen mit ein, zwei oder drei Etagen. Je nachdem, wie der Transport der Furniere vom sogenannten „grünen" Ende zum „trockenen" Ende des Trockners erfolgt, unterscheidet man:

- Bandtrockner (Bild 8.12) – mit je zwei endlosen Bändern pro Etage. Das untere Band sichert den Transport des Furniers und das obere Band sichert das Pressen der Furniere und somit die Reduzierung der Welligkeit. Die Bänder sind aus grobmaschigem Stahldrahtgewebe hergestellt, um die Luft durchzulassen. Bandtrockner können für jede Furnierdicke eingesetzt werden, werden jedoch hauptsächlich für lange und dünne Furniere genutzt.

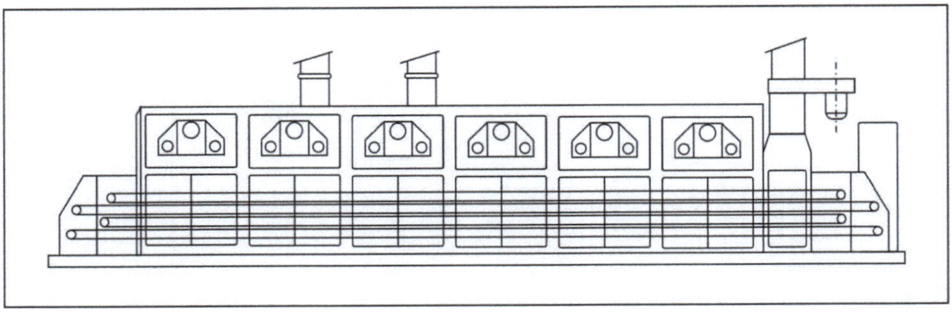

Bild 8.12 Bandtrockner für Furniere (Quelle: [2], mit Genehmigung)

- Rollentrockner (Bild 8.13) – bei denen eine untere und eine obere Walzenbahn auf jeder Etage dieselben Funktionen sichern wie im Fall der Bandtrockner. Im Unterschied zu den Bandtrocknern, weisen Rollentrockner Abstände zwischen den aufeinanderfolgenden Walzen auf. Deshalb sind sie für dünne Furniere weniger geeignet, denn es besteht Gefahr für Verstopfungen und auch zur Selbstentzündung der Furniere. Die Montage der Walzen in kleineren Abständen führt zu einer besseren Ebenhaltung der Furniere (Reduzierung der Welligkeit) und vermeidet die Gefahr des Verstopfens, aber sie behindert die Luftzirkulation.

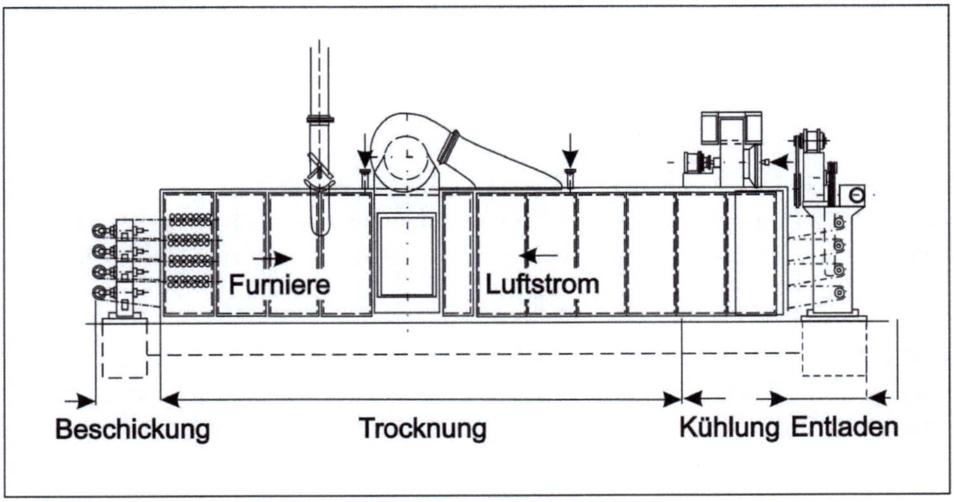

Bild 8.13 Rollentrockner für Furniere (in Anlehnung an [8])

- Trommeltrockner (Bild 8.14) – bei denen die Furniere über mehrere aufeinanderfolgende Saugdüsentrommeln geführt werden, sodass sie die Biegerichtung abwechseln und somit flachgehalten werden. Das obere und das untere Heizregister sichern die Erwärmung der Luft. Diese Trocknungsmethode eignet sich für dünnes Messerfurnier mit einer Dicke von 0,5 – 0,8 mm. Beim Trocknen dickerer Furniere steigt der Energieverbrauch für den Betrieb der Ventilatoren, die für den Unterdruck sorgen, deutlich an.

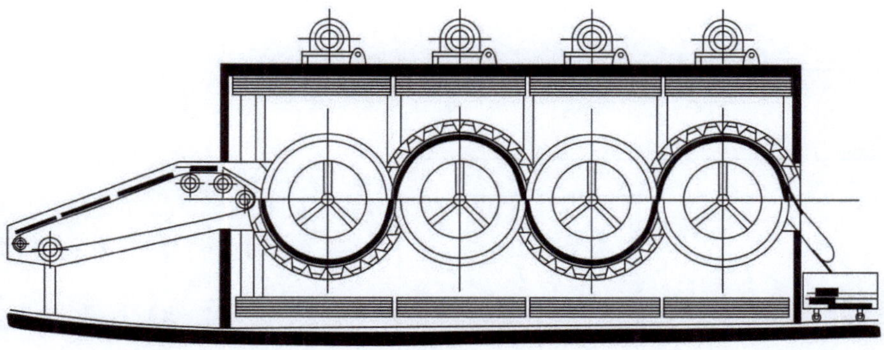

Bild 8.14 Trommeltrockner für Furniere (in Anlehnung an [5])

Abhängig von der Richtung des Luftstroms im Verhältnis zu den Furnieren (Bild 8.14) gibt es Anlagen:

- mit Längsbelüftung (Bild 8.15 a), gewährleistet durch einen Zentrifugalventilator, der die Luft im Gegenstrom zur Richtung der Furniere bewegt;
- mit Querbelüftung (Bild 8.15 b), gewährleistet durch einzeln betriebene Axialventilatoren;
- mit senkrechter Düsenbelüftung (Bild 8.15 c), bei denen der Luftstrahl senkrecht zur Furnieroberfläche ausgerichtet ist.

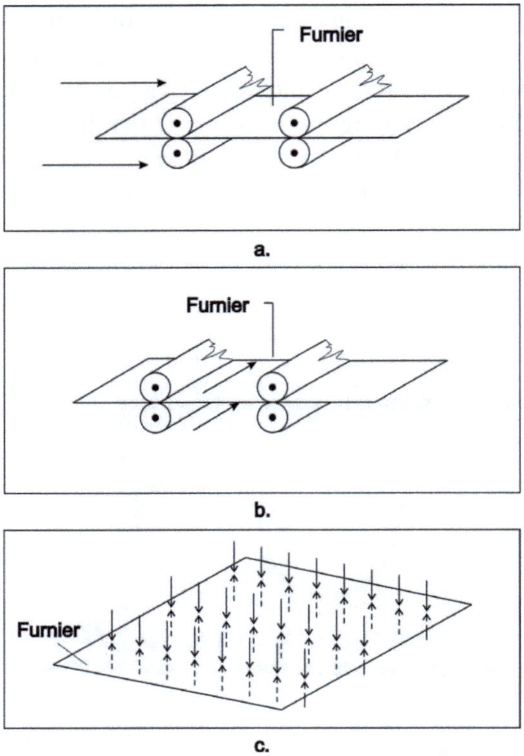

Bild 8.15 Klassifizierung der Furniertrockner nach der Art der Belüftung: a – Längsbelüftung; b – Querbelüftung; c – Düsenbelüftung (in Anlehnung an: [4])

Das Arbeitsprinzip düsenbelüfteter Furniertrockner (Bild 8.16) beruht auf dem Frischluft-/Abluft-System. Ein Teil der feuchten Trocknerluft wird über Abluftkanäle abgeführt und durch Frischluft ersetzt. Die mit Frischluft vermischte Umluft wird über die Ventilatoren angesaugt, in der im Luftstrom liegenden nachgeschalteten Heizeinrichtung aufgewärmt und in den Düsenkästen unter Druck zugeführt. Der Düsenkasten (Bild 8.17) hat einen Eingangsquerschnitt von 200 × 180 mm. Der Querschnitt nimmt über die Länge des Kastens (gleich der aktiven Anlagenbreite) ab und ist am anderen Ende geschlossen. Auf der dem Furnier zugewandten Seite ist jeder Kasten gelöchert. Der kleine Durchmesser dieser Düsen beschleunigt die Luft, die mit einer Geschwindigkeit von 15 – 20 m/s auf die Furnieroberfläche auftrifft (Bild 8.18). Dabei reißen sie die Wasserpartikel von der Furnieroberfläche mit. Die Geschwindigkeitsprofile bei Rollentrockner mit und ohne Düsen sind im Vergleich in Bild 8.19 dargestellt.

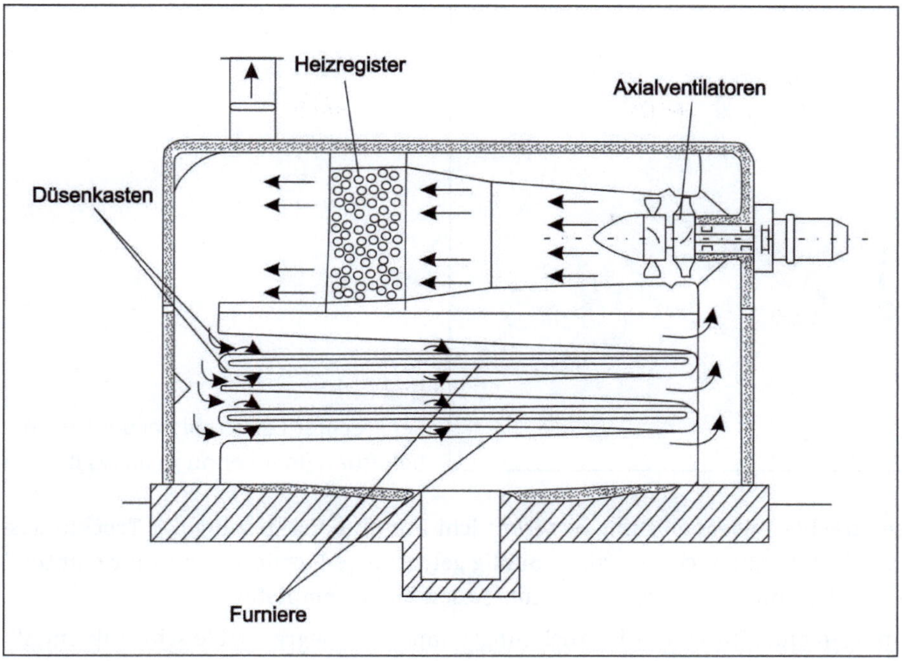

Bild 8.16 Furniertrockner mit Düsenbelüftung (Quelle: [2], mit Genehmigung)

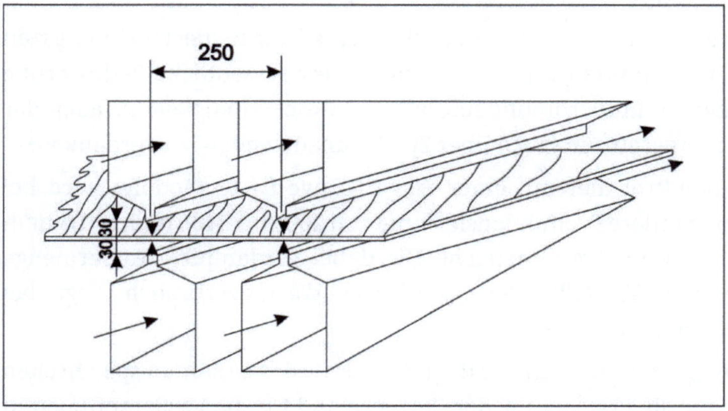

Bild 8.17 Düsenkästen (Quelle: [2], mit Genehmigung)

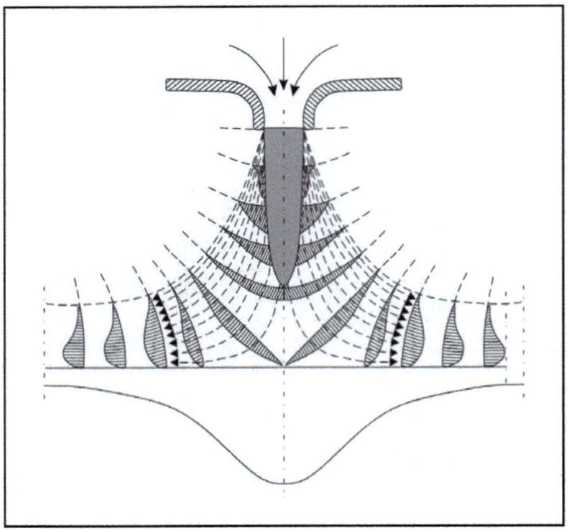

Bild 8.18
Senkrechter Luftstrahl bei der Düsenbelüftung (in Anlehnung an [22])

Die senkrechte Düsenbelüftung bewirkt nicht nur eine Verkürzung der Trocknungszeit, sondern ergibt auch sehr gleichmäßig getrocknete Furniere. Sie ist für empfindliche Furniere mit der Dicke 0,2 – 2,2 mm besonders zu empfehlen.

Bei Anlagen ohne Düsen ist die Trocknungstemperatur begrenzt. Sie schwankt im Allgemeinen zwischen 80 – 120 °C am grünen Ende des Kanals und maximal 110 – 140 °C am Trockenende, wobei die unteren Grenzwerte für Bandtrockner und die oberen für Walzentrockner gelten. Die Trocknungszeit beträgt bei Walzentrocknern 7 – 28 Minuten und ist bei Bandtrocknern um 25 – 100 % länger.

Durch die Einführung des Luftstrahltrocknungskonzepts konnte die Trocknungszeit der Furniere bis auf 1 – 3 Minuten verkürzt werden. Diese wesentliche Reduzierung ist sowohl der turbulenten Luftströmung mit höherer Geschwindigkeit als auch der Möglichkeit, höhere Temperaturen (auch über 200 °C) anzuwenden, zu verdanken.

Für einen üblichen Bandtrockner mit einer Etage (Länge 8 – 12 Module) wird bei Handbeschickung eine mittlere Produktionsleistung von 2000 bis 2400 m^2/h (~ 1,5 m^3/h bei einer Furnierdicke von 0,7 mm) erreicht. Die dabei verdampfte Wassermenge schwankt zwischen 180 – 325 kg/h. Der spezifische Wärmeverbrauch liegt bei 4800 – 9400 kJ/kg verdampftes Wasser [4].

Der Trocknerwirkungsgrad ergibt sich aus dem Verhältnis des gesamten spezifischen Wärmebedarfes (das für die Erwärmung der Furniere und für die Verdampfung und Entfernung der Feuchte erforderlich ist) zum gesamten spezifischen Wärmeverbrauch (jene Wärmemenge, die über die Heizregister den Furnieren zugeführt wird) und liegt bei 0,485 – 0,540 [23].

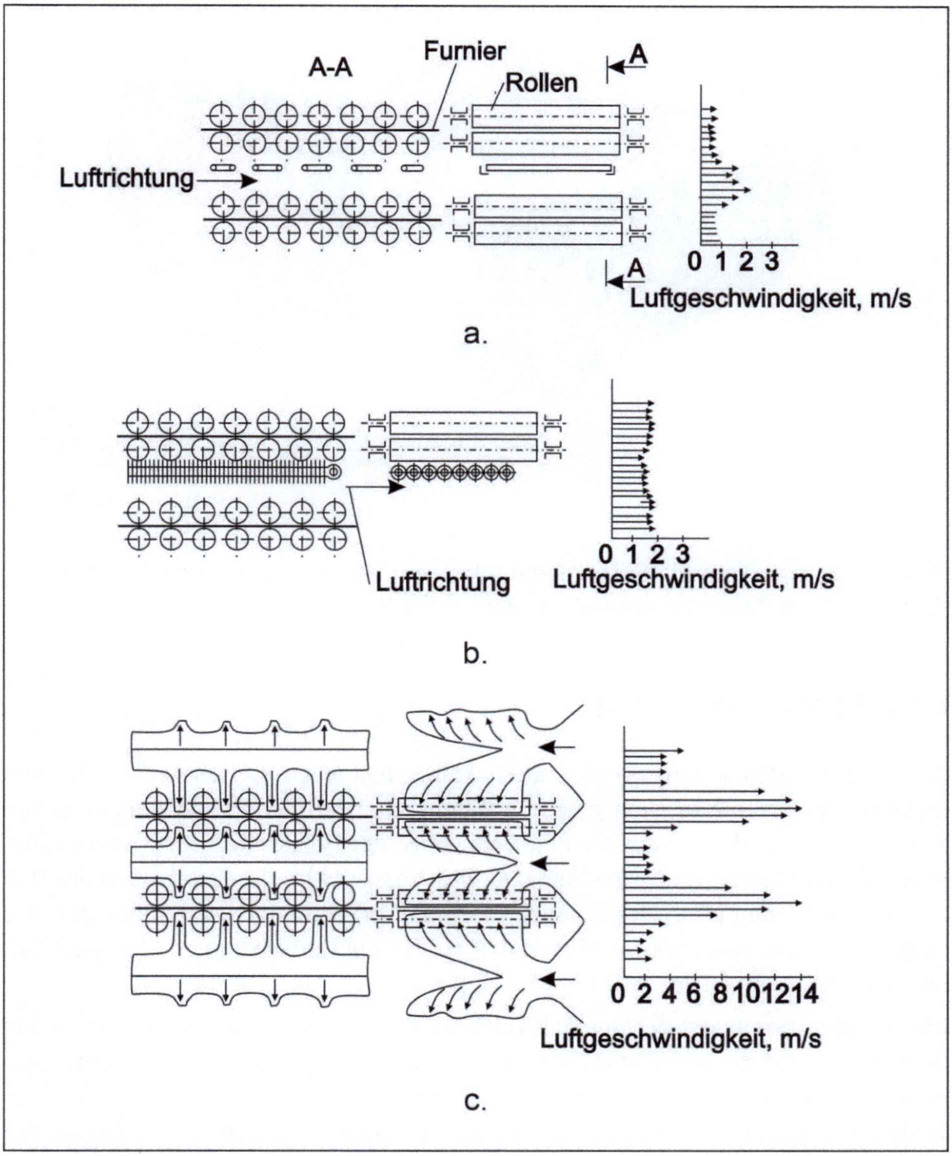

Bild 8.19 Geschwindigkeitsprofile bei einem Furnierrollentrockner mit a – Heizregister in Serpentinenform; b – Rippenheizröhren; c – Düsenluftführung (Quelle: [2], mit Genehmigung)

Energieeinsparung ist möglich durch den Einsatz von Wärmetauschern. Im Falle eines Plattenwärmetauschers (Bild 8.20) ist die erforderliche Heizenergie zur Aufwärmung bis zur Umlufttemperatur um 14 – 17 % niedriger als ohne Wärmetauscher [4].

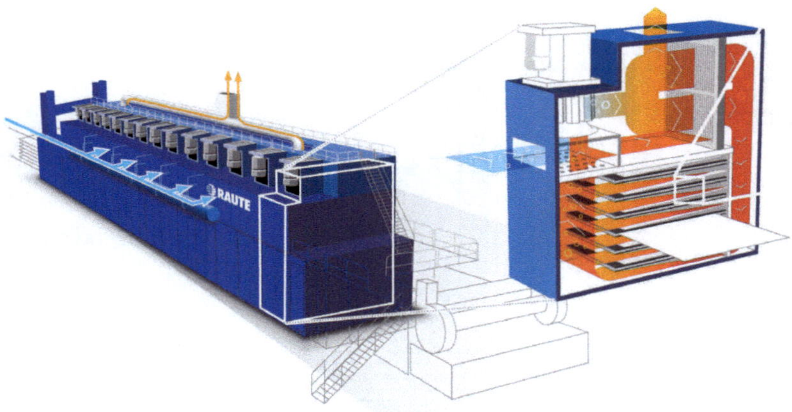

Bild 8.20 Einsatz eines Plattenwärmetauschers zur Energieeinsparung bei einem Furniertrockner (Quelle: © Raute Corporation, mit Genehmigung)

8.3.2 Kontakttrocknung

Bei der Kontakttrocknung werden die Furniere blattweise zwischen die beheizten Metallplatten einer Presse eingelegt. Die Temperatur der Platten schwankt zwischen 110 und 145 °C und muss mit der Empfindlichkeit der Holzart korreliert werden, um lokale Verbrennungen zu vermeiden [24]. Die Presszeit (die zur Erwärmung des Holzes und zur Verdampfung des Wassers notwendig ist) beträgt 6 – 10 Minuten. Das aus dem Furnier entfernte Wasser verwandelt sich in überhitzten Dampf, der beim Öffnen der Presse entweicht.

Die Trocknungszeit lässt sich deutlich abkürzen durch den direkten Kontakt zwischen dem Furnier und der Heizfläche (konduktive Wärmeübertragung). Der Reduzierungseffekt ist viel deutlicher als durch Erhöhung der Luftgeschwindigkeit oder der Temperatur bei der konvektiven Trocknung (Bild 8.21). Insbesondere zu Beginn der Trocknung erhöht die schnelle Wärmeübertragung den Druck des im Inneren des Furniers verdampften Wassers. Wenn sich der Dampf ausdehnt, drückt er das flüssige Wasser mechanisch aus dem Furnier (Tabelle 8.2).

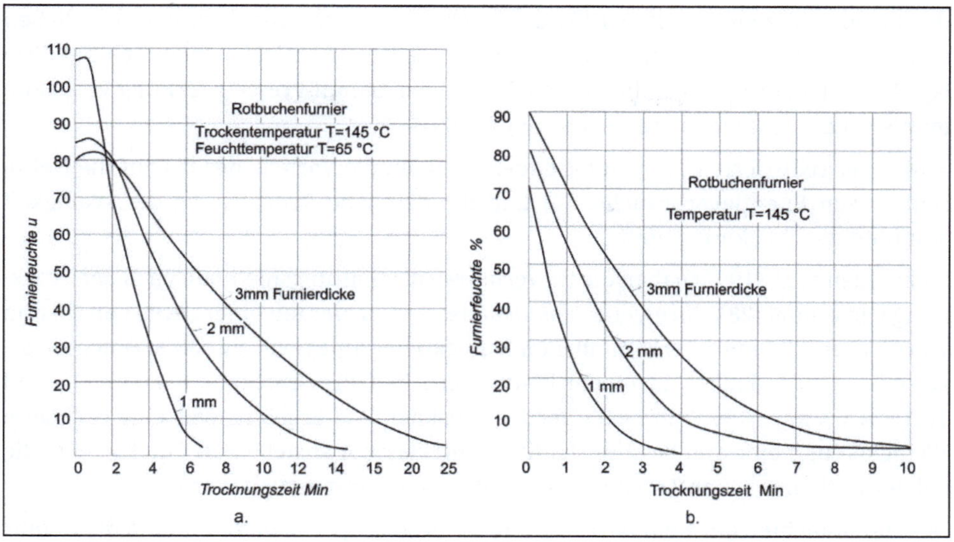

Bild 8.21 Trockenzeiten der Buchenfurniere verschiedener Dicken bei der a – Konvektionstrocknung; b – Kontakttrocknung (in Anlehnung an [25])

Tabelle 8.2 Vergleich der Trocknungszeiten bei der Kontakttrocknung und Konvektionstrocknung (ohne Düsenbelüftung) von 1,5 mm dicken Sperrholzfurnieren [26]

Verfahren	Temperatur [°C]	Druck [bar]	Anfangs-feuchte [%]	Endfeuchte [%]	Trocknungs-zeit [s]
Kontakt Konvektion	120	1	77 62	38 38	40 150
Kontakt Konvektion	120	1	77 62	8 8	250 350
Kontakt Konvektion	160	1	73 80	33 33	20 105
Kontakt Konvektion	160	1	73 80	5 5	90 180
Kontakt Konvektion	200	1	84 75	28 28	20 80
Kontakt Konvektion	200	1	84 75	5 5	80 150

Lutz (1974) fand heraus, dass sogar noch geringere Trocknungszeiten erreicht werden können, wenn bei der Presstrocknung auch Dampf bei atmosphärischem Druck (1 bar), und Temperaturen über 100 °C eingeführt wird. Seine Experimente mit 1 mm dicken Roteichenfurnieren zeigten, dass bei der Dampf-Press-Trocknung bei 121,1 °C, das Furnier in zwei Minuten 10 % Endfeuchte erreichte, wobei im herkömmlichen (konvektiven) Rollentrockner nach derselben Zeit die Furnierfeuchte noch bei 50 % lag. Außerdem erwies sich die Endfeuchte bei der Dampf-Press-Trocknung viel stabiler als bei der einfachen Presstrocknung [27].

Außer der reduzierten Trocknungsdauer kommen die Vorteile des bis auf die Hälfte reduzierten Energieverbrauches [4] und die deutliche Reduzierung der Welligkeit während der Trocknung hinzu.

Steinhagen et al. (1999) haben dieses Verfahren als Glättungsmethode nach der Trocknung verwendet [28]. *Eucalyptus globulus*-Messer-Furnier mit einer Dicke von 0,5 mm wurde zuerst in einer herkömmlichen konvektiven Anlage bis auf 30 % Feuchte vorgetrocknet und danach in einem kontinuierlichen Presstrockner bei 115,5 °C und 16,5 kPa bis auf 10 % Endfeuchte fertiggetrocknet. Das Ergebnis war eine geringere Welligkeit und eine viel bessere Qualität (Güteklasse A anstelle von Güteklasse C, die bei der herkömmlichen Trocknung ohne Pressverfahren erzielt wurde).

Der Hauptnachteil der Kontakttrocknung ist die geringe Produktivität und die Gefahr der Furnierhaftung an den Pressplatten. Um das Kleben zu verhindern, ist die Besprühung der Platten mit Wasser oder anderen Trennmitteln vor der Furniereinführung notwendig.

8.3.3 Vakuumtrocknung

Um die Dauer der Furniertrocknung zu verkürzen und die Qualität zu verbessern, wurden auch spezielle Trocknungsverfahren erprobt.

So wurde zum Beispiel an der Universität Helsinki mit einer kombinierten Vakuum-Kontakt-Trocknung experimentiert [26, 29]. Das Trocknungssystem besteht aus einer beheizten Platte und einer kalten Platte, zwischen denen der Druck unter den atmosphärischen Wert gesenkt wird. Das Furnier wird über eine Schicht aus porösem Material und einem Drahtgeflecht auf die kalte Platte gelegt (Bild 8.22). Der Temperaturunterschied zwischen den beiden Oberflächen des Furniers und der Press-Effekt führen zu einer beschleunigten Bewegung des Wassers im Furnier nach unten. Das Wasser wird von dem porösen Material aufgenommen und kondensiert beim Kontakt mit der kalten Platte.

Die Versuche wurden bei Temperaturen von 120 °C, 160 °C und 200 °C und einem Unterdruck von 0,25 bar durchgeführt. Die kleinste Zeit, die bei der Temperatur von 200 °C erreicht wurde und eine Feuchtereduzierung der 1,5 mm dicken Furniere von 30 % bis auf 5 % ermöglichte, betrug 70 s (Bild 8.23). Obwohl das Verfahren gute Anwendungsaussichten für den Sperrholzbereich bietet, fand es bisher noch keine industrielle Verbreitung.

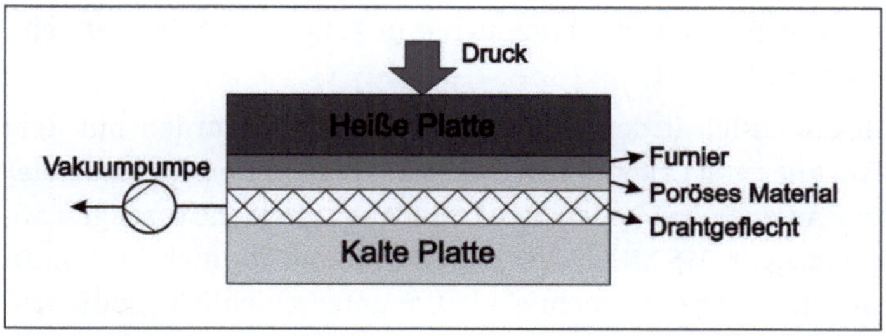

Bild 8.22 Kombinierte Kontakt-Vakuum-Trocknung der Furniere (in Anlehnung an: [26])

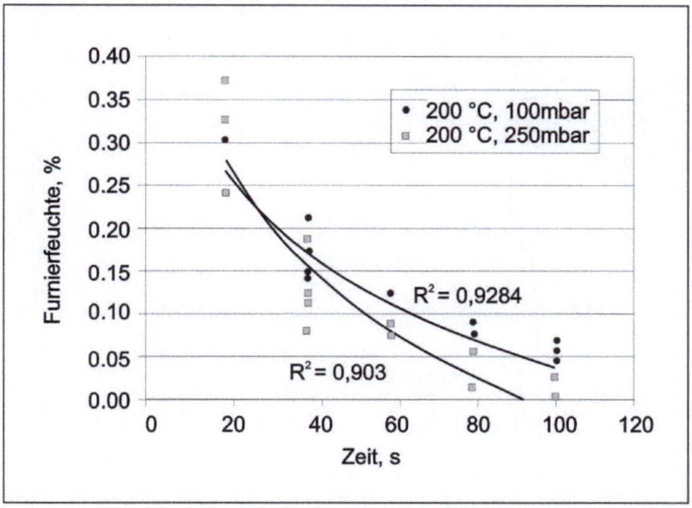

Bild 8.23 Trocknungsdauer bei der kombinierten Kontakt-Vakuum-Trocknung der Sperrholzfurniere (in Anlehnung an [26])

8.3.4 Hochfrequenztrocknung

Aus physikalischer Sicht stellt die Erwärmung in einem Hochfrequenzfeld die ideale Art für die Wärmeerzeugung bei der Furniertrocknung dar [30], denn die feuchtesten Stellen sind diejenigen, die sich in einem solchen Feld am schnellsten erwärmen und daher auch schneller trocknen, sodass im Endeffekt eine gleichmäßige Endfeuchte erreicht wird. Der Prozess ist aber aufwendig und energieintensiv. Seine Anwendung kommt nur bei Holzarten infrage, die konvektiv schwer zu trocknen sind, und bei Holzarten mit Nassstellen (z. B. Western Hemlock).

Untersuchungen haben gezeigt, dass Mikrowellen, im Vergleich zu Radiowellen eine höhere Heizintensität ermöglichen, dank der höheren Frequenz (siehe Abschnitt 6.7).

Daher sind sie besonders geeignet, um die Endfeuchte in Zellulosematerialien, einschließlich Furniere, auszugleichen [31].

Gute Ergebnisse, die Gleichmäßigkeit der Trocknung betreffend, wurden mit dem Heißluft-Mikrowellen-Trockner von Cryodry Inc. (Bild 8.24) erzielt. Der Transport der Furniere erfolgt bei dieser Anlage über Rollen. Zwei 25-kW-Magnetrons erzeugen Mikrowellen mit einer Frequenz von 915 MHz. Über dem Furnier positionierte Heißluftstrahlen sorgen für die Verdunstung der Feuchtigkeit. Um unterschiedliche Endfeuchtigkeitsgrade des Furniers zu erreichen, ist die Anlage mit einem System zur Regelung der Vorschubgeschwindigkeit ausgestattet.

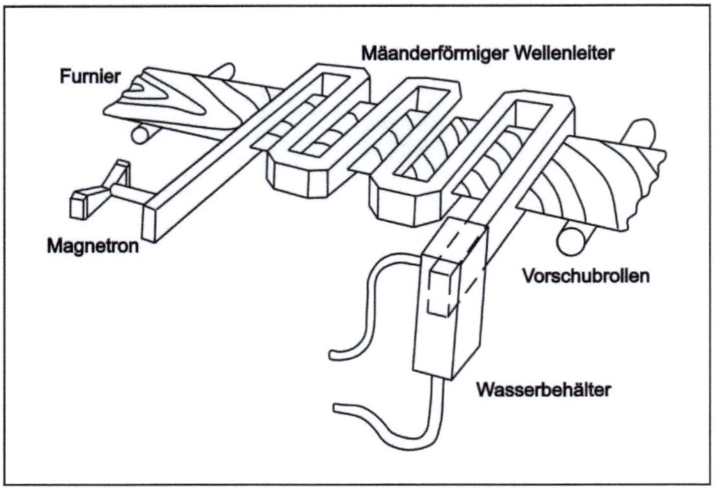

Bild 8.24 Mäanderförmig angeordnete Wellenleiter beim Mikrowellen-Furniertrockner von Cryodry Inc. (in Anlehnung an [31])

Literatur

[1] Lutz, J. F. (1978): *Wood Veneer: Log Selection, Cutting, and Drying*. In: Technical Bulletin Nr. 1577, U.S. Department of Agriculture, Washington, DC, USA

[2] Marinescu, I. (1980): *Uscarea și tratarea termică a lemnului. Vol. 2* (Holztrocknung und thermische Behandlung des Holzes, in rumänischer Sprache). Technischer Verlag, Bukarest, Rumänien

[3] Wagenführ, A.; Buchelt, B.; Kairi, M.; Weber, A. (2023): *Veneers and Veneer-Based Materials*. Kapitel 26 in *Springer Handbook of Wood Science and Technology*, Springer Nature Switzerland, S. 1365

[4] Frühwald, A.; Ressel, J. (1982): *Holztrocknung. Teil 3. Furniertrocknung*. Universität Hamburg

[5] Janik, W. (1965): *Handbuch der Holztrocknung*. 2. verb. Aufl., VEB Fachbuchverlag, Leipzig

[6] Kaislaaja, J.; Antikainen, T.; Sihvonen, P. (2025): *Veneer Drying Process and Benefits*. Raute Corporation, Finnland. Online: *https://www.raute.com/knowledge/veneer-drying-process-and-benefits/*, abgerufen am 05. 08. 2025

[7] Qiu, Q.; Cool, J. (2023): *Transitioning to Data-Driven Quality Control in Industrial Veneer Drying: A Case Study*. In: European Journal of Wood and Wood Products, 81, S. 1033 – 1044

[8] Fessel, F. (1964): *Furnier-Durchlauftrocknung mit Düsenbelüftung – Untersuchungen und Versuchsergebnisse*. In: European Journal of Wood and Wood Products, 22(4), S. 129 – 139

[9] Kollmann, F. F. P.; Kuenzi, E. W.; Stamm, A. J. (1975): *Principles of Wood Science and Technology. Vol. II. Wood Based Materials*. Springer Verlag, Berlin/Heidelberg/New York

[10] Aydin, I. (2014): *Effects of Veneer Drying at High Temperature and Chemical Treatments on Equilibrium Moisture Content of Plywood. Maderas*. In: Ciencia y Tecnología, 16(4), S. 445 – 452

[11] Aydin, I.; Colakoglu, G. (2002): *The Effects of Veneer Drying Temperature on Wettability, Surface Roughness and Some Properties of Plywood*. In: Proceedings of the 6th Panel Products Symposium, 9. – 11. Oktober, Llandudno, Wales, UK, S. 60 – 70

[12] Bekhta, P.; Sedliačik, J.; Bekhta, N. (2020): *Effect of Veneer-Drying Temperature on Selected Properties and Formaldehyde Emission of Birch Plywood*. In: Polymers, 12, 593. *https://doi.org/10.3390/polym12030593*

[13] Jamalirad, L.; Doosthoseini, K.; Koch, G.; Mirshokraie, S. A. (2011): *Physical and Mechanical Properties of Plywood Manufactured from Treated Red-Heart Beech (Fagus orientalis L.) Wood Veneers*. In: BioResources, 6, S. 3973 – 3986

[14] Nazerian, M.; Ghalehno, M. D. (2011): *Physical and Mechanical Properties of Laminated Veneer Lumber Manufactured by Poplar Veneer*. In: Journal of Agricultural Science and Technology, 1, S. 1040 – 1045

[15] Ozsahin, S.; Demir, A.; Aydin, I. (2019): *Optimization of Veneer Drying Temperature for the Best Mechanical Properties of Plywood via Artificial Neural Network*. In: Journal of Anatolian Environmental and Animal Sciences, 4(4), S. 589 – 597. *https://doi.org/10.35229/jaes.635302*

[16] Ozturk, H. (2023): *Prediction of Optimum Veneer Drying Parameters with Artificial Neural Networks for Production of Plywood with High Mechanical Properties*. In: Drvna Industrija, 74(3), S. 297 – 308. *https://doi.org/10.5552/drvind.2023.0074*

[17] Ozsahin, S.; Aydin, I. (2014): *Prediction of the Optimum Veneer Drying Temperature for Good Bonding in Plywood Manufacturing by Means of Artificial Neural Network*. In: Wood Science and Technology, 48(1), S. 59 – 70. *https://doi.org/10.1007/s00226-013-0583-2*

[18] Pang, S.; Riley, S. G.; Haslett, A. N. (1997): *Simulation of Pinus Radiata Veneer Drying: Moisture Content and Temperature Profiles*. In: Forest Products Journal, 47(7–8), S. 51 – 58

[19] Hanhijärvi, A.; Hukka, T.; Paajanen, P.; Pulkkinen, S.; Sundman, A. (2003): *Experimental Investigation of Jet Drying of Birch and Spruce Veneers and Modelling with a Simplified Approach*. In: Holz als Roh- und Werkstoff, 61, S. 83 – 88. *https://doi.org/10.1007/s00107-003-0379-4*

[20] Keylwerth, R. (1952): *Der Verlauf der Holztemperatur während der Furnier- und Schnittholztrocknung*. In: Holz als Roh- und Werkstoff, 10, S. 87–91

[21] Krischer, O. (1978): *Trocknungstechnik. Die wissenschaftlichen Grundlagen der Trocknungstechnik*. 3. Aufl., Springer Verlag, Berlin/Heidelberg/New York

[22] Kröll, K. (1959): *Trockner und Trocknungsverfahren. Band 2*. Springer Verlag, Berlin/Heidelberg/New York

[23] Ressel, J. B. (1981): *Vergleichende Energieverbrauchsmessungen an Furniertrocknern*. Diplomarbeit, Universität Hamburg

[24] Trabalon, P. L. (2020): *Experimental Study on the Drying Kinetics of Wood Veneer in a Contact Drying*. Master Thesis, Aalto University, Finnland

[25] Keylwerth, R. (1953): *Furnier-Trocknungsversuche*. In: Holz als Roh- und Werkstoff, 11, S. 11 – 17

[26] Holmberg, H.; Lahti, P.; Paajanen, O.; Ahtila, P. (2009): *An Experimental Study on Drying Times in a Contact Drying of Veneer*. In: Proceedings of the 8th World Congress of Chemical Engineering, 23. – 27. August 2009, Montreal, Kanada

[27] Lutz, J. F. (1974): *Drying Veneer to a Controlled Final Moisture Content by Hot Pressing and Steaming*. USDA Forest Service, Forest Products Laboratory, Madison, Wisconsin

[28] Steinhagen, H. P.; Rozas, C.; Khattabi, A.; Loehnertz, S. P.; Poblete, M. J. (1999): *Flattening Wavy Eucalyptus Veneer During Finish-Drying*. In: Forest Products Journal, 49(1), S. 63 – 66. Online: *https://www.fpl.fs.usda.gov/documnts/pdf1999/stein99a.pdf*, abgerufen im März 2025

[29] Lahti, P.; Paajanen, O.; Holmberg, H.; Kairi, M. (2010): *Introducing a New Method of Veneer Drying*. In: Proceedings of the 11th International IUFRO Wood Drying Conference, 18.–22. Januar 2010, Skellefteå, Schweden

[30] Gefahrt, J. (1967): *Die Verwendung der Hochfrequenzenergie in der Holzindustrie*. In: Holz als Roh- und Werkstoff, 25, S. 125 – 129

[31] Resch, H. (2009): *Drying Wood with High-Frequency Electric Current*. Society of Wood Science and Technology

9 Dämpfen von Holz und Holzprodukten

9.1 Zielstellungen und Effekte

Beim Dämpfen – auch **hygrothermische Wärmebehandlung** genannt – wird das Holz der Einwirkung einer gesättigten Dampfatmosphäre ausgesetzt. Dabei kann es sich um Sattdampf bei atmosphärischem Druck (1 bar) und einer Temperatur von 99 – 100 °C bis maximal 110 °C handeln oder auch um Niederdruckdampf (0,1 – 0,7 bar) und einer Temperatur von 45 – 90 °C [1]. Das Dämpfen kann auch bei Überdruck (1,6 – 1,8 bar) und Temperaturen von 120 – 160 °C stattfinden, allerdings sind für dieses Verfahren Autoklaven notwendig.

Der gesättigte Zustand des Dampfes ist sehr wichtig bei dieser Wärmebehandlung, damit während des Dämpfens nur eine Erwärmung des Holzes und keine Trocknung auftritt. Bei einer ungünstigen Kombination zwischen Temperatur und Druck kann eine ungesättigte Dampfatmosphäre entstehen. Diese wirkt dann wie ein Trocknungsmittel, die Holzfeuchte sinkt. Die physikalischen Parameter des Sattdampfes sind in Tabelle 9.1 angegeben.

Je höher die Temperatur, der Druck und die Dauer des Dämpfens, umso mehr kommt es zu Abbauprozessen [3], durch die unvermeidbare Teil-Hydrolyse der Pentosane (Hemicellulose), aber auch des Lignins und der Cellulose, wenn auch in kleinerem Ausmaß (Bild 9.1).

Tabelle 9.1 Physikalische Parameter des Sattdampfes in Funktion vom Druck [2]

Druck [atm]	Sättigungstemperatur [°C]	Spezifisches Volumen Wasser [m³/kg]	Spezifisches Volumen Dampf [m³/kg]	Enthalpie [kJ/kg]		Verdampfungswärme [kJ/kg]
				Wasser	Dampf	
0,10	45,5	0,001010	14,95	189,9954	2581,528	2391,574
0,15	53,6	0,001014	10,21	224,0114	2596,172	2372,328
0,20	59,7	0,001017	7,795	249,4082	2607,05	2357,684
0,25	64,6	0,001020	6,322	257,2742	2615,418	2345,55
0,30	68,7	0,001022	5,328	287,0642	2204,131	2335,509
0,40	75,4	0,001026	4,069	315,3062	2215,428	2318,354
0,50	80,9	0,001030	3,301	338,109	2642,614	2304,547
0,60	86,5	0,001033	2,783	357,3554	2650,146	2292,832
0,70	89,5	0,001036	2,409	374,1751	2656,422	2282,372
0,80	93,0	0,001038	2,125	389,0702	2661,861	2272,749
0,90	96,2	0,001041	1,904	406,643	2666,882	2264,381
1,00	99,1	0,001043	1,725	414,6344	2671,484	2252,666
2,00	119,6	0,001060	0,9016	501,6616	2714,579	2200,366
3,00	132,9	0,001073	0,6166	558,1456	2720,855	2162,710
4,00	142,9	0,001083	0,4706	600,8224	2733,826	2133,003
5	151,1	0,001092	0,3816	636,3864	2743,867	2107,481

Untersuchungen von Geffert et al. (2020) mit Birkenholz zeigten, dass das Dämpfen bei 105 °C und 125 °C kaum die chemische Zusammensetzung des Holzes beeinflusst. Erst bei 135 °C wurde ein Abbau festgestellt, und zwar bei den Polysacchariden um 24,2 % im Vergleich zum Anfangszustand [4]. Bei Eichenholz [5] waren es auch nur die Polysacchariden, die durch das Dämpfen abgebaut wurden. Die Reduzierung betrag 10 % bei einer Dämpftemperatur von 130 °C und 36 % bei 140 °C.

Als Folge dieser chemischen Zersetzung verringert sich die Holzdichte und damit auch die mechanischen Eigenschaften. Der pH-Wert des Holzes sinkt (Bild 9.2) und die Holzfarbe wird dunkler. Gleichzeitig steigt die Plastizität des Holzes an. Dies ist ein positiver Effekt der Dämpfung, weil dadurch Holz rissfrei gebogen werden kann.

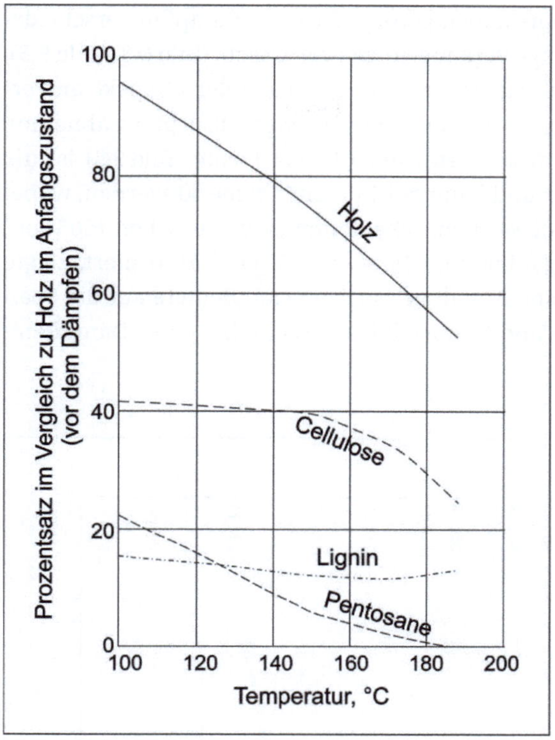

Bild 9.1 Änderung der chemischen Konstituenten von Zitterpappelholz, in Abhängigkeit von der Temperatur (in Anlehnung an [3])

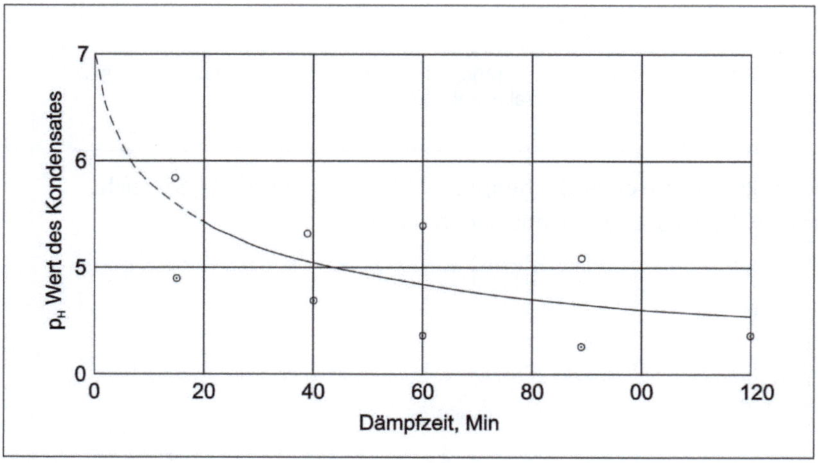

Bild 9.2 Einfluss der Dämpfzeit auf den pH-Wert des Kondensates nach dem Dämpfen von Buchenholz (in Anlehnung an [6])

Messungen mittels FTIR-Spektroskopie haben gezeigt, dass das Dämpfen verschiedener Holzarten [7, 8] bei 80 °C nur geringe Veränderungen verursacht (Bild 9.3 – Bild 9.5), während das Dämpfen bei 120 °C gut sichtbare Veränderungen der IR-Spektren verursacht (Bild 9.4, Bild 9.5). Bei Robinie, kann man eine geringe Absorptionsabnahme des Guaiacyl-Lignins bei 1512 cm^{-1} feststellen (Bild 9.4). Bei Fichte (Bild 9.5) ist die Absorptionsabnahme viel deutlicher und kann bei 1507 cm^{-1} bemerkt werden, wobei sich das charakteristische Band für diese chemische Komponente zwischen 1505 cm^{-1} und 1510 cm^{-1} erstreckt. Das Syringyl-Lignin, das etwa 1600 cm^{-1} absorbiert, zeigte keine sichtbaren Veränderungen. Eine Abnahme bei 1175 cm^{-1} deutete auf die Spaltung der Etherbindung in Cellulose und Hemicellulosen schon bei einer Dämpftemperatur von 80 °C hin [8].

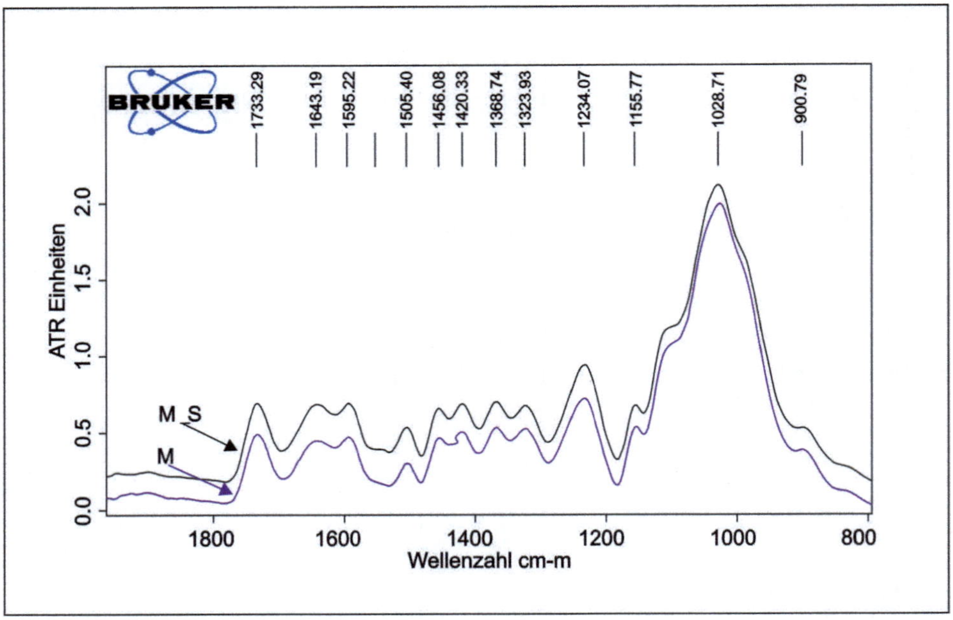

Bild 9.3 FTIR-Spektroskopie einer Buchenprobe: M – ungedämpft; M_S – leicht gedämpft bei 80 °C/12 h (Quelle: [7], mit Genehmigung)

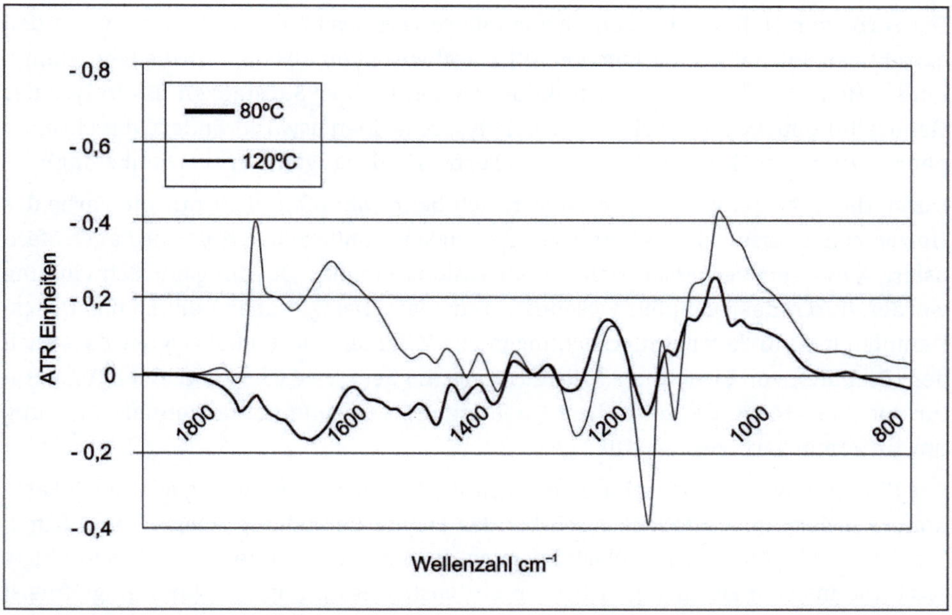

Bild 9.4 Unterschiede in den FTIR-Spektren von Robinie, gedämpft bei 80 °C und 120 °C (Quelle: [8], mit Genehmigung)

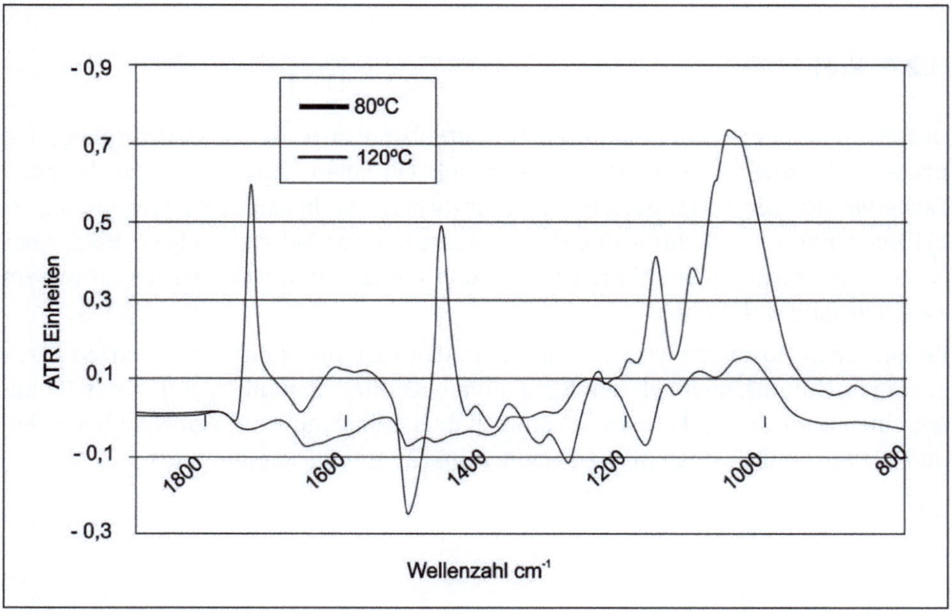

Bild 9.5 Unterschiede in den FTIR-Spektren von Fichte, gedämpft bei 80 °C und 120 °C (Quelle: [8], mit Genehmigung)

Die Farbe von Holz wird durch Chromophore verursacht, die im Lignin und in den extraktiven Substanzen vorkommen [9]. Die chemischen Reaktionen, die beim Dämpfen im Holz stattfinden (z. B. Extraktion wasserlöslicher Substanzen, Hydrolyse der Hemicellulosen, Depolymerisation von Polysacchariden usw.) verändern das chromophore System des Holzes und führen zu Farbveränderungen (Farbverdunkelung).

Durch die hohe Temperatur verändern sich beim Dämpfen nicht nur die Farbe des Holzes, seine Verformbarkeit und seine Festigkeit, sondern das Holz wird auch sterilisiert. Außerdem verbessert sich die Dimensionsstabilität. Quellung und Schwindung werden durch das Dämpfen wesentlich reduziert. Das gilt aber nur für das Druck-Dämpfen in Autoklaven. Untersuchungen von Volkmer et al. (2003) zeigten, dass nach dem Dämpfen von Eichenholz (*Quercus robur* L.) bei 1,7 – 4,0 bar und einer Temperatur von 115 – 143 °C dessen radiale Quellung um 17 % und die tangentiale Quellung um 10 % reduziert wurden [10].

Das Dämpfen wird industriell z. B. für Schnittholz zur Farbänderung oder auch Farbhomogenisierung verwendet. Auch bei der Furnierherstellung (Messer- und Schälfurnier) wird Dämpfen zur Plastifizierung der Furnierstämme und Prismen eingesetzt. Die meisten Holzarten erfordern ein vorheriges Dämpfen. Nur wenige (meist mit geringer Dichte) können ungedämpft verarbeitet werden.

9.2 Dämpfen von Schnittholz

9.2.1 Ziel

Das Hauptziel des Dämpfens in der Schnittholzindustrie ist der Farbausgleich bei Brettern, die sowohl Splint- als auch Kernholz enthalten. Durch die etwas dunklere Farbe werden die Farbunterschiede ausgeglichen. Die bekannteste Anwendung ist bei Buchenholz die Reduzierung des Farbunterschieds bei rotkernigem Holz. Aber auch Esche, Eiche, Robinie, Kirschbaum und andere Holzarten werden zu diesem Zweck gedämpft (Bild 9.6).

Bei manchen Holzarten wird gedämpft, um den Farbton exotischer Holzarten nachzuahmen. Zum Beispiel nehmen Birnbaum- oder Kirschbaumholz durch das Dämpfen einen dunkelroten Farbton an, ähnlich dem Mahagoni-Holz, während bei Eiche- und Walnussholz das Dämpfen zu einem dunklen Schokoladenton führt.

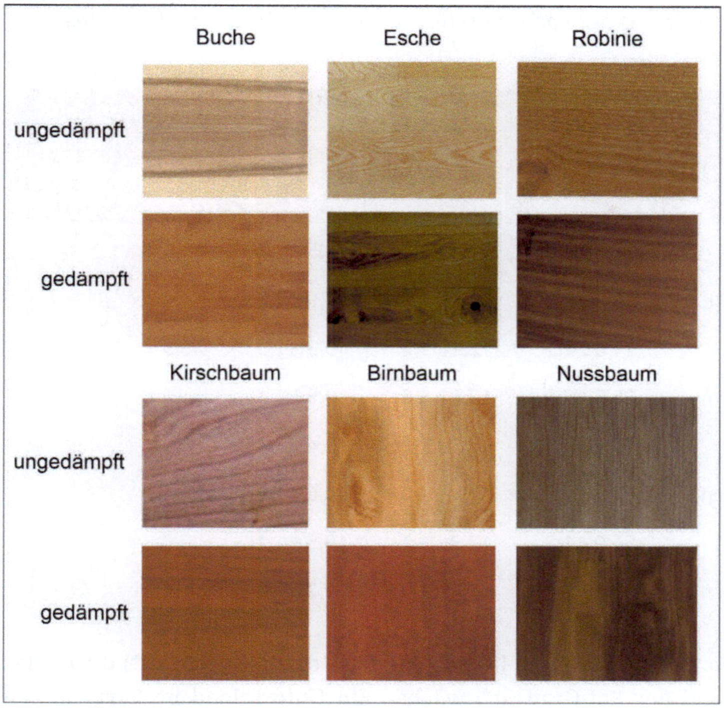

Bild 9.6 Farbänderung verschiedener Holzarten durch Dämpfen

Dzurenda und Babiak (2024) untersuchten die Farbunterschiede bei Buche mit und ohne Rotkern im ungedämpften Zustand und nach dem Dämpfen bei drei verschiedenen Temperatur/Zeit-Kombinationen (95 °C/24 h, 105 °C/18 h, 120 °C/9 h) (Bild 9.7 und Tabelle 9.2). Die Studie zeigte, dass schon bei der zweiten Kombination (105 °C/18 h) der Farbunterschied wesentlich ausgeglichen wurde ($\Delta E^* = 0{,}4$) [11].

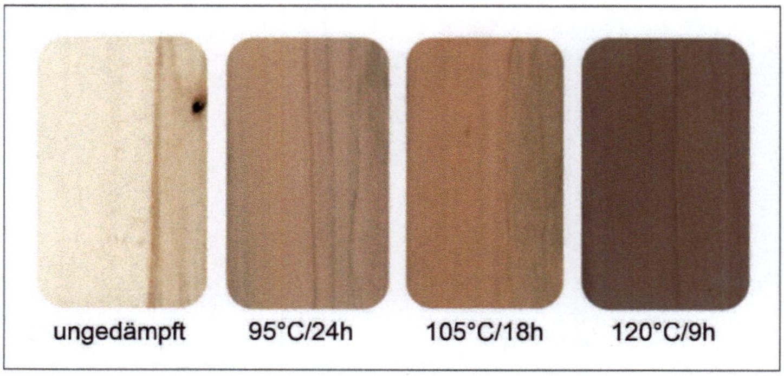

Bild 9.7 Farbänderung von Buchenholz durch Dämpfung bei verschiedenen Temperaturen (in Anlehnung an [11])

Tabelle 9.2 Homogenisierung der Farbe von Buchenholz mit Rotkern infolge des Dämpfens [11]

Holz		CIE-$L^*a^*b^*$-Farbkoordinaten			Farbunterschied zwischen Splintholz und Rotkern ΔE^*
		L^*	a^*	b^*	
Ungedämpft	Splint	78,5 ± 2,5	9,2 ± 1,6	19,5 ± 1,8	14,8
	Rotkern	63,8 ± 3,6	11,5 ± 1,8	19,9 ± 1,6	
Gedämpft bei 95 °C/24 h	Splint	71,0 ± 2,1	12,1 ± 1,2	19,3 ± 1,5	5,5
	Rotkern	65,5 ± 2,8	12,5 ± 1,6	19,5 ± 1,4	
Gedämpft bei 105 °C/18 h	Splint	61,5 ± 1,9	12,5 ± 1,2	19,4 ± 1,4	0,4
	Rotkern	61,2 ± 2,3	12,3 ± 1,4	19,6 ± 1,4	
Gedämpft bei 120 °C/9 h	Splint	56,0 ± 1,8	12,3 ± 1,1	19,5 ± 1,2	0,3
	Rotkern	55,8 ± 2,1	12,4 ± 1,3	19,7 ± 1,4	

Auch Farbmessungen an Robinienholz [8] zeigten, dass die Helligkeit (L^*) durch das Dämpfen abnimmt und der Rot-Grad (a^*) wächst. Ein Unterschied im Vergleich zu anderen Holzarten taucht bei der b^*-Koordinate auf. Robinienholz ist eine der wenigen Holzarten deren natürliche Farbe gelblich ist (wegen des hohen Robinetingehaltes). Der schnelle Abbau dieser Substanz beim Dämpfen führt zu einem negativen Δb (die b^*-Farbkoordinate nimmt mit zunehmender Dämpftemperatur und Dauer ab – siehe Bild 9.8), während sie bei den meisten Holzarten zunimmt oder etwa konstant bleibt.

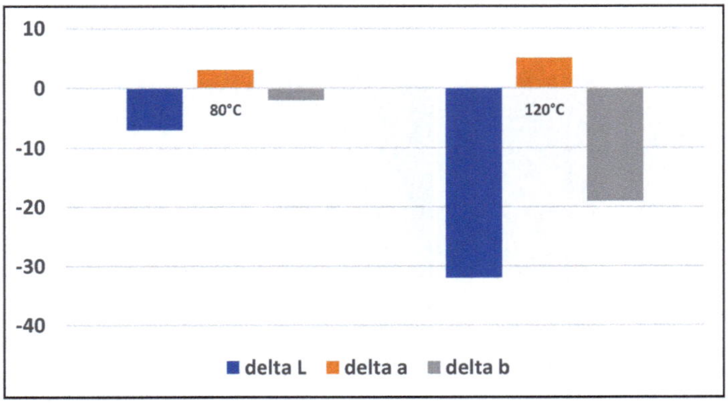

Bild 9.8 Änderungen der Farbkoordinaten beim Dämpfen von Robinienholz (in Anlehnung an [8])

Unter dem direkten Einfluss der Sonnenstrahlen verfärbt sich gedämpftes Holz mit der Zeit (es wird heller), allerdings nur an der Oberfläche [12, 13, 14]. Robinie ist die einzige Holzart, die nach dem Dämpfen eine bessere Farbstabilität zeigt [13, 15].

Neben der Beeinflussung der Holzfarbe wirkt sich das Dämpfen positiv auch auf die Trocknung aus, indem es die Ausgangsfeuchtigkeit des Holzes ausgleicht und die Poren öffnet. Dies trägt dazu bei, die Trocknungszeit zu verkürzen und die Trocknungsqualität zu verbessern. Aus diesem Grund kann bei harten Laubholzarten, auch wenn keine Farbveränderung angestrebt wird, vor dem Trocknen ein leichtes Dämpfen (für 2 – 5 Stunden) durchgeführt werden.

9.2.2 Verfahren und Anlagen

Das Dämpfen von Holz kann durch zwei unterschiedliche Verfahren erfolgen, nämlich:

- direktes Dämpfen (Bild 9.9 a) – bei dem der gesättigte Nassdampf durch Sprührohre direkt in die Dämpfkammer eingeleitet wird. Der Dampf kann in diesem Fall von einem eigenen Generator (Frischdampf) oder von Kraftmaschinen (entfetteter Abdampf) stammen. Holzdefekte durch lokale Überhitzung sind unvermeidbar und die thermische Wirtschaftlichkeit ist ungünstig, da keine Kondensatrückgewinnung möglich ist;
- indirektes Dämpfen (Bild 9.9 b) – bei dem der notwendige Dampf im Dämpfraum erzeugt wird, durch die Erwärmung bis auf die Verdampfungstemperatur eines Wasserbades, mithilfe einer Heizschlange (Bild 9.10), die sich am Boden der Dämpfkammer befindet. Dieses Verfahren führt zu einer gleichmäßigeren Erwärmung des Holzes und ist wirtschaftlicher, da das Kondensat zurückgewonnen werden kann. Allerdings ist die Dämpfzeit beim indirekten Verfahren länger.

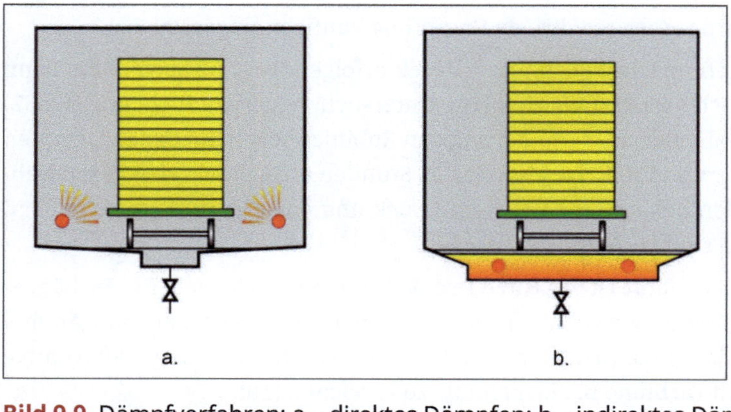

Bild 9.9 Dämpfverfahren: a – direktes Dämpfen; b – indirektes Dämpfen

Bild 9.10 Heizschlange beim indirekten Dämpfen

Die Vorteile des indirekten Dämpfens sind:

- die vollständige Rückgewinnung des auf eine Temperatur von 80 – 90 °C erhitzten Kondensats, was eine unmittelbare Reduzierung des notwendigen Energieverbrauchs zur Folge hat;
- das Vorwärmen des Wassers im Dampferzeuger ist nicht notwendig (Kosteneinsparung);
- die Möglichkeit, in der Heizschlange beliebige Wärmemittel (Dampf, erhitztes Wasser unter Druck, Öl) zu verwenden, ohne das Holz zu verschmutzen. Das Wärmemittel kommt nicht mit Holz in Kontakt. Der Prozess ist langsam, sodass das Holz allmählich und gleichmäßig erwärmt wird (bessere Dämpfqualität)

Dank des einfacheren Aufbaus der Dämpfkammer, der kürzeren Dauer und der präziseren Regelung wird jedoch die direkte Dämpfung häufiger eingesetzt.

Die Schnittholzdämpfung kann auch unter Druck erfolgen ($p = 1 – 2$ bar). Dabei kann die Dämpfzeit deutlich verkürzt werden [16]. Untersuchungen von Riehl et al. (2002) zeigten, dass die maximale Farbveränderung von Robinienholz beim Druck-Dämpfen bei einer Temperatur von 130 °C bereits nach 10 Stunden erreicht werden kann, während für das Dämpfen bei atmosphärischem Druck und einer Temperatur von 98 °C acht Tage notwendig sind [17].

Auch im Falle von Eichenholz ist das Hitze-Druck-Dämpfen von Vorteil. Die Farbänderung (Abdunkelung) ist vergleichbar mit jener, die man beim Räuchern mit Ammoniak erhält, wobei das Hitze-Druck-Dämpfen eine umweltfreundlichere Alternative ist, um diese dunklen Farbtöne bei Eichenholz zu erreichen [10].

Anlagen. Früher wurden Dämpfkammern aus Mauerwerk gebaut, heute werden meistens, wie auch bei der Trocknung, Ganzmetallkammern (Bild 9.11) oder Autoklaven (Bild 9.12) aus Edelstahl eingesetzt. Bei der Konstruktion der Ganzmetallkammern werden, ähnlich den Trockenkammern, vorgefertigte Elemente mit Sandwichstruktur (Mineralwolle, Polystyrol oder Polyurethan als Dämmung zwischen zwei Aluminiumblechen) eingesetzt. Optional kann die Innenplatte aus Edelstahl gefertigt werden. Diese Lösung wird für die direkte Dämpfung empfohlen, weil in diesem Fall die inneren Wände der Kammer alkalischem Dampf ausgesetzt sind und dagegen ist Aluminium weniger beständig als Edelstahl. Es wird außerdem empfohlen, zwischen den Platten eine gewisse Luftschicht zu lassen, die die Wärmedämmfähigkeit erhöht und gleichzeitig dem Isoliermaterial ermöglicht, bei Temperaturschwankungen die Dickenänderungen der Dämmung auszugleichen.

Um eine gesättigte Dampfatmosphäre mit möglichst geringem Energieverbrauch aufrechtzuerhalten, muss die Struktur der Wände, des Bodens und der Decke einen Wärmedurchgangskoeffizienten $k < 1{,}163\ \mathrm{W/m^2}$ aufweisen. Besonderes Augenmerk muss auch auf die Abdichtung im Übergangsbereich der Wände zur Decke gelegt werden. Im Gegensatz zu den Trockenkammern haben die Dämpfkammern keine Ventilatoren und keine Luftschächte (Bild 9.11). Die Dämpfanlagen sollten nicht zu groß gebaut werden, weil sonst das Holz nicht gleichmäßig gedämpft wird.

Bild 9.11 Metallkammer zur Dämpfung von Schnittholz

Für die Unter-Druck-Dämpfung von Schnittholz werden Autoklaven eingesetzt (Bild 9.12, Bild 9.13). Edelstahl sollte verwendet werden, um Korrosion zu vermeiden.

Bild 9.12 Autoklav für die Unter-Druck-Dämpfung von Buchenholz in Burgas (Bulgarien)

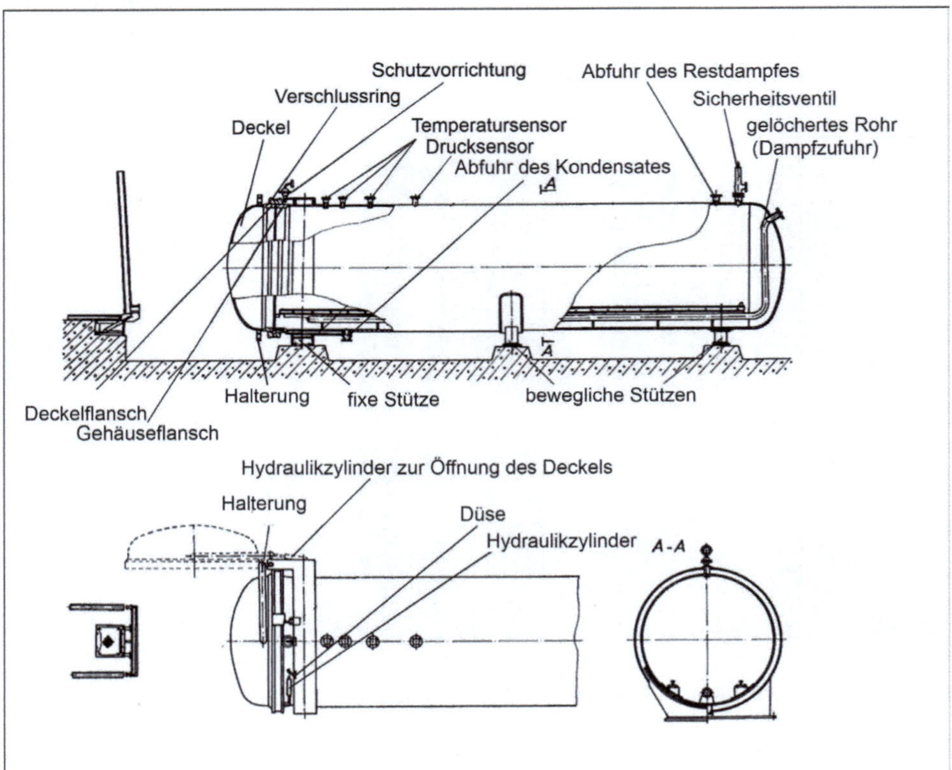

Bild 9.13 Gesamtansicht eines Autoklaven für die Unter-Druck-Dämpfung von Schnittholz (Quelle: [16])

Der Autoklav ist ein horizontaler zylindrischer Metallbehälter mit einem Innendurchmesser von etwa 2,4 m und einer Länge von etwa 9,0 m. Er ist mit einem elliptischen Deckel versehen, der mittels einer Halterung am zylindrischen Teil (Mantel) des Autoklaven gelenkt ist, wodurch er sich beim Schließen und Öffnen um eine vertikale Achse drehen kann.

Ein spezieller „Bajonettverschluss" hindert das unvorhergesehene Öffnen des Deckels bei erhöhtem Dampfdruck im Autoklav. Der Bajonettverschluss besteht aus einem Bajonettring und zwei Flanschen mit sich berührenden Zähnen und Arbeitsflächen. Der Deckelflansch wird gegen den Gehäuseflansch gedrückt und der Autoklav wird mithilfe einer Schwalbenschwanz-Gummiringdichtung an der Stirnseite des Gehäuseflansches abgedichtet. Zu diesem Zweck wird Druckluft oder Dampf mit einem höheren Druck als dem Arbeitsdruck im Autoklav durch eine Düse in die Kammer dieses Verschlusses geleitet. Mithilfe zweier diametral angeordneter Hydraulikzylinder kann der Bajonettring um einen bestimmten Winkel um seine eigene Achse in die jeweiligen Endpositionen gedreht werden [18, 19]. In einer der Endpositionen befinden sich die Zähne des Deckelflansches zwischen den Zähnen des Gehäuseflansches und werden durch die Zähne des Bajonettrings festgezogen. Dann wird die Stirnfläche des Deckelflansches gegen den Dichtungsgummiring gedrückt und der Autoklav unter Druck gesetzt. In dieser Position ist der Deckel in geschlossener Position blockiert. In der anderen Endposition sind die Zähne des Bajonettrings von den Zähnen des Deckelflansches versetzt und der Deckel kann geöffnet werden.

Der Autoklav steht auf einem Betonfundament auf drei Stützen (Bild 9.13). Eine der Stützen ist fest, die beiden anderen sind beweglich, um eine ungehinderte Temperaturausdehnung des Metallzylinders während des Betriebs zu gewährleisten. Um Wärmeverluste beim Dämpfen zu reduzieren, ist der Autoklav mit einer Wärmedämmschicht ausgestattet.

9.2.3 Stapelbildung

Das Stapeln von Schnittholz zum Dämpfen kann je nach gewünschtem Verfärbungsgrad mit oder ohne Latten erfolgen:

- Wenn man eine intensive Farbänderung wünscht, muss man eine längere Dämpfung durchführen. In diesem Fall muss das Holz kompakt gestapelt werden, ohne Stapelleisten und ohne Zwischenräume zwischen den Holzteilen über die Breite des Stapels; bei der Stapelung mit Leisten bleiben Lattenstreifen auf der Holzoberfläche zurück (Bild 9.14).
- Wenn man nur eine leichte Farbänderung wünscht, kann man wie bei der Holztrocknung Stapellatten verwenden. In diesem Fall sollte die Dämpfzeit 2 – 5 Stunden dauern, nicht länger. Das Stapeln mit Latten wird auch dann praktiziert,

wenn das Dämpfen und Trocknen in einem kombinierten Prozess in derselben Anlage (sogenannte Dämpf- und Trocknungsanlage) durchgeführt wird. Dabei wird das Holz am Ende des Dämpfens nicht aus der Anlage entfernt, sondern es bleibt in der Anlage und die Trocknungsphase wird direkt angeschlossen. Somit wird die Dauer des Prozesses verkürzt, indem die Abkühlphase nach dem Dämpfen und die Erhitzungsphase zu Beginn des Trocknens entfallen. Lattenstreifen sind aber dabei unvermeidbar.

Bild 9.14
Lattenstreifen beim Tiefdämpfen von nicht kompakt gestapeltem Buchenschnittholz

Um Risse, insbesondere bei dickerem Holz, zu vermeiden, empfiehlt es sich, Latten über die Hirnfläche zu nageln oder S-Haken einzuschlagen. Damit werden die Spannungen aus der Hirngegend aufgenommen und somit die Rissbildung vermieden.

9.2.4 Dämpfparameter und Prozessphasen

Anfangsfeuchte des Holzes. Grundvoraussetzung für den Erfolg des Dämpfens ist, dass die Holzfeuchte möglichst hoch ist (grüner Zustand): 50 – 60 % im Kernbereich und 60 – 100 % im Splintholz. Um diese Anforderung zu gewährleisten, ist es erforderlich, dass das Dämpfen im Sommer spätestens 24 Stunden nach dem Sägen der Stämme in Schnittholz erfolgt und im Rest des Jahres nach 48 Stunden. Wenn das nicht möglich ist, sollte das Holz vor dem Dämpfen so besprüht werden, dass mindestens die Holzfeuchte nicht unter dem Fasersättigungspunkt sinkt.

Temperatur und Zeit. Beim leichten Dämpfen beträgt die Dauer des Vorgangs nur 2 – 5 Stunden und die übliche Temperatur liegt bei 65 – 80 °C. Dabei wird das Holz nur leicht rosa gefärbt.

Beim intensiven Dämpfen, gekennzeichnet durch ausgeprägte Farbänderung, muss die Temperatur in der Dämpfkammer konstant auf 99 – 100 °C gehalten werden und die relative Luftfeuchte muss während des gesamten Prozesses 100 % betragen.

Die drei Phasen bei der intensiven Dämpfung sind (Bild 9.15):

- Aufheizen des Raumes auf die Regeltemperatur (99 – 100 °C) und teilweise Erwärmung des Holzes; die Dauer dieser Phase beträgt 4 – 6 Stunden und benötigt einen durchschnittlichen Verbrauch von 30 kg Dampf/m^3 h;
- die eigentliche Dämpfphase mit einer Dauer von mindestens 24 Stunden, abhängig von der gewünschten Intensität des Farbverschlusses, wobei die Temperatur auf 99 – 100 °C gehalten wird, bei einem durchschnittlichen Verbrauch von 5 – 7 kg Dampf /m^3 h;
- die Abkühlperiode mit einer Dauer von vier Stunden, während der die Türen geschlossen bleiben und die Dampfzufuhr gestoppt wird. Der Zweck dieser Phase ist, den plötzlichen Übergang der Holztemperatur von 99 – 100 °C auf die Temperatur der Außenumgebung zu vermeiden, der zu Rissen führen würde.

Die gesamte Dauer der intensiven Dämpfung von Buchenholz beträgt je nach Jahreszeit, aber auch in Funktion von der Dicke des Holzes 38 – 48 Stunden.

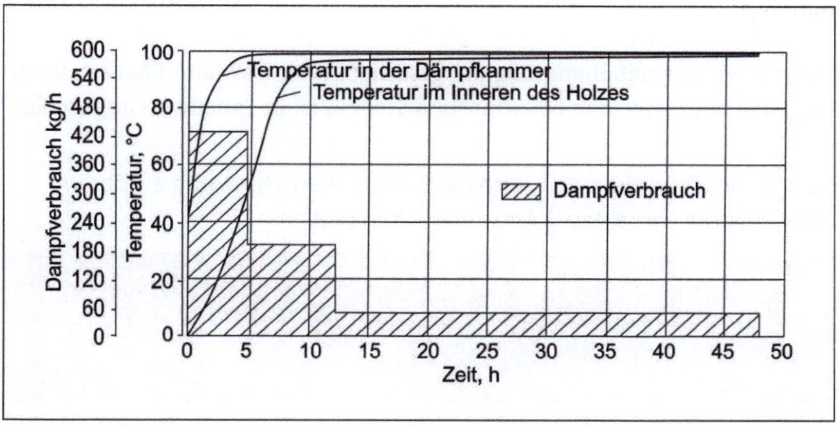

Bild 9.15 Dämpfungsdiagramm bei der direkten Dämpfung (in Anlehnung an [20])

Der Wärmeenergiebedarf beträgt während der Heizperiode 80 – 100 MJ/h m^3Holz. Hinzu kommen 10 – 40 MJ/h m^3Holz für das eigentliche Dämpfen [21].

Die Unter-Druck-Dämpfung hat dieselben drei Phasen (Bild 9.16):

- in der Aufheizphase wird die Temperatur auf 120 °C und der Druck auf fast 2 bar gehoben. Die Dauer dieser Phase beträgt etwa 10 Stunden bei Eichenholz;
- die eigentliche Dämpfphase findet bei konstanter Temperatur und Druck statt und dauert etwa 50 Stunden bei Eichenholz;
- in der Abkühlphase wird nicht nur die Temperatur, sondern auch der Druck gesenkt; die Dauer dieser Phase beträgt auch etwa 10 Stunden, wie die Aufheizphase.

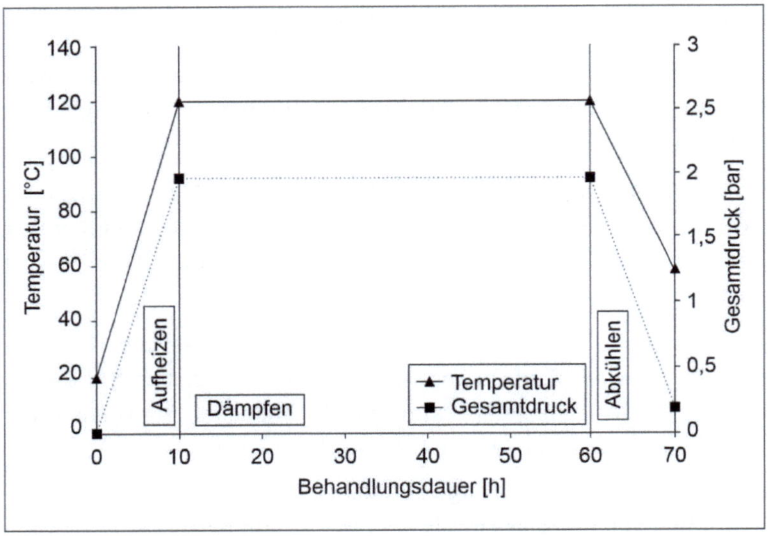

Bild 9.16 Verfahrensschema beim Unter-Druck-Dämpfen von Eichenholz (Quelle: [10], mit Genehmigung)

Die Gesamtdauer der Wärmebehandlung mit gesättigtem Wasserdampf bei erhöhtem Druck im Vergleich zum Dämpfen bei atmosphärischem ist in Tabelle 9.3 angegeben.

Tabelle 9.3 Dauer des Dämpfens von Buche bei atmosphärischem und erhöhtem Druck, um eine rosarote Farbe des Holzes zu erhalten [18]

Brettdicke [mm]	Dauer der Phase mit Dampfzufuhr [h]		Dauer der Phase ohne Dampfzufuhr [h]		Gesamtdauer [h]	
	t_{Dampf} = 80 °C	t_{Dampf} = 123 °C	atm.-Druck	Hochdruck	atm.-Druck	Hochdruck
20	90	6,5	10,0	7,0	100,0	13,5
30	93	7,0	10,5	7,2	103,5	14,2
40	96	7,5	11,0	7,4	107,0	14,9
50	99	8,0	11,5	7,7	110,5	15,7
60	103	8,5	12,0	8,0	115,0	16,5
70	107	9,1	12,5	8,4	119,5	17,5
80	111	9,7	13,0	8,9	124,0	18,6
90	115	10,3	13,5	9,4	128,5	19,7
100	119	11,0	14,0	10,0	133,0	21,0

Nach Ablauf der Abkühlzeit in der Anlage wird das gedämpfte Holz aus der Anlage entfernt und muss innerhalb von max. 24 h (im April–Oktober) bzw. max. 48 h (im Rest des Jahres) mit Stapellatten gestapelt werden.

9.2.5 Holzschutzmaßnahmen nach dem Dämpfen

Es ist zu bedenken, dass das Dämpfen aufgrund der hohen Temperaturen zwar das Holz sterilisiert (Pilze und Insekten werden abgetötet), jedoch keinen langfristigen Holzschutz sichert. Um eine Infektion des Holzes während der Lagerung zu verhindern, insbesondere bei längerer Aufbewahrung im Freien vor der Trocknung oder beim Seeweg-Transport, wird empfohlen, eine antiseptische Behandlung unmittelbar nach dem Dämpfen durchzuführen. Dazu werden die Holzstapel in eine biozide Lösung getaucht (z. B. Wolsin® FL-35 – konzentriertes Holzschutzmittel, basierend auf Propikonazol, Fenpropimorph und Borsäure, mischbar mit Wasser, zubereitet als Lösung mit einer Konzentration von 0,8 – 3 %) oder in einem Autoklav unter Druck getränkt.

9.2.6 Qualitätskontrolle und Dämpffehler

Die Qualitätskontrolle beim Dämpfen bezieht sich hauptsächlich auf die erhaltene Farbe:

- eine zu helle oder ungleichmäßige Farbe weist auf ein unzureichendes Dämpfen hin, entweder aufgrund einer zu niedrigen Temperatur, einer zu kurzer Dämpfzeit oder auch einer zu niedrigen Anfangsfeuchtigkeit des Holzes;
- eine zu dunkle Farbe weist auf übermäßiges Dämpfen aufgrund einer zu langen Dämpfdauer hin;
- die ungleichmäßige Farbe kann durch eine zu lange Lagerung des Holzes vor dem Dämpfen oder durch vorhandene Fäulnis verursacht werden;
- das Vorhandensein schwarzer Flecken auf dem Material beim direkten Dämpfen weist entweder auf den direkten Kontakt zwischen Dampf und Holz hin (es besteht die Notwendigkeit, die Düsenrohre neu auszurichten) oder auf den Ölgehalt des Dampfes.

Auch Hirnrisse im Holz sind häufig auftretende Mängel, insbesondere bei dickerem Schnittholz [22].

9.3 Dämpfen von Holz für das Biegen

9.3.1 Ziel

Holz hat relativ geringe plastische Eigenschaften im trockenen Zustand. Daher ist eine Wärmebehandlung vor dem Biegen (z. B. bei Sitzmöbelelementen oder Fassdauben, Bild 9.17) notwendig.

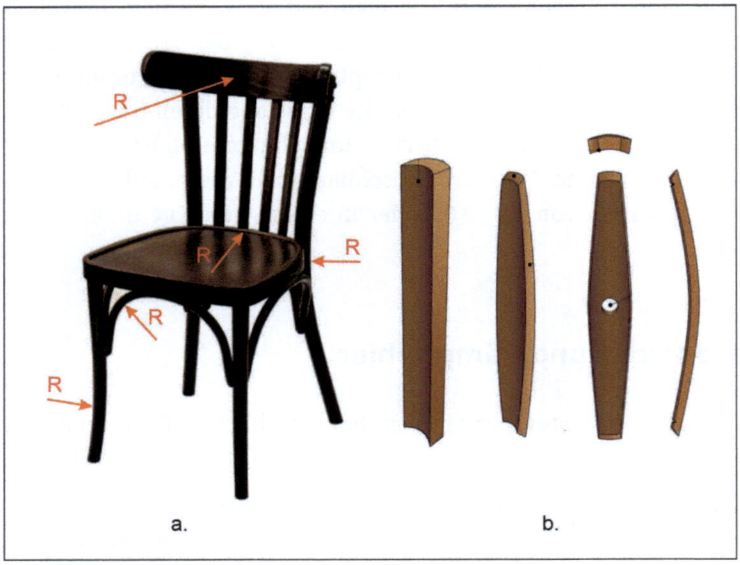

Bild 9.17 Holzprodukte die vor dem Biegen gedämpft werden müssen: a – gebogene Stuhlelemente (Biegeradius *R*); b – Fassdauben

Ziel des Dämpfens vor dem Biegen ist, unter der gleichzeitigen Einwirkung von Wärme und Feuchte die Plastizität des Holzes zu steigern (Bild 9.18). Das Holz wird aufgeweicht und somit wird ihm eine höhere Biegefähigkeit verliehen, sodass das Biegen mit geringem Kraftaufwand und ohne Fehler (Risse, Sprünge, Falten) möglich ist.

Wenn der Biegeradius groß ist, z. B. bei Stuhlbeinen, kann das Biegen problemlos durchgeführt werden, aber bei kleinen Krümmungsradien, z. B. beim Sitzrahmen, spielt das Dämpfen eine wesentliche Rolle.

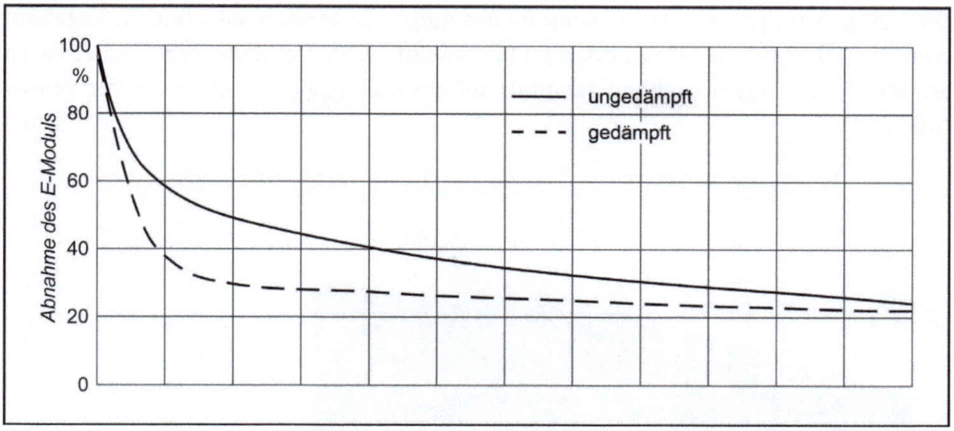

Bild 9.18 Änderung der Steifigkeit des Holzes (Buche) bei der Dämpfung (Quelle: [21], mit Genehmigung)

9.3.2 Biegefähigkeit des Holzes und Einflussfaktoren

Beim Biegen des Holzes herrscht ein komplexer Spannungsverlauf. Es treten Druckspannungen in dem konkaven Bereich (Innenseite des Holzteils, im Kontakt mit der Schablone) und Zugspannungen in dem konvexen Bereich (Außenseite) auf (Bild 9.19).

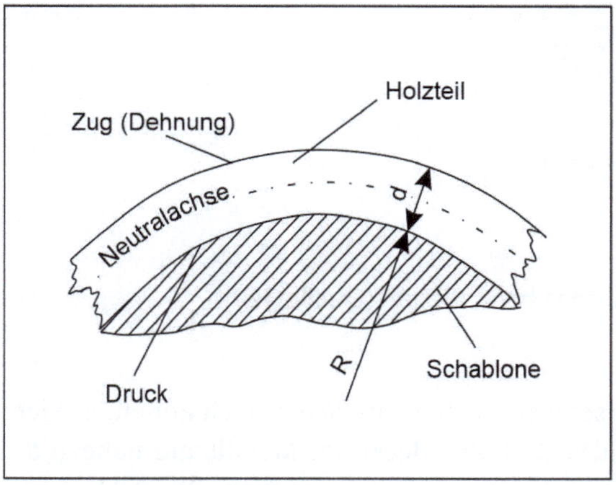

Bild 9.19 Biegen von Massivholz: *d* – Holzdicke; *R* – Biegeradius

Aufgrund der Zellstruktur des Holzes können Druckbelastungen leicht durch Verformung absorbiert werden [21]. Das heißt, dass das Biegen hauptsächlich aufgrund der Druckverformungen erfolgt, die beim wärmebehandelten Holz im Vergleich zu unbehandeltem Holz deutlich (um etwa das 15-fache) erhöht sind. Die Dimension des Biegekörpers verkleinert sich auf der Innenseite, was gleichzeitig zu einer Erhöhung der Dichte in dieser Zone führt.

Die Zugspannungen auf der Außenseite des Biegeteils können jedoch nicht abgebaut werden. Daher würden sie zu Brüchen führen (Bild 9.20). Um dem vorzubeugen, wird ein Metallband (auch Zugband genannt) auf der Außenseite des Holzteils verwendet (Bild 9.21).

Bild 9.20 Bruch auf der Außenseite des Biegeteils in Abwesenheit des Metallbandes (Quelle: [21], mit Genehmigung)

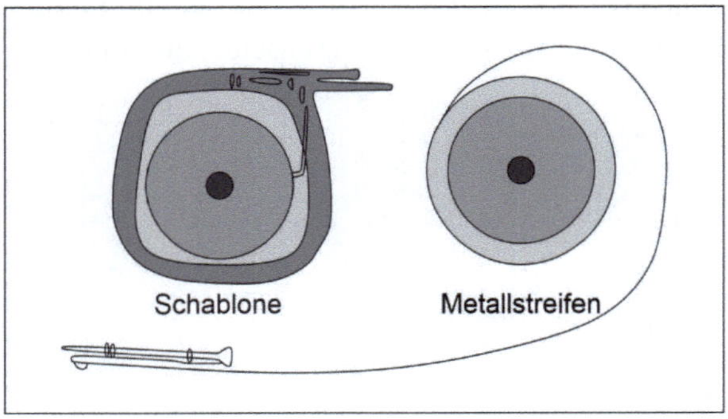

Bild 9.21 Verwendung eines Metallbandes beim Biegen (Quelle: [20], mit Genehmigung)

Die Einsetzung des Metallbandes verschiebt die neutrale Achse nach außen, in Richtung des zugbelasteten Bereichs (Bild 9.22). Dabei deckt das Metallband nahezu die gesamte Zugbelastung ab, die während des Biegevorgangs auftritt (Bild 9.22 unten). Es ist jedoch sehr wichtig, dass dieses Band vor Beginn des Biegevorgangs perfekt auf das Werkstück passt. Toleranzen zwischen Band und Werkstück führen zu Schäden [21].

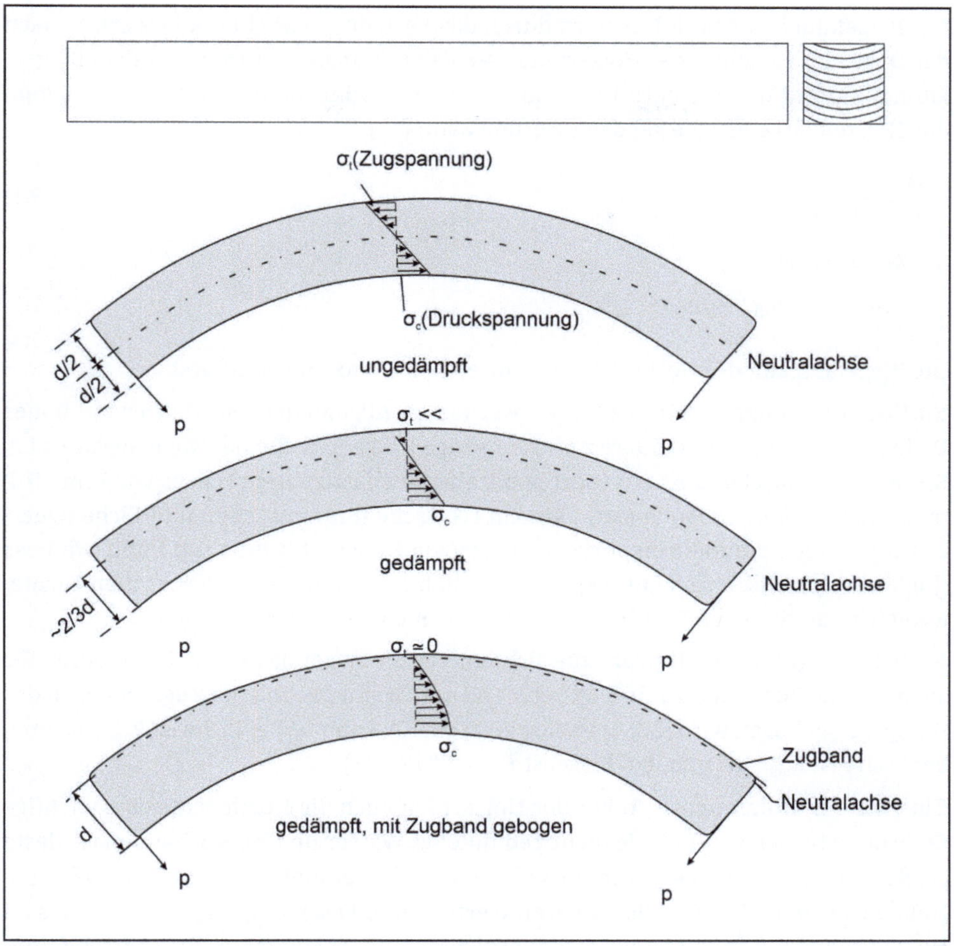

Bild 9.22 Verschiebung der neutralen Achse beim Dämpfen des Holzes (in Anlehnung an [1, 23]

Außer dem klassischen Dämpfverfahren vor dem Biegen, wurde das sogenannte Verfahren zur Herstellung von Patentbiegeholz entwickelt [24]. In diesem Fall wird das Holz zuerst bei niedrigem Druck gedämpft und anschließend in eine Vorrichtung fixiert, um in Faserrichtung verdichtet zu werden, ohne gebogen zu werden. Die Verformbarkeit von vorverdichtetem Massivholz ist höher und lässt sich auf die Faltung der Zellwände und der dadurch freiwerdenden zusätzlichen Ausdehnungswege zurückführen [25]. Eggert (1995) unterscheidet zwischen Vorkomprimierung mit und ohne Rückdehnung. Die Vorkomprimierung ohne elastische Rückstellung, beispielsweise durch Trocknen und Abkühlen in einer festen Position, die keine Rückstellung in Längsrichtung zulässt, führt zum höchsten Kompressionsgrad und zur geringsten Biegesteifigkeit bzw. Elastizität [21].

Die Biegefähigkeit des Holzes wird durch das Verhältnis *d/R* charakterisiert. Je nach der Dicke des Holzteils, der Holzart und des Behandlungsverfahrens vor dem Biegen, kann aufgrund von Formel 9.1 der minimale Biegeradius bestimmt werden, bei dem das Holzteil ohne Brüche gebogen werden kann [25]:

$$\frac{d}{R} = \frac{\varepsilon_t - \varepsilon_c}{1 + \varepsilon_c} \tag{9.1}$$

ε_t Zugspannung

ε_c Druckspannung (negativ)

Die Biegefähigkeit des Holzes ist von zahlreichen Faktoren beeinflusst.

Einfluss der Holzart. Für das Biegen werden im Allgemeinen Harthölzer mit hoher Dichte bevorzugt, insbesondere zerstreutporige Hölzer wie Buche (*Fagus sylvatica* L.), Birke (Betula spp.) und Ahorn (Acer spp.), aber auch ringporige Hölzer wie Ulme (Ulmus spp.), Robinie (*Robinia pseudoacacia* L.), Esche (Fraxinus spp.) und Eiche (Quercus spp.). Auch die halbringporigen Hölzer wie Kirsche (Prunus spp.) und Walnuss (Juglans spp.) lassen sich gut biegen. Weichhölzer sind aufgrund des großen Dichteunterschieds zwischen Frühholz und Spätholz nicht zum Biegen geeignet.

Buchenholz gilt als die Holzart, die sich am besten biegen lässt. Der Biegeradius für 25 mm dicke Buchenholzteile liegt bei $R > 43$ mm, wenn das Teil mit Zugband nach der Dämpfung gebogen wird [25]. Derselbe Wert gilt für Robinie. Bei Eiche ist $R_{min} = 50$ mm, bei Esche ist $R_{min} = 64$ mm, bei Birke ist $R_{min} = 70$ mm [3].

Einfluss der Holzfeuchte. Außer der Holzart hat auch die Holzfeuchte eine wichtige Rolle beim Biegen von Holz. Je mehr gebundenes Wasser im Holz vorhanden ist, desto größer ist seine Fähigkeit, sich zu verformen. Als optimal für das Biegen gilt eine Holzfeuchte von 15 – 25 %. Bei höheren Werten (über Fasersättigung) lässt sich das im Holz vorhandene freie Wasser nicht verdichten und es kommt zu Brucherscheinungen.

Einfluss der Holzqualität, des Einschnitts, der Form und der Dimensionen des Holzes. Zum Biegen müssen die Holzteile möglichst exakt parallel zu den Fasern geschnitten und anschließend gehobelt werden. Biegeholz darf keine strukturellen Fehler (Äste, Drehwuchs, Risse, Fäule usw.) aufweisen.

Bezüglich der Form des Querschnitts zeigt sich, dass Holzteile mit kreisförmigem Querschnitt aufgrund des leichteren Eindringens von Dampf zwischen den gestapelten Teilen und aufgrund des konstanten Abstands zwischen den Oberflächen eine kürzere Behandlungszeit zum Plastifizieren benötigen als quadratische Querschnitte. So beträgt, beispielsweise, die Dämpfzeit für Rückenlehnen mit quadratischem Querschnitt (20 × 20 mm) 40 – 60 Minuten, im Vergleich zu nur 30 – 40 Minuten bei einem kreisförmigen Querschnitt (Ø 20 mm) [20].

Die Abmessungen des Holzteils beeinflussen die Behandlungszeit direkt proportional: Je größer die Dicke (oder der Durchmesser), desto länger die Dämpfzeit.

Einfluss der Temperatur. Die Temperatur spielt auch eine wichtige Rolle bei der Wärmebehandlung des Holzes vor dem Biegen. Mit steigender Temperatur verringern sich die meisten mechanischen Eigenschaften. Die Verformungsfähigkeit des Holzes nimmt zu, während die Druckfestigkeit abnimmt.

Für ein effizientes Dämpfen muss die Temperatur in der Mitte des Holzteils etwa 70 °C erreichen. Dafür muss die Dämpftemperatur bei 105 – 110 °C liegen. Bei dieser Temperatur findet die Hydrolyse der Pentosane zu Pentosen statt und eine anschließende Umwandlung in thermoplastische Furfuralharze, die ein rissfreies Biegen ermöglichen. Deshalb weisen harte Laubholzarten, die reich an Pentosanen sind, ein sehr gutes Biegevermögen auf. Temperaturen über 160 °C sollten vermieden werden, weil darüber hinaus die Festigkeit des Holzes stark abnimmt.

Einfluss des Dampfdrucks. Beim Dämpfen besteht ein Zusammenhang mit der Temperatur und dem Druck des Dampfes. Sein optimaler Wert liegt bei 0,2 – 0,34 bar. Bei niedrigeren Drücken wird das Holz nicht richtig plastifiziert, was eine Verlängerung der Dämpfzeit mit sich bringt. Die Anwendung höherer Drücke führt zu einer Erhöhung des Ausschusses (Biegefehler) um etwa 30 %. Diese Fehler sind meist erst nach dem Trocknen erkennbar.

Einfluss der Dämpfdauer. Die Wärmebehandlungsdauer muss so angepasst sein, dass eine gleichmäßige Erwärmung der Teile und das Erreichen einer Temperatur von etwa 70 °C im Holzinneren möglich ist. Im Allgemeinen gilt beim Dämpfen von Holz eine Behandlungszeit von 1 Minute/mm Dicke als optimal. Dieser Wert muss jedoch individuell angepasst werden. Für Buchenholz kann die Dämpfzeit mithilfe des Diagramms in Bild 9.23 ermittelt werden.

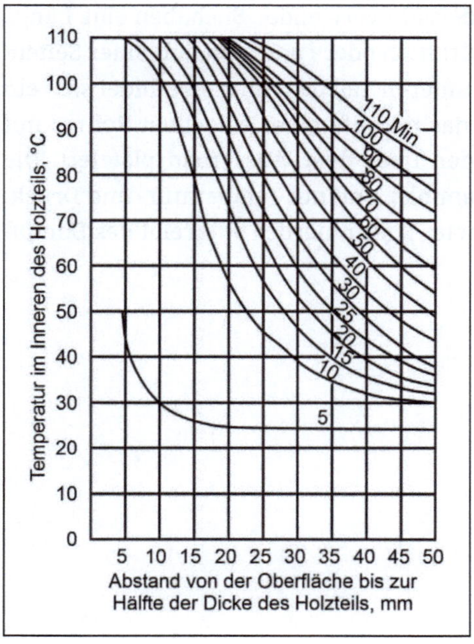

Bild 9.23
Ermittlung der Dämpfzeit für Biegeholzteile aus Buche (in Anlehnung an [20])

Eine unzureichende Behandlungsdauer führt zu einer ungenügenden Plastifizierung und zu einem hohen Materialverlust (Brüche beim Biegen) (Bild 9.24 a) [25]. Eine zu lange Behandlungsdauer führt zu einer übermäßigen Plastifizierung des Holzes, die meist zu Faltenbildung in der Druckzone (Bild 9.24 b), aber auch zu lokalen Brüchen und Dehnungsrissen quer zur Faser führt [26].

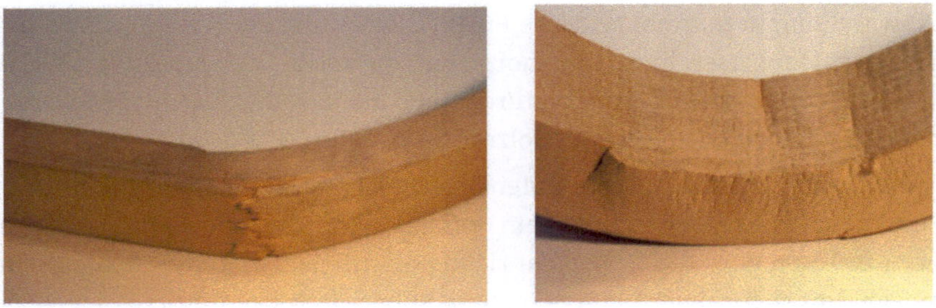

a. b.

Bild 9.24 Fehler beim Dämpfen des Holzes vor dem Biegen: a – Risse; b – Faltenbildung (Quelle: [25], mit Genehmigung)

9.3.3 Anlagen

Das Dämpfen erfolgt in einer feuchten, gesättigten Dampfumgebung, mit einem Druck von 0,2 – 0,39 bar, bei einer Temperatur von 105 – 110 °C.

Meist werden dazu kleine Autoklaven aus Edelstahl verwendet. Sie haben eine Länge etwa von 1 – 2 m. Der Querschnitt kann quadratisch oder rund sein, mit einer Seitenlänge bzw. Durchmesser von 0,5 – 0,6 m. Im unteren Teil der Anlage befindet sich ein Wasserbad mit einer Tiefe von etwa 5 cm, das mithilfe eines gelochten Rohres mit Dampf aufgeheizt wird. Die Holzteile werden über dem Wasserbad platziert. Die Anlage ist außerdem mit einem Kondensatsammler und mit Temperatur- und Drucksensoren ausgestattet, um die beiden Parameter kontinuierlich während des Dämpfprozesses zu überwachen (Bild 9.25).

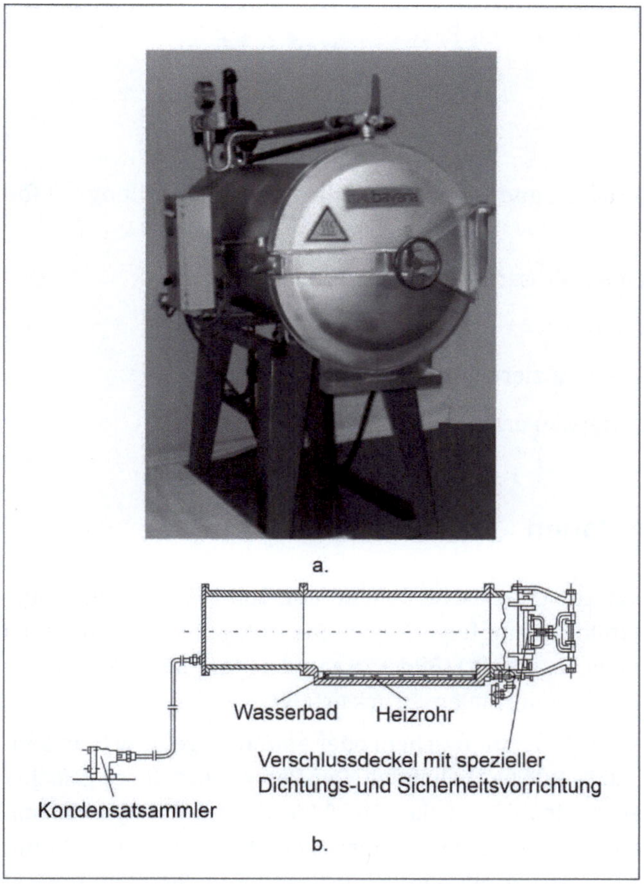

Bild 9.25 Dämpfanlage für Biegeholzteile: a – HODA Kompakt-Dämpfer (Quelle: © GHEBavaria, mit Genehmigung); b – schematische Darstellung, Aufbau (in Anlehnung an [20])

Für ein Stuhlmodell, wie das in Bild 9.15 a dargestellte, können je nach Dicke der Teile etwa 60 bis 120 Stück gleichzeitig gedämpft werden (Tabelle 9.4).

Tabelle 9.4 Ladekapazität einer Dämpfanlage für einen Biegeholzstuhl [20]

Möbelteil	Länge [mm]	Breite [mm]	Dicke [mm]	Stückanzahl
Sitzrahmen	1700	40	40	60
Rückenlehne	508	105	24	30
Vorderes Bein	480	Durchmesser Ø 28 – 32		70
Hinteres Bein	1000	Durchmesser Ø 30 – 32		60
Beinbögen	600	Durchmesser Ø 25		120

9.4 Dämpfen von Furnierblöcken

9.4.1 Ziel

Die Wärmebehandlung der Prismen und Stämmen für die Furnierherstellung hat folgende Aufgaben:

- das Holz für das Schälen oder Messern zu plastifizieren,
- die Schnittkräfte zu reduzieren,
- den Werkzeugverschleiß zu reduzieren und
- eine gute Qualität der Furniere zu erhalten.

9.4.2 Verfahren und Anlagen

Wie auch bei Schnittholz kann die thermische Behandlung von Stämmen und Prismen durch direktes oder indirektes Dämpfen erfolgen. Die Anlagen sind gewöhnlich geschlossene Betongruben (oben abgedeckt) (Bild 9.26 a und b) oder Metallkammern, in denen die Wärmebehandlung bei normalem Druck erfolgt.

Beim direkten Dämpfen wird das Holz mit frischem oder entöltem, gebrauchten Sattdampf mit einem Druck von 1,06 – 1,08 bar behandelt. Der Dampf wird durch gelochte Rohre eingeführt, die sich am Boden der Grube (Bild 9.26 a) unter den Querbalken befinden. Die Löcher der Dämpfrohre müssen so ausgerichtet sein, dass der Dampf möglichst gleichmäßig in der Anlage verteilt wird, ohne dass der heiße Dampft direkt mit dem Holz in Berührung kommt, da es in diesem Fall zu einer starken lokalen Erwärmung kommt, die zu schwarzen Flecken oder sogar zu Verbrennungen führen kann. Deshalb empfiehlt es sich, die Löcher in einem spitzen Winkel zum Grubenboden hin auszurichten.

Der Hauptvorteil des direkten Dämpfens ist der relativ geringe Dampfverbrauch (durchschnittlich 250 kg/m^3).

Das indirekte Dämpfen dauert länger, sorgt aber im Vergleich zum direkten Dämpfen für eine gleichmäßigere Erwärmung des Materials. Die Anlage (Bild 9.26 b) ähnelt baulich der Anlage zum direkten Dämpfen, aber sie hat ein Wasserbad am Grubenboden, das beheizt wird. Dieses hat eine Tiefe von 30 – 60 cm. Darin befindet sich eine Heizschlange, die das Wasserbad erwärmt und verdampft. Die Beheizung kann mit gebrauchtem Dampf mit höherem Druck (1,27 – 1,37 bar), mit Frischdampf oder mit unter Druck erhitztem Wasser erfolgen. Durch die Verdampfung des Wassers steigt die Temperatur in der Dämpfgrube langsam und gleichmäßig an, wodurch eine allmähliche und gleichmäßige Erwärmung gewährleistet und die Qualität des Holzes geschützt wird. Da das Wärmemittel nicht mit dem Holz in Kontakt kommt, kann es erneut erhitzt und wiederverwendet werden. Das führt zur Einsparung von Wärmeenergie.

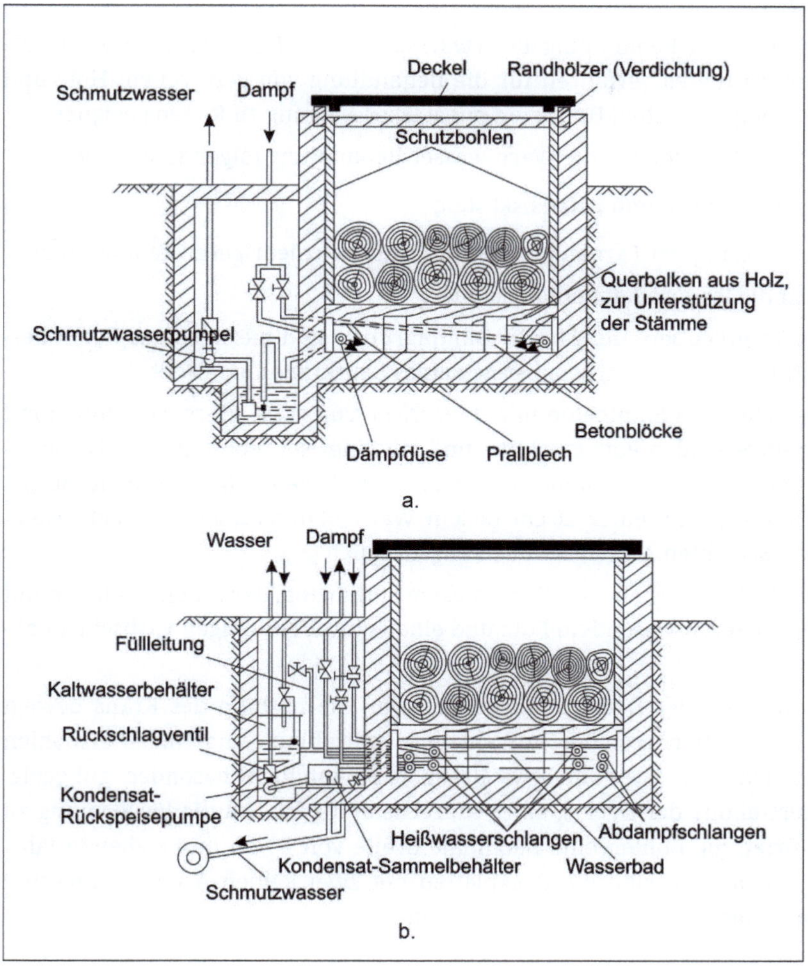

Bild 9.26 Dämpfgruben: a – mit direkter Beheizung; b – mit indirekter Beheizung (in Anlehnung an [26])

Das Dämpfen der Furnierstämme kann auch in Autoklaven bei Überdruck ($p = 2 - 3$ bar) erfolgen. Dadurch wird die notwendige Zeit auf etwa die Hälfte verkürzt.

Alternativ zum Dämpfen kann die Wärmebehandlung der Furnierstämme auch durch das Eintauchen in heißes Wasser (Kochen) durchgeführt werden. Die Kochgruben sind analog den Dämpfgruben aufgebaut. Meist werden ein drittel Kaltwasser und zwei drittel Warmwasser über die Stämme eingeführt, sodass die Anfangstemperatur des Wassers etwa 50 °C beträgt. Die Grube wird so lange mit Wasser versorgt, bis die gesamte Grube gefüllt ist. Anschließend wird das Wasser mithilfe einer am Boden der Anlage angebrachten Heizschlange auf die Betriebstemperatur (60 – 80 °C, je nach Holzart) erhitzt.

Da bei der Warmwasser-Behandlung die Erwärmung des Holzes langsamer erfolgt als beim Dämpfen, ist dieses Verfahren für die Behandlung von gefrorenem Holz und von temperaturempfindlichen Holzarten mit starker Neigung zu Rissen geeignet.

Im Vergleich zum Dämpfen hat die Warmwasser-Behandlung folgende Vorteile:

- geringere Investitions- und Betriebskosten;
- es kommt zu geringerer Farbänderung (aufgrund der niedrigeren Temperatur).

Der Nachteil ist die längere Behandlungsdauer.

Aufbau der Dämpfgruben. Industrielle Dämpfgruben sind meistens aus Beton hergestellt und oft im Freien, im Arbeitsbereich eines Laufkrans aufgestellt.

Die Wände bestehen aus Stahlbeton mit einer Dicke von etwa 25 cm, sind innen mit einem wasserabweisenden Putz geschützt und mit einer säurebeständigen Farbe gestrichen. Außen werden die Wände mit einer 2 cm dicken Schicht Zementmörtel, dann einer Dampfsperre, einer 20 cm dicken Wärmedämmschicht aus Schlackenbeton und zwei Schichten Asphaltbitumen abgedeckt.

Der Boden des Beckens besteht aus 35 cm dickem Stahlbeton, der innen mit Beton mit 20 cm Gefälle, wasserabweisendem Putz und einer säurebeständigen Farbschicht abgedeckt ist.

Jede Grube wird mit vier Deckplatten geschlossen, die mithilfe des Krans bewegt werden. Die Deckplatten bestehen aus einem Metallrahmen und Nadelholzbohlen (Bild 9.27). Jede hat eine Masse von etwa 400 kg. Lärchenholz ist besonders gut geeignet für die Herstellung der Deckel, da es säurebeständig ist. Um die Verformung zu vermeiden, dürfen die Bohlen eine maximale Breite von 20 cm und stehende Jahrringe haben. Im Inneren sind die Deckplatten mit zwei Reihen Asphaltpappe und einer Platte aus 2 mm dickem Aluminium versehen.

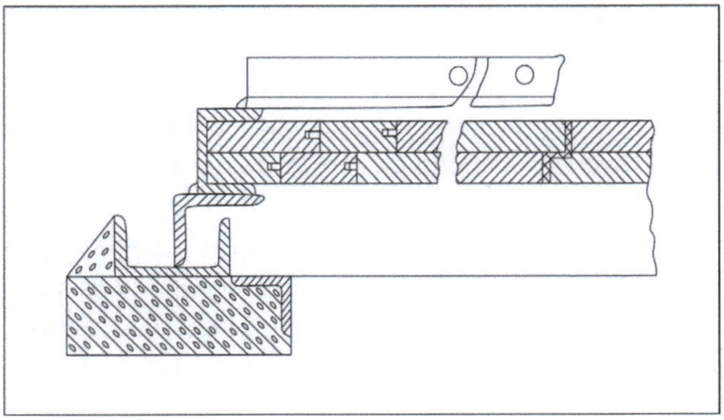

Bild 9.27 Aufbau der Deckplatte für Dämpfgruben (in Anlehnung an [20])

Gewöhnlich betragen die Abmessungen einer Dämpfgrube: 11,8 m Länge; 3 m Breite und 2,8 m Höhe (davon 1 m über dem Boden als Unfallschutz). Eine solche Dämpfgrube hat ein Volumen von etwa 44 m^3, bei einem Nutzungsgrad von 44 %.

Pro Messermaschine müssen mindestens drei Gruben vorgesehen werden [27]. Der Arbeitsablauf muss so angeordnet werden, dass die gedämpften Stämme möglichst rasch die Messermaschine erreichen, um nicht auszukühlen.

9.4.3 Dämpfparameter und Prozessphasen

Die **Holzfeuchte** der Stämme beim Einbringen in die Grube sollte so hoch wie möglich sein (aber über der Fasersättigungsfeuchte). Wird das nicht eingehalten, kommt es zu einer unzureichenden Wärmebehandlung und zu Rissen in den Furnieren. In manchen Fällen ist die Wärmebehandlung durch Lagerung in heißem Wasser günstiger.

Die **Temperatur.** Die optimale Temperatur bei der Dämpfung der Stämme hängt hauptsächlich von der Holzart ab (Tabelle 9.5), muss aber auch den Durchmesser und die Anfangstemperatur der Stämme in berücksichtigen, vor allem im Winter.

Tabelle 9.5 Dämpftemperatur bei der Wärmebehandlung der Furnierstämme [20]

Holzart	Temperatur [°C]
Tanne, Pappel	25 – 50
Fichte	29 – 55
Douglas-Tanne	37 – 63
Kiefer, Erle	40 – 67
Lärche	50 – 67
Birke, Birnbaum	59 – 84
Ahorn	60 – 85
Nussbaum	62 – 87
Eiche, Esche	63 – 88
Buche	66 – 90

Wenn die Temperatur zu niedrig ist, kommt es beim Herstellen der Furniere zu Rissen und auch zu Vibrationen in der Messerhalterung. Dies ist umso ausgeprägter, je größer der Dichteunterschied zwischen Frühholz und Spätholz ist.

Ist die Temperatur zu hoch, reißen die Stämme an den Enden stark auf und die Oberfläche der Furniere erscheint abgeblättert und wellig.

Zum Dämpfen von Nadelhölzern und weichen Laubholzarten werden geringere Temperaturen angewendet.

Bei der Herstellung von dicken Furnieren (> 1,5 mm) ist eine Temperaturerhöhung von 5 °C pro jedem zusätzlichen mm Furnierdicke empfohlen, ohne aber den Wert von 90 °C zu überschreiten.

Die **Dauer** der Wärmebehandlung von Furnierstämmen korreliert mit der Temperatur, dem Behandlungsverfahren und der Durchmessergruppe. Sie ist in Tabelle 9.6 für einige einheimische Holzarten angegeben.

Tabelle 9.6 Temperatur und Dauer der Dämpfung der Furnierstämme verschiedener Holzarten [20]

Holzart	Optimale Temperatur in der Grube [°C]	Angestrebte Temperatur im Inneren des Holzes [°C]	Dauer [h] für Durchmessergruppe (in cm):				
			20 – 30	31 – 40	41 – 50	51 – 60	61 – 70
Buche	60 – 70	60	–	–	24 – 36	36 – 60	–
	70 – 90	65	–	–	40 – 56	56 – 80	–
Eiche	70 – 90	65	16 – 24	24 – 32	32 – 40	40 – 60	–
Esche	70 – 80	65	16 – 24	24 – 30	30 – 40	40 – 50	–
Ahorn	60 – 70	60	10 – 14	14 – 20	20 – 30	30 – 40	40 – 70
Birke	60 – 80	70	8 – 10	10 – 16	16 – 24	24 – 32	32 – 48
Kirschbaum	40 – 50	40	8	8 – 16	16 – 20	20 – 30	30 – 36
	60 – 70	60	30 – 36	36 – 42	42 – 50	50 – 56	56 – 64
Linde, Erle	40 – 50	40	8	8 – 10	16 – 20	20 – 30	30 – 36
Nussbaum	80 – 100	75	48	48 – 60	60 – 72	72 – 86	–

Die Dämpfung der Furnierstämme umfasst drei Phasen (Bild 9.28):

- die Aufheizphase, in der die Temperatur allmählich auf den vorgesehen Wert erhöht wird, wodurch das Material Zeit hat, sich an die Dampfumgebung anzupassen. Je nach angewandtem Verfahren ist die Dauer dieser Phase bei direkter Dämpfung minimal (6 – 10 Stunden);
- die eigentliche Dämpfung, gekennzeichnet durch die Aufrechterhaltung der Temperatur auf einem konstanten Wert. Während dieser Phase wird angestrebt, den

empfohlenen Temperaturwert (siehe Tabelle 9.7) bis in die Mitte des Holzblocks zu erreichen. Die Dauer der eigentlichen Dämpfung variiert je nach Holzart und Durchmesser des Materials (siehe Tabelle 9.7);

- die Abkühlzeit, die erforderlich ist, um die Holztemperatur zu senken, um den Thermoschock bei der Entleerung der Grube zu vermeiden. Die Dauer dieser Phase beträgt 2 – 6 Stunden.

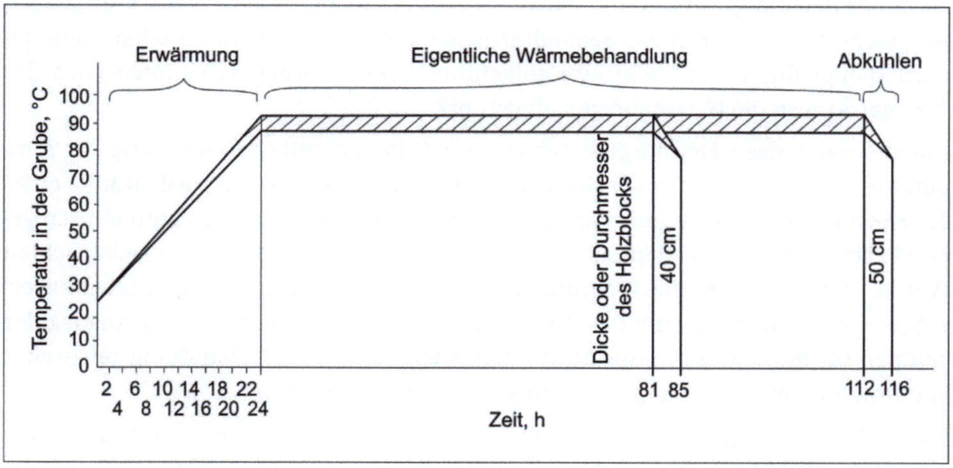

Bild 9.28 Dämpfdiagramm bei der Wärmebehandlung von Furnierstämmen (in Anlehnung an [20])

Die Gesamtdauer der Dämpfung von Buchenstämmen für Furniere in Funktion des angewandten Verfahrens ist in Tabelle 9.7 angegeben.

Tabelle 9.7 Gesamtdauer der Wärmebehandlung der Furnierstämme einheimischer Holzarten [20]

Verfahren	Aufwärmzeit [h]	Dauer der eigentlichen Dämpfung [h]	Abkühlen [h]	Gesamtdauer [h]
Direktes Dämpfen	6 – 10	15 – 30	4 – 6	25 – 46
Indirektes Dämpfen	9 – 16	36 – 48	2 – 3	47 – 67

9.4.4 Technologie der Wärmebehandlung der Furnierstämme

Die Vorbereitung der Wärmebehandlung der Furnierstämme und Furnierprismen besteht in der Reinigung der Grube, dem Einfüllen des Holzmaterials und der Festlegung der Regimeparameter (Temperatur und Zeit).

Nach jeder Charge wird nach dem Entleeren der Grube überprüft, ob jedes einzelne Bauelement und der Temperatursensor in einwandfreiem Zustand sind. Eventuelle Mängel werden behoben.

Bei der Beladung der Grube mit einer neuen Materialcharge wird sichergestellt, dass die Stämme derselben Holzart und derselben Durchmesserklasse angehören. Bei Prismen wird die Überlappung flacher Flächen vermieden; ggf. werden Abstandshalter verwendet.

Nach der Beladung werden die Grube mit Deckeln dicht abgeschlossen und je nach angewandtem Verfahren das Behandlungsmedium erzeugt: Beim direkten Dämpfen wird Dampf durch die Lochrohre eingeführt, beim indirekten Dämpfen wird der Wärmeträger in die Heizschlangen eingeführt.

Die Steuerung des Dämpfungsprozesses besteht in der zeitlichen Regelung der Temperatur. Die Temperatur in der Grube wird ständig überwacht. Sie wird mithilfe eines Thermoelement-Sensors gemessen und mithilfe eines Elektroventils automatisch geregelt. Das Steuerungssystem muss nicht nur die Programmierung des gewünschten Wertes, sondern auch die Programmierung des Temperaturanstiegsgradienten ermöglichen, damit zu Beginn des Prozesses ein langsamer, kontrollierter Anstieg der Temperatur möglich ist. Dieses ist besonders wichtig bei der Behandlung gefrorener Stämme, aber auch bei temperaturempfindlichen Holzarten.

Nach der Dämpfung wird das Kondensat aus der Grube abgelassen, wobei die Grube abgedeckt bleibt und das Holz etwa 2 – 3 Stunden in der Grube bleibt, damit sich die Temperatur in seinem Inneren ausgleicht. Erst dann werden die Deckelplatten entfernt und das Holz abgeladen, um noch im warmen Zustand zu den Messermaschinen zu gelangen.

Mögliche Behandlungsfehler können erst nach dem Schneiden der Furniere festgestellt werden:

- Furniere mit Rissen an den Enden, mit abgeblätterter und welliger Oberfläche weisen auf die Anwendung einer zu hohen Temperatur hin;
- Faserrisse weisen entweder auf eine zu kurze Behandlungszeit, auf eine zu niedrige Temperatur oder auf eine zu geringe Anfangsfeuchte der Stämme hin.

Literatur

[1] Vorreiter, L.; Fromme, G. (1958): *Holztechnologisches Handbuch. Band II: System Holz-Wasser-Wärme, Holztrocknung, Dämpfen und Kochen, Spanlose Holzverformung*. Verlag Georg Fromme & Co., Wien und München

[2] Marinescu, I. (1982): *Proiectarea instalaţiilor de tratare termică şi ameliorarea lemnului* (Planung von Wärmebehandlungsanlagen, in rumänischer Sprache). Fachbuchverlag der Universität, Brasov, Rumänien

[3] Kollmann, F. F. P.; Cote, W. A. (1968): *Principles of Wood Science and Technology I: Solid Wood*. Springer Verlag, Berlin/Göttingen/Heidelberg

[4] Geffert, A.; Geffertová, J.; Vybohová, E.; Dudiak, M. (2020): *Impact of Steaming Mode on Chemical Characteristics and Colour of Birch Wood*. In: Forests, 11, 478. *https://doi.org/10.3390/f11040478*

[5] Geffert, A.; Vybohová, E.; Geffertová, J. (2019): *Changes in the Chemical Composition of Oak Wood Due to Steaming*. In: Acta Facultatis Xylologiae Zvolen, 61(1), S. 19 – 29. Technical University of Zvolen. *https://doi.org/10.17423/afx.2019.61.1.02*

[6] Kollmann, F. F. P. (1939): *Vorgänge und Änderungen von Holzeigenschaften beim Dämpfen*. In: Holz als Roh- und Werkstoff, 2, S. 1 – 11

[7] Hacibektasoglu, M. (2020): *Researches Concerning the Manufacturing and Some Mechanical and Technological Properties of Solid Wood Panels Made from Heat-Treated Beech Wood*. Doktorthesis, Transilvania Universität, Brasov, Rumänien

[8] Németh, R.; Hill, C.; Takáts, P.; Tolvaj, L. (2016): *Chemical Changes of Wood During Steaming Measured by IR Spectroscopy*. In: Wood Material Science & Engineering, 11(2), S. 95 – 101. *https://doi.org/10.1080/17480272.2014.961169*

[9] Dzurenda, L. (2022): *Range of Color Changes of Beech Wood in the Steaming Process*. In: BioResources, 17(1), S. 1690 – 1702. *https://doi.org/10.15376/biores.17. 1. 1690 – 1702*

[10] Volkmer, T.; Moser, R.; Lorenz, T.; von Arx, U.; Hass, P.; Niemz, P. (2014): *Einfluss des Hitze-Druck-Dämpfens auf das optische Erscheinungsbild und das Emissionsverhalten von Eichenholz*. In: Bauphysik, 36(2), S. 80 – 86

[11] Dzurenda, L.; Dudiak, M. (2024): *Homogenization of the Color of Beech Sapwood and False Heartwood by the Steaming Process*. In: Forests, 15, 1009. *https://doi.org/10.3390/f15061009*

[12] Banadics, E. A.; Tolvaj, L.; Varga, D. (2019): *Colour Stability of Steamed Poplar Wood During Short-Term Photodegradation*. In: BioResources, 14(4), S. 8250 – 8256

[13] Varga, D.; Tolvaj, L.; Preklet, E. (2021): *Colour Stability of Steamed Black Locust, Beech and Spruce Timbers*. In: Wood Research, 66(4), S. 544 – 555

[14] Dzurenda, L.; Dudiak, M.; Banski, A. (2020): *Influence of UV Radiation on Color Stability of Natural and Thermally Treated Maple Wood with Saturated Water Steam*. In: 10th International Scientific and Technical Conference „Innovations in Forest Industry and Engineering Design" (INNO 2020), 1 – 3 Oktober 2020, Vitosha Park Hotel, Sofia, Bulgarien, S. 219 – 224

[15] Hofmann, T.; Tolvaj, L.; Visi-Rajczi, E.; Varga, D. (2022): *Chemical Changes of Steamed Timber During Short-Term Photodegradation Monitored by FTIR Spectroscopy*. In: European Journal of Wood and Wood Products, 80, S. 841 – 849. *https://doi.org/10.1007/s00107-022-01814-6*

[16] Deliiski, N.; Niemz, P.; Dzurenda, L.; Angelski, D.; Campean, M.; Vitchev, P. (2024): *A Methodology for Computing the Thermal Balance and Energy Consumption of Autoclaves During Steaming of Wood*. In: Wood Material Science and Engineering. *https://doi.org/10.1080/17480272.2024.2429772*

[17] Riehl, T.; Welling, J.; Frühwald, A. (2002*): Druckdämpfen von Schnittholz*. Arbeitsbericht 2002/01, Bundesforschungsanstalt für Forst- und Holzwirtschaft, Institut für Holzphysik, Hamburg

[18] Deliiski, N.; Dzurenda, L. (2010): *Modelling of the Thermal Processes in the Technologies for Wood Thermal Treatment*. Technical University, Zvolen, Slowakei

[19] Ouyang, X.; Ye, Z.; Lin, P.; Li, Y. (2023): *The Optimization of the Fillet Size of Autoclave Tooth Based on the Experiment and Numerical Simulation*. In: Advances in Materials Science and Engineering, 8051118. *https://doi.org/10.1155/2023/8051118*

[20] Marinescu, I. (1980): *Uscarea şi tratarea termică a lemnului. Vol. 2* (Holztrocknung und thermische Behandlung des Holzes, Vol. 2, in rumänischer Sprache). Technischer Verlag, Bukarest, Rumänien

[21] Eggert, O. T. (1995): *Untersuchung der Einflussgrößen beim Biegen von Vollholz*. Dissertation, Fakultät für Konstruktions- und Fertigungstechnik, Universität Stuttgart

[22] Trübswetter, T. (2009): *Holztrocknung. Verfahren zur Trocknung von Schnittholz – Planung von Trocknungsanlagen*. 2. aktualisierte Aufl., Carl Hanser Verlag, München

[23] Hanemann, M. (1917): *Holzaufbereitungsverfahren*. Deutsches Reichspatentamt, Patentschrift Nr. 318197

[24] Sandberg, D.; Eggert, O.; Haider, A.; Kamke, F.; Wagenführ, A. (2023): *Forming, Densification and Molding*. Kapitel 18 in *Springer Handbook of Wood Science and Technology*. Springer Nature Switzerland AG

[25] Eggert, O. (2014): *Bentwood Chair Production – A Stunning Production System*. COST Action FP0904 Final Conference, 19.–20. Mai 2014, Skellefteå, Schweden. Online: *https://www.ghebavaria.de/fileadmin/user_upload/Benwood-ProductionSystem.pdf*, abgerufen am 05. 08. 2025

[26] Doffiné, E. (1950): *Dämpfgruben für die Furniererzeugung*. In: Norddeutsche Holzwirtschaft, 4(22), S. 6–7

[27] Lohmann, U. (1998): *Holz Handbuch*. DRW Verlag, Leinfelden-Echterdingen

10 Modellierung der thermischen Behandlung von Furnierstämmen und Furnierprismen

Für die Optimierung der Wärmebehandlung des Holzes durch Dämpfen oder Kochen ist es erforderlich, die Verteilung des Temperaturfeldes im Holz und die verbrauchte Energie für die Erwärmung des Holzes zu jedem Zeitpunkt zu kennen. Die Intensität der Erwärmung und der Energieverbrauch hängen von den Dimensionen des Holzteils, von den Holzeigenschaften (Feuchte, Anisotropie, Dichte), von der Anfangstemperatur des Holzes und der Temperatur während des Wärmeprozesses ab.

Eine korrekte und effektive Steuerung des Erwärmungsprozesses ist nur möglich, wenn seine physikalischen Grundlagen, das Sorptionsverhalten sowie die Wirkung der Faktoren bekannt sind, die den Prozess beeinflussen. Die Erfassung der wichtigsten Einflussfaktoren und deren mathematische und physikalische Modellierung sind dafür eine wichtige Grundlage, um den Prozess mathematisch-physikalisch zu simulieren [1–3].

Um den Nachteil zu vermeiden, dass sich das Vorzeichen der Temperatur im gefrorenen Holzmaterial ändert, wenn diese während der Wärmebehandlung 0 °C überschreitet, ist es sinnvoll, die Modelle unter Verwendung der absoluten Temperatur (*T*) zu erstellen [3–5].

10.1 Mechanismus der Wärmeverteilung im Holz bei thermischer Behandlung

Bei der thermischen Behandlung von gefrorenen und nicht gefrorenen Holzwerkstoffen und der anschließenden Konditionierung in der Luft kommt es neben den rein thermischen Prozessen zu einem Stoffaustausch durch Diffusion. Die Massendiffusion in Holz ist etwa hundertmal kleiner als die Temperaturleitfähigkeit. Dies führt zu einer relativ geringen Veränderung der Masse der Materialien, die langsamer ist als die Wärmeverteilung durch das Erhitzen oder Abkühlen. Dies ermöglicht es, den Massenaustausch zwischen Holz und Dampf oder heißes Wasser sowie die Temperaturänderungen als Ergebnis eines reinen Temperaturtransfers zu betrachten. Dabei wird davon ausgegangen, dass die Wärme im Holz nur durch die Wärmeleitfähigkeit erfolgt. Aus diesem Grund kann der Mechanismus der Wärmeverteilung in den Materialien durch die Wärmeleitungsgleichung (Fourier-Kirchhoff-Gleichung) beschrieben werden. Seine kompakteste Form stellt Formel 10.1 dar:

$$c_{\mathrm{H}} \cdot \rho_{\mathrm{H}} \frac{\partial T}{\partial \tau} = -div(\lambda_{\mathrm{H}} \cdot gradT) \pm q_{\mathrm{F-lat}} \tag{10.1}$$

c_{H} spezifische Wärmekapazität des Holzes [J/kgK]

ρ_{H} Rohdichte des Holzes [kg/m^3]

λ_{H} Wärmeleitfähigkeit des Holzes [W/mK]

T Temperatur [K]

τ Zeit [s]

$q_{\mathrm{F\text{-}lat}}$ Fluss der internen Quelle latenter Wärme von Wasser [W/m^3]

Im allgemeinen Fall hängen c_{H} und λ_{H} von T und dem Holzfeuchtegehalt u ab, und ρ_{H} hängt von u ab. In Formel 10.1 sind also die Abhängigkeiten $c_{\mathrm{H}}(T,u)$, ρ_{H} (u) und $\lambda_{\mathrm{H}}(T,u)$ zu berücksichtigen.

Eis in Holz kann durch das Gefrieren des im Holz enthaltenen gebundenen Wassers (im hygroskopischen Bereich) oder sowohl des gebundenen und des freien Wassers (oberhalb des hygroskopischen Bereichs) entstehen. Der Phasenübergang von Wasser in Eis und umgekehrt wird durch die latente Wärme ausgedrückt.

Im Zusammenhang mit der Wärmeleitung in gefrorenen Materialien ist es sinnvoll, die latente Wärme in die sogenannte effektive spezifische Wärmekapazität $c_{\mathrm{H\text{-}eff}}$ [5] einzubeziehen. Diese berücksichtigt den Einfluss der Strömung der internen latenten Wärmequelle in Wasser, $q_{\mathrm{F\text{-}lat}}$ über die Änderung des Temperaturfeldes.

Dies bedeutet, dass die effektive spezifische Wärmekapazität des gefrorenen Holzes, $c_{\mathrm{H\text{-}eff}}$, gleich der Summe der spezifischen Wärmekapazität des Holzes, c_{H}, und der spezifischen Wärmekapazität des gebundenen gefrorenen Holzes, $c_{\mathrm{Ice\text{-}bW}}$, oder beider gebundenen, $c_{\mathrm{Ice\text{-}bW}}$, und freies Wasser, $c_{\mathrm{Ice\text{-}fW}}$ ist.

Bei der Modellierung von Prozessen der Wärmeleitung von Holz muss außerdem berücksichtigt werden, dass die Wärmeleitfähigkeit λ_{H} neben T und u zusätzlich von der Schnittrichtung des Holzes (radial, tangential und längs zur Faser) abhängt.

10.2 Modellierung der 3D-, 2D- und 1D- Temperaturverteilung in Furnierprismen

Wenn man die anatomischen Richtungen (radial, tangential und parallel zu den Holzfasern) der Furnierprismen den Koordinatenachsen *x*, *y* und *z* zuordnet, kann man aus Formel 10.1 ableiten [3]:

$$c_{\mathrm{H-eff}}(T,u)\cdot\rho_{\mathrm{H}}(u)\frac{\partial T(x,y,z,\tau)}{\partial\tau}=\frac{\partial}{\partial x}\left[\lambda_{\mathrm{H-r}}(T,u)\frac{\partial T(x,y,z,\tau)}{\partial x}\right]$$
$$+\frac{\partial}{\partial y}\left[\lambda_{\mathrm{H-t}}(T,u)\frac{\partial T(x,y,z,\tau)}{\partial y}\right]+\frac{\partial}{\partial z}\left[\lambda_{\mathrm{H-l}}(T,u)\frac{\partial T(x,y,z,\tau)}{\partial z}\right] \tag{10.2}$$

u Holzfeuchtigkeit [kg/kg]

$\lambda_{\mathrm{H-r}}$ Wärmeleitfähigkeit des Holzes in radialer Richtung [W/mK]

$\lambda_{\mathrm{H-t}}$ Wärmeleitfähigkeit des Holzes in tangentialer Richtung [W/mK]

$\lambda_{\mathrm{H-l}}$ Wärmeleitfähigkeit des Holzes längs zur Faser [W/mK]

Nach der Differenzierung des rechten Teils von Formel 10.3 über die Raumkoordinaten *x*, *y* und *z*, ergibt sich für die instationäre Erwärmung und Abkühlung (unter Ausschließen der Klammerargumente):

$$c_{\mathrm{H-eff}}\cdot\rho_{\mathrm{H}}\frac{\partial T}{\partial\tau}=\lambda_{\mathrm{H-r}}\frac{\partial^2 T}{\partial x^2}+\frac{\partial\lambda_{\mathrm{H-r}}}{\partial T}\left(\frac{\partial T}{\partial x}\right)^2+\lambda_{\mathrm{H-t}}\frac{\partial^2 T}{\partial y^2}+\frac{\partial\lambda_{\mathrm{H-t}}}{\partial T}\left(\frac{\partial T}{\partial y}\right)^2$$
$$+\lambda_{\mathrm{H-l}}\frac{\partial^2 T}{\partial z^2}+\frac{\partial\lambda_{\mathrm{H-l}}}{\partial T}\left(\frac{\partial T}{\partial z}\right)^2 \tag{10.3}$$

mit der Anfangsbedingung

$$T(x,y,z,0)=T_{\mathrm{H0}} \tag{10.4}$$

T_{H0} Anfangswert der Holztemperatur [K]

und den Randbedingungen

- während der Zeit τ der Wärmebehandlung ist die Oberflächentemperatur gleich der Temperatur des Mediums (gesättigter Wasserdampf oder heißes Wasser), T_{M}:

$$T(0,y,z,\tau)=T(x,0,z,\tau)=T(x,y,0,\tau)=T_{\mathrm{M}}(\tau) \tag{10.5}$$

- während der Konditionierung mit der Lufttemperatur T_{Luft}:

$$\frac{\partial T(0,y,z,\tau)}{\partial x}=-\frac{\alpha_{\mathrm{H-r}}(0,y,z,\tau)}{\lambda_{\mathrm{H-r}}(0,y,z,\tau)}\left[T(0,y,z,\tau)-T_{\mathrm{Luft}}(\tau)\right] \tag{10.6}$$

$$\frac{\partial T(x,0,z,\tau)}{\partial y} = -\frac{\alpha_{\mathrm{H-t}}(x,0,z,\tau)}{\lambda_{\mathrm{H-t}}(x,0,z,\tau)}[T(x,0,z,\tau) - T_{\mathrm{Luft}}(\tau)] \quad (10.7)$$

$$\frac{\partial T(x,y,0,\tau)}{\partial z} = -\frac{\alpha_{\mathrm{H-l}}(x,y,0,\tau)}{\lambda_{\mathrm{H-l}}(x,y,0,\tau)}[T(x,y,0,\tau) - T_{\mathrm{Luft}}(\tau)] \quad (10.8)$$

$\alpha_{\mathrm{H-r}}$, $\alpha_{\mathrm{H-t}}$ und $\alpha_{\mathrm{H-l}}$ konvektive Wärmeübertragungskoeffizienten der Materialoberflächen in radialer, tangentialer bzw. paralleler Faserrichtung [$\mathrm{W/m^2K}$]

Das Gleichungssystem (Formel 10.3–Formel 10.8) stellt ein mathematisches 3D-Modell dar, das die Temperaturänderung im prismatischen Holzteil während der Wärmebehandlung und der daraus resultierenden Konditionierung bei entsprechenden Anfangs- und Randbedingungen beschreibt.

Wenn die Länge der Holzprismen l_{H} mindestens um das 4- bis 5-fache größer ist als ihre Dicke d_{H} und die Breite b_{H} die Dicke nicht um mehr als das 3-fache übersteigt, kann das folgende mathematische 2D-Modell verwendet werden:

$$c_{\mathrm{H-eff}} \cdot \rho_{\mathrm{H}} \frac{\partial T}{\partial \tau} = \lambda_{\mathrm{H-r}} \frac{\partial^2 T}{\partial x^2} + \frac{\partial \lambda_{\mathrm{H-r}}}{\partial T}\left(\frac{\partial T}{\partial x}\right)^2 + \lambda_{\mathrm{H-t}} \frac{\partial^2 T}{\partial y^2} + \frac{\partial \lambda_{\mathrm{H-t}}}{\partial T}\left(\frac{\partial T}{\partial y}\right)^2 \quad (10.9)$$

mit der Anfangsbedingung:

$$T(x,y,0) = T_{\mathrm{H0}} \quad (10.10)$$

und den Randbedingungen:

- während der Wärmebehandlung

$$T(0,y,\tau) = T(x,0,\tau) = T_{\mathrm{M}}(\tau) \quad (10.11)$$

- während der Konditionierung:

$$\frac{\partial T(0,y,\tau)}{\partial x} = -\frac{\alpha_{\mathrm{H-r}}(0,y,\tau)}{\lambda_{\mathrm{H-r}}(0,y,\tau)}[T(0,y,\tau) - T_{\mathrm{Luft}}(\tau)] \quad (10.12)$$

$$\frac{\partial T(x,0,\tau)}{\partial y} = -\frac{\alpha_{\mathrm{H-t}}(x,0,\tau)}{\lambda_{\mathrm{H-t}}(x,0,\tau)}[T(x,0,\tau) - T_{\mathrm{Luft}}(\tau)] \quad (10.13)$$

Wenn die Länge des Holzes um das 4- bis 5-fache größer ist als ihre Dicke und die Dicke weniger als ein Drittel der Breite ist, kann man folgendes 1D-Modell anwenden:

$$c_{\mathrm{H-eff}} \cdot \rho \frac{\partial T}{\partial \tau} = \lambda_{\mathrm{H-r}} \frac{\partial^2 T}{\partial x^2} + \frac{\partial \lambda_{\mathrm{H-r}}}{\partial T}\left(\frac{\partial T}{\partial x}\right)^2 \quad (10.14)$$

mit der Anfangsbedingung:

$$T(x,0) = T_{\mathrm{H0}} \quad (10.15)$$

und den Randbedingungen:

- während der Wärmebehandlung:

$$T(0,\tau) = T_M(\tau) \tag{10.16}$$

- während der Konditionierung:

$$\frac{\partial T(0,\tau)}{\partial x} = -\frac{\alpha_{H-r}(0,\tau)}{\lambda_{H-r}(0,\tau)}[T(0,\tau) - T_{Luft}(\tau)] \tag{10.17}$$

10.3 Modellierung der 2D- und 1D-Temperaturverteilung in Furnierstämmen

Der Mechanismus der Wärmeverteilung im Rundholz (Stämme) kann durch die folgende nichtlineare partielle Differentialgleichung beschrieben werden, die aus Formel 10.2 nach dem Übergang von rechtwinkligen zu zylindrischen Koordinaten erhalten wird:

$$c_{H-eff} \cdot \rho_H \frac{\partial T}{\partial \tau} = \lambda_{H-r}\left(\frac{\partial^2 T}{\partial r^2} + \frac{1}{r}\frac{\partial T}{\partial r}\right) + \frac{\partial \lambda_{H-r}}{\partial T}\left(\frac{\partial T}{\partial r}\right)^2 + \lambda_{H-l}\frac{\partial^2 T}{\partial z^2} + \frac{\partial \lambda_{H-l}}{\partial T}\left(\frac{\partial T}{\partial z}\right)^2 \tag{10.18}$$

mit der Anfangsbedingung:

$$T(r,z,0) = T_{H0} \tag{10.19}$$

und den Randbedingungen:

- während der Wärmebehandlung:

$$T(0,z,\tau) = T(r,0,\tau) = T_M(\tau) \tag{10.20}$$

- während der Konditionierung:

$$\frac{\partial T(0,z,\tau)}{\partial r} = -\frac{\alpha_{H-r}(0,z,\tau)}{\lambda_{H-r}(0,z,\tau)}[T(0,z,\tau) - T_{Luft}(\tau)] \tag{10.21}$$

$$\frac{\partial T(r,0,\tau)}{\partial z} = -\frac{\alpha_{H-l}(r,0,\tau)}{\lambda_{H-l}(r,0,\tau)}[T(r,0,\tau) - T_{Luft}(\tau)] \tag{10.22}$$

Wenn die Länge des Stammes seinen Durchmesser um mindestens das 4- bis 5-fache übersteigt, kann die Wärmeübertragung durch seine Stirnseiten vernachlässigt werden, da sie keinen Einfluss auf die Temperaturänderung des Querschnitts hat, der gleich weit von den Stirnseiten entfernt ist. In solchen Fällen kann zur Berechnung der Temperaturänderung nur entlang der Koordinate r dieses Abschnitts das folgende 1D-Modell verwendet werden:

$$c_{\mathrm{H-eff}} \cdot \rho_{\mathrm{H}} \frac{\partial T}{\partial \tau} = \lambda_{\mathrm{H-r}} \left(\frac{\partial^2 T}{\partial r^2} + \frac{1}{r} \frac{\partial T}{\partial r} \right) + \frac{\partial \lambda_{\mathrm{H-r}}}{\partial T} \left(\frac{\partial T}{\partial r} \right)^2 \tag{10.23}$$

mit der Anfangsbedingung

$$T(r, 0) = T_{\mathrm{H0}} \tag{10.24}$$

und mit der Randbedingung analog zu Formel 10.17, aber mit Ableitung entlang r-Richtung statt in x-Richtung.

10.4 Mathematische Beschreibung der thermophysikalischen Eigenschaften von Holz

Die mathematische Beschreibung der thermophysikalischen Eigenschaften des Holzes beruht auf der Nutzung der Kenntnis der Einflussfaktoren und der Nutzung experimenteller Daten für die Modellierung.

Den Modellen liegen folgende physikalische Eigenschaften zugrunde:

- die spezifische Wärmekapazität,
- die Wärmeleitfähigkeit und
- die Dichte.

Tabelle 10.1 zeigt die Raumdichte ρ_{Hr}, standardisierte Werte des Fasersättigungspunkts bei 20 °C (d. h. bei 293,15 K), $u_{\mathrm{FSP(293.15)}}$ und die Volumenschwindung β_{V} von Holzarten, die in der Praxis häufig gedämpft werden.

Tabelle 10.1 Raumdichtezahl, Fasersättigungspunkt bei T = 293,15 K (d. h. bei t = 20 °C), und Volumenschwindung von ausgewählten Holzarten (Quelle: in Anlehnung an [6–8])

Nr.	Holzart	Raumdichtezahl ρ_{Hr} [kg/m³]	Fasersättigungspunkt $u_{\mathrm{FSP(293.15)}}$ [kg/kg]	Volumenschwindung β_{V} [%]
1.	Pappel	355	0,35	13,3
2.	Fichte	380	0,26 - Kernholz; 0,32 - Splintholz	11,4
3.	Kiefer	430	0,30 - Kernholz	11,8
4.	Kastanie	525	0,22 - Kernholz	10,4

Nr.	Holzart	Raumdichtezahl ρ_{Hr} [kg/m³]	Fasersättigungspunkt $u_{FSP(293.15)}$ [kg/kg]	Volumen-schwindung β_V [%]
5.	Ahorn	525	0,28	11,2
6.	Birke	515	0,30	13,2
7.	Nussbaum	555	0,24 - Kernholz	12,9
8.	Rotbuche	560	0,31	17,3
9.	Esche	565	0,25	12,8
10.	Robinie	660	0,20 - Kernholz; 0,30 - Splintholz	11,2
11.	Eiche	670	0,22 - Kernholz; 0,29 - Splintholz	11,9
12.	Heinbuche	670	0,31	18,0

10.4.1 Mathematische Beschreibung der spezifischen Wärmekapazität

Wie in Abschnitt 7.1.5 angegeben, ist die spezifische Wärmekapazität die Wärmemenge, die ein Kilogramm Holz aufnehmen muss, um seine Temperatur um ein Grad zu erhöhen. Bei der Berechnung verschiedener Prozesse der thermischen Behandlung von Holzmaterialien ist es weit verbreitet, die spezifische Wärmekapazität von Holz bei konstantem Druck zu verwenden [9–13].

Eine Übersicht zur Anwendbarkeit der publizierten Gleichungen für gefrorenes Holz bei konstantem Druck ist in [14] publiziert. Es wurden erhebliche Unterschiede in den publizierten Kennwerten festgestellt.

Eine Untersuchung der spezifischen Wärmekapazität von Buchen- und Kiefernholz mit unterschiedlicher Holzfeuchte und Temperaturen zwischen –140 °C und 50 °C wurde mittels Differentialscanning in [15] durchgeführt. Es wurde gefunden, dass die Änderung der spezifischen Wärmekapazität beider Holzarten im untersuchten Temperaturbereich linear ist und dass die Werte über 0 °C mit der vorhandenen Literatur übereinstimmen.

Neben der spezifischen Wärmekapazität des ungefrorenen $c_{H\text{-}ugfr}$ und des gefrorenen Holzes $c_{H\text{-}gfr}$ müssen bei der Berechnung der Dämpfdauer und des Energieverbrauchs beim Auftauen von gefrorenem Holz, auch die zusätzlichen Wärmekapazitäten berücksichtigt werden (Wärme, die zum Phasenübergang, also zum Schmelzen des Eises, benötigt wird). Diese ist für freies und gebundenes Wasser im gefrorenen Zustand notwendig. Wenn diese Wärmeverbräuche auf 1 K bezogen werden, können sie durch ihre entsprechenden spezifischen Wärmekapazitäten ausgedrückt werden.

Experimentelle Untersuchungen zum Auftauprozess von Stämmen verschiedener Holzarten und verschiedener Feuchtigkeitsgehalte oberhalb des hygroskopischen Bereichs wurden in [16] durchgeführt. Es zeigte sich, dass das Schmelzen des gefrorenen freien Wassers im Holz im Bereich zwischen 272,15 K und 273,15 K (d. h. zwischen –1 °C und 0 °C) eintritt. Das Schmelzen des gefrorenen gebundenen Wassers endet bei $T = 272{,}15$ K (also bei –1 °C).

Der Auftauprozess kann in drei Bereiche unterteilt werden:

- im ersten Bereich wird das gefrorene Holz erwärmt und das gebundene gefrorene Wasser schmilzt allmählich;
- im zweiten Bereich, zwischen –1 °C und 0 °C, erfolgt eine weitere Erwärmung des Holzes, bis der Zustand erreicht ist, bei dem das Schmelzen des freien Wassers erfolgt;
- im dritten Bereich, über 0 °C, erfolgt eine weitere Erwärmung des Holzes, wobei der gesamte Wassergehalt im Holz flüssig ist.

In Bild 10.1 sind die Symbole der thermophysikalischen Eigenschaften des gefrorenen und ungefrorenen Holzes dargestellt, die für die Berechnung der Temperaturverteilung benötigt werden.

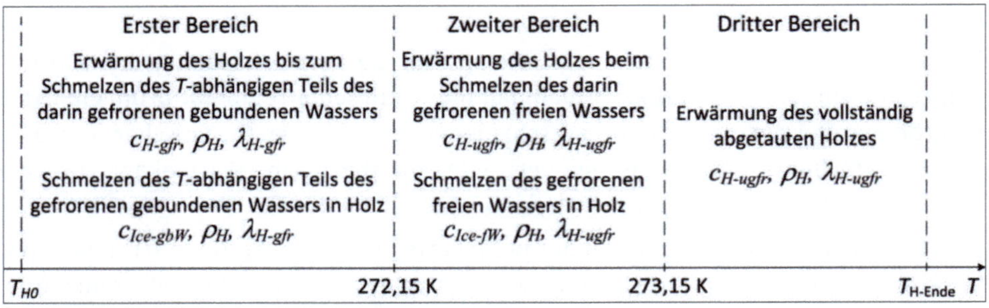

Bild 10.1 Verwendung unterschiedlicher spezifischer Wärmekapazitäten, Wärmeleitfähigkeiten und Dichten zur Berechnung der Temperaturverteilung in gefrorenen und nicht gefrorenen Holzsortimenten oberhalb des hygroskopischen Bereichs (Quelle: in Anlehnung an [16])

$c_{H\text{-}gfr}$ spezifische Wärmekapazität des gefrorenen Holzes [J/kgK]

$c_{H\text{-}ugfr}$ spezifische Wärmekapazität des ungefrorenen Holzes [J/kgK]

$c_{Ice\text{-}gbW}$ spezifische Wärmekapazität des gefrorenen gebundenen Wassers in Holz [J/kgK]

$c_{Ice\text{-}fW}$ spezifische Wärmekapazität des gertorenen freien Wassers in Holz [J/kgK]

ρ_H Rohdichte des Holzes [kg/m^3]

$\lambda_{H\text{-}gfr}$ Wärmeleitfähigkeit des gefrorenen Holzes [W/mK]

$\lambda_{H\text{-}ugfr}$ Wärmeleitfähigkeit des ungefrorenen Holzes [W/mK]

Die spezifische Wärmekapazität des gefrorenen Holzes während der drei Bereiche seines Auftauprozesses, $c_{\text{H-eff}} = c_{\text{H-eff1,2,3}}$, die in Formel 10.3, Formel 10.9, Formel 10.14, Formel 10.18 und Formel 10.23 formuliert sind, kann wie folgt dargestellt werden:

$$c_{\text{H-eff1}} = c_{\text{H-gfr}} + c_{\text{Ice-bW}} \tag{10.25}$$

bei $u > u_{\text{gbW-ugfr}}$ sowie $213{,}15\ \text{K} \leq T \leq 272{,}15\ \text{K}$

$$c_{\text{H-eff2}} = c_{\text{H-ugfr}} + c_{\text{Ice-fW}} \tag{10.26}$$

bei $u > u_{\text{FSP}(272{,}15)}$ sowie $272{,}15\ \text{K} < T < 273{,}15\ \text{K}$

$$c_{\text{H-eff3}} = c_{\text{H-ugfr}} \tag{10.27}$$

bei $u \leq u_{\text{gbW-ugfr}}$ sowie $T \geq 273{,}15\ \text{K}$ oder bei $u > u_{\text{gbW-ugfr}}$ sowie $T > T_{\text{gbW-ugfr}}$

$u_{\text{gbW-ugfr}}$ ungefrorenes, gebundenes Wasser in Holz (siehe Bild 10.2) [kg/kg]

In [9] wurde ermittelt, dass auch bei einer Temperatur $T < 272{,}15$ K ein bestimmter Teil des im Holz gebundenen Wassers, $u_{\text{gbW-ugfr}} = f(T)$, in einem ungefrorenen Zustand verbleibt. Für die mathematische Beschreibung von $u_{\text{gbW-ugfr}}$ wurden die in [9] abgeleiteten Daten zur Änderung von $u_{\text{gbW-ugfr}}$ verwendet.

Unter Berücksichtigung der Auftautemperatur des gefrorenen gebundenen Wassers von 272,15 K und auch des Einflusses des Fasersättigungspunkts einzelner Holzarten wird der Anteil des nicht gefrorenen, gebundenen Wassers $u_{\text{gbW-ugfr}}$ hergeleitet.

$$u_{\text{gbW-ugfr}} = 0{,}12 + (u_{\text{FSP}(T)} - 0{,}12) \cdot \exp[0{,}0567 \cdot (T - 272{,}15)] \tag{10.28}$$

Die nach Formel 10.28 berechnete $u_{\text{gbW-ugfr}}$-Änderungen für Birkenholz mit normiertem Fasersättigungspunkt $u_{\text{FSP}(293{,}15)} = 0{,}30$ kg/kg, Buchenholz mit $u_{\text{FSP}(293{,}15)} = 0{,}31$ kg/kg und Pappelholz mit $u_{\text{FSP}(293{,}15)} = 0{,}35$ kg/kg sind in Bild 10.2 dargestellt.

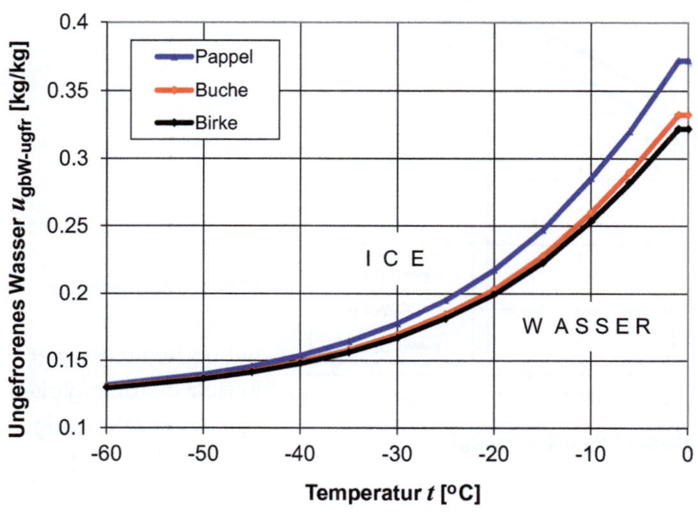

Bild 10.2 Ungefrorenes, gebundenes Wasser in Holz in Abhängigkeit von Temperatur (Quelle: [3, 5])

Die Werte von $u_{FSP(T)}$ in Formel 10.28 werden in Abhängigkeit von der Temperatur mithilfe der folgenden in [17] entwickelten Gleichung ermittelt:

$$u_{FSP(T)} = u_{FSP(293,15)} - 0{,}001(T - 293{,}15) \tag{10.29}$$

Die dazu erforderliche Temperatur wird hergeleitet:

$$T_{gbW\text{-}ugfr} = 272{,}15 + \frac{\ln \frac{u_{gbW\text{-}ugfr} - 0{,}12}{u_{FSP(T)} - 0{,}12}}{0{,}0567} \tag{10.30}$$

bei $0{,}12\ \text{kg/kg} \leq u = u_{gbW\text{-}ugfr} < u_{FSP(272,15)}$

$$T_{gbW\text{-}ugfr} = 272{,}15\ \text{K} \tag{10.31}$$

bei $u \geq u_{FSP(272,15)}$

Dabei ist $u_{FSP(272,15)}$ der Fasersättigungspunkt des Holzes bei $T = 272{,}15$ K (d. h. bei $t = -1$ °C), der gemäß Formel 10.29 berechnet wird.

Die nach Formel 10.30 und Formel 10.31 berechnete Änderung des $t_{gbW\text{-}ugfr}$ für Birken-, Buchen- und Pappelholz in Abhängigkeit von u ist in Bild 10.3 dargestellt.

Die spezifische Wärmekapazität des gefrorenen und ungefrorenen Holzes, $c_{H\text{-}gfr}$ bzw. $c_{H\text{-}ugfr}$, (siehe Formel 10.25–Formel 10.27) wird mit den in Bild 10.4 dargestellten Ergebnissen mathematisch beschrieben. In den Dissertationen [9] und [18] wurden experimentelle Daten zum Einfluss der Temperatur t und der Holzfeuchte u für Birkenholz mit $u_{FSP(293,15)} = 0{,}3$ kg/kg ermittelt. Die experimentellen Ergebnisse sind in Bild 10.4 dargestellt. Sie werden oft in der europäischen [4, 6–8, 13, 18–20] und US-amerikanischen Literatur [21, 22] zitiert oder verwendet, um das Auftauen und/oder Erwärmung verschiedener Holzmaterialien zu berechnen.

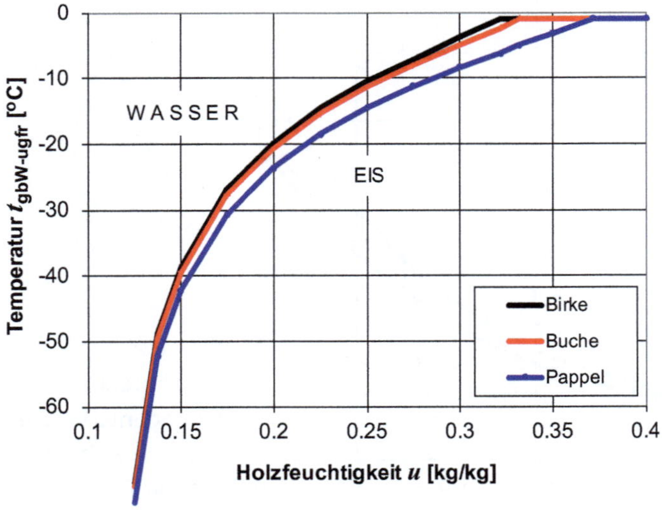

Bild 10.3 Schmelztemperatur von gefrorenem gebundenem Wasser in Holz in Abhängigkeit von der Holzfeuchtigkeit (Quelle: [3, 5])

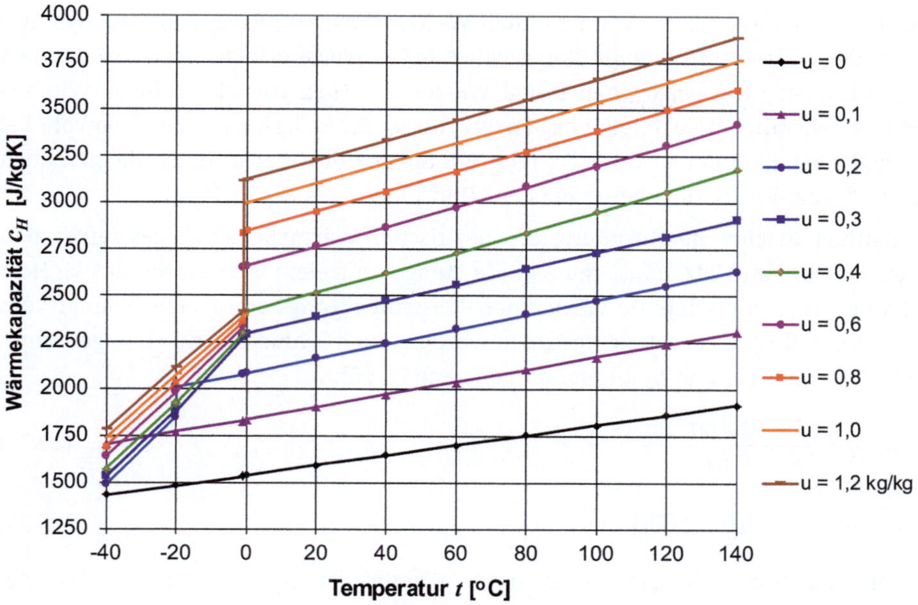

Bild 10.4 Wärmekapazität von gefrorenem und ungefrorenem Holz in Abhängigkeit von Temperatur und Holzfeuchtigkeit (Quelle: in Anlehnung an [9, 18])

Es wurden folgende Gleichungen zur Berechnung von $c_{\text{H-gfr}}$ und $c_{\text{H-ugfr}}$ erhalten, die für alle Holzarten für die Intervalle $0 \leq u \leq 1{,}6$ kg/kg und $223{,}15 \leq T \leq 423{,}15$ K gelten [3–5]:

- wenn $T \leq 272{,}15$ K und gleichzeitig damit $u > u_{\text{gbW-ugfr}}$:

$$c_{\text{H-gfr}} = K_{\text{c-gfr}} \frac{526 + 2{,}95 \cdot T + 0{,}0022 \cdot T^2 + 2261 \cdot u + 1276 \cdot u_{\text{gbW-ugfr}}}{1 + u} \;[\text{J/kgK}] \tag{10.32}$$

$$K_{\text{c-gfr}} = 1{,}06 + 0{,}04 \cdot u + \frac{0{,}00075 \cdot (T - 272{,}15)}{u_{\text{gbW-ugfr}}} \tag{10.33}$$

- für $T > 272{,}15$ K oder $T \leq 272{,}15$ K und gleichzeitig mit $u \leq u_{\text{gbW-ugfr}}$ folgt:

$$c_{\text{H-ugfr}} = \frac{1}{1+u} \cdot (2097 \cdot u + 2{,}55 \cdot T + 9{,}92 \cdot u \cdot T + 0{,}0002 \cdot T^2 + 826) \tag{10.34}$$

bei $u \leq u_{\text{FSP}(272,15)}$

$$c_{\text{H-ugfr}} = \frac{1}{1+u} \cdot (2862 \cdot u + 2{,}95 \cdot T + 5{,}49 \cdot u \cdot T + 0{,}0036 \cdot T^2 + 555) \tag{10.35}$$

bei $u > u_{\text{FSP}(272,15)}$

$$u_{\text{FSP}(272,15)} = u_{\text{FSP}(293,15)} + 0{,}021 \tag{10.36}$$

Bild 10.4 zeigt, dass bei $t = -1$ °C und allen Werten für $u > 0{,}3$ kg/kg während des Auftauens des Holzes ein sprunghafter Anstieg der c_H-Werte erfolgt. Dieser ist auf den Phasenübergang des gefrorenen freien Wassers im Holz zurückzuführen. Wie aus Bild 10.4 ersichtlich ist, erfolgt der c_H-Sprung für $u = 0{,}2$ kg/kg bei $t \approx -20$ °C. Sowohl bei $u = 0$ kg/kg als auch bei $u = 0{,}1$ kg/kg fehlt ein Sprung der Werte für c_H, da sich auch bei –40 °C kein Eis im Holz befindet (siehe Bild 10.2).

Zur mathematischen Beschreibung der spezifischen Wärmekapazität des gefrorenen freien Wassers im Holz, $u_{Ice\text{-}fW}$, müssen die Menge an freiem Wasser, die in 1 kg Holz enthalten ist, und die latente Wärme des Phasenübergangs von freiem Wasser vom festen in den flüssigen Zustand bestimmt werden (auch Schmelzwärme $L_{S\text{-}fW}$ genannt). Die Werte von $u_{Ice\text{-}fW}$ und $L_{S\text{-}fW}$ ergeben sich nach [9, 16]:

$$u_{\text{Ice-fW}} = \frac{u - u_{\text{FSP}(272{,}15)}}{1+u} \tag{10.37}$$

$$L_{\text{S-fW}} = 3{,}34 \cdot 10^5 \ [\text{J/kg}] \tag{10.38}$$

Die zum Schmelzen des gefrorenen freien Wassers im Holz erforderliche Wärmemenge besteht aus dem Produkt aus $u_{Ice\text{-}fw}$ und $L_{S\text{-}fW}$. Bezieht man diese Wärmemenge auf einen Temperaturbereich von 1 K, in dem die gesamte Menge des gefrorenen freien Wassers schmilzt (zwischen –1 °C und 0 °C), ergibt sich die spezifische Wärmekapazität des gefrorenen freien Wassers im Holz $c_{Ice\text{-}fW}$ zu:

$$c_{\text{Ice-fW}} = 3{,}34 \cdot 10^5 \frac{u - u_{\text{FSP}(272{,}15)}}{1+u} \tag{10.39}$$

bei $u > u_{\text{FSP}(272{,}15)}$ sowie $272{,}15\ \text{K} < T < 273{,}15\ \text{K}$

In Bild 10.5 ist die nach Formel 10.39 berechnete Änderung des $c_{Ice\text{-}fW}$ für Eichen-, Kiefern-, Buchen- und Pappelholz in Abhängigkeit von u im Bereich von $u = u_{FSP(272,15)}$ bis $u = 1{,}2$ kg/kg dargestellt.

Die Erhöhung von $u_{FSP(293,15)}$ führt zu einer Verringerung von $c_{Ice\text{-}fW}$, da die Menge des freien Wassers abnimmt. Jede Erhöhung von $u_{FSP(293,15)}$ um 0,01 kg/kg reduziert $c_{Ice\text{-}fW}$ um etwa 2000 J/kgK. Der Anstieg von u führt zu einem schwach nichtlinearen Anstieg von $c_{Ice\text{-}fW}$, der durch die Zunahme der Menge an gefrorenem freien Wasser im feuchteren Holz verursacht wird.

Unter Berücksichtigung der in [23] formulierten Gleichungen für die latente Schmelzwärme des im Holz gebundenen Wassers, $L_{S\text{-}gbW}$, folgt:

$$L_{\text{S-gbW}} = 1{,}223 \cdot 10^3 T + 2{,}102 \cdot 10^3 T \cdot \ln \frac{T}{273{,}15} \tag{10.40}$$

Um mit Formel 10.28 das Gefrieren des gebundenen Wassers im Bereich $213{,}15\ \text{K} < T < 272{,}15\ \text{K}$ zu bestimmen, wird Formel 10.41 zur Berechnung der spezifischen Wärmekapazität des gefrorenen gebundenen Wassers in Holz verwendet [24].

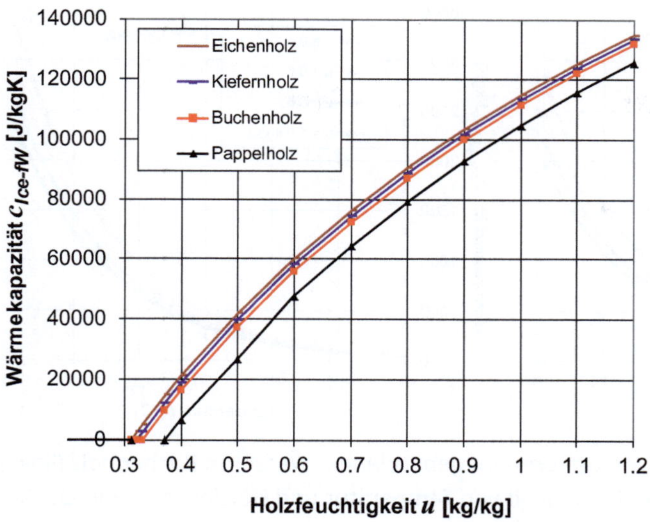

Bild 10.5 Wärmekapazität von gefrorenem freiem Wasser in Holz in Abhängigkeit von der Holzfeuchtigkeit (Quelle: [3, 4])

$$c_{\text{Ice-gbW}} = \left(69{,}344 \cdot T + 119{,}183 \cdot T \cdot \ln \frac{T}{273{,}15}\right) \cdot (u_{\text{FSP}(T)} - 0{,}12) \cdot \frac{\exp[0{,}0567 \cdot (T - 272{,}15)]}{1 + u} \tag{10.41}$$

bei $u > u_{\text{gbW-ugfr}}$ sowie $213{,}15\ \text{K} \leq T \leq 272{,}15\ \text{K}$

Die Änderung der nach Formel 10.41 berechneten Werte für die spezifische Wärmekapazität $c_{\text{Ice-gbW}}$ in Abhängigkeit von t und u ist in Bild 10.6 für gefrorenes Buchen- und Pappelholz oberhalb des hygroskopischen Bereichs dargestellt. Es ist ersichtlich, dass die Erhöhung der Temperatur t einen exponentiellen Anstieg des $c_{\text{Ice-gbW}}$ verursacht. Wenn t von –60 °C auf –1 °C ansteigt, erhöht sich $c_{\text{Ice-gbW}}$ bei dem angegebenen Wert von u um mehrere Zehnfache.

Es ist ersichtlich, dass die Erhöhung von u zu einer Verringerung von $c_{\text{Ice-gbW}}$ führt. Wenn u bei einem gegebenen t von 0,4 auf 1,0 kg/kg ansteigt, sinkt das $c_{\text{Ice-gbW}}$ sowohl für Buchen- als auch für Pappelholz um etwa 28 %. Jeder Anstieg von $u_{\text{FSP}(293,15)}$ um 0,01 kg/kg für einzelne Holzarten führt zu einem linearen Anstieg des $c_{\text{Ice-gbW}}$ um etwa 4 %.

Wenn T und u außerhalb der in Formel 10.39 und Formel 10.41 angegebenen Bereiche liegen, wurde bei der Lösung der mathematischen Modelle davon ausgegangen, dass die Werte von $c_{\text{Ice-fW}}$ und $c_{\text{Ice-gbW}}$ gleich Null sind.

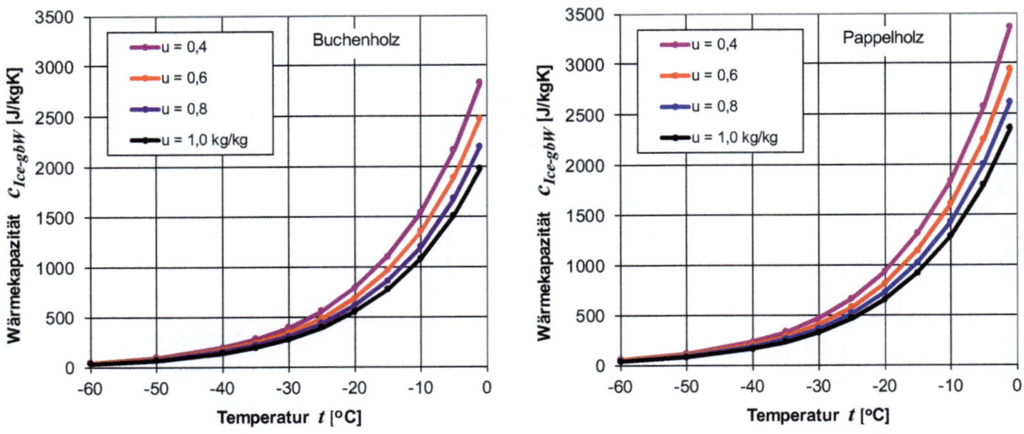

Bild 10.6 Wärmekapazität von gefrorenem gebundenem Wasser in Buchenholz (links) und Pappelholz (rechts) in Abhängigkeit von Temperatur und Holzfeuchtigkeit (Quelle: [24])

10.4.2 Mathematische Beschreibung der Wärmeleitfähigkeit

Die Holzwärmeleitfähigkeit beschreibt die Intensität der Wärmeverteilung im Holz. Aus diesem Grund sind für die Berechnung der Auftau- und Erwärmungsprozesse von Holz auch Kenntnisse über λ_H im ungefrorenen und gefrorenen Zustand notwendig.

Aus der Sicht der Thermodynamik ist das feuchte Holz ein kapillarporöser Körper, der aus drei Komponenten besteht:

- Holzsubstanz,
- Wasser,
- Luft.

Die Wärmeleitfähigkeit jeder der drei Komponenten und die des Eises sind verschieden.

Die Wärmeleitfähigkeit des Wassers bei $t = 0$ °C beträgt 0,551 W/mK; die des Eises bei gleicher Temperatur 1,047 W/mK, also fast doppelt so viel, und steigt bei $t = -50$ °C auf 2,780 W/mK an [9].

Die Holzfeuchte u ist einer der wichtigsten Faktoren, die die Wärmeleitfähigkeit beeinflussen. Der Ersatz der Luft in den Holzporen durch Wasser führt zu einem signifikanten Anstieg der Wärmeleitfähigkeit λ_H. Die Abhängigkeit ist dabei sehr komplex.

Die Wärmeleitfähigkeit von Holz nimmt zu, wenn sich das Wasser im Holz in einem gefrorenen Zustand befindet, und nimmt ab, wenn das Eis im Holz schmilzt [6–13, 18–20, 25–27]. Die Wärmeleitfähigkeit von gefrorenem und ungefrorenem Holz ist unterschiedlich.

Der Einfluss der Temperatur t auf die Wärmeleitfähigkeit von eishaltigem Holz ist anders als beim eisfreien Holz. Sinkt t, so steigt die Wärmeleitfähigkeit von eishaltigem Holz. Grund dafür ist einerseits die mit sinkender t sinkende Menge an nicht gefrorenem gebundenem Wasser im Holz, dessen λ im Vergleich zu Eis einen deutlich geringeren Wert aufweist, und andererseits die Zunahme von λ des Eises im Holz bei sinkender t. Steigt t im eisfreien Holz, so steigt dessen λ_H an [6–13, 26].

Die Raumdichte ρ_H, korreliert indirekt mit der Porosität des Holzes und hat ebenfalls einen erheblichen Einfluss auf die Wärmeleitfähigkeit λ_H. Mit der Zunahme der Dichte (d. h. mit der Abnahme der Porosität) steigt λ_H [7–9, 25, 28]. Nicht nur die Porosität, sondern auch die Form, die Abmessungen und die Lage der Poren beeinflussen die Wärmeleitfähigkeit λ_H. Auch die Anisotropie führt zu deutlichen Unterschieden der Wärmeleitung entlang der drei Hauptschnittrichtungen (längs, radial, tangential).

In die mathematische Beschreibung der Wärmeleitfähigkeit von Holz wird neben den Parametern t und u auch die Fasersättigungsfeuchte u_{FSP} eingegeben. Diese ist holzartenabhängig. Die Beschreibung erfolgt anhand der in Bild 10.7 dargestellten experimentell ermittelten Daten für die Änderung von λ_H in Abhängigkeit von t und u (siehe [9] und [18]).

Die Daten in Bild 10.7 beziehen sich auf die Änderung der Wärmeleitfähigkeit senkrecht zu den Fasern $\lambda_{H\text{-}s}$ von gefrorenem und ungefrorenem Birkenholz mit der Raumdichte $\rho_{Hr} = 515\ \text{kg/m}^3$ und $u_{FSP(293{,}15)} = 0{,}30\ \text{kg/kg}$ (siehe Tabelle 10.1).

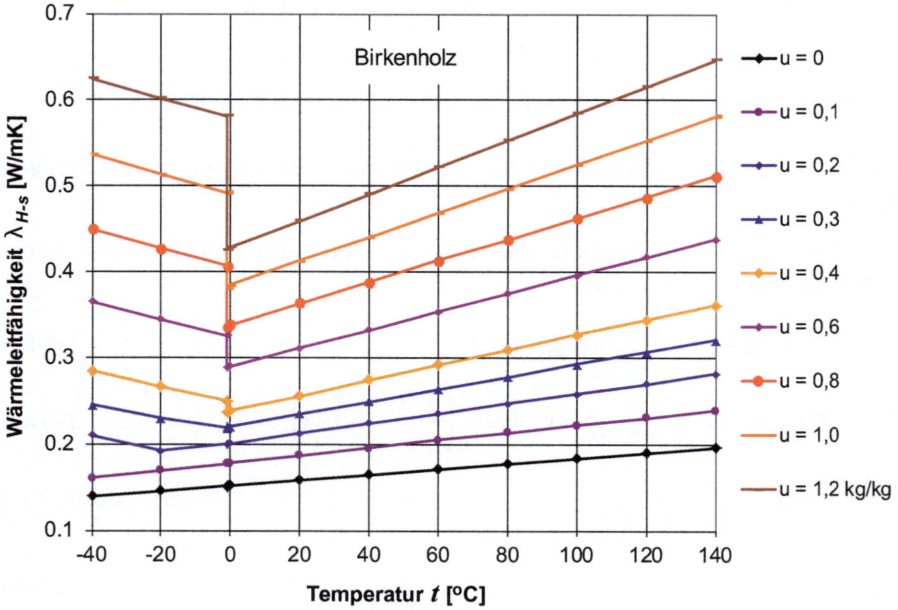

Bild 10.7 Wärmeleitfähigkeit von gefrorenem und ungefrorenem Birkenholz in Abhängigkeit von Temperatur und Holzfeuchtigkeit (Quelle: in Anlehnung an [9, 18])

Aus Bild 10.7 ist ersichtlich, dass oberhalb des hygroskopischen Bereichs, d. h. bei $u > u_{FSP(272,15)}$ die Temperatur $t = -1$ °C für das Auftauen des Holzes kritisch ist, da bei dieser Temperatur ein Sprung in den Werten von $\lambda_{H\text{-}s}$ vorhanden und zu beachten ist. Dieser Sprung nimmt mit ansteigender Feuchte u zu. Die Ursache ist der signifikante Unterschied zwischen der Wärmeleitfähigkeit des Wassers in flüssigem und gefrorenem Zustand. Die in Bild 10.7 dargestellten Daten für $\lambda_{H\text{-}s}(t, u)$ sowie die Daten für $c_{H(t,u)}$ in Bild 10.4 sind oft in der europäischen und US-amerikanischen Literatur zitiert.

Bei der Beschreibung von λ_H wurde der Fasersättigungspunkt des Holzes $u_{FSP(272.15)}$ als unabhängige Variable für verschiedene Holzarten eingeführt. Die folgenden Gleichungen zur Berechnung von λ_H für die Bereiche $0 \leq u \leq 1{,}2$ kg/kg und $213{,}15\ \text{K} \leq T \leq 413{,}15$ K (d. h. $-60\ °\text{C} \leq t \leq 140$ °C) wurden abgeleitet [3–5]:

$$\lambda_H = \lambda_{H0} \cdot \xi \cdot [1 + \mu \cdot (T - 273{,}15)]\ [\text{W/mK}] \quad (10.42)$$

$$\lambda_{H0} = K_{aH} \cdot \nu \cdot \left[0{,}165 + (1{,}39 + 3{,}8 \cdot u) \cdot \left(3{,}3 \cdot 10^{-7} \rho_{Hr}^2 + 1{,}015 \cdot 10^{-3} \rho_{Hr}\right)\right] \quad (10.43)$$

$$\nu = 0{,}15 - 0{,}07 \cdot u \quad (10.44)$$

bei $u \leq u_{FSP(272,15)} + 0{,}1$

$$\nu = 0{,}1284 - 0{,}013 \cdot u \quad (10.45)$$

bei $u > u_{FSP(272,15)} + 0{,}1$

λ_{H0} Wärmeleitfähigkeit des Holzes bei $T = 273{,}15$ K, d. h. bei $t = 0$ °C [W/mK]

$u_{FSP(272,15)}$ Fasersättigungspunkt bei $T = 272{,}15$ K (d. h. bei $t = -1$ °C) [kg/kg]

ρ_{Hr} Raumdichte des Holzes (siehe Tabelle 10.1 und Abschnitt 10.4.3) [kg/m^3]

Die Koeffizienten ξ und μ in Formel 10.42 werden nach den folgenden Gleichungen berechnet:

- wenn $T \leq 272{,}15$ K und gleichzeitig $u > u_{FSP(272,15)}$ oder wenn $T \leq T_{gbW\text{-}ugfr}$ und gleichzeitig $0{,}13\ \text{kg/kg} \leq u < u_{FSP(272,15)}$:

$$\xi = 1 + 0{,}34 \cdot [1{,}15 \cdot (u - u_{FSP(272.15)})] \quad (10.46)$$

$$\mu = 0{,}002 \cdot (u - u_{FSP(272,15)}) - 0{,}0038 \cdot \left(\frac{579}{\rho_b} - 0{,}124\right) \quad (10.47)$$

- wenn $T > 272{,}15$ K bei jedem u oder wenn $T \leq 272{,}15$ K und gleichzeitig $0 \leq u < u_{gbW\text{-}ugfr}$:

$$\xi = 1 \quad (10.48)$$

$$\mu = (2{,}05 + 4u) \cdot \left(\frac{579}{\rho_\text{b}} - 0.124\right) \cdot 10^{-3} \tag{10.49}$$

bei $u \leq u_{\text{FSP}(272{,}15)} + 0{,}1$

$$\mu = 3{,}65 \cdot \left(\frac{579}{\rho_\text{b}} - 0{,}124\right) \cdot 10^{-3} \tag{10.50}$$

bei $u > u_{\text{FSP}(272{,}15)} + 0{,}1$

Für die Berechnung von λ_H in den Fall, dass $T \leq T_\text{gbW-ugfr}$ (siehe Formel 10.30) und gleichzeitig $0{,}13\ \text{kg/kg} \leq u < u_{\text{FSP}(272.15)}$ ist, wird zunächst der Wert von $\lambda_\text{H-ugfr}$ durch Einsetzen von $T = T_\text{gbW-ugfr}$ in Formel 10.42 ermittelt. Die Werte von ξ werden aus Formel 10.48 und die von μ aus Formel 10.49 bestimmt. Danach werden unter Verwendung des Koeffizienten μ aus Formel 10.47 und des bereits bestimmten $\lambda_\text{H-ugfr}$ die Werte von λ_H wie folgt berechnet:

$$\lambda_\text{H} = \lambda_\text{H-ugfr} \cdot [1 + \mu \cdot (T - T_\text{gbW-ugfr})] \tag{10.51}$$

bei $T < T_\text{gbW-ugfr}$ sowie $0{,}125\ \text{kg/kg} \leq u \leq u_{\text{FSP}(272{,}15)}$

Der Wert $\lambda_\text{H} = \lambda_\text{H-ugfr}$ bildet den Knickpunkt der Kurve in der Steigung der Abhängigkeiten $\lambda_\text{H} = f(T)$ in Bild 10.7, wenn $0{,}13\ \text{kg/kg} \leq u < u_{\text{FSP}(272{,}15)}$. Formel 10.51 macht zusammen mit Formel 10.42 die Berechnung von λ_H des gefrorenen Holzes für alle Temperaturen größer als –60 °C (d. h. $T = 213{,}15$ K) möglich, da bei $t = -60$ °C der Wert von $u_\text{gbW-ugfr}$ ungefähr gleich 0,13 kg/kg ist (siehe Bild 10.2).

Die in [9] und in [1, 3–5, 28] entwickelten Gleichungen können für die Bestimmung der Werte des Koeffizienten K_aH in Formel 10.43 verwendet werden. Dieser berücksichtigt den Einfluss des Wärmestroms in den drei anatomischen Hauptachsen auf λ_H bei 0 °C, λ_H0, sowie auf $\lambda_\text{H-r}$, $\lambda_\text{H-t}$ und $\lambda_\text{H-l}$. In [3–5] wurden Werte für K_aH für ausgewählte Holzarten experimentell bestimmt. In Tabelle 10.2 sind die ermittelten Werte von K_aH für vier Holzarten angegeben, die häufig gedämpft oder gekocht werden.

Tabelle 10.2 Koeffizienten K_aH zur Berechnung von λ_H0 nach Formel 10.43 entlang der drei anatomischen Hauptachsen des Holzes (Quelle: [3–5])

Holzart	Radial K_r	Tangential K_t	Längs zur Faserrichtung K_l	Senkrecht zur Faserrichtung K_s
Eiche	1,22	1,04	1,99	1,13
Kiefer	1,25	1,37	2,96	1,31
Buche	1,35	1,21	2,40	1,28
Pappel	1,48	1,36	2,88	1,42

Bild 10.8 zeigt die Änderung der Wärmeleitfähigkeit von gefrorenem und ungefrorenem Buchenholz in Abhängigkeit von t und u senkrecht zur Faser, $\lambda_{H\text{-}s}$, die mit Formel 10.42–Formel 10.51 berechnet wird, wobei in Formel 10.43 der Koeffizient für $K_s = 1{,}28$ aus Tabelle 10.2 verwendet wird.

Die berechnete Änderung der Wärmeleitfähigkeit von ungefrorenem Buchenholz in Abhängigkeit von t und u in radialer Richtung, $\lambda_{H\text{-}r}$, bei $K_r = 1{,}35$ ist in Bild 10.9 dargestellt.

In Bild 10.8 ist der Unterschied zwischen freiem und gebundenem Wasser über dem Temperaturbereich auf die Wärmeleitfähigkeit erkennbar. Eine Erhöhung der Temperatur bei gegebenem u führt zu einem Anstieg von $\lambda_{H\text{-}s}$ des ungefrorenen Holzes im gesamten untersuchten Temperaturbereich von –60 °C bis 140 °C. Gleichzeitig nimmt mit zunehmendem u die Steigung der Abhängigkeiten $\lambda_{H\text{-}s} = f(t)$ und $\lambda_{H\text{-}r} = f(t)$ von ungefrorenem Holz zu (Bild 10.8 und Bild 10.9).

Aus den Diagrammen in Bild 10.8 ist ersichtlich, dass eine Erhöhung von t zu einer Abnahme von $\lambda_{H\text{-}s}$ führt, sowohl für Holz, das nur gefrorenes gebundenes Wasser enthält, als auch für Holz mit gefrorenem gebundenem und freiem Wasser.

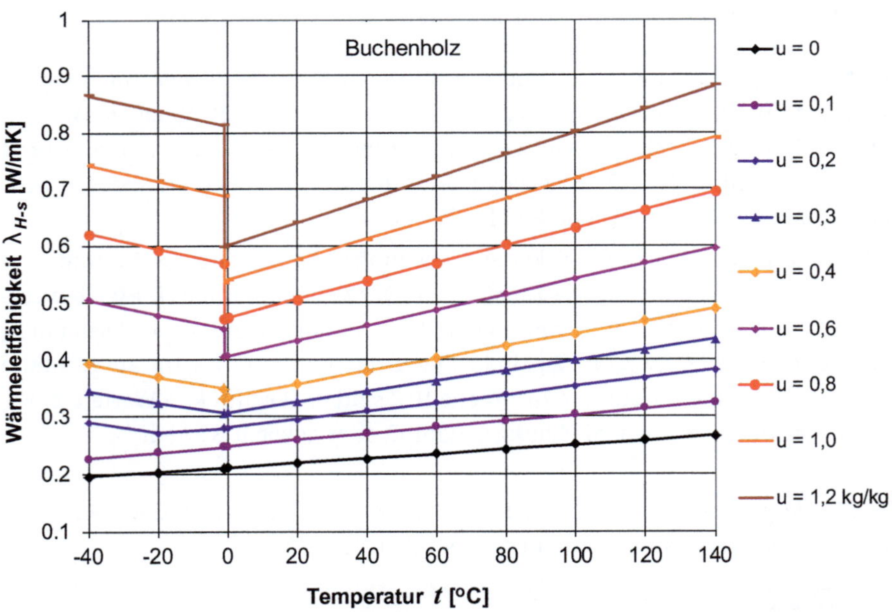

Bild 10.8 Wärmeleitfähigkeit des gefrorenen und ungefrorenen Buchenholzes senkrecht zur Faser in Abhängigkeit von Temperatur und Holzfeuchtigkeit (Quelle: [4])

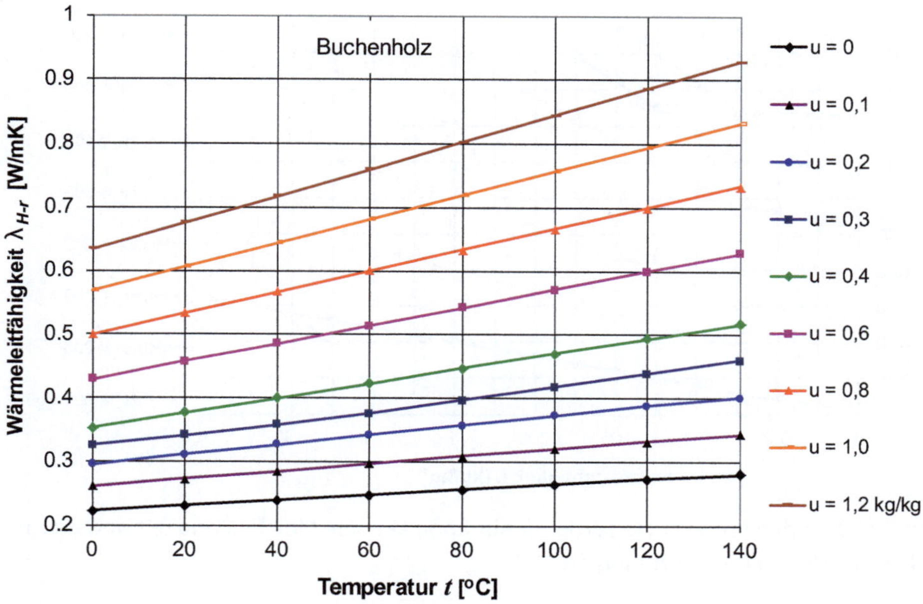

Bild 10.9 Wärmeleitfähigkeit des ungefrorenen Buchenholzes in Radialrichtung in Abhängigkeit von Temperatur im Bereich 0 °C ≤ t ≤ 140 °C und Holzfeuchtigkeit

10.4.3 Mathematische Beschreibung der Holzdichte

In den Modellen zur Berechnung der thermischen Behandlung von Furnierstämmen und Furnierprismen wird häufig die Raumdichte ρ_{Hr} anstelle der Dichte bei gegebener Holzfeuchte (ρ_H) verwendet. Die Raumdichte ist das Verhältnis der Holzmasse im absolut trockenen Zustand zu ihrem Volumen im mit gebundenem Wasser gesättigten Zustand. Die Verwendung der Raumdichte ermöglicht es, den kumulativen Einfluss der spezifischen mikrostrukturellen Merkmale verschiedener Holzarten auf ihre Wärmeleitfähigkeit zu berücksichtigen [6–13, 19, 20, 29].

Um eine gute Plastifizierung des Holzes zu gewährleisten, werden in der Praxis üblicherweise ungefrorene und gefrorene Furnierstämme und Furnierprismen mit einer Feuchtigkeit oberhalb des hygroskopischen Bereichs einer Wärmebehandlung unterzogen.

Bild 10.10 zeigt die Änderung der Rohdichte von Holz im gefrorenen und ungefrorenen Zustand als Funktion von u und ρ_{Hr} [29].

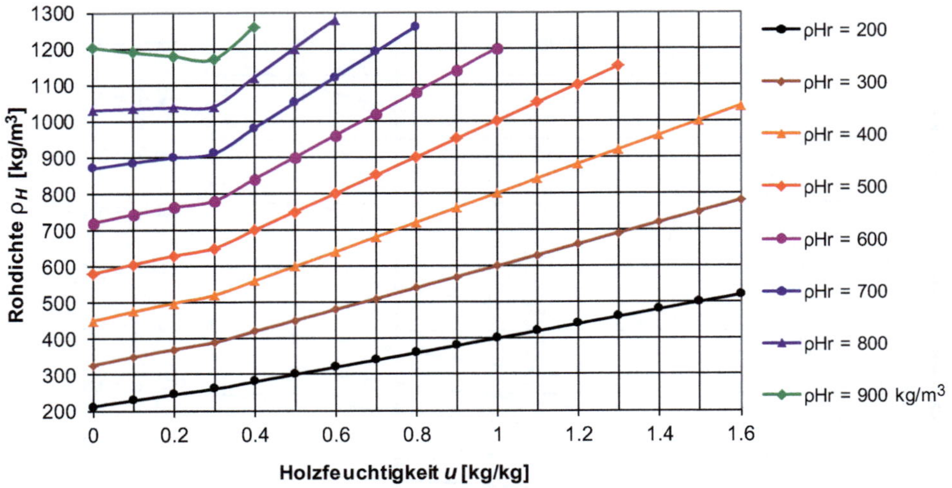

Bild 10.10 Rohdichte aller Holzarten in Abhängigkeit von Holzfeuchtigkeit und Raumdichte des Holzes (in Anlehnung an [29])

Die Rohdichte ρ_{H} von Holz, dessen Feuchtigkeitsgehalt u über dem hygroskopischen Bereich liegt, wird mit der folgenden Gleichung berechnet:

$$\rho_{\mathrm{H}} = \rho_{\mathrm{Hr}} \cdot (1 + u) \; [\mathrm{kg/m^3}] \tag{10.52}$$

bei $u > u_{\mathrm{FSP}(272,15)}$

Bild 10.11 zeigt die berechnete Änderung der Dichte von Eiche, Buche, Kiefer und Pappel im Bereich $u_{\mathrm{FSP}(272,15)} \leq u \leq 1{,}0$ kg/kg gemäß Formel 10.52 und Tabelle 10.1.

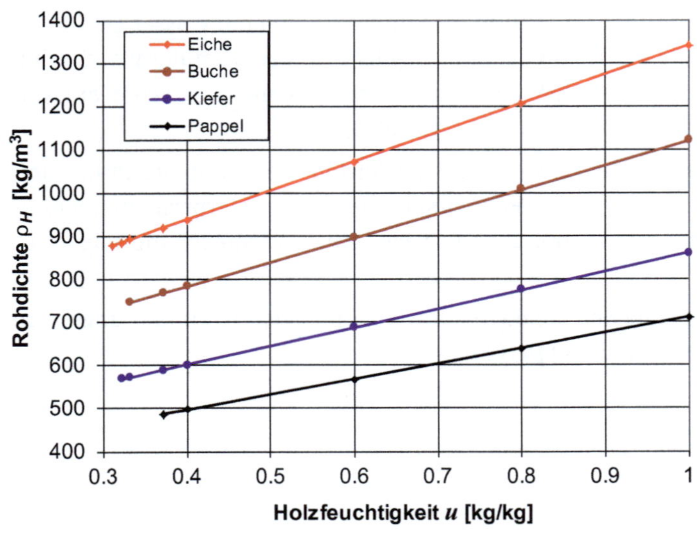

Bild 10.11 Rohdichte von Eichen-, Buchen-, Kiefern- und Pappelholz in Abhängigkeit von Holzfeuchtigkeit über dem hygroskopischen Bereich

10.5 Umwandlung der mathematischen Modelle in eine für die Programmierung geeignete Form

Die analytische Lösung mathematischer Modelle, die nichtlineare Differentialgleichungen mit partiellen Ableitungen in Form von Formel 10.3, Formel 10.9, Formel 10.14, Formel 10.18 und Formel 10.23 enthalten, ist ohne wesentliche Vereinfachungen dieser Gleichungen unmöglich unter den praktischen Randbedingungen.

Zur numerischen Lösung von Modellen mit solchen Gleichungen werden Methoden der finiten Differenzen oder der finiten Elemente verwendet. Wenn das Holz prismatische Abmessungen oder einen zylindrischen Querschnitt hat, wird die Methode der finiten Differenzen bevorzugt.

Für die numerische Lösung der oben vorgestellten Modelle ist es sinnvoll, die explizite Form der Finite-Differenzen-Methode zu verwenden, die den Ausschluss jeglicher Vereinfachungen ermöglicht. Mit den Rechenkapazitäten moderner Computer ist das problemlos möglich.

Gemäß der Grundidee der Finite-Differenzen-Methode wird die Temperatur, die eine Funktion von Raum und Zeit ist, mithilfe eines Netzvektors dargestellt, und die Ableitungen $\frac{\partial T}{\partial x}$, $\frac{\partial T}{\partial y}$, $\frac{\partial T}{\partial z}$, und $\frac{\partial T}{\partial \tau}$ werden unter Verwendung des erstellten Rechennetzes entlang der räumlichen und zeitlichen Koordinaten durch ihre Finite-Differenz (diskreten) Analoga ersetzt [30].

Zu diesem Zweck werden das Holzprisma bzw. ein Achtel davon bei Vorliegen einer Spiegelsymmetrie zu den anderen sieben Achtel von einem System zueinander senkrechter Linien „durchbohrt“, die parallel zu den drei Koordinatenachsen verlaufen. Der Abstand zwischen den Linien, auch Differenzierungsschritt genannt, ist für jede Koordinatenrichtung konstant (Bild 10.12).

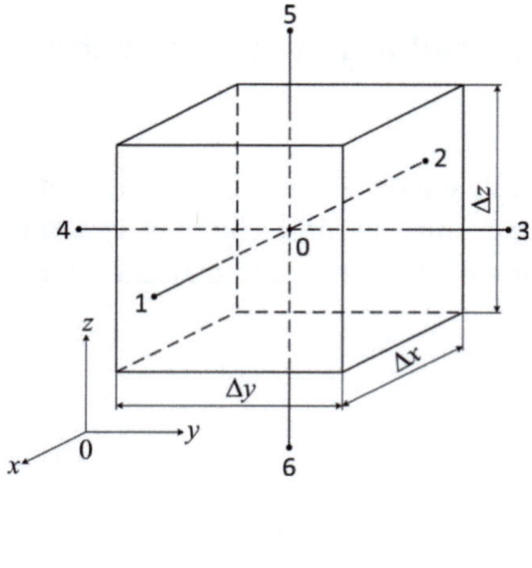

Bild 10.12
Ein Volumenelement des Holzprismas mit darauf aufgebautem Rechennetz zur Lösung von Formel 10.3 mit der expliziten Form der Finite-Differenzen-Methode (Quelle: [1, 3])

Die Knoten von 0 bis 6 mit den entsprechenden Temperaturen von T_0 bis T_6 sind Zentren für die dargestellten und benachbarten Volumenelemente. Die Länge der Seiten des Volumenelements (Δx, Δy und Δz) sind Differenzierungsschritte, deren Größe den Abstand zwischen den einzelnen Knoten des Netzes bestimmt. Die gesamte Zeit der thermischen Behandlung des Körpers wird ebenfalls in eine bestimmte Anzahl n Intervalle (Schritte) gleicher Dauer unterteilt. Ein für die Lösung von Formel 10.3 verwendetes Volumenelement eines erhitzten Körpers ist in Bild 10.12 zusammen mit seinem zugehörigen Teil aus dem rechteckigen Berechnungsnetz dargestellt.

Durch die beschriebenen Verfahren wird der Prozess zur Lösung der nichtlinearen Differentialgleichung mit partiellen Ableitungen (Formel 10.3) in die Lösung des dazu äquivalenten Systems linearer Finite-Differenzen-Gleichungen umgewandelt. Dies erfordert die Durchführung zahlreicher Schritte, aber keine komplizierten algebraischen Operationen. Im eingebauten 3D-Rechtecknetz des Prismas wird der Wärmeübergang nur entlang seiner Gradientenlinien berücksichtigt. Für jeden Kreuzungspunkt von drei Maschenlinien, einem sogenannten Knoten, wird eine Finite-Differenzen-Gleichung abgeleitet, anhand derer die Temperatur dieses Knotens berechnet wird.

Finite-Differenzen-Gleichungen werden durch Ersetzen von Ableitungen in der Differentialgleichung (10.3) durch ihre Näherungsausdrücke erhalten, bei denen es sich um Differenzen zwischen den Werten der Funktion in ausgewählten Knoten des Berechnungsnetzes handelt. Die Temperatur in Knoten 0 mit den Koordinaten (x_i, y_j, z_k, τ_n) in Bild 10.12 wird als $T_0 = T^n_{i,j,k}$, bezeichnet, und die Temperatur in benachbarten Knoten entsprechend als $T_1 = T^n_{i+1,j,k}$ (Knoten 1), $T_2 = T^n_{i-1,j,k}$ (Knoten 2), $T_3 = T^n_{i,j+1,k}$ (Knoten 3), $T_4 = T^n_{i,j-1,k}$ (Knoten 4), $T_5 = T^n_{i,j,k+1}$ (Knoten 5) und $T_6 = T^n_{i,j,k-1}$ (Knoten 6). Für die Berechnung der Temperatur in jedem folgenden Zeitpunkt müssen die Werte der Temperaturen bis zum vorhergehenden Zeitpunkt bekannt sein.

10.5.1 3D-Modell für die Temperaturverteilung in prismatischen Holzsortimenten

Das folgende Gleichungssystem als diskretes Äquivalent der Formel 10.3 wurde unter Verwendung der Finite-Differenzen-Methode und unter Berücksichtigung von Formel 10.42 für die Wärmeleitfähigkeit, λ_H, in den verschiedenen anatomischen Richtungen erstellt:

$$T_{i,j,k}^{n+1} = T_{i,j,k}^{n} + \frac{\xi \cdot \Delta\tau}{c_{\mathrm{H-eff1,2,3}} \cdot \rho_{\mathrm{H}}}$$

$$\left\{ \begin{array}{l} \frac{\lambda_{\mathrm{H0-r}}}{\Delta x^2} \left[\left[1 + \mu \cdot \left(T_{i,j,k}^n - 273{,}15\right)\right] \cdot \left(T_{i+1,j,k}^n + T_{i-1,j,k}^n - 2T_{i,j,k}^n\right) + \mu \cdot \left(T_{i,j,k}^n - T_{i-1,j,k}^n\right)^2 \right] + \\ \frac{\lambda_{\mathrm{H0-t}}}{\Delta y^2} \left[\left[1 + \mu \cdot \left(T_{i,j,k}^n - 273{,}15\right)\right] \cdot \left(T_{i,j+1,k}^n + T_{i,j-1,k}^n - 2T_{i,j,k}^n\right) + \mu \cdot \left(T_{i,j,k}^n - T_{i,j-1,k}^n\right)^2 \right] + \\ \frac{\lambda_{\mathrm{H0-l}}}{\Delta z^2} \left[\left[1 + \mu \cdot \left(T_{i,j,k}^n - 273{,}15\right)\right] \cdot \left(T_{i,j,k+1}^n + T_{i,j,k-1}^n - 2T_{i,j,k}^n\right) + \mu \cdot \left(T_{i,j,k}^n - T_{i,j,k-1}^n\right)^2 \right] \end{array} \right\}$$

(10.53)

Da in der Praxis keine eindeutige radiale oder tangentiale Jahrringorientierung vorliegt, wird der Mittelwert zwischen der radialen und der tangentialen Wärmeleitfähigkeit bei 0 °C berechnet, der den Wert senkrecht zur Faserrichtung, $\lambda_{\mathrm{H0\text{-}s}}$, bestimmt:

$$\lambda_{\mathrm{H0-s}} = \frac{\lambda_{\mathrm{H0-r}} + \lambda_{\mathrm{H0-t}}}{2} \qquad (10.54)$$

Die Wärmeleitfähigkeit bei 0 °C parallel zur Faserrichtung kann wie folgt ausgedrückt werden:

$$\lambda_{\mathrm{H0-l}} = K_{\mathrm{l/s}} \cdot \lambda_{\mathrm{H0-s}} \qquad (10.55)$$

wobei der Koeffizient $K_{\mathrm{l/s}} = \frac{\lambda_{\mathrm{H0-l}}}{\lambda_{\mathrm{H0-s}}}$ von der Holzart abhängt (siehe Tabelle 10.2).

Zur Vereinheitlichung der Berechnungen bietet es sich an, einen solchen Schritt des Berechnungsnetzes entlang der Raumkoordinaten zu verwenden $\Delta x = \Delta y = \Delta z$ (siehe Bild 10.13). Unter Berücksichtigung dieser Bedingung und auch der Formel 10.54 und Formel 10.55 ergibt sich das Gleichungssystem (Formel 10.53) wie folgt:

$$\begin{aligned} T_{i,j,k}^{n+1} = T_{i,j,k}^{n} &+ \frac{\lambda_{\mathrm{H0-s}} \cdot \xi \cdot \Delta\tau}{c_{\mathrm{H-eff1,2,3}} \cdot \rho_{\mathrm{H}} \cdot \Delta x^2} \\ &\left\{ \left[1 + \mu \cdot \left(T_{i,j,k}^n - 273{,}15\right)\right] \left[T_{i+1,j,k}^n + T_{i-1,j,k}^n + T_{i,j+1,k}^n + T_{i,j-1,k}^n \right.\right. \\ &\left. + K_{\mathrm{l/s}} \cdot \left(T_{i,j,k+1}^n + T_{i,j,k-1}^n\right) - (4 + 2K_{\mathrm{l/s}}) \cdot T_{i,j,k}^n \right] \\ &\left. + \mu \cdot \left[\left(T_{i,j,k}^n - T_{i-1,j,k}^n\right)^2 + \left(T_{i,j,k}^n - T_{i,j-1,k}^n\right)^2 + K_{\mathrm{l/s}} \cdot \left(T_{i,j,k}^n - T_{i,j,k-1}^n\right)^2 \right] \right\} \end{aligned} \qquad (10.56)$$

Die Anfangsbedingung (Formel 10.4) im 3D-Modell wird mithilfe der folgenden Finite-Differenzen-Gleichung dargestellt:

$$T_{i,j,k}^{0} = T_{\mathrm{H0}} \qquad (10.57)$$

Die Randbedingungen (Formel 10.5) nehmen die folgende einfach zu programmierende Form an:

$$T_{1,j,k}^{n+1} = T_{i,1,k}^{n+1} = T_{i,j,1}^{n+1} = T_{\mathrm{M}}^{n+1} \tag{10.58}$$

Die Darstellung der nichtlinearen partiellen Differentialgleichung (Formel 10.3) aus dem mathematischen Modell durch ihr diskretes Analogon (Formel 10.56) entspricht der in Bild 10.13 gezeigten Einstellung des Koordinatensystems und der Positionierung der Knoten im Netz, in dem die 3D-nichtstationäre Temperaturverteilung in den prismatischen Holzmaterialien während ihrer Dämpfung berechnet wird. Das Berechnungsnetz für die Lösung des Modells durch die Finite-Differenzen-Methode wird aufgrund seiner Spiegelsymmetrie mit den verbleibenden siebenachtel Teilen des Prismavolumens auf einem Achtel des Prismavolumens aufgebaut.

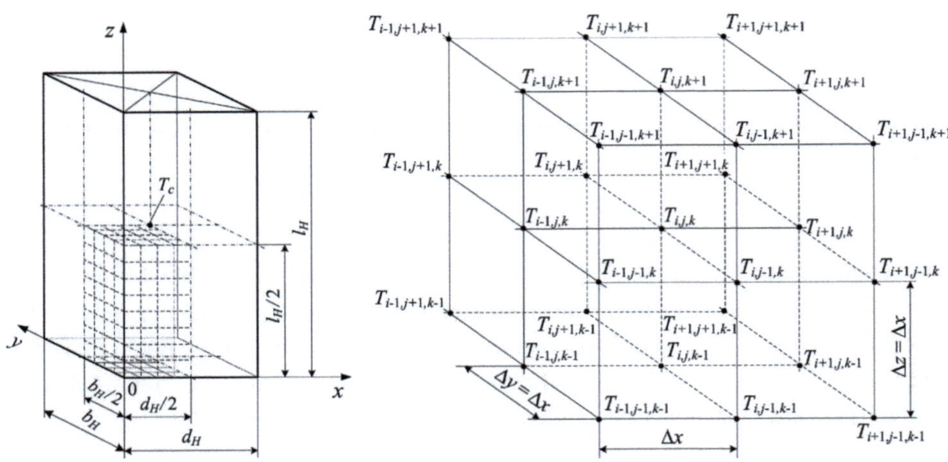

Bild 10.13 Positionierung der Knoten des 3D-Berechnungsnetzes in einem diskretisierten Holzprisma

Die in Bild 10.13 dargestellte Einstellung des Koordinatensystems ermöglicht es, mithilfe nur eines Gleichungssystems (Formel 10.56 – Formel 10.58) die Temperaturänderung in jedem Knotenpunkt des Volumens des gedämpften gefrorenen Holzprismas im Moment $(n+1) \cdot \Delta\tau$ unter Verwendung der bereits im vorhergehenden Moment $n \cdot \Delta\tau$ berechneten T-Werte zu berechnen.

In [3] wurden umfangreiche experimentelle Untersuchungen zur Bestimmung der räumlichen Verteilung der Temperatur im Volumen von gefrorenen und nicht gefrorenen prismatischen und zylindrischen Holzsortimenten aus Eiche, Buche, Pappel und Kiefer während ihres Dämpfens durchgeführt. Die Werte aller Koeffizienten in Tabelle 10.2 und auch der Koeffizient $K_{\mathrm{l/s}} = \frac{\lambda_{\mathrm{H0-l}}}{\lambda_{\mathrm{H0-s}}}$ in Formel 10.56 wurden durch die Lösung des Modells mit denselben Anfangs- und Randbedingungen bestimmt, um eine maximale Übereinstimmung zwischen den berechneten und experimentellen Ergebnissen zu erreichen.

Unter Verwendung von Formel 10.56 – Formel 10.58 wird die Integration der Differentialgleichung (Formel 10.3) in eine konsequente Bestimmung der Werte von T in den Knoten des Berechnungsnetzes umgewandelt. Für die Berechnungen wird die Verteilung von T zum vorherigen Moment verwendet, der um $\Delta\tau$ vom aktuellen Moment entfernt ist.

Der Wert des Schrittes entlang der Zeitkoordinate, $\Delta\tau$, wird durch die Stabilitätsanforderung an die Lösung des entsprechenden Gleichungssystems bestimmt. Er darf nicht größer sein als der kleinere der beiden Werte, die sich berechnen lassen [3, 30]:

$$\Delta\tau = \frac{c_{\mathrm{H-eff1,2,3}}(T_{\min}, u) \cdot \rho_{\mathrm{H}}(u) \cdot \Delta x^2}{K_{\mathrm{aH}} \cdot \lambda_{\mathrm{H}}(T_{\min}, u)} \tag{10.59}$$

$$\Delta\tau = \frac{c_{\mathrm{H-eff1,2,3}}(T_{\max}, u) \cdot \rho_{\mathrm{H}}(u) \cdot \Delta x^2}{K_{\mathrm{aH}} \cdot \lambda_{\mathrm{H}}(T_{\max}, u)} \tag{10.60}$$

Dabei sind $T_{\min}$ und $T_{\max}$ der kleinste und der größte aller Werte der Temperaturen, die in den Anfangs- und Randbedingungen des Wärmeübergangs bei der thermischen Behandlung auftreten. Der Koeffizient K_{aH}, der die Dimensionierung des Wärmestroms bei der Berechnung des Schrittes $\Delta\tau$ berücksichtigt, ist wie folgt: für die 3D-Berechnung: $K_{\mathrm{aH}} = 6K_{\mathrm{l/s}}$; für die 2D-Berechnung: $K_{\mathrm{aH}} = 4$, und für die 1D-Berechnung: $K_{\mathrm{aH}} = 2$.

10.5.2 2D-Modell für die Temperaturverteilung in zylindrischen Holzsortimenten

Um ein diskretes Analogon von Formel 10.18–Formel 10.20 zu erhalten, wird die explizite Form der Finiten-Differenzen-Methode in einer Weise verwendet, die mit dem oben beschriebenen Fall der 2D-Wärmebehandlung prismatischer Körper vergleichbar ist.

Die Umformung der nichtlinearen Differentialgleichung mit partiellen Ableitungen (Formel 10.18) in ihr diskretes Analogon erfolgt unter Verwendung des in Bild 10.14 dargestellten Koordinatensystems für die Positionierung der Knoten aus dem Berechnungsnetz, in dem die Temperaturverteilung im Längsschnitt des zu bedampfenden Holzes berechnet wird.

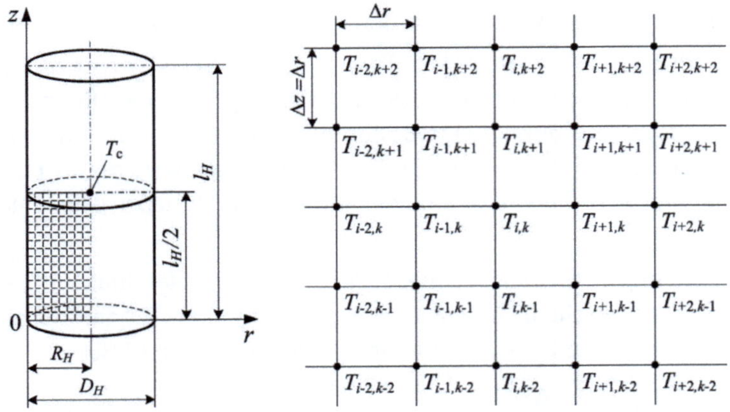

Bild 10.14 Positionierung der Knoten des 2D-Berechnungsnetzes in einem diskretisierten zylindrischen Holzsortiment

Das Berechnungsnetz für die Lösung des 2D-Modells mithilfe der Finite-Differenzen-Methode wird auf 1/4 des Längsschnittes des Stammes aufgebaut, da dieses spiegelsymmetrisch zu den restlichen drei Vierteln des gleichen Schnittes ist.

Unter Berücksichtigung von Formel 10.42 und unter Verwendung des Koeffizienten $K_{l/r} = \frac{\lambda_{H0-l}}{\lambda_{H0-r}}$ werden Formel 10.18–Formel 10.20 laut der Finite-Differenzen-Methode umgewandelt:

$$T_{i,k}^{n+1} = T_{i,k}^{n} + \frac{\lambda_{H0-r}\cdot\xi\cdot\Delta\tau}{c_{H-eff1,2,3}\cdot\rho_H\cdot\Delta r^2}\left\{\begin{array}{l}\left[1+\mu\cdot\left(T_{i,k}^{n}-273{,}15\right)\right]\\ \left[\begin{array}{l}T_{i-1,k}^{n}+T_{i+1,k}^{n}+K_{l/r}\left(T_{i,k-1}^{n}+T_{i,k+1}^{n}\right)-\\ (2+2K_{l/r})T_{i,k}^{n}+\frac{1}{i-1}\left(T_{i-1,k}^{n}-T_{i,k}^{n}\right)\end{array}\right]+\\ \mu\cdot\left[\left(T_{i-1,k}^{n}-T_{i,k}^{n}\right)^2+K_{l/r}\left(T_{i,k-1}^{n}-T_{i,k}^{n}\right)^2\right]\end{array}\right\} \tag{10.61}$$

mit der Anfangsbedingung:

$$T_{i,k}^{0} = T_{w0} \tag{10.62}$$

und die Randbedingung:

$$T_{1,k}^{n+1} = T_{i,1}^{n+1} = T_{m}^{n+1} \tag{10.63}$$

Der Wert von $\Delta\tau$ wird nach Formel 10.59a und Formel 10.59b ermittelt. Bei der Lösung des 2D- und des 1D-Modells wird dann $K_{aH} = 4K_{l/r}$ und $K_{aH} = 1$ verwendet.

10.6 Berechnung und Visualisierung der Temperaturverteilung in den wärmebehandelten Furnierstämmen und Furnierprismen

Zur numerischen Lösung der oben vorgestellten Modelle zur transienten Wärmeleitung in prismatischen und zylindrischen Holzwerkstoffen während ihrer thermischen Behandlung wurde ein Softwarepaket in der von Microsoft entwickelten Berechnungsplattform Visual FORTRAN Professional [3, 4, 30] entwickelt.

Das Softwarepaket ermöglicht die Berechnung und Farbvisualisierung (entweder als Animation des gesamten Prozesses oder als 3D-, 2D- oder 1D-Grafiken jedes gewünschten Prozessmoments) der nichtstationären Temperaturverteilung in eishaltigen und nichteishaltigen Materialien während des Dämpfens oder Kochens. Die Berechnung der Temperaturfeldänderung im Volumen der Holzsortimente, die Eis zu Beginn der thermischen Behandlung beinhalten, ist für die Zeiträume des Eisschmelzens und danach korreliert, unter Beschreibung der flexiblen räumlichen Begrenzung des schmelzenden Eises.

Die Berechnung der Temperaturfelder erfolgt zusammenhängend und für die Prozesse der Dampfbehandlung und der Anschlussabkühlung der Materialien, d. h., die Berechnung der nichtstationären Temperaturänderung im Volumen der Materialien während der Zeit ihrer Abkühlung beginnt mit der während der Berechnungszeit bereits erreichten Temperaturverteilung am Ende der Dampfbehandlung.

Anhand der Berechnungen lässt sich ermitteln, wann im gesamten Volumen des gedämpften Holzes, die für die Furnierherstellung [31] oder das Biegen der Holzteile erforderlichen optimalen Temperaturen erreicht sind.

10.6.1 Berechnung der nichtstationären Temperaturverteilung in den wärmebehandelten Holzsortimenten

Bild 10.15 zeigt beispielhaft die mithilfe der 3D-Modelle (Formel 10.3–Formel 10.5) berechnete Änderung der Oberflächentemperatur der Prismen, die gleich t_M ist, sowie die Temperatur an sechs repräsentativen Punkten im Volumen von Eichen- und Buchenprismen mit $t_{H0} = -40$ °C und $u = 0{,}6$ kg/kg während ihrer 20-stündigen Wärmebehandlung bei $t_M = 80$ °C. Die Prismen enthalten Eis: etwa 0,15 kg/kg aus dem gebundenen Wasser bei –40 °C (siehe Bild 10.3) und der gesamten Menge an freiem Wasser. Die Koordinaten der repräsentativen Punkte sind in der Legende der Diagramme angegeben.

In Bild 10.16 bis Bild 10.18 veranschaulichen ähnliche Diagramme der Temperaturänderung unter anderen Wärmebehandlungsbedingungen für verschiedene Holzarten und Holzsortimente.

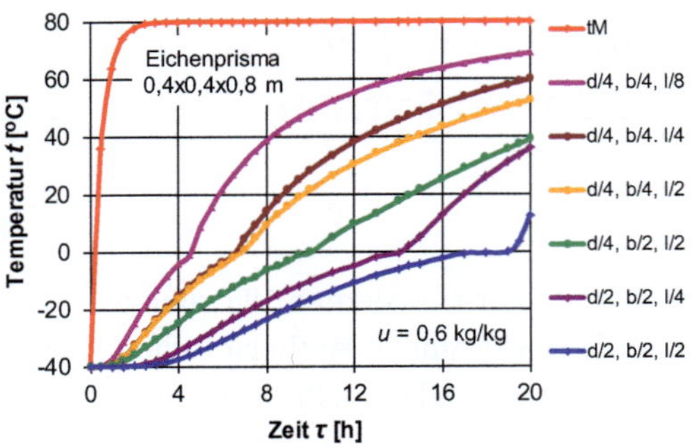

Bild 10.15 3D-Temperaturverteilung in Eichenprismen (links) und Buchenprismen (rechts) mit den Abmessungen 0,4 × 0,4 × 0,8 m und t_{H0} = –40 °C während 20 Stunden Wärmebehandlung bei t_M = 80 °C (Quelle: [3, 4])

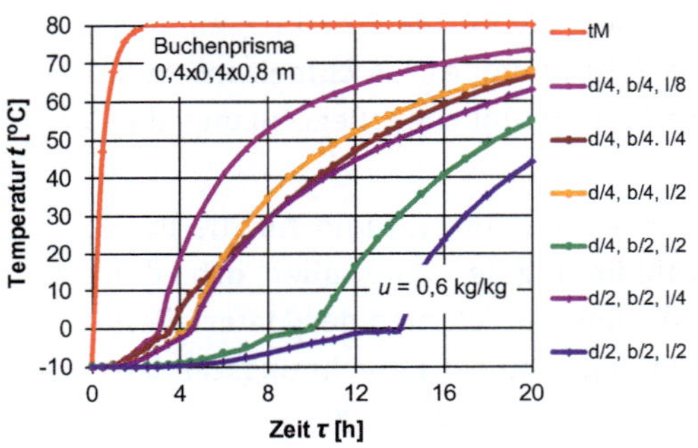

Bild 10.16 3D-Temperaturverteilung in Buchenprismen mit den Abmessungen 0,4 × 0,4 × 0,8 m, t_{H0} = –10 °C (links) und t_{H0} = 0 °C (rechts) während 20 Stunden Wärmebehandlung bei t_M = 80 °C (Quelle: [3, 4])

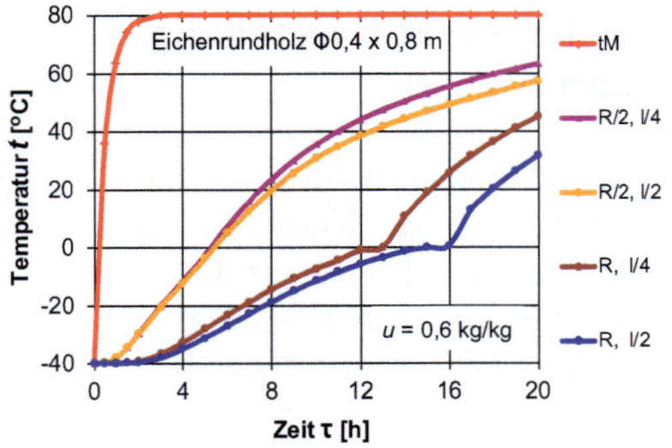

Bild 10.17 2D-Temperaturverteilung in Eichenrundholz (links) und Buchenrundholz (rechts) mit den Abmessungen Ø 0,4 × 0,8 m und t_{H0} = –40 °C während 20 Stunden Wärmebehandlung bei t_M = 80 °C (Quelle: [3, 4])

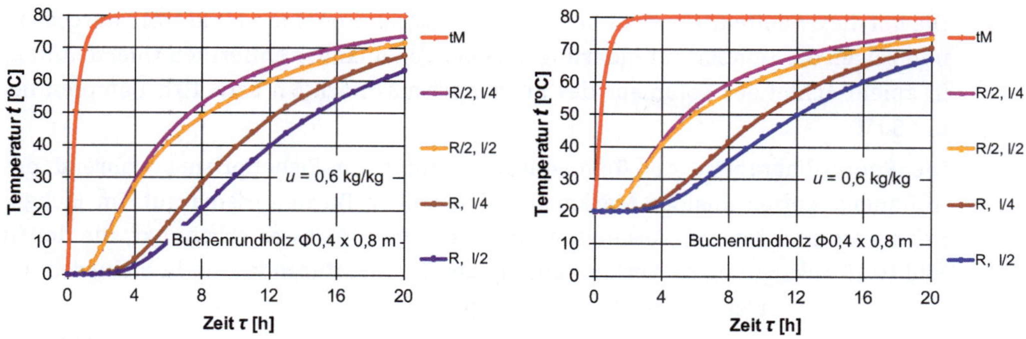

Bild 10.18 2D-Temperaturverteilung in Buchenrundholz mit Abmessungen Ø 0,4 × 0,8 m, t_{H0} = 0 °C (links) und t_{H0} = 20 °C (rechts) während 20 Stunden Wärmebehandlung bei t_M = 80 °C (Quelle: [3, 4])

In Bild 10.15, Bild 10.16 links und Bild 10.17 sind in den inneren Schichten der Materialien die spezifischen, fast horizontalen Abschnitte der Temperatur über einen langen Zeitraum im Bereich von –1 °C bis 0 °C zu sehen, während in diesen Punkten ein vollständiges Schmelzen des gefrorenen freien Wassers im Holz stattfindet. Der Grund für die langfristige Temperaturhaltung in diesem Bereich ist die sehr geringe Temperaturleitfähigkeit des Holzes, die durch die extrem hohe spezifische Wärmekapazität des gefrorenen freien Wassers im Holz während des Schmelzens verursacht wird (siehe Bild 10.5).

Ein vollständiges Schmelzen des gefrorenen Wassers im Zentrum der untersuchten Holzsortimente mit t_{H0} = –40 °C erfolgt etwa nach 17 Stunden für Buchenprismen und nach 19 Stunden für Eichenprismen sowie nach 14 Stunden für Buchenstämme und nach 16 Stunden für Eichenstämme.

Das langsamere Auftauen und Erwärmen von Eichenholz im Vergleich zu Buchenholz ist auf dessen geringere Temperaturleitfähigkeit zurückzuführen. Der Hauptgrund hierfür ist, bei sonst gleichen Bedingungen, die höhere Raumdichte von Eichenholz (ρ_{Hr} = 670 kg/m^3), im Vergleich zu Buchenholz (ρ_{Hr} = 560 kg/m^3) (siehe Tabelle 10.1).

10.6.2 Visualisierung der Temperaturverteilung in den gedämpften Holzsortimenten

Die mit dem 3D-Modell (Formel 10.3–Formel 10.5) berechnete instationäre Temperaturverteilung im Volumen der aufzutauenden Holzprismen, von der ein Teil in Bild 10.15 rechts dargestellt ist, wurde mithilfe der Software Microsoft Excel 2010 wie folgt visualisiert. Die Lösung des 3D-Modells erfolgte mit einem Schritt der räumlichen Koordinaten $\Delta x = \Delta y = \Delta z$ = 0,01 m (siehe Bild 10.13), d. h. mit einem Rechennetz von 16 000 Knoten in einem Achtel des Volumens jedes Prismas.

Die mit dieser Software erstellten Farbkonturdiagramme sind in Bild 10.19 dargestellt und zeigen die Temperaturänderung in zwölf voneinander entfernten Querschnitten in einem Achtel des Volumens des Buchenprismas nach 5 h bzw. 10 h Dämpfen bei $t_M = 80$ °C.

Die Konturdiagramme der Temperaturverteilung im Eichenprisma während des Auftauens weisen analoge Merkmale zu denen im Buchenprisma auf. Im Eichenprisma ist eine gewisse Verlangsamung des Auftauprozesses erkennbar, die der in Bild 10.15 links gezeigten Verlangsamung der Temperaturänderung in dichterem Eichenholz im Vergleich zu Buchenholz entspricht.

Bild 10.19 zeigt, dass die Grenzlinie zwischen den Temperaturzonen von –8 °C bis 0 °C und von 0 °C bis 8 °C verformt ist, wenn das Prisma sowohl gefrorenes gebundenes als auch freies Wasser enthält [32]. Ein Grund hierfür ist das in Bild 10.15 rechts gezeigte Verbleiben von t über einen langen Zeitraum im Bereich von –1 °C bis 0 °C in den Punkten, die sich in den inneren Schichten des Materials befinden. Dieser Temperaturbereich zwischen –1 °C und 0 °C bleibt bestehen, solange das Eis, das durch das Gefrieren des freien Wassers im Holz entstanden ist, vollständig aufgetaut ist.

Während sich die Punkte mit nicht vollständig aufgetautem Eis noch im Farbbereich von –8 °C bis 0 °C befinden, wechseln einige ihrer Nachbarpunkte aus dem Berechnungsnetz nach dem vollständigen Auftauen des Eises in den Bereich von 0 °C bis 8 °C. Dies erklärt die Verformung der Glätte der Grenzen zwischen diesen Bereichen in den Konturdiagrammen bei $\tau = 5$ h und $\tau = 10$ h.

In den Konturdiagrammen ist ein deutlich schnellerer Temperaturanstieg entlang der Prismenlänge im Vergleich zum Temperaturanstieg quer zur Holzfaser zu erkennen. Ein Grund dafür ist die deutlich höhere Wärmeleitfähigkeit längs zur Faser als in Faserquerrichtung (siehe Tabelle 10.2). Zum Beispiel bewegt sich nach 10-stündigem Auftauen des Buchenprismas die Temperaturzone von 0 °C bis 8 °C innerhalb des Prismas wie folgt:

- auf einer Entfernung von $x = y = 120$ mm von den Oberflächen, die den zentralen Querschnitt mit $z = 400$ mm bilden, in dem der Wärmeübergang in Faserquerrichtung überwiegt;
- auf einer Entfernung von $x = y = 180$ mm von den Oberflächen, die den Querschnitt mit $z = 160$ mm bilden, in dem der Wärmeübergang in Längsrichtung zu den Fasern dominiert.

Die mit dem 2D-Modell (Formel 10.18 – Formel 10.20) berechnete Temperaturverteilung im Längsschnitt der aufzutauenden Stämme, von der ein Teil in Bild 10.17 links dargestellt ist, wurde mithilfe von MS Excel 2010 wie folgt visualisiert. Die Lösung des 2D-Modells erfolgte mit einem Schritt entlang der ebenen Koordinaten $\Delta r = \Delta z = 0{,}01$ m (siehe Bild 10.14), d. h. mit einem Rechennetz von 800 Knoten in einem Viertel des Längsschnitts jedes Stammes.

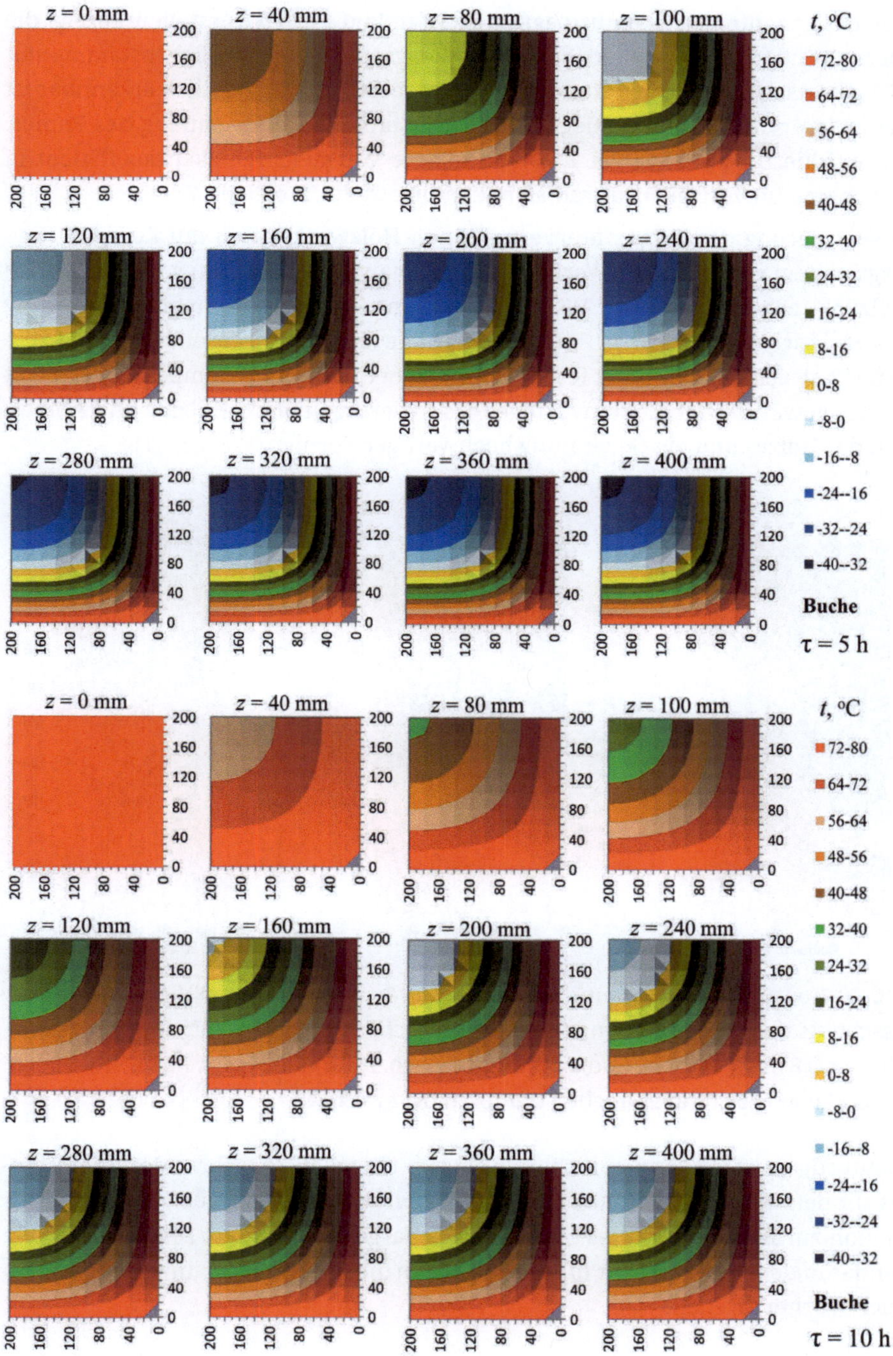

Bild 10.19 Konturdiagramme für die Temperaturverteilung in einem Achtel des Volumens des dem Auftauen unterzogenen Buchenprismas mit den Abmessungen 0,4 × 0,4 × 0,8 m, t_{H0} = –40 °C und u = 0,6 kg/kg nach 5 Stunden (oben) und nach 10 Stunden (unten) Dämpfen bei t_M = 80 °C (Quelle: [32])

Ein Teil des erstellten Farbkonturdiagramms ist in Bild 10.20 dargestellt und zeigt die Temperaturänderung in einem Viertel des Längsschnitts eines Eichenstamms mit u = 0,6 kg/kg nach 5, 10 und 15 Stunden Dämpfen bei t_M = 80 °C. Deutlich erkennbar ist ein schnellerer Temperaturanstieg entlang der Stammlänge als entlang des Radius. Der Grund hierfür ist der etwa 1,63-fach höhere Wärmeleitfähigkeitskoeffizient in Längsrichtung im Vergleich zur radialen Richtung (siehe Tabelle 10.2).

Die Visualisierung der Temperaturverteilung in Holzwerkstoffen mit farbigen Konturdiagrammen ermöglicht die Verfolgung und Analyse der Bewegung der Taugrenze im Holzvolumen während der Wärmebehandlung. Auch die Temperaturänderung quer und längs der Fasern ist sichtbar. Mithilfe der visualisierenden Konturdiagramme lässt sich der Zeitpunkt feststellen, an dem die optimale Temperatur erreicht wird. Dies gewährleistet die notwendige Plastifizierung je nach Holzart und Abmessungen des Holzes und die Gewinnung hochwertiger Furniere [28, 29, 31].

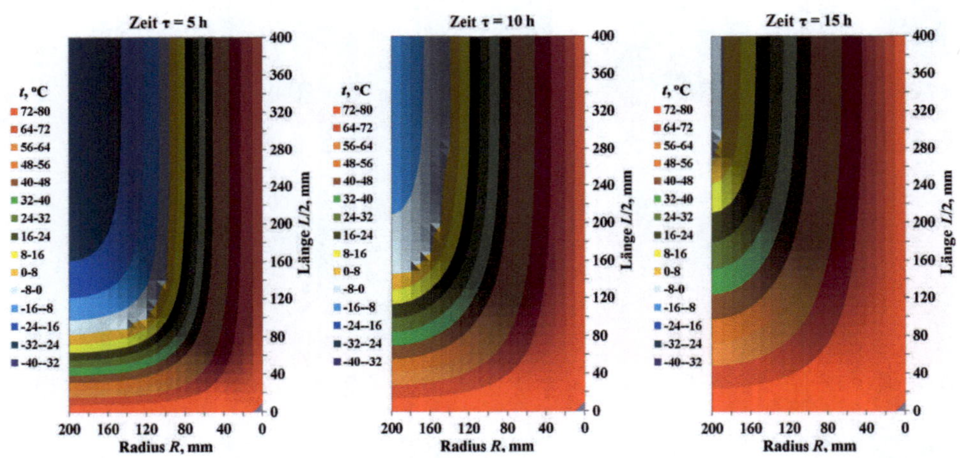

Bild 10.20 Konturdiagramme für die Temperaturverteilung in einem Viertel des Längsschnitts des dem Auftauen unterzogenen Eichenrundholzes mit den Abmessungen Ø 0,4 × 0,8 m, t_{H0} = –40 °C und u = 0,6 kg/kg nach 5 Stunden (links), nach 10 Stunden (Mitte) und nach 15 Stunden (rechts) Dämpfen bei t_M = 80 °C

Die Konturdiagramme können nicht nur einzeln für jeden Zeitschritt des Dämpfprozesses zur detaillierten Untersuchung angezeigt werden, sondern auch zusammen als Animation zur Beobachtung des Gesamttrends dargestellt werden. Dies kann für die Anwender in der Industrie sehr hilfreich sein, um die Gesamtänderungen des Prozesses leicht vorherzusehen.

10.6.3 Berechnung der technologischen Modi zum Dämpfen von Furnierprismen in einem Autoklav

Die Länge der Holzprismen, die zur Plastifizierung bei der Furnierherstellung gedämpft werden, ist üblicherweise mindestens vier- bis fünfmal größer als ihr Querschnitt. Dadurch kann der Wärmeübergang über ihre Stirnflächen vernachlässigt werden, da er die Temperaturänderung im innersten Querschnitt der Prismen nicht beeinflusst.

Für die Berechnung der Dämpfmodi in einem Autoklav für Furnierprismen eignet sich das 2D-Modell, das durch Formel 10.9 – Formel 10.13 dargestellt wird. Da die Bedingungen des Wärmeaustausches zwischen allen Oberflächen der Prismen und dem Medium gleich sind, reicht es aus, bei der Lösung des Modells die nichtstationäre Temperaturverteilung in nur einem Viertel des Prismenquerschnitts zu berechnen. Die Temperaturverteilung in den verbleibenden drei Vierteln ist spiegelsymmetrisch.

Für die Furnierherstellung sind zwei Arten der Autoklavdämpfung von Prismen von Interesse: solche mit maximaler Autoklavenproduktivität und solche mit einer vom Steuerungssystem festgelegten Dauer, die länger ist als die Dauer der ersten Art von Modi. Bei organisatorischen oder technischen Problemen in den Produktionslinien zum Schneiden und Trocknen von Furnier ist es notwendig, die aktuellen Modi zur Dampfbehandlung der Holzmaterialien zu verlängern, bis das Problem behoben ist, und gleichzeitig die erforderliche Plastizität der Materialien gewährleistet sein muss.

Die Veränderungen der Temperatur des Mediums T_M während der Autoklavdämpfung von Holzprismen mit beiden Modi (einem Grundmodus ohne und drei Modi mit Disponenteneingriff) sowie während der anschließenden Klimatisierung, die in den numerischen Simulationen mit dem Modell (Formel 10.9 – Formel 10.13) verwendet wurden, sind in Bild 10.21 dargestellt.

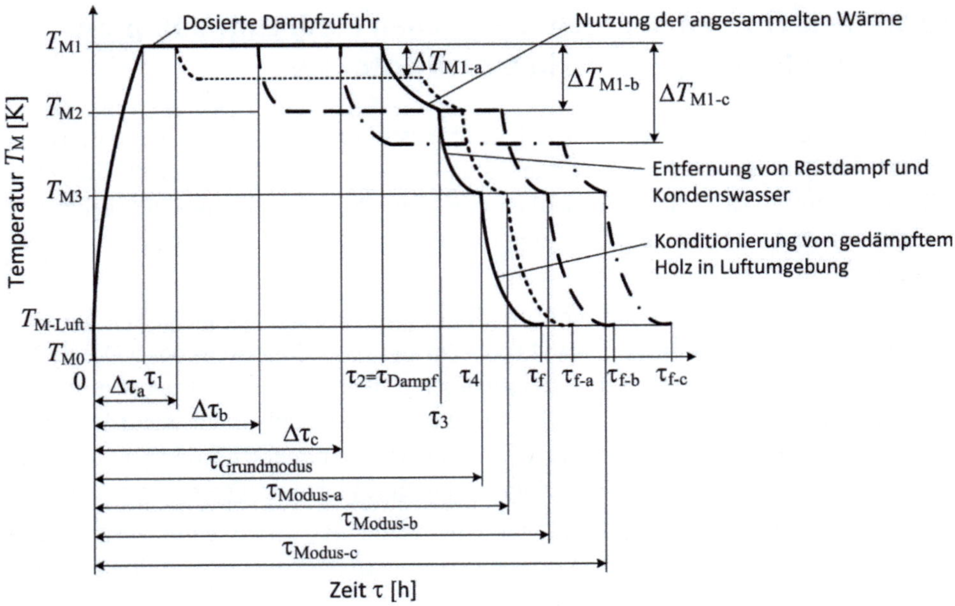

Bild 10.21 T_M-Änderung während des Dämpfens von Prismen in einem Autoklav ohne und in Gegenwart eines Dispatcher-Eingriffs und während ihrer Konditionierung in einer Luftumgebung (Quelle: [33, 34])

Das typische Temperatur-Zeit-Profil von T_M in diesen Modi umfasst die folgenden fünf Abschnitte:

I. Intensiver Anstieg von T_M während der Zeit 0–τ_1 durch das vollständige Öffnen des Ventils, das den Wasserdampf in den Autoklav leitet;

II. Konstante T_M des Dampfmediums während τ_1–τ_2 des Grundmodus (ohne Dispatcher-Eingriff), verursacht durch dosierte Dampfzufuhr in den Autoklav. Im Modus mit Dispatcher-Eingriff sinkt die maximale Temperatur T_{M1} des Modus nach einem bestimmten Zeitintervall $\Delta\tau_a$, $\Delta\tau_b$ oder $\Delta\tau_c$ ab ihrem Beginn jeweils um $\Delta T_{M1\text{-a}}$, $\Delta T_{M1\text{-b}}$ oder $\Delta T_{M1\text{-c}}$ und bleibt unverändert, bis der Zeitpunkt $\tau_2 = \tau_{Dampf}$ erreicht ist. Beim Erreichen von $\tau_2 = \tau_{Dampf}$, $\tau_{2\text{-a}} = \tau_{Dampf\text{-a}}$, $\tau_{2\text{-b}} = \tau_{Dampf\text{-b}}$ oder $\tau_{2\text{-c}} = \tau_{Dampf\text{-c}}$ wird die Dampfzufuhr zum Autoklav gestoppt;

III. Abnahme der T_M des Dampfmediums während τ_2–τ_3, verursacht durch die Nutzung der bereits im Autoklav angesammelten Wärme zum weiteren Aufwärmen der Prismen;

IV. Abnahme der T_M des Dampfmediums während τ_3–τ_4, verursacht durch das Öffnen der Ventile, die den Restdampf und das Kondenswasser aus dem Autoklav leiten;

V. Abnahme der T_M in der Nähe der gedämpften Prismen aus dem Autoklav während τ_4–τ_f.

Für die Parameter der Modi, deren Symbole in Bild 10.21 angegeben sind, wurden folgende Werte angegeben: $T_{M0} = 253{,}15$ K (d. h. $t_{M0} = -20$ °C); $T_{M1} = 403{,}15$ K (d. h. $t_{M1} = 130$ °C); $\Delta T_{M1\text{-}a} = 10$ K = 10 °C, $\Delta T_{M1\text{-}b} = 20$ K = 20 °C und $\Delta T_{M1\text{-}c} = 30$ K = 30 °C; $T_{M2} = 383{,}15$ K (d. h. $t_{M2} = 110$ °C); $T_{M3} = 353{,}15$ K (d. h. $t_{M3} = 80$ °C); $T_{M\text{-}Luft} = 293{,}15$ K (d. h. $t_{M\text{-}Luft} = 20$ °C); $\Delta\tau_a = 3$ h, $\Delta\tau_b = 5$ h, $\Delta\tau_c = 7$ h sowie $\Delta\tau_a = 3$ h, $\Delta\tau_b = 7$ h, $\Delta\tau_c = 11$ h während der Dämpfung von ungefrorenen bzw. gefrorenen Prismen.

Mit diesen Werten wurden Grundmodi (Modus 0 und Modus 10) ohne Dispatcher-Eingriff und neun Modi mit Dispatcher-Eingriff berechnet, die in Tabelle 10.3 für Prismen mit $t_{H0} = 0$ °C und in Tabelle 10.4 für Prismen mit $t_{H0} = -20$ °C als Modus 1 bis 9 bzw. Modus 11 bis 19 angegeben sind.

In Tabelle 10.3 und Tabelle 10.4 sind die Temperaturen und Dauern der beiden Phasen (vor und nach dem Eingriff des Dispatchers) der Modi 1 bis 9 und 11 bis 19 sowie die Gesamtdauer der Dampfeinleitung in den Autoklav, τ_{Dampf}, und die Dauer, τ_{Modus}, für alle untersuchten Modi angegeben.

Tabelle 10.3 Änderung der Temperatur t_{M1} und der Dauern τ_{Dampf} und τ_{Modus}, bei der Dämpfung von Buchenprismen mit $d_H \times b_H = 0{,}4 \times 0{,}4$ m, $t_{H0} = 0$ °C und $u = 0{,}6$ kg/kg in einem Autoklav (Quelle: [33])

Dampf-modus	Erster Abschnitt von t_{M1} [°C]	Zweiter Abschnitt von t_{M1} [°C]	Dauer des ersten Abschnitts von t_M, τ_I [h]	Dauer des zweiten Abschnitts von t_M, τ_{II} [h]	Dauer des Dampfens $\tau_2 = \tau_{Dampf} = \tau_I + \tau_{II}$ [h]	Dauer des Dampf-modus $\tau_4 = \tau_{Modus}$ [h]
Modus 0	130	–	9,15	–	9,15	12,65
Modus 1	130	120	3,0	6,90	9,90	13,20
Modus 2	130	120	5,0	4,65	9,65	12,95
Modus 3	130	120	7,0	2,40	9,40	12,70
Modus 4	130	110	3,0	9,70	12,70	14,20
Modus 5	130	110	5,0	7,10	12,10	13,60
Modus 6	130	110	7,0	4,50	11,50	13,00
Modus 7	130	100	3,0	11,15	14,15	15,65
Modus 8	130	100	5,0	8,15	13,15	14,65
Modus 9	130	100	7,0	5,15	12,15	13,65

In Bild 10.22 und Bild 10.23 ist die berechnete Änderung der Oberflächentemperatur, die gleich t_M während der Wärmebehandlung ist, und auch der durchschnittlichen Massentemperatur $t_{H\text{-}Mw}$ und t von zwei repräsentativen Punkten t_1 (mit den Koordinaten $d_H/8$, $b_H/8$) und t_2 (mit den Koordinaten $d_H/2$, $b_H/2$) der nicht gefrorenen Prismen während Modus 0, Modus 5 und Modus 8 und der gefrorenen Prismen während Modus 10, Modus 15 und Modus 18 bei einem Beladungsgrad des Autoklavs mit Prismen von $f = 50\,\%$ und einer begrenzten Wärmeleistung der Dampfquelle von $q = 500\,\text{kW}$ dargestellt.

Wie aus Bild 10.22 und Bild 10.23 ersichtlich, verläuft die Temperaturänderung an den repräsentativen Punkten der Prismen während des Dämpf- und Klimatisierungsprozesses nach sehr komplexen Kurven.

Tabelle 10.4 Änderung der Temperatur t_{M1} und der Dauern τ_{Dampf} und τ_{Modus}, bei der Dämpfung von gefrorenen Buchenprismen mit $d_H \times b_H = 0{,}4 \times 0{,}4$ m, $t_{H0} = -20$ °C und $u = 0{,}6$ kg/kg (Quelle: [34])

Dampfmodus	Erster Abschnitt von t_{M1} [°C]	Zweiter Abschnitt von t_{M1} [°C]	Dauer des ersten Abschnitts von t_M, τ_I [h]	Dauer des zweiten Abschnitts von t_M, τ_{II} [h]	Dauer des Dampfens $\tau_2 = \tau_{Dampf} = \tau_I + \tau_{II}$ [h]	Dauer des Dampfmodus $\tau_4 = \tau_{Modus}$ [h]
Modus 10	130	–	13,9	–	13,9	17,4
Modus 11	130	120	3,0	13,2	16,2	18,7
Modus 12	130	120	7,0	8,7	15,7	18,2
Modus 13	130	120	11,0	4,2	15,2	17,7
Modus 14	130	110	3,0	15,7	18,7	20,2
Modus 15	130	110	7,0	10,7	17,7	19,2
Modus 16	130	110	11,0	5,7	16,7	18,2
Modus 17	130	100	3,0	17,7	20,7	22,2
Modus 18	130	100	7,0	12,1	19,1	20,6
Modus 19	130	100	11,0	6,5	17,5	19,0

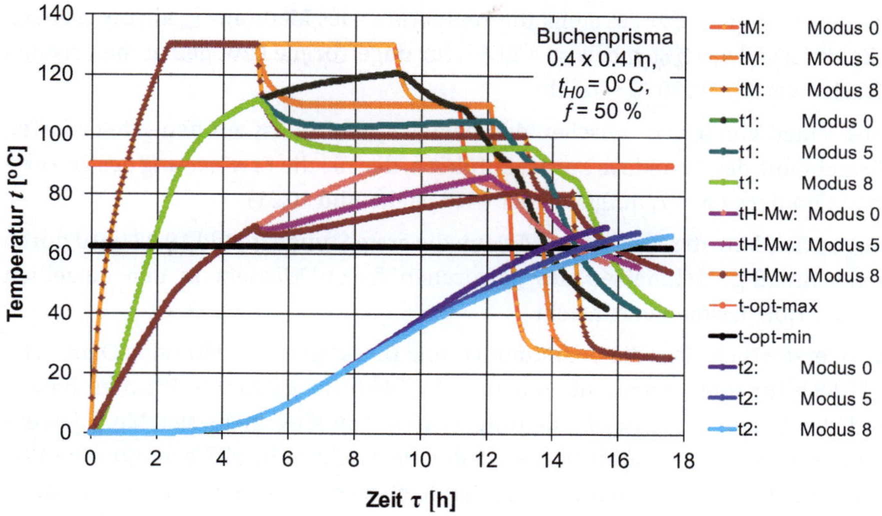

Bild 10.22 Änderungen in t_M, $t_{H\text{-}Mw}$, t_1 und t_2 der ungefrorenen Prismen mit $t_{H0} = 0$ °C und $u = 0{,}6$ kg/kg während ihres Dämpfens in einem Autoklav bei der Dispatching-Intervention im Grundmodus in der 5. Stunde, abhängig von t_{M1} und τ (Quelle: [33])

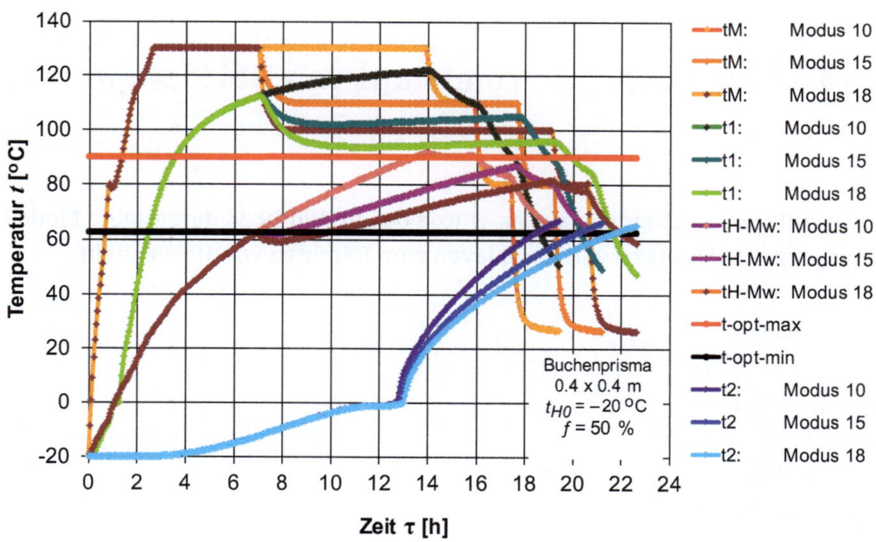

Bild 10.23 Änderungen in t_M, $t_{H\text{-}Mw}$, t_1 und t_2 der gefrorenen Prismen mit $t_{H0} = -20$ °C und $u = 0{,}6$ kg/kg während ihres Dämpfens im Autoklav bei der Dispatching-Intervention im Basic-Modus in der 7. Stunde, abhängig von t_{M1} und τ (Quelle: [35])

Zu Beginn des Dämpfprozesses steigt die Temperatur des Mediums t_m an, bis sie nach einem Zeitintervall $\tau_1 = 2{,}35$ h bzw. $\tau_1 = 2{,}65$ h für ungefrorene bzw. gefrorene Prismen ihren Höchstwert $t_{M1} = 130$ °C erreicht.

Der Unterschied von 0,30 h zwischen den beiden τ_1-Werten ist auf den größeren Teil der Wärmebilanz des Autoklavs zurückzuführen, der für die Erwärmung des gefrorenen Holzes im Bereich 0–τ_1 aufgewendet wird (siehe Bild 10.21).

Die mangelnde Glätte der Kurven $t_M = f(\tau)$ um die erste Stunde in Bild 10.23 wird durch das ungleichmäßige Schmelzen des gefrorenen freien Wassers in den einzelnen Punkten der Holzprismen verursacht.

Es ist auch ersichtlich, dass die Grundmodi (ohne Dispatcher-Eingriff) eine Dauer von $\tau_{Modus} = 12{,}65$ h für nicht gefrorene und $\tau_{Modus} = 17{,}40$ h für gefrorene Prismen haben, während die Dauer der Dampfeinleitung in den Autoklav in diesen Modi jeweils $\tau_{Dampf} = 9{,}15$ h und $\tau_{Dampf} = 13{,}90$ h beträgt. Jeder Dispatcher-Eingriff bewirkt eine Verlängerung der Dauern τ_{Dampf} und τ_{Modus} im Vergleich zu den Werten in den Grundmodi (Tabelle 10.3 und Tabelle 10.4). Je früher der Dispatcher-Eingriff erfolgt und je stärker er zu einer Verringerung von t_{M1} führt, desto länger sind die angegebenen Dauern der Modi.

Die längste Dauer τ_{Modus} – jeweils 15,65 h für ungefrorene Prismen und 22,20 h für gefrorene Prismen – wurden im Modus 7 und Modus 17 erhalten.

10.7 Modellierung der Wärmebilanz von Holzdampfautoklaven

Auf der Grundlage von Energieanalysen wurde das in Bild 10.24 dargestellte Modell des Wärmeenergieverbrauchs von Autoklaven zum Dämpfen von Holz erstellt.

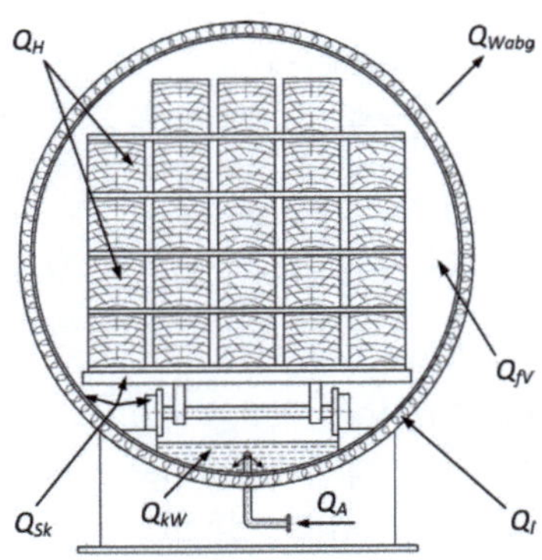

Bild 10.24
Strukturmodell der Wärmeverteilung in einem Autoklav zum Dämpfen von Holz

Die nichtstationäre Wärmebilanz des Dämpfautoklaven kann mathematisch durch das in Formel 10.64 dargestellte Modell beschrieben werden. Dieses wurde in [3] experimentell validiert.

$$Q_A^n = Q_H^n + Q_{Sk}^n + Q_I^n + Q_{Wabg}^n + Q_{fV}^n + Q_{cW}^n \tag{10.64}$$

Q_A spezifische Wärmeenergie (zur Erwärmung von 1 m^3 Holz benötigte Wärmeenergie), die in den Autoklav zugeführt wird [kWh/m^3]

Q_H Energie, die für die Erwärmung der dem Dämpfen unterzogenen Holzmaterialien verwendet wird [kWh/m^3]

Q_{Sk} Energie, die für die Erwärmung des Stahlkörpers des Autoklavs und der Metallwagen im Autoklav verwendet wird [kWh/m^3]

Q_I Energie, die für die Erwärmung der Isolierung des Autoklavs verwendet wird [kWh/m^3]

Q_{Wabg} Energie, die für die Wärmeabgabe verwendet wird [kWh/m^3]

Q_{fV} Energie, die für die Auffüllung des freien Volumens des Autoklavs mit Dampf verwendet wird [kWh/m^3]

Q_{Kw} Energie, die sich im Kondenswasser akkumuliert, das sich beim Dämpfen am Boden des Autoklavs sammelt [kWh/m^3]

n Zeitkoordinate, mit deren Hilfe die numerische Lösung der mathematischen Modelle durchgeführt wird [s]

Die mathematische Beschreibung aller Komponenten der Wärmebilanz (Formel 10.64), abhängig von den Einflussfaktoren, wurden in [3, 4] wie folgt angegeben:

$Q_H = f[c_H(x, y, \tau), \rho_H, T_{H0}, T_H(x, y, \tau), T_{H\text{-}Mw}, S_H]$;

$Q_{Sk} = f[c_{Sk}, \rho_{Sk}, V_{Sk}, T_{M0}, T_M(\tau), V_A, f]$;

$Q_I = f[c_I(z, \tau), \rho_I, T_{I0}, T_I(z, \tau), d_I, V_A, f]$;

$Q_{Wabg} = f[F_I, F_{nI}, T(d_I, \tau), T_{Luft}(\tau)\ \alpha_I(\tau), \alpha_{nI}(\tau), V_A, f]$;

$Q_{fV} = f[\rho_{Wd}(\tau), V_A, f]$,

$Q_{Kw} = f[m_{Kw}(\tau), h_{Kw}(T_M, \tau), V_A, f]$.

Die Bedeutung der Variablen in diesen Abhängigkeiten ist wie folgt:

S_H Fläche des Prismenquerschnitts [m^2]

c_H, c_{Sk} und c_I Wärmekapazitäten jeweils der Holzprismen, des Stahlkörpers des Autoklavs und der Isolierschicht des Autoklavs [J/kgK]

ρ_H, ρ_{Sk} und ρ_{Wd} Dichte der Holzprismen, des Stahlkörpers des Autoklavs bzw. des Wasserdampfs im Autoklav [kg/m^3]

$T_{H\text{-}Mw}$ durchschnittliche Temperatur des Holzes [K]

T_{M0} und T_{I0} Ausgangstemperatur des Mediums im Autoklav bzw. der Isolierschicht [K]

T_M aktueller Wert der Temperatur des Mediums im Autoklav [K]

T_{Luft} Temperatur der Luft in der Nähe des Autoklavs [K]

V_A Innenvolumen des Autoklavs [m^3]

V_{Sk} Volumen des Stahlkörpers des Autoklavs [m^3]

f Beladungsgrad (Füllung) des Autoklavs mit Prismen im Verhältnis zu seinem Innenvolumen [m^3/m^3]

x, y Koordinaten entlang der Dicke bzw. Breite der Holzprismen im 2D-Modell ihrer nichtstationären Erwärmung (siehe Formel 10.9 – Formel 10.13) [m]

z Koordinate entlang der Dicke der Isolierschicht im 1D-Modell ihrer nichtstationären Erwärmung [m]

d_I Dicke der Isolierschicht des Autoklavs [m]

F_I und F_{nI} Fläche der Isolierschicht bzw. der nicht isolierten Oberflächen des Autoklavs [m^2]

α_I und α_{nI} konvektiver Wärmeübergangskoeffizient zwischen der Umgebungsluft und der isolierten Schicht bzw. den nicht isolierten Oberflächen des Autoklavs [W/m^2K]

m_{Kw} Masse des im Autoklav gesammelten Kondenswassers [kg]

h_{Kw} Enthalpie des im Autoklav gesammelten Kondenswassers [J/kg]

τ Zeit [s].

Die folgende Gleichung kann zur Berechnung von Q_H mithilfe des mathematischen 2D-Modells für das Dämpfen von gefrorenen prismatischen Holzmaterialien verwendet werden:

$$Q_H^n = \frac{\rho_H}{3{,}6 \cdot 10^6 F_H} \cdot \left\{ \iint\limits_{F_H} \frac{c_{H-\mathrm{eff}1,2,3} \mathbf{bei} T_{i,k}^n + c_{H-\mathrm{eff}1,2,3} \mathbf{bei} T_{H0}}{2} \cdot \left(T_{i,j}^n - T_{H0} \right) \mathrm{d}F_H \right\} \tag{10.65}$$

$$F_H = \frac{d_H \cdot b_H}{4} \tag{10.66}$$

ρ_H Rohdichte des Holzes [kg/m^3]

F_H Fläche von einem Viertel des Prismenquerschnitts [m^2]

d_H Dicke der Prismen [m]

b_H Breite der Prismen [m]

$c_{H\text{-eff}1,2,3}$ effektive spezifische Wärmekapazitäten der Prismen während ihres Auftauens [J/kgK]

i und j aktuelle Werte der Knotenpunkte des Berechnungsnetzes entlang der Dicke bzw. Breite der Prismen [–]

n aktueller Wert der Zeitkoordinate beim Lösen des Modells

Mit den durch Formel 10.64 und Formel 10.65 erzielten Ergebnissen ist es möglich, den aktuellen Wert des thermischen Wirkungsgrades der verschiedenen Modi für das Dämpfen von Holzwerkstoffen im Autoklav, η, gemäß der folgenden Gleichung zu berechnen:

$$\eta = 100 \frac{Q^n_{\mathrm{H-max}}}{Q^n_{\mathrm{A-max}}} \, [\%] \tag{10.67}$$

wobei $Q_{\text{H-max}}$ und $Q_{\text{A-max}}$ die mit den Modellen berechneten Maximalwerte von Q_{H} und Q_{A} in einem bestimmten Autoklav-Dämpfmodus sind.

10.8 Berechnung des Energieverbrauchs und des Wirkungsgrades des Autoklavs beim Dämpfen von Furnierprismen

In Bild 10.25 und Bild 10.26 sind die berechneten Werte der Oberflächentemperatur der Holzprismen, die gleich t_{M} sind, und auch des Energieverbrauchs des Autoklavs, Q_{A}, und des Energieverbrauchs zur Erwärmung des Holzes, Q_{H}, während der Dämpfmodi 0, 4, 5, 6 bzw. 10, 14, 15, 16 (siehe Tabelle 10.3 und Tabelle 10.4) dargestellt.

In Tabelle 10.5 und Tabelle 10.6 ist die Veränderung von $\tau_2 = \tau_{\text{Dampf}}$ (siehe Bild 10.21), der durchschnittlichen Massetemperatur des Holzes, $t_{\text{H-Mw}}$, der Maximalwerte von Q_{A} und Q_{H}, $Q_{\text{A-max}}$ bzw. $Q_{\text{H-max}}$, sowie der Wirkungsgrad des Autoklavs, η, während der untersuchten Dämpfungsmodi dargestellt. Die Daten beziehen sich auf die grundlegenden Dämpfmodi 0 und 10 sowie auf Modi mit Dispatcher-Eingriff, nämlich 4, 5 und 6 für ungefrorene Prismen mit $t_{\text{H0}} = 0$ °C und 14, 15, 16 für gefrorene Prismen mit $t_{\text{H0}} = -20$ °C.

Bild 10.25 und Bild 10.26 zeigen, dass die Verlängerung der Dämpfzeit eine allmähliche und gleichmäßige Zunahme von Q_{H} und Q_{A} in den Grundmodi für das Dämpfen bewirkt. Aufgrund des Einflusses der letzten fünf Glieder auf der rechten Seite von Formel 10.64 ist die Anstiegrate von Q_{A} größer als die von Q_{H}. Das bedeutet, dass die Differenzen zwischen den entsprechenden Q_{A} und Q_{H} gleich der Summe der Energien sind, die den Energieverbrauch liefern, der durch die letzten fünf Glieder in Formel 10.64 beschrieben wird.

Die gleichmäßige Zunahme von Q_{A} und Q_{H} während des Dampfprozesses wird in den Momenten gestört, in denen der Dispatcher in die Dampfmodi der Prismen eingreift. Je früher ein solcher Eingriff erfolgt oder je größer die Temperaturänderung Δt_{M1} im Modus ist, desto signifikanter ist der Unterschied zwischen den Werten von Q_{A} und Q_{H} im Grundmodus und im entsprechenden Modus mit Dispatcher-Eingriff [33, 34].

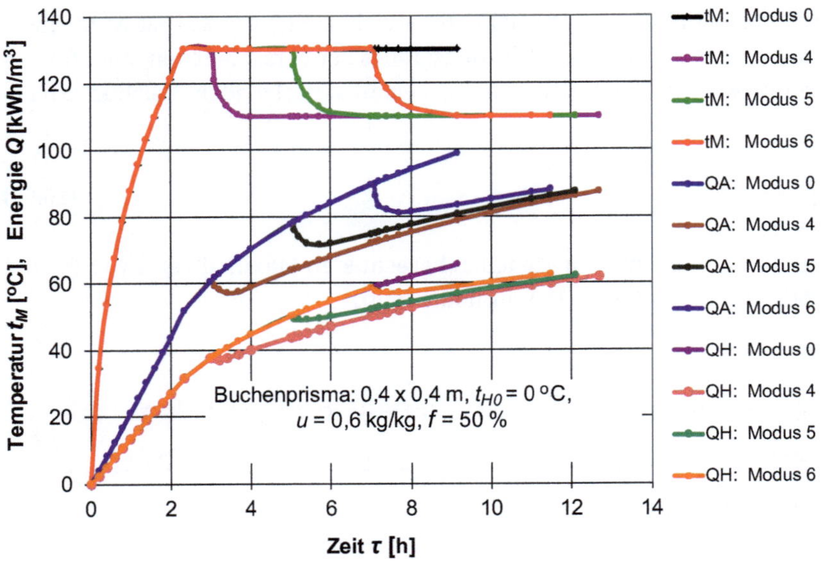

Bild 10.25 Änderungen von t_M, Q_A und Q_H während der Dämpfmodi 0, 4, 5 und 6, abhängig von τ (Quelle: [33])

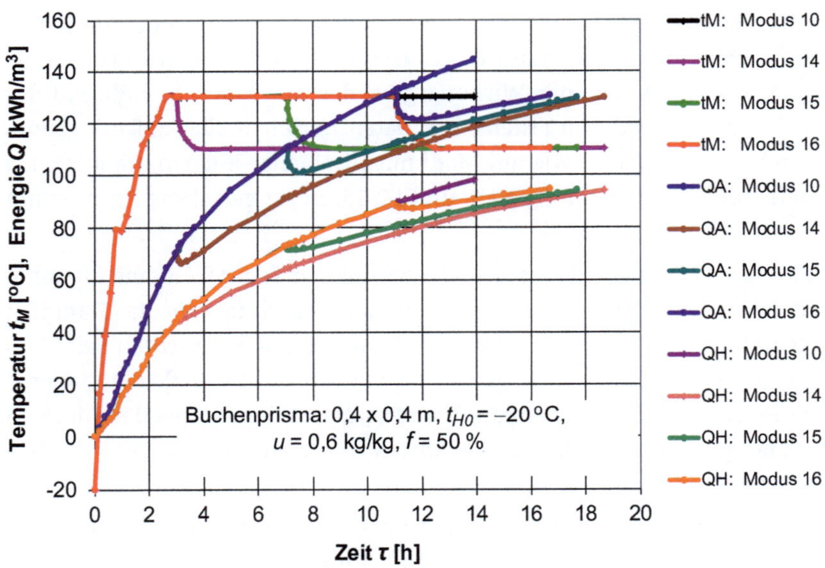

Bild 10.26 Änderungen von t_M, Q_A und Q_H während der Dampfmodi 10, 14, 15 und 16, abhängig von τ (Quelle: [35])

Tabelle 10.5 Änderung des Energieverbrauchs und des Wirkungsgrades der Dämpfmodi von ungefrorenen Buchenprismen mit $t_{H0} = 0$ °C und $u = 0{,}6$ kg/kg in einem Autoklav, in Abhängigkeit vom Dispatcher-Eingriff $\Delta\tau$ in der 3., 5. und 7. Stunde (Quelle: [33])

Dampfmodus	$\Delta\tau$ [h]	$\tau_2 = \tau_{Dampf}$ [h]	$t_{H\text{-}Mw}$ bei τ_{Dampf} [°C]	$Q_{H\text{-}max}$ [kWh/m³]	$Q_{A\text{-}max}$ [kWh/m³]	η [%]
Modus 0	0	9,15	90,0	65,35	98,88	66,1
Modus 1	3	9,90	86,0	62,06	90,76	68,4
Modus 2	5	9,65	86,2	62,18	90,91	68,4
Modus 3	7	9,40	86,7	62,61	91,50	68,4
Modus 4	3	12,70	86,1	61,91	87,36	70,9
Modus 5	5	12,10	86,2	61,97	87,43	70,9
Modus 6	7	11,50	86,6	62,29	89,35	69,7
Modus 7	3	14,15	81,1	57,96	79,44	73,0
Modus 8	5	13,15	81,3	58,15	79,65	73,0
Modus 9	7	12,15	82,2	58,84	89,35	65,9

Tabelle 10.6 Änderung des Energieverbrauchs und des Wirkungsgrades der Dämpfmodi von gefrorenen Buchenprismen mit $t_{H0} = -20$ °C und $u = 0{,}6$ kg/kg in einem Autoklav, in Abhängigkeit vom Dispatcher-Eingriff $\Delta\tau$ in der 3., 7. und 11. Stunde (Quelle: [35])

Dampfmodus	$\Delta\tau$ [h]	$\tau_2 = \tau_{Dampf}$ [h]	$t_{H\text{-}Mw}$ bei τ_{Dampf} [°C]	$Q_{H\text{-}max}$ [kWh/m³]	$Q_{A\text{-}max}$ [kWh/m³]	η [%]
Modus 10	0	13,9	91,7	97,95	144,08	68,0
Modus 11	3	16,2	90,2	96,44	137,19	70,3
Modus 12	7	15,7	90,0	96,34	137,06	70,3
Modus 13	11	15,2	90,5	96,69	137,49	70,3
Modus 14	3	18,7	87,3	94,01	129,65	72,5
Modus 15	7	17,7	87,1	93,86	129,44	72,5
Modus 16	11	16,7	87,9	94,50	131,21	72,0
Modus 17	3	20,7	81,8	89,60	120,11	74,6
Modus 18	7	19,1	81,7	89,53	119,98	74,6
Modus 19	11	17,5	83,0	90,55	131,75	68,7

In Bild 10.27 ist die mit Formel 10.67 berechnete Änderung des thermischen Wirkungsgrades η für die untersuchten Modi dargestellt. Der Wirkungsgrad variiert zwischen 66,1 und 73,0 % bei t_{H0} = 0 °C und zwischen 68,0 % und 74,6 % bei t_{H0} = –20 °C.

Erfolgt der Eingriff des Dispatchers in der 3. oder 5. Stunde der Modi mit t_{H0} = 0 °C und in der 3. oder 7. Stunde der Modi mit t_{H0} = –20 °C, kommt es bei einer stärkeren Verringerung von t_{M1} zu einer größeren Steigerung von η im Vergleich zu η des Grundmodus.

Bei der Anwendung eines Dispatcher-Eingriffs am Ende der Modi wird diese Abhängigkeit in den Modi mit der geringsten untersuchten Verringerung von t_{M1} zwischen 130 und 100 °C unterbrochen. Dann beträgt der Wirkungsgrad η 66,4 % bei t_{H0} = 0 °C und 68,7 % bei t_{H0} = –20 °C, d. h. er ist nur etwas größer als η des Grundmodus.

Der Grund dafür sind die viel höheren $Q_{A\text{-}max}$-Werte in diesen Fällen im Vergleich zu den $Q_{A\text{-}max}$-Werten der Modi mit früheren Dispatcher-Eingriffen, wenn t_{M1} zwischen 130 und 100 °C abnimmt (siehe die Werte von $Q_{A\text{-}max}$ für die Modi 9 und 19 jeweils in Tabelle 10.5 und Tabelle 10.6).

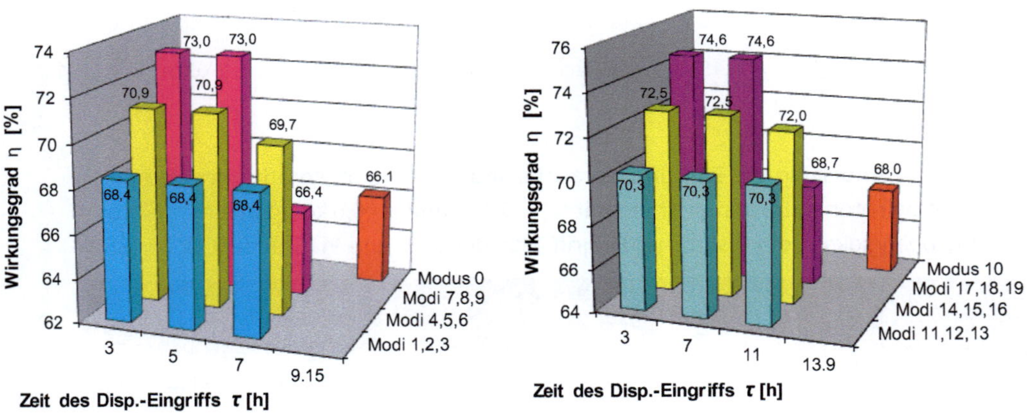

Bild 10.27 Änderung des Wirkungsgrades der untersuchten Dämpfmodi bei Buchenprismen mit t_{W0} = 0 °C (links) und t_{H0} = –20 °C (rechts), abhängig von τ

Der thermische Wirkungsgrad für das Dämpfen von gefrorenen Buchenprismen ist etwa 2 % höher als der für ungefrorene Prismen.

Die in Abschnitt 10.7 und Abschnitt 10.8 vorgestellten Methoden können bei der Erstellung von einer Software für eine energieeffiziente automatische Steuerung des Dämpfens genutzt werden.

10.9 Modellierung der Wärmebilanz von Betongruben zum Dämpfen oder Kochen von Furnierstämmen

Der Wärmebilanz einer Betongrube während des Dämpfens oder Kochens der Furnierstämme wird mathematisch durch die folgenden stationären Modelle dargestellt [36–39]:

- beim Dämpfen von Stämmen

$$Q_{\text{Grube-Dämpfen}} = Q_{\text{Holz}} + Q_{\text{Konstruktion}}$$

$$+ Q_{\text{Kondenswasser}} + Q_{\text{Heizkörper}} + Q_{\text{Wärmeverluste}} \tag{10.68}$$

- beim Kochen von Stämmen

$$Q_{\text{Grube-Kochen}} = Q_{\text{Holz}} + Q_{\text{Konstruktion}}$$

$$+ Q_{\text{heißes Wasser}} + Q_{\text{Heizkörper}} + Q_{\text{Wärmeverluste}} \tag{10.69}$$

$Q_{\text{Grube-Dämpfen}}$ und $Q_{\text{Grube-Kochen}}$ spezifische Wärmeenergie (für 1 m^3 Holz), die für die Durchführung des Dampfprozesses bzw. Kochprozesses in der Grube erforderlich ist [kWh/m^3]

Q_{Holz} Energie, die für das Erwärmen des Holzes benötigt wird [kWh/m^3]

$Q_{\text{Konstruktion}}$ Energie, die für die Beheizung der Grubenkonstruktion benötigt wird [kWh/m^3]

$Q_{\text{Kodenswasser}}$ Energie im Kondenswasser, das sich während des Dämpfens der Stämme am Boden der Grube ansammelt und am Ende des Dämpfens aus der Grube entfernt wird [kWh/m^3]

$Q_{\text{heißes Wasser}}$ Energie, die erforderlich ist, um das Wasser auf die maximale Betriebstemperatur zu erhitzen [kWh/m^3]

$Q_{\text{Heizkörper}}$ Energie, die benötigt wird, um den Heizkörper der Grube zu erwärmen [kWh/m^3]

$Q_{\text{Wärmeverluste}}$ Energie, die zum Ausgleich der Wärmeverluste der Grube während des Dampf- bzw. Kochprozesses der Stämme benötigt wird [kWh/m^3]

Bild 10.28 zeigt den Aufbau der Betongrube, deren Wärmebilanz in der Modellierung mathematisch beschrieben wird.

Die erforderliche Betriebstemperatur t_M in der Grube während des Dämpfens der Stämme wird durch direkten gesättigten Wasserdampf erreicht, der über perforierte Heizelemente eines Rohrheizkörpers im unteren Teil der Grube eingeleitet wird.

Die Erwärmung des Wassers in der Grube auf die erforderliche Betriebstemperatur t_M beim Kochen der Stämme erfolgt indirekt über nichtperforierte Heizelemente.

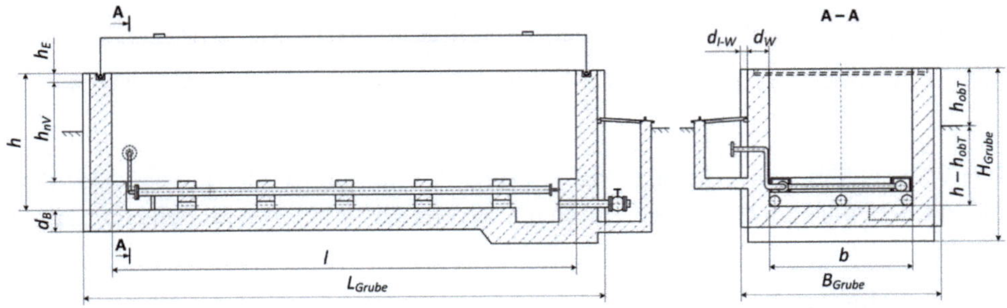

Bild 10.28 Längs- und Querschnitt einer Betongrube zum Dämpfen oder Kochen von Holzmaterialien (Quelle: [37–39])

Die Symbole, Einheiten und Werte der Hauptparameter der Betongrube, die auch in den Gleichungen der Modelle der einzelnen Komponenten der Wärmebilanz der Grube enthalten sind und für die Computersimulationen verwendet wurden, sind in Tabelle 10.7 angegeben.

Tabelle 10.7 Hauptparameter der Betongrube, die zur Lösung der mathematischen Modelle verwendet werden (Quelle: [37]–[39])

Parameter	Symbol	Einheit	Wert
1. Länge der Grube (nutzbares Volumen)	l	m	6,6
2. Breite der Grube (nutzbares Volumen)	b	m	2,0
3. Tiefe der Grube (nutzbares Volumen)	h_{nV}	m	1,52
4. Arbeitsvolumen der Grube, gleich $l \cdot b \cdot h_{nV}$	V_{Grube}	m^3	20
5. Tiefe der Grubenwände	h	m	2,0
6. Tiefe des oberen (oberirdischen) Teils der Grube	h_{obT}	m	0,8
7. Abstand der Entwässerungsrinne von der Oberkante der Grube	h_E	m	0,13
8. Dicke der Wände und des Bodens der Grube	d_W, d_B	m	0,3
9. Dicke der Isolierschichten der Wände und des Stahldeckels	$d_{I\text{-}W}$, $d_{I\text{-}D}$	m	0,1
10. Dicke der Stahlbleche des Grubendeckels	d_{Fe}	m	0,004
11. Dichte der Betonwände und des Bodens der Grube	ρ_B	kg/m^3	2300
12. Dichte der Isolierung der Wände bzw. des Deckels	$\rho_{I\text{-}W}$, $\rho_{I\text{-}D}$	kg/m^3	350
13. Dichte Stahlteile	ρ_{Fe}	kg/m^3	7850

Parameter	Symbol	Einheit	Wert
14. Dichte des kochenden Wassers in der Grube	ρ_{H2O}	kg/m^3	998
15. Anfangstemperatur des Wassers oder Dampfs in der Grube	t_{M0}	°C	10
16. Anfangstemperatur der Betonwände und des Bodens	t_{W0}, $t_{B0,\,tEb0}$	°C	10
17. Anfangstemperatur der Isolierung der Wände und des Bodens	t_{IW0}, t_{IB0}	°C	10
18. Maximale Temperatur des Wassers oder Dampfs in der Grube	t_{M1}	°C	70, 80, 90
19. Spezifische Wärmekapazität des Wassers	c_{H2O}	J/kgK	4180
20. Spezifische Wärmekapazität des Betons (Mittelwert)	c_B	J/kgK	1134
21. Spezifische Wärmekapazität der Isolierung und des Deckels	$c_{I\text{-}W}$, $c_{I\text{-}D}$	J/kgK	850
22. Spezifische Wärmekapazität des Stahldeckels	c_{Fe}	J/kgK	444
23. Wärmeleitfähigkeit Beton	λ_B	W/mK	1,28
24. Wärmeleitfähigkeit Isolierung	λ_I	W/mK	0,042
25. Wärmeleitfähigkeit des Erdbodens (Sand, Lehm)	λ_{Eb}	W/mK	1,4
26. spezifische Masse des Heizkörpers (Flächendichte)	m_{Hk}	kg/m^2	100
27. Temperatur des Wärmeträgers im Heizkörper der Grube	t_{Hk}	°C	130
28. Temperatur der Umgebungsluft der Grube	t_{Luft}	°C	10
29. Beladungsgrad der Grube	f	%	45, 60, 75
30. Volumen des Holzes beim Dämpfen und Kochen, gleich $f \cdot V_{Grube}$	V_H	m^3	9, 12, 15

10.9.1 Mathematisches Modell von Q_{Holz}

10.9.1.1 Modellierung Q_{Holz} für gefrorenes Holz

Unter Nutzung der in Abschnitt 10.4.1 aufgeführten spezifischen Wärmekapazität von gefrorenem Holz kann die Wärmeenergie Q_{Holz}, die zum Auftauen und Erwärmen verwendet wird, wie folgt formuliert werden:

$$Q_{Holz} = Q_{H-gfr} + Q_{Ice\text{-}gbW} + Q_{ice\text{-}fW} + Q_{H-ugfr}\ [kWh/m^3] \tag{10.70}$$

$Q_{H\text{-}gfr}$ Energie, die erforderlich ist, um das gefrorene Holz so zu erhitzen, dass das darin enthaltene gefrorene, gebundene Wasser schmilzt [kWh/m³]

$Q_{Ice\text{-}gbW}$ Energie, die benötigt wird, um das gefrorene gebundenen Wasser im Holz zu schmelzen [kWh/m³]

$Q_{Ice\text{-}fW}$ Energie, die benötigt wird, um die gesamte Menge an gefrorenem freiem Wasser im Holz zu schmelzen [kWh/m³]

$Q_{H\text{-}ugfr}$ Energie, die erforderlich ist, um das Holz in Abwesenheit von Eis zu erhitzen, bis die eingestellte durchschnittliche Temperatur, $T_{Mw\text{-}Ende}$ erreicht ist, die dem gewünschten Zustand des Holzes am Ende des Dämpfens oder Kochens entspricht, [kWh/m³]

Die einzelnen Komponenten der Energie Q_{Holz}, die für das vollständige Auftauen und Dämpfen oder Kochen von gefrorenem Holz benötigt wird, können anhand der folgenden Gleichungen bei der Anfangstemperatur des Holzes $T_{H0} \leq 272{,}15$ K und $T_{Mw\text{-}Ende} > 273{,}15$ K (z. B. $t_{H0} \leq -1$ °C und $t_{Mw\text{-}Ende} > 0$ °C) berechnet werden [3]:

$$Q_{H-gfr} = \frac{\rho_H \cdot c_{H-gfr\text{-}Mw}}{3{,}6 \cdot 10^6} \cdot (272{,}15 - T_{H0}) \tag{10.71}$$

$$Q_{Ice\text{-}gbW} = \frac{\rho_{Ice} \cdot c_{Ice\text{-}gbW\text{-}Mw}}{3{,}6 \cdot 10^6} \cdot (272{,}15 - T_{H0}) \tag{10.72}$$

$$Q_{Ice\text{-}fW} = \frac{\rho_{Ice} \cdot c_{Ice\text{-}fW\text{-}Mw}}{3{,}6 \cdot 10^6} \cdot (273{,}15 - 272{,}15) \tag{10.73}$$

$$Q_{H-ugfr} = \frac{\rho_H \cdot c_{H-ugfr\text{-}Mw}}{3{,}6 \cdot 10^6} \cdot (T_{H-Mw\text{-}Ende} - 272{,}15) \tag{10.74}$$

ρ_H Dichte des nassen Holzes, berechnet nach Formel 10.52 [kg/m³]

ρ_{Ice} Dichte des gefrorenen, gebundenen und freien Wassers im Holz: $\rho_{Ice} = 917$ kg/m³ [9, 23]

$c_{H\text{-}gfr\text{-}Mw}$ arithmetischer Mittelwert der spezifischen Wärmekapazität des gefrorenen Holzes [J/kgK]

$c_{H\text{-}ugfr\text{-}Mw}$ arithmetischer Mittelwert der spezifischen Wärmekapazität des ungefrorenen Holzes [J/kgK]

$c_{Ice\text{-}gbW}$ arithmetischer Mittelwert der spezifischen Wärmekapazität des gefrorenen gebundenen Wassers im Holz [J/kgK]

$c_{Ice\text{-}fW\text{-}Mw}$ arithmetischer Mittelwert der spezifischen Wärmekapazität des gefrorenen freien Wassers im Holz [J/kgK]

T_{H0} Anfangstemperatur des gefrorenen Holzes [K]

$T_{H\text{-}Mw\text{-}Ende}$ durchschnittliche Temperatur des Holzes am Ende des Auftauens und der anschließenden Erwärmung, die mit der folgenden Gleichung bei Erreichen der eingestellten Temperatur in der Holzmitte berechnet wird:

$$T^n_{\mathrm{H-Mw}} = \frac{1}{R_\mathrm{H}} \int\limits_R T(r, n \cdot \Delta\tau) \mathrm{d}R_\mathrm{H} \tag{10.75}$$

$T_{\text{H-Mw}}$ aktueller Wert der Durchschnittstemperatur der Stämme während des Dämpfens oder Kochens [K]

R_H Radius der Stämme, gleich $D_{\mathrm{H/2}}$ (siehe Bild 10.14) [m]

r Koordinate entlang des Radius der Stämme im 1D-Modell ihres nichtstationären Auftauens (siehe Formel 10.23) [m]

$\Delta\tau$ Schritt entlang der Zeitkoordinate bei der numerischen Lösung der Formel 10.23 [s]

n laufende Nummer des Schritts entlang der Zeitkoordinate, $\Delta\tau$ mit der Formel 10.23 gelöst wird: $n = 0, 1, 2, 3, \ldots, \tau_{\text{Dämpfen}}/\Delta\tau$ oder $\tau_{\text{Kochen}}/\Delta\tau$

$\tau_{\text{Dämpfen}}$, τ_{Kochen} Dauer des Modus zum Dämpfen bzw. Kochen von gefrorenem Holz [s]

Die arithmetischen Mittelwerte der einzelnen spezifischen Wärmekapazitäten in Formel 10.71 – Formel 10.74 können mithilfe von Formel 10.32, Formel 10.41, Formel 10.39 bzw. Formel 10.35 in den Temperaturbereichen, in denen sie gültig sind, wie folgt berechnet werden:

$$c_{\text{H-gfr-Mw}} = \frac{c_{\mathrm{H-gfr}} \text{ bei } T_{\mathrm{H0}} + c_{\mathrm{H-gfr}} \text{ bei } 272{,}15\mathrm{K}}{2} \tag{10.76}$$

$$c_{\text{Ice-gbW-Mw}} = \frac{c_{\text{Ice-gbW}} \text{ bei } T_{\mathrm{H0}} + c_{\text{Ice-gbW}} \text{ bei } 272{,}15\mathrm{K}}{2} \tag{10.77}$$

$$c_{\text{Ice-fW-Mw}} = c_{\text{Ice-fW}} = 3{,}34 \cdot 10^5 \cdot \frac{u - u_{\mathrm{FSP}(272{,}15)}}{1 + u} \tag{10.78}$$

$$c_{\text{H-ugfr-Mw}} = \frac{c_{\mathrm{H-ugfr}} \text{ bei } 272{,}15\mathrm{K} + c_{\mathrm{H-ugfr}} \text{ bei } T_{\text{H-Mw-Ende}}}{2} \tag{10.79}$$

10.9.1.2 Modellierung Q_{Holz} für ungefrorenes Holz

Wenn die Stämme ungefroren sind und eine Anfangstemperatur $T_{\mathrm{H0}} \geq 273{,}15$ K (d. h. $t_{\mathrm{H0}} \geq 0$ °C) aufweisen, kann die thermische Energie, die für ihre Erwärmung auf die Temperatur $T_{\text{H-Mw-Ende}}$ erforderlich ist, nach folgendem Modell berechnet werden:

$$Q_{\mathrm{Holz}} = Q_{\mathrm{H-ugfr}} = \frac{\rho_\mathrm{H} \cdot c_{\text{H-ugfr-Mw}}}{3{,}6 \cdot 10^6} \cdot (T_{\text{H-Mw-Ende}} - T_{\mathrm{H0}}) \tag{10.80}$$

wobei der arithmetische Mittelwert der spezifischen Wärmekapazität $c_{\text{H-ugfr-avg}}$ wie folgt berechnet wird:

$$c_{\text{H-ugfr-Mw}} = \frac{c_{\mathrm{H-ugfr}} \text{ bei } T_{\mathrm{H0}} + c_{\mathrm{H-ugfr}} \text{ bei } T_{\text{H-Mw-Ende}}}{2} \tag{10.81}$$

Die Werte von $c_{\text{H-ugfr}}$ bei T_{H0} bzw. $T_{\text{H-mW-Ende}}$ werden mit Formel 10.35 berechnet.

10.9.1.3 Mathematisches Modell von $Q_{Konstruktion}$

Die spezifische Wärmeenergie, die für die Erwärmung der Baustoffe der Grube erforderlich ist, $Q_{Konstruktion}$, kann durch das folgende Modell bestimmt werden:

$$Q_{Konstruktion} = Q_{Konstr.1} + Q_{Konstr.2} + Q_{Konstr.3} + Q_{Konstr.4} \tag{10.82}$$

wobei $Q_{Konstr.1}$ und $Q_{Konstr.2}$ die Energien sind, die für die Erwärmung der Wände des oberirdischen Teils bzw. des Bodenteils der Grubenkonstruktion erforderlich sind, und $Q_{Konstr.3}$, $Q_{Konstr.4}$ sind die für die Erwärmung des Grubenbodens bzw. des Grubendeckels erforderlichen Energien.

Diese Energien können anhand der folgenden Gleichungen berechnet werden:

$$Q_{Konstr.1} = \frac{1}{3{,}6 \cdot 10^6 \cdot V_H} \cdot \left\{ [2(l + b + 2d_W) \cdot d_W \cdot h_{obT}] \cdot \rho_B \cdot c_B \cdot \left(\frac{t_{W-max} + t_{W1}}{2} - t_{W0} \right) + [2(l + b + 2d_W + 2d_{I-W}) \cdot d_{I-W} \cdot h_{obT}] \cdot \rho_{I-W} \cdot c_{I-W} \cdot \left(\frac{t_{W1} + t_{I1}}{2} - t_{IW0} \right) \right\} \tag{10.83}$$

$$Q_{Konstr.2} = \frac{1}{3{,}6 \cdot 10^6 \cdot V_H} \cdot \left\{ [2(l + b + 2d_W) \cdot d_W \cdot (h - h_{obT})] \cdot \rho_B \cdot c_B \cdot \left(\frac{t_{W-max} + t_{W2}}{2} - t_{B0} \right) + [2(l + b + 2d_W + 2d_{I-W}) \cdot d_{I-W} \cdot (h + d_B - h_{obT})] \cdot \rho_{I-W} \cdot c_{I-W} \cdot \left(\frac{t_{W2} + t_{I2}}{2} - t_{IB0} \right) \right\} \tag{10.84}$$

$$Q_{Konstr.3} = \frac{1}{3{,}6 \cdot 10^6 \cdot V_H} \cdot \left[(l + 2d_B) \cdot (b + 2d_B) \cdot d_B \cdot \rho_B \cdot c_B \cdot \left(\frac{t_{B-max} + t_{BE}}{2} - t_{B0} \right) \right] \tag{10.85}$$

$$Q_{Konstr.4} = \frac{1}{3{,}6 \cdot 10^6 \cdot V_H} \cdot [l \cdot b \cdot (2d_{Fe} \cdot \rho_{Fe} \cdot c_{Fe} + d_{I-D} \cdot \rho_{I-D} \cdot c_{I-D})] \cdot \left(\frac{t_{D1} + t_{D2}}{2} - t_{Luft} \right) \tag{10.86}$$

Die Bedeutung und die Werte der Variablen V_H, l, b, h_n, h_{obT}, d_W, d_{I-W}, d_{I-D}, d_{Fe}, ρ_B, ρ_{I-W}, ρ_{i-D}, ρ_{Fe}, t_{W0}, t_{I0}, t_{B0}, c_B, c_{I-W}, c_{I-D}, c_{Fe} und t_{Luft} sind in Tabelle 10.7 angegeben.

Die übrigen Variablen in diesen Gleichungen sind:

$t_{W\text{-max}}$, $t_{B\text{-max}}$ Höchstwerte der inneren Oberflächentemperaturen der Betonwände und des Bodens der Grube, die gleich der Betriebstemperatur t_{M1} sind [°C]

t_{W1} Oberflächentemperatur der Betonwände des oberen (oberirdischen) Teils der Grube, die mit der Isolierschicht der Grube in Berührung kommen [°C]

t_{I1} Oberflächentemperatur der Isolierschicht der Wände des oberen Teils der Grube, die mit der atmosphärischen Luft in Berührung kommen [°C]

t_{W2} Oberflächentemperatur der im Erdbereich befindlichen Betonwände der Grube, die mit der Isolierschicht der Grube in Kontakt sind [°C]

t_{I2} Oberflächentemperatur der Isolierschicht der im Erdbereich befindlichen Wände [°C]

t_{BE} Oberflächentemperatur der Betonsohle der Grube, die mit dem Erdboden in Kontakt ist [°C]

t_{D1} Oberflächentemperatur des Grubendeckels, der sich über dem siedenden Wasser oder gesättigtem Wasserdampf befindet [°C]

t_{D2} Oberflächentemperatur des Grubendeckels, der mit der atmosphärischen Luft in Kontakt ist [°C].

Die Oberflächentemperaturen t_{W1}, t_{I1}, t_{W2}, t_{I2}, t_{BE}, t_{D1} und t_{D2} können nach den in [36] angegebenen Gleichungen in Abhängigkeit von den thermophysikalischen Eigenschaften der betreffenden Materialien der Grube, des Wassers und der umgebenden Erde und Luft berechnet werden.

Das Volumen des Holzes V_H, in Formel 10.83 – Formel 10.86 berechnet sich:

$$V_H = f \cdot V_{Grube} \tag{10.87}$$

f Beladungsgrad (Füllung) der Grube [m³/m³]

V_{Grube} Arbeitsvolumen der Grube, abhängig von den Konstruktionsparametern (siehe auch Bild 10.28 und Tabelle 10.7):

$$V_{Grube} = l \cdot b \cdot h_{nV} \tag{10.88}$$

10.9.1.4 Mathematisches Modell von $Q_{\text{heißes Wasser}}$

Für die Modellierung der Energie $Q_{\text{heißes Wasser}}$ die notwendig ist, um das Wasser in der Grube zu erhitzen, ist die Kenntnis der Wassertemperatur t_M zum Kochen des Holzes erforderlich.

Bild 10.29 zeigt die Änderung der Wasser- oder Dampftemperatur t_M zum Kochen bzw. Dämpfen von ungefrorenem und gefrorenem Holz. Der Ablauf besteht aus zwei Phasen, in denen sich t_M wie folgt ändert:

- während der I. Phase (0–τ_1), erfolgt eine Erhöhung der t_M von t_{M0} auf t_{M1};
- während der II. Phase erfolgt ein dosiertes Einbringen von Dampf in den Heizkörper. Beim Erreichen von τ_2 endet der Koch- oder Dämpfprozess.

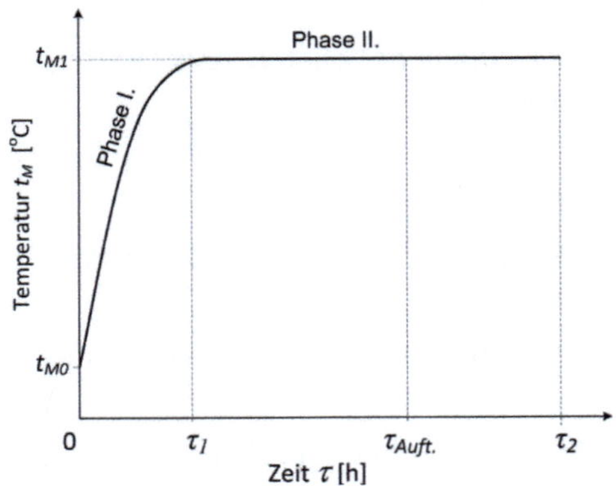

Bild 10.29
Typische Änderung der Wasser- oder Dampftemperatur t_M beim Kochen bzw. Dämpfen von Holzmaterialien in Gruben (Quelle: [37–39])

Wenn die Stämme zu Beginn ihres Dämpens oder Kochens Eis enthalten, liegt die Zeit, die dem Zeitpunkt des Auftauens des Eises im Holz entspricht, zwischen τ_1 und τ_2 τ_{Auft}.

Die spezifische Wärmeenergie, die zum Erhitzen des Wassers in der Grube erforderlich ist, $Q_{\text{heißes Wasser}}$, kann wie folgt berechnet werden:

$$Q_{\text{heißes Wasser}} = \frac{1}{3{,}6 \cdot 10^6 \cdot V_{\text{H}}} [(l \cdot b \cdot (h_{\text{nV}} - h_{\text{E}}) - V_{\text{H}})] \cdot \rho_{\text{H2O}} \cdot c_{\text{H}_2\text{O}} \cdot (t_{\text{M1}} - t_{\text{M0}}) \tag{10.89}$$

Die Werte aller Variablen in Formel 10.89 sind in Tabelle 10.7 angegeben.

10.9.1.5 Mathematisches Modell von $Q_{\text{Kondenswasser}}$

Die akkumulierte Wärmeenergie im Kondenswasser, das sich beim Dämpfen der Stämme in der Grube sammelt, kann mit folgendem Modell berechnet werden:

$$Q_{\text{Kondenswasser}} = m_{\text{Kw}} \cdot \frac{h_{\text{Kw}}^{\tau_2}}{3{,}6 \cdot 10^6 \cdot V_{\text{H}}} \tag{10.90}$$

$h_{Kw}^{\tau_2}$ Enthalpie des Kondenswassers in der Grube am Ende τ_2 (siehe Bild 10.29) des Dämpfprozesses [40] [J/kg]

V_{H} Volumen des Holzes in der Dampfgrube (siehe Formel 10.87) [m^3]

m_{Kw} Masse des Kondenswassers, das sich in der Grube während des Dämpfens ansammelt [kg]:

$$m_{\mathrm{Kw}} = 3{,}6 \cdot 10^6 \cdot V_{\mathrm{H}} \cdot \frac{Q_{\mathrm{Holz}} + Q_{\mathrm{Konstruktion}} + Q_{\mathit{W\ddot{a}rmeverluste}}}{r^{\tau_2}_{\mathrm{Dampf}}} \tag{10.91}$$

$r^{\tau_2}_{Dampf}$ Kondensationswärme des Dampfes in der Grube bei $\tau = \tau_2$ [40] [J/kg]

Q_{Holz} Energie, die für das Erwärmen des Holzes benötigt wird [kWh/m³]

$Q_{\mathrm{Konstruktion}}$ Energie, die für die Beheizung der Grubenkonstruktion benötigt wird [kWh/m³]

$Q_{\mathrm{W\ddot{a}rmeverluste}}$ Energie, die zum Ausgleich der Wärmeverluste der Grube während des ganzen Dämpfprozesses benötigt wird (siehe Formel 10.94–Formel 10.97) [kWh/m³]

Der Multiplikator $3.6 \cdot 10^6$ in Formel 10.91 ermöglicht eine Umrechnung der Maßeinheit der Energien Q_{Holz}, $Q_{\mathrm{Konstruktion}}$ und $Q_{\mathrm{W\ddot{a}rmeverluste}}$ aus kWh/m³ in die zur Berechnung von m_{Kw} erforderlichen Maßeinheit: J/m³.

10.9.1.6 Mathematisches Modell von $Q_{\mathrm{Heizk\ddot{o}rper}}$

Die spezifische Wärmeenergie, die für die Erwärmung des Metallheizkörpers erforderlich ist, $Q_{\mathrm{Heizk\ddot{o}rper}}$, kann durch das folgende Modell ausgedrückt werden:

$$Q_{\mathrm{Heizk\ddot{o}rper}} = \frac{1}{3{,}6 \cdot 10^6 \cdot V_{\mathrm{H}}} [l \cdot b \cdot m_{\mathrm{Hk}} \cdot c_{\mathrm{Fe}} \cdot (t_{\mathrm{Hk}} - t_{\mathrm{M0}})] \tag{10.92}$$

Die Werte aller Variablen in Formel 10.91 und Formel 10.92 sind in Tabelle 10.7 angegeben.

10.9.1.7 Mathematisches Modell von $Q_{\mathrm{W\ddot{a}rmeverluste}}$

Die spezifische Wärmeenergie, die zur Deckung der Wärmeverluste erforderlich ist, $Q_{\mathrm{W\ddot{a}rmeverluste}}$, kann mithilfe von Formel 10.93 ermittelt werden:

$$Q_{\mathrm{W\ddot{a}rmeverluste}} = Q_{\mathrm{Verluste1}} + Q_{\mathrm{Verluste2}} + Q_{\mathrm{Verluste3}} + Q_{\mathrm{Verluste4}} \tag{10.93}$$

$Q_{\mathrm{Verluste1}}$ und $Q_{\mathrm{Verluste2}}$ Energien, die erforderlich sind, um die Wärmeverluste zu decken, die durch die Wärmeabgabe durch die Wände des oberirdischen Teils und die Wände im Bodenteil der Grubenkonstruktion verursacht werden [kWh/m³]

$Q_{\mathrm{Verluste3}}$ und $Q_{\mathrm{Verluste4}}$ Energien, die erforderlich sind, um die Wärmeverluste zu decken, die durch den Boden bzw. den Deckel der Grube verursacht werden [kWh/m³]

Diese Energien können bestimmt werden:

$$Q_{\mathrm{Verluste1}} = \frac{1}{V_{\mathrm{H}} \cdot 10^3} \cdot \left\{ \frac{1}{\frac{1}{\alpha_1} + \frac{d_{\mathrm{W}}}{\lambda_{\mathrm{B}}} + \frac{d_{\mathrm{I-W}}}{\lambda_{\mathrm{I}}} + \frac{1}{\alpha_2}} \cdot [2 \cdot (l + b) \cdot h_{\mathrm{obT}}] \cdot (t_{\mathrm{M1}} - t_{\mathrm{Luft}}) \cdot (\tau_2 - \tau_1) \right\} \tag{10.94}$$

$$Q_{\text{Verluste2}} = \frac{1}{V_{\text{H}} \cdot 10^3} \cdot \left\{ \frac{1}{\frac{1}{\alpha_1} + \frac{d_{\text{W}}}{\lambda_{\text{B}}} + \frac{d_{\text{I-W}}}{\lambda_{\text{I}}} + \frac{1}{\lambda_{\text{Eb}}}} \right.$$
$$\left. \cdot [2 \cdot (l + b) \cdot (h + d_{\text{B}} - h_{\text{obT}})] \cdot (t_{\text{M1}} - t_{\text{Eb0}}) \cdot (\tau_2 - \tau_1) \right\} \tag{10.95}$$

$$Q_{\text{Verluste3}} = \frac{1}{V_{\text{H}} \cdot 10^3}$$
$$\cdot \left[\frac{1}{\frac{1}{\alpha_1} + \frac{d_{\text{b}}}{\lambda_{\text{B}}} + \frac{1}{\lambda_{\text{Eb}}}} \cdot (l + 2d_{\text{B}}) \cdot (b + 2d_{\text{B}}) \cdot (t_{\text{M1}} - t_{\text{Eb0}}) \cdot (\tau_2 - \tau_1) \right] \tag{10.96}$$

$$Q_{\text{Verluste4}} = \frac{1}{V_{\text{H}} \cdot 10^3} \cdot [\alpha_3 \cdot l \cdot b \cdot (t_{\text{D2}} - t_{\text{Luft}}) \cdot (\tau_2 - \tau_1)] \tag{10.97}$$

τ_1 Dauer der ersten Phase des Dämpf- oder Kochvorgangs der Holzmaterialien [h]

τ_2 Dauer des gesamten Modus zum Dämpfen oder Kochen des Holzes (siehe Bild 10.29) [h]

Die Dauern τ_1 und τ_2 können durch Lösen der in Abschnitt 10.3 für Furnierstämme angegebenen Modelle ermittelt werden.

Die Namen und Werte der Variablen l, b, h, h_{obT}, d_{W}, d_{B}, $d_{\text{I-W}}$, t_{M1}, t_{Eb0}, t_{Luft}, λ_{B}, λ_{I} und λ_{Eb} in Formel 10.94 – Formel 10.97 sind in Tabelle 10.7 angegeben. Die übrigen Variablen können gemäß den in [36] angegebenen Gleichungen berechnet werden, nämlich:

α_1 Wärmeübergangskoeffizient vom Dampf oder kochendem Wasser zu den Wänden der Grube [W/m^{2}K]

α_2 Wärmeübergangskoeffizient von der Oberfläche des oberen Teils der Grubenwände zur Umgebungsluft [W/m^{2}K]

α_3 Wärmeübergangskoeffizient von der Oberfläche des Grubendeckels zur Umgebungsluft [W/m^{2}K]

t_{D2} Oberflächentemperatur des Grubendeckels, der mit der atmosphärischen Luft in Kontakt ist [°C]

10.9.1.8 Bestimmung des Wirkungsgrades der Modi zum Dämpfen oder Kochen von Holzmaterialien in einer Betongrube

Anhand Formel 10.68 – Formel 10.70 und Formel 10.80 ist es möglich, den Wärmewirkungsgrad (in %) verschiedener Modi zum Dämpfen oder Kochen von Holz wie folgt zu bestimmen:

$$\eta_{\text{Dämpfen}} = 100 \frac{Q_{\text{Holz}}}{Q_{\text{Grube-Dämpfen}}} \tag{10.98}$$

$$\eta_{\text{Kochen}} = 100 \frac{Q_{\text{Holz}}}{Q_{\text{Grube-Kochen}}} \tag{10.99}$$

10.10 Berechnung der Wärmebilanz und des Wirkungsgrades von Betongruben beim Dämpfen oder Kochen von Buchenfurnierstämmen

Eine Berechnung der Wärmebilanz und des Wirkungsgrades für gefrorene und nicht gefrorene Buchenstämme (*Fagus sylvatica* L.) (eine in der Furnierproduktion oft verwendete Holzart) wurde durchgeführt.

Die Symbole, Einheiten und Werte der Parameter sind in Tabelle 10.8 aufgeführt. Die Buchenstämme enthalten erhebliche Mengen an freiem und gebundenem Wasser. Dessen Erhitzung oder und das Schmelzen des Eises bewirken deutliche Unterschiede in der Dauer zwischen den einzelnen Dampf- oder Kochmodi und auch im entsprechenden Energieverbrauch der Grube.

Tabelle 10.8 Hauptparameter von ungefrorenen und gefrorenen Buchenstämmen, die zur Lösung der mathematischen Modelle verwendet werden (Quelle: [37–39])

Parameter	Symbol	Maßeinheit	Wert
1. Durchmesser der Stämme	D	m	0,4
2. Länge der Stämme	L	m	≥2,0
3. Volumen der Stämme in der Grube	V_H	m	9; 12; 15
4. Feuchtigkeitsgehalt des Holzes	u	kg/kg	0,4; 0,6; 0,8
5. Fasersättigung bei 293,15 K (20 °C)	$u_{FSP(293.15)}$	kg/kg	0,31
6. Raumdichte des Holzes (Buche)	ρ_{Hr}	kg/m^3	560
7. Dichte vom Eis im Holz	ρ_{Ice}	kg/m^3	917
8. Anfangstemperatur des ungefrorenen Holzes	t_{H0}	°C	10
9. Anfangstemperatur des gefrorenen Holzes	t_{H0}	°C	−10; −20; −30
10. Anfangstemperatur in der Grube	t_{M0}	°C	10
11. Maximale Temperatur des Dampfs oder Wassers	t_{M1}	°C	70; 80; 90
12. Zeit der Erhöhung der Temperatur von t_{M0} auf t_{M1}	τ_1	h	4
13. Minimale Temperatur im Zentrum des Holzes am Ende	$t_{H\text{-}Z}$	°C	62
14. Kondensationswärme des Dampfes in der Grube bei 70 °C, 80 °C und 90 °C	r_{Dampf}	kJ/kg	2333; 2308; 2282
15. Enthalpie des Kondenswassers in der Grube bei 70 °C, 80 °C und 90 °C	h_{Kw}	kJ/kg	293; 335; 377

Die mathematische Lösung erfolgt nach Formel 10.23. Aus der Änderung der Temperatur sowie der mit Formel 10.75 berechneten durchschnittlichen Temperatur des Holzes wurde die Dauer des Dampf- bzw. Kochprozesses ermittelt.

Für die gemeinsame Lösung der Gleichungen in den Modellen (Formel 10.69 – Formel 10.99) wurde ein Excel-Programm genutzt.

Die verwendeten Daten sind in Tabelle 10.7 und Tabelle 10.8 aufgeführt.

10.10.1 Einfluss der Dampf- bzw. Heißwassertemperatur auf die Wärmebilanz der Grube

Bild 10.30 und Bild 10.31 zeigen die mit Formel 10.23 und Formel 10.75 berechnete Änderung der Temperatur im Zentrum der Stämme, $t_{H\text{-}Z}$, und die durchschnittliche Temperatur $t_{H\text{-}Mw}$ bei Betriebstemperatur in der Grube t_M. Die Temperatur t_M ändert sich von einem Anfangswert von 10 °C zu ihren Höchstwerten von 70 °C, 80 °C und 90 °C. Der Dampf- und Kochvorgang endet für ungefrorenes/gefrorenes Holz nach 27,0 h/34,0 h bei t_{M1} = 70 °C, nach 20,0 h/26,0 h bei t_{M1} = 80 °C und nach 17,5 h/22,0 h bei t_{M1} = 90 °C.

Bei diesen Werten für die Dauer des Dampf- bzw. Kochvorgangs τ_2 (siehe Bild 10.29) erreicht die Temperatur im Zentrum der Stämme, $t_{H\text{-}Z}$, 62 °C, was der erforderlichen Mindesttemperatur entspricht, die für die Furnierherstellung notwendig ist [3, 31, 37–39].

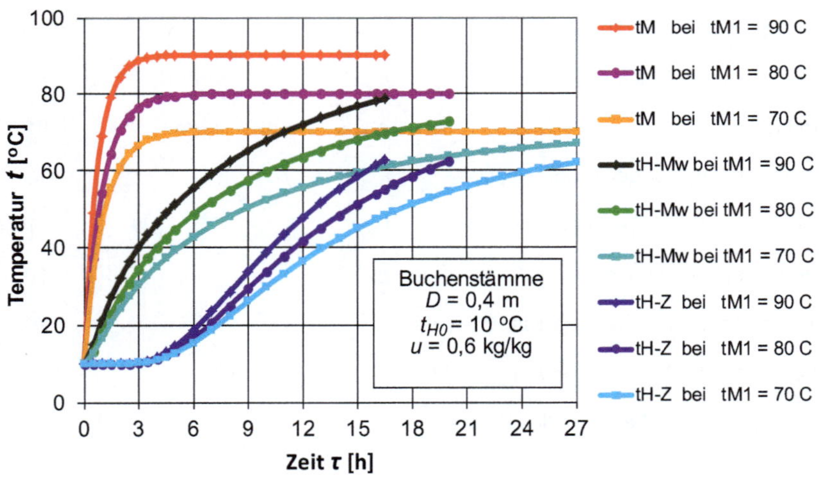

Bild 10.30 Änderung von t_M, $t_{H\text{-}Z}$ und $t_{H\text{-}Mw}$ in ungefrorenen Buchenstämmen mit t_{H0} = 10 °C und u = 0,6 kg/kg während ihres Dämpfens oder Kochens, abhängig von t_{M1} (Quelle: [37])

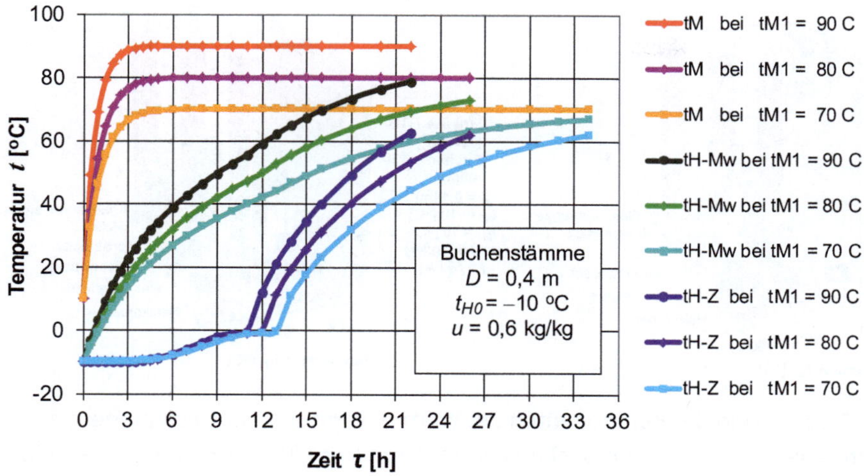

Bild 10.31 Änderung von t_M, $t_{H\text{-}Z}$ und $t_{H\text{-}Mw}$ in gefrorenen Buchenstämmen mit $t_{H0} = -10$ °C und $u = 0{,}6$ kg/kg während ihres Dämpfens oder Kochens, abhängig von t_{M1} (Quelle: [38])

Die durchschnittliche Temperatur der gedämpften oder gekochten, sowohl ungefrorenen als auch gefrorenen Stämme, $t_{H\text{-}Mw\text{-}Ende}$, erreicht folgende Werte: 66,9 °C, 72,8 °C bzw. 79,0 °C.

Diese Werte von $t_{H\text{-}Mw\text{-}Ende}$ (in Grad Kelvin) wurden in Formel 10.74 und Formel 10.80 zur Berechnung der Energie $Q_{H\text{-}ugfr}$ verwendet.

In Bild 10.31 ist ein Abschnitt der Beibehaltung der Temperatur $t_{H\text{-}Z}$ über einen langen Zeitraum im Bereich von –1 °C bis 0 °C in der Stammmitte erkennbar. Dies ist auf die extrem geringe Temperaturleitfähigkeit während des lang anhaltenden Schmelzens des gefrorenen freien Wassers im Holz zurückzuführen [3, 4, 9, 38].

Bild 10.32 und Bild 10.33 zeigen die Änderung aller Komponenten der Wärmebilanz sowie die Gesamtenergie $Q_{\Sigma\text{-Dämpfen}}$ bzw. $Q_{\Sigma\text{-Kochen}}$ (in kWh/m^3), die erforderlich ist, um den gesamten Dampf-, bzw. Kochprozess der Stämme mit $u = 0{,}6$ kg/kg bei maximal möglichem Beladungsgrad der Grube mit Stämmen ($f = 75$ %) in Abhängigkeit von der Betriebstemperatur t_{M1} durchzuführen.

Bild 10.34 und Bild 10.35 zeigen die Veränderung der einzelnen Komponenten der Wärmebilanz Q_i der Grube bei $u = 0{,}6$ kg/kg und $f = 75$ %, als Prozentsatz vom Gesamtenergieverbrauch, $Q_{\Sigma\text{-Dämpfen}}$ bzw. $Q_{\Sigma\text{-Kochen}}$, in Abhängigkeit von t_{M1}.

In Bild 10.32 und Bild 10.33 ist zu sehen, dass bei der Angabe der Wärmebilanz der Grube in kWh/m^3 eine Erhöhung der t_{M1} von 70 °C auf 90 °C einen Anstieg der Gesamtenergien $Q_{\Sigma\text{-Dämpfen}}$ bzw. $Q_{\Sigma\text{-Kochen}}$, und ihrer Komponenten Q_{Holz}, $Q_{Konstruktion}$, $Q_{Kondenswasser}$ und $Q_{heißes\ Wasser}$ bewirkt, während gleichzeitig $Q_{Wärmeverluste}$ abnimmt und $Q_{Heizkörper}$ sich nicht verändert.

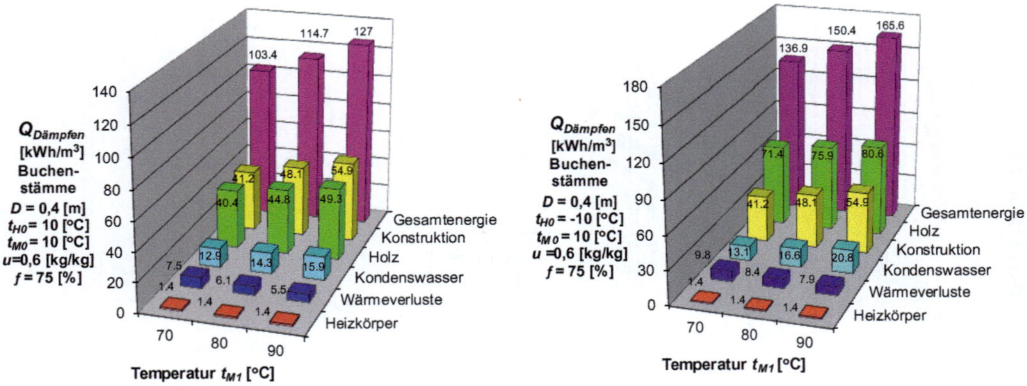

Bild 10.32 Änderung der Komponenten der Wärmebilanz und der Gesamtenergie (in kWh/m³) beim Dämpfen von Buchenstämmen mit $t_{H0} = 10\,°C$ (links) und $t_{H0} = -10\,°C$ (rechts), abhängig von t_{M1}

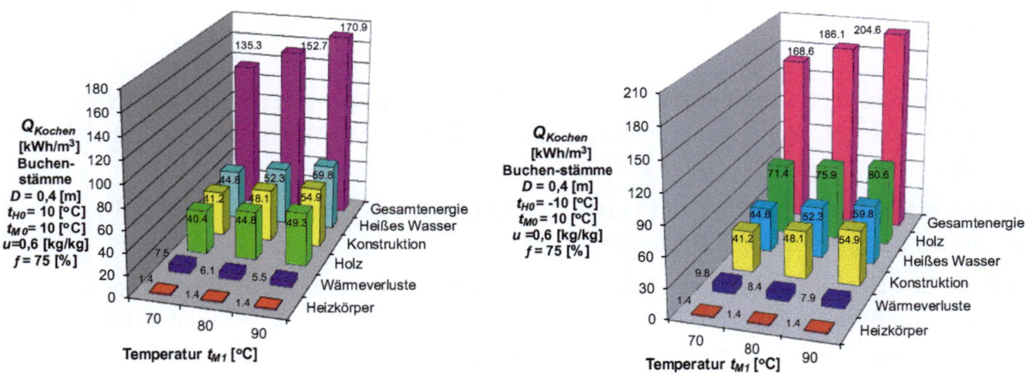

Bild 10.33 Änderung der Komponenten der Wärmebilanz und der Gesamtenergie (in kWh/m³) beim Kochen von Buchenstämmen mit $t_{H0} = 10\,°C$ (links) und $t_{H0} = -10\,°C$ (rechts), abhängig von t_{M1} (Quelle: [37, 38])

Der Gesamtenergieverbrauch der Grube, $Q_{\Sigma\text{-Dämpfen}}$ bzw. $Q_{\Sigma\text{-Kochen}}$, erhöht sich auf folgende Weise:

- beim Dämpfen: von 103,4 kWh/m³ auf 127,0 kWh/m³ für ungefrorenes und von 136,9 kWh/m³ auf 165,6 kWh/m³ für gefrorenes Holz;
- beim Kochen: von 135,3 kWh/m³ auf 170,9 kWh/m³ für ungefrorenes und von 168,6 kWh/m³ auf 204,6 kWh/m³ für gefrorenes Holz.

Die Verteilung ist wie folgt:

- Q_{Holz} steigt von 40,4 kWh/m³ auf 49,3 kWh/m³ und von 71,4 kWh/m³ auf 80,6 kWh/m³ sowohl beim Dämpfen als auch beim Kochen der Buchenstämme;
- $Q_{\text{Konstruktion}}$ erhöht sich von 41,2 kWh/m³ auf 54,9 kWh/m³ beim Dämpfen und Kochen aufgrund des Anstiegs der Innenflächentemperatur der Betonwände der Grube, die gleich t_{M1} ist;
- $Q_{\text{heißes Wasser}}$ steigt beim Kochen aufgrund der Erhöhung von t_{M1} von 44,8 kWh/m³ auf 59,8 kWh/m³;
- $Q_{\text{Kondenswasser}}$ erhöht sich von 12,9 kWh/m³ auf 15,9 kWh/m³ beim Dämpfen von Stämmen mit einer Anfangstemperatur von $t_{\text{H0}} = 10$ °C und von 13,1 kWh/m³ auf 20,8 kWh/m³ bei $t_{\text{H0}} = -10$ °C;
- $Q_{\text{Heizkörper}}$ bleibt unverändert mit einem Wert von 1,4 kWh/m³, da in den Simulationen für alle Werte von t_{M1} die gleiche Temperatur des Wärmeträgers $t_{\text{Hk}} = 130$ °C verwendet wird;
- $Q_{\text{Wärmeverluste}}$ nimmt von 7,5 kWh/m³ auf 5,5 kWh/m³ und von 9,8 kWh/m³ auf 7,9 kWh/m³ ab sowohl beim Dämpfen als auch beim Kochen.

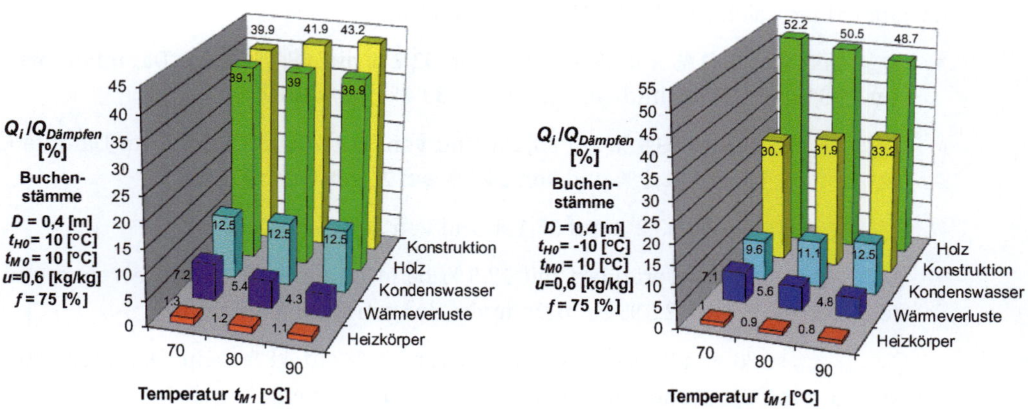

Bild 10.34 Änderung der Komponenten der Wärmebilanz der Grube in % der Gesamtenergie beim Dämpfen von Buchenstämmen mit $t_{\text{H0}} = 10$ °C (links) und $t_{\text{H0}} = -10$ °C (rechts), abhängig von t_{M1}

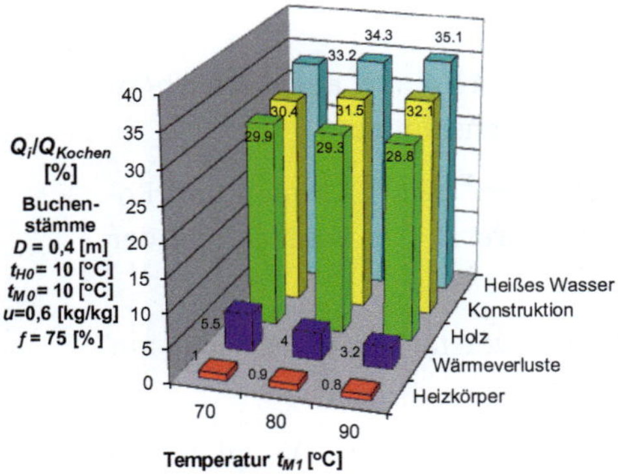

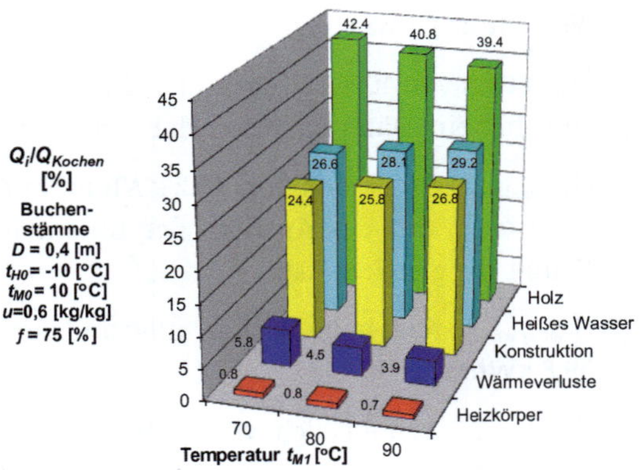

Bild 10.35 Änderung der Komponenten der Wärmebilanz der Grube in % der Gesamtenergie beim Kochen von Buchenstämmen mit $t_{H0} = 10$ °C (links) und $t_{H0} = -10$ °C (rechts), abhängig von t_{M1} (Quelle: [37, 38])

Unterteilt man die einzelnen Komponenten der Wärmebilanz der Grube Q_i in Prozentsätzen von den Gesamtenergien $Q_{\Sigma\text{-Dämpfen}}$ bzw. $Q_{\Sigma\text{-Kochen}}$, so bewirkt eine Erhöhung von t_{M1} von 70 °C auf 90 °C die folgende Änderung des Anteils der einzelnen Komponenten dieser Bilanz von ungefrorenen (die ersten beiden Zahlen) bzw. gefrorenen Holz (zweite Zahlen), siehe auch Bild 10.34 und Bild 10.35:

- Q_{Holz} sinkt von 39,1 % auf 38,9 % und von 52,2 % auf 48,7 % beim Dämpfen, bzw. von 29,9 % auf 28,8 % und von 42,4 % auf 39,4 % beim Kochen;
- $Q_{\text{Konstruktion}}$ steigt von 39,9 % auf 43,2 % und von 30,1 % auf 33,2 % beim Dämpfen, bzw. von 30,4 % auf 32,1 % und von 24,4 % auf 26,8 % beim Kochen;
- $Q_{\text{heißes Wasser}}$ steigt von 33,2 % auf 35,1 % und von 26,6 % auf 29,2 %;
- $Q_{\text{Kondenswasser}}$ bleibt unverändert mit 12,5 % beim Dämpfen der ungefrorenen und steigt von 9,6 % auf 12,5 % beim Dämpfen der gefrorenen Stämme;
- $Q_{\text{Wärmeverluste}}$ sinkt von 7,2 % auf 4,3 % und von 7,1 % auf 4,8 % beim Dämpfen, bzw. von 5,5 % auf 3,2 % und von 5,8 % auf 3,9 % beim Kochen;
- $Q_{\text{Heizkörper}}$ sinkt von 1,3 % auf 1,1 % und von 1,0 % auf 0,8 % beim Dämpfen, bzw. von 1,0 % auf 0,8 % und von 0,8 % auf 0,7 % beim Kochen.

10.10.2 Einfluss der Anfangstemperatur des Holzes auf die Wärmebilanz der Grube

Bild 10.36 und Bild 10.37 zeigen die berechnete Änderung von $t_{H\text{-}Z}$ und $t_{H\text{-}Mw}$ von ungefrorenen bzw. gefrorenen Buchenstämmen mit $u = 0{,}6$ kg/kg während des Dämpfens/Kochens bei $t_{M1} = 80$ °C, abhängig von t_{H0}.

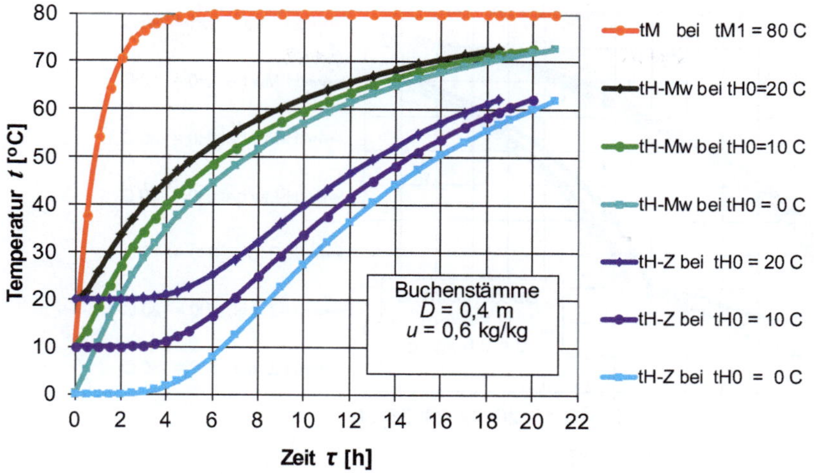

Bild 10.36 Änderung von t_M, $t_{H\text{-}Z}$ und $t_{H\text{-}Mw}$ in ungefrorenen Buchenstämmen mit $u = 0{,}6$ kg/kg während ihres Dämpfens oder Kochens, abhängig von t_{H0} (Quelle: [39])

Es zeigt sich, dass die Dauer des Behandlungsprozesses τ_2 bei Erreichen von $t_{H\text{-}Z} = 62$ °C, folgende Werte annimmt:

- 21,0 h bei $t_{H0} = 0$ °C, 20,0 h bei $t_{H0} = 10$ °C und 18,5 h bei $t_{H0} = 20$ °C;
- 26,0 h bei $t_{H0} = -10$ °C, 27,0 h bei $t_{H0} = -20$ °C und 27,5 h bei $t_{H0} = -30$ °C.

Eine Abnahme von t_{H0} von 20 °C auf 0 °C und von –10 °C auf –30 °C führt zu folgendem Anstieg des Gesamtenergieverbrauchs der Grube $Q_{\Sigma\text{-Dämpfen}}$ bzw. $Q_{\Sigma\text{-Kochen}}$ [39]:

- beim Dämpfen: von 106,3 kWh/m^3 auf 122,8 kWh/m^3 bei ungefrorenem und von 150,4 kWh/m^3 auf 166,0 kWh/m^3 bei gefrorenem Holz;
- beim Kochen: von 145,3 kWh/m^3 auf 159,7 kWh/m^3 bei ungefrorenem und von 186,1 kWh/m^3 auf 199,8 kWh/m^3 bei gefrorenem Holz;

Die einzelnen Komponenten verändern sich wie folgt:

- Q_{Holz} steigt von 37,9 kWh/m^3 auf 51,3 kWh/m^3 und von 75,9 kWh/m^3 auf 89,0 kWh/m^3 sowohl beim Dämpfen als auch beim Kochen der Buchenstämme;
- $Q_{Konstruktion}$ und $Q_{heißes\ Wasser}$ bleiben unverändert mit Werten von 48,1 kWh/m^3 bzw. 52,3 kWh/m^3;
- $Q_{Kondenswasser}$ steigt von 13,3 kWh/m^3 auf 15,4 kWh/m^3 und von 16,6 kWh/m^3 auf 18,5 kWh/m^3;
- $Q_{Heizkörper}$ bleibt unverändert mit einem Wert von 1,4 kWh/m^3;
- $Q_{Wärmeverluste}$ steigt von 5,6 kWh/m^3 auf 6,6 kWh/m^3 und von 8,4 kWh/m^3 auf 9,0 kWh/m^3 beim Dämpfen und Kochen aufgrund der Zunahme der Zeit τ_2 sowohl bei abnehmendem t_{H0} als auch bei gefrorenem Holz.

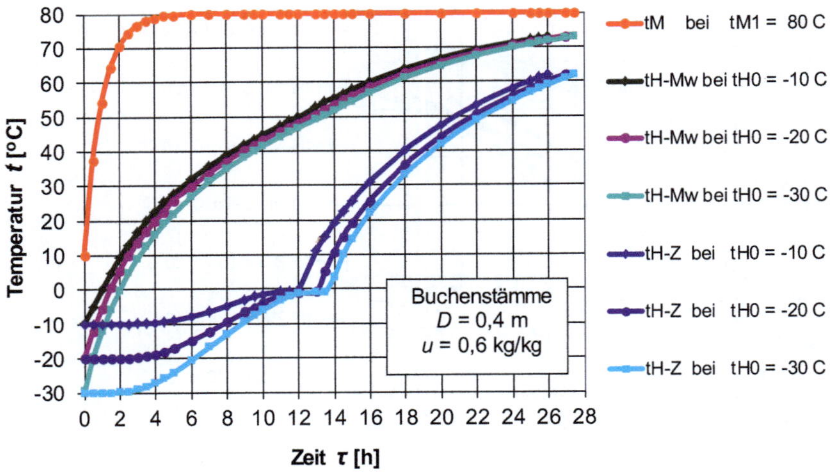

Bild 10.37 Änderung von t_M, $t_{H\text{-}Z}$ und $t_{H\text{-}Mw}$ in gefrorenen Buchenstämmen mit $u = 0{,}6$ kg/kg während ihres Dämpfens oder Kochens, abhängig von t_{H0}

Drückt man die einzelnen Komponenten der Wärmebilanz der Grube Q_i als Prozentsatz der Gesamtenergien $Q_{\Sigma\text{-Dämpfen}}$ bzw. $Q_{\Sigma\text{-Kochen}}$ aus, so führt eine Verringerung von t_{H0} von 20 °C auf 0 °C und von –10 °C auf –30 °C zu den folgenden Veränderungen der Anteile der einzelnen Komponenten dieser Bilanz beim Dämpfen/Kochen von nicht gefrorenem bzw. gefrorenem Holz:

- Q_{Holz} steigt von 35,7 % auf 41,8 % und von 50,5 % auf 53,6 % beim Dämpfen, bzw. von 26,1 % auf 32,1 % und von 40,8 % auf 44,5 % beim Kochen;
- $Q_{\text{Konstruktion}}$ sinkt von 45,2 % auf 39,2 % und von 31,9 % auf 29,1 % beim Dämpfen, bzw. von 33,1 % auf 30,1 % und von 25,8 % auf 24,1 % beim Kochen;
- $Q_{\text{heißes Wasser}}$ sinkt von 36,0 % auf 32,8 %;
- $Q_{\text{Kondenswasser}}$ bleibt unverändert mit 12,5 % bei ungefrorenen und steigt von 11,1 % auf 11,2 % bei gefrorenen Stämmen;
- $Q_{\text{Wärmeverluste}}$ steigt von 5,3 % auf 5,4 % und sinkt von 5,6 % auf 5,4 % beim Dämpfen; beim Kochen steigt der Anteil dieser Energie von 3,9 % auf 4,1 % und bleibt unverändert bei 4,5 % bei den gefrorenen Stämmen;
- $Q_{\text{Heizkörper}}$ sinkt von 1,3 % auf 1,1 % und von 0,9 % auf 0,8 % beim Dämpfen; beim Kochen bleibt unverändert mit 0,9 % bei ungefrorenen Stämmen und sinkt von 0,8 % auf 0,7 % bei den gefrorenen Stämmen.

10.10.3 Einfluss der Holzfeuchtigkeit auf die Wärmebilanz der Grube

Bild 10.38 und Bild 10.39 zeigen die berechnete Veränderung von $t_{H\text{-}Z}$ und $t_{H\text{-}Mw}$ von nicht gefrorenem Holz mit t_{H0} = 10 °C bzw. gefrorenen Buchenstämmen mit t_{H0} = –10 °C während des Dämpfens oder Kochens bei t_{M1} = 80 °C in Abhängigkeit von u. Die Dauer des Behandlungsprozesses τ_2 bis zum Erreichen von $t_{H\text{-}Z}$ = 62 °C ist:

- 19,5 h bei u = 0,4 kg/kg, 20,0 h bei u = 0,6 kg/kg, und 20,5 h bei u = 0,8 kg/kg;
- 24,0 h bei u = 0,4 kg/kg, 26,0 h bei u = 0,6 kg/kg, und 27,5 h bei u = 0,8 kg/kg.

Bei diesen Werten von τ_2 erreicht die durchschnittliche Temperatur der gedämpften oder gekochten, sowohl ungefrorenen als auch gefrorenen Stämme, $t_{H\text{-}Mw\text{-}Ende}$, einen Wert von 72,8 °C. Unter Verwendung der Äquivalente dieser Werte für die Temperatur $t_{H\text{-}Mw\text{-}Ende}$ in Kelvin wurden die Energie Q_{Holz} und ihre Komponenten, die zum Dämpfen oder Kochen der Stämme erforderlich sind, berechnet und grafisch dargestellt (Bild 10.40–Bild 10.43).

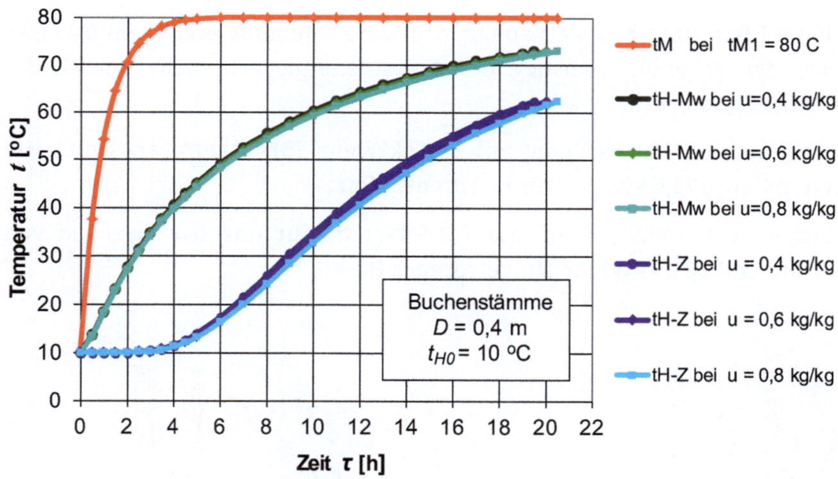

Bild 10.38 Änderung von t_M, $t_{H\text{-}Z}$ und $t_{H\text{-}Mw}$ in ungefrorenen Buchenstämmen mit t_{H0} = 10 °C während ihres Dämpfens oder Kochens bei t_{M1} = 80 °C, abhängig von u

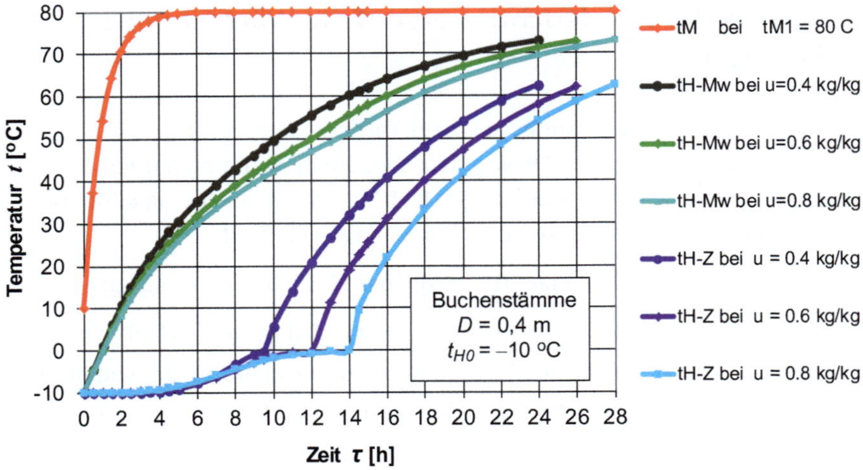

Bild 10.39 Änderung von t_M, $t_{H\text{-}Z}$ und $t_{H\text{-}Mw}$ in gefrorenen Buchenstämmen mit $t_{H0} = -10$ °C während ihres Dämpfens oder Kochens bei $t_{M1} = 80$ °C, abhängig von u (Quelle: [41])

In Bild 10.40 und Bild 10.41 ist zu erkennen, dass eine Erhöhung von u von 0,4 kg/kg auf 0,8 kg/kg, den folgenden Anstieg des Gesamtenergieverbrauchs der Grube, $Q_{\Sigma\text{-Dämpfen}}$ bzw. $Q_{\Sigma\text{-Kochen}}$, bewirkt:

- beim Dämpfen: von 104,3 kWh/m^3 auf 125,2 kWh/m^3 für ungefrorenes und von 127,2 kWh/m^3 auf 171,6 kWh/m^3 für gefrorenes Holz;
- beim Kochen: von 143,5 kWh/m^3 auf 161,8 kWh/m^3 für ungefrorenes und von 164,7 kWh/m^3 auf 205,5 kWh/m^3 für gefrorenes Holz.

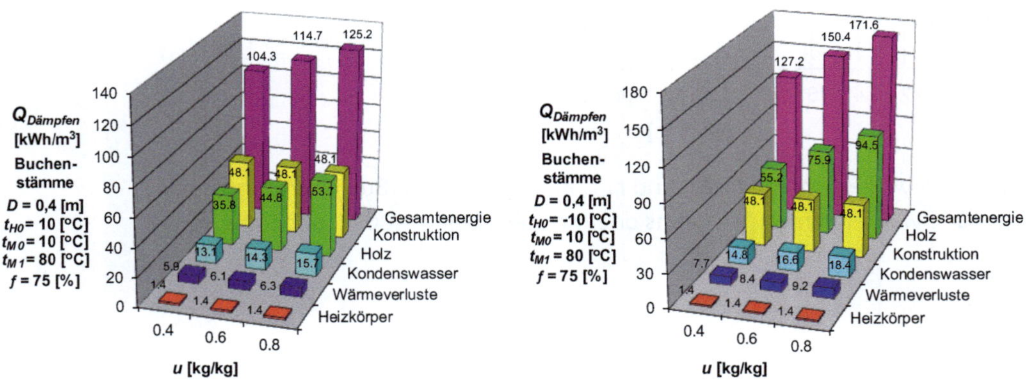

Bild 10.40 Änderung von Komponenten der Wärmebilanz und der Gesamtenergie (in kWh/m^3) beim Dämpfen von Buchenstämmen mit $t_{H0} = 10$ °C (links) und $t_{H0} = -10$ °C (rechts), abhängig von u (Quelle: [eigene Darstellung-links, 41])

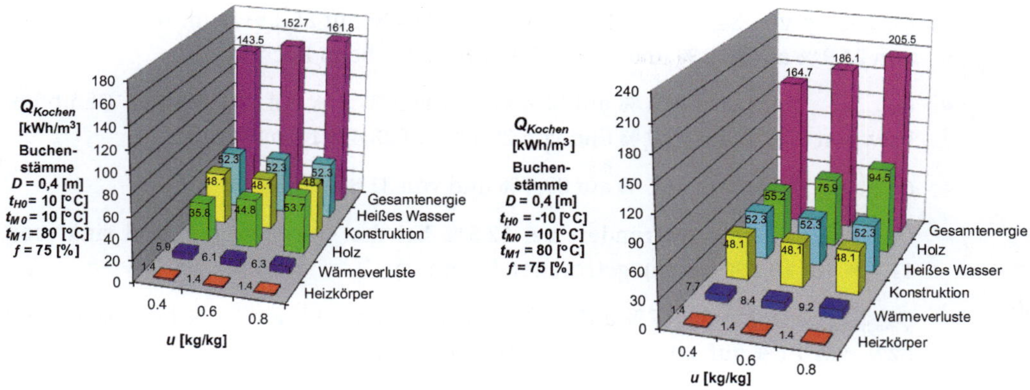

Bild 10.41 Änderung von Komponenten der Wärmebilanz und der Gesamtenergie (in kWh/m^3) beim Kochen von Buchenstämmen mit $t_{H0} = 10\ °C$ (links) und $t_{H0} = -10\ °C$ (rechts), abhängig von u (Quelle: [eigene Darstellung-links, 41])

Bild 10.42 und Bild 10.43 zeigen die Veränderung der einzelnen Komponenten der Wärmebilanz Q_i der Grube bei $t_{M1} = 80\ °C$ und $f = 75\ \%$ in Prozentsätzen vom Gesamtenergieverbrauch, $Q_{\Sigma\text{-Dämpfen}}$ bzw. $Q_{\Sigma\text{-Kochen}}$, in Abhängigkeit von u.

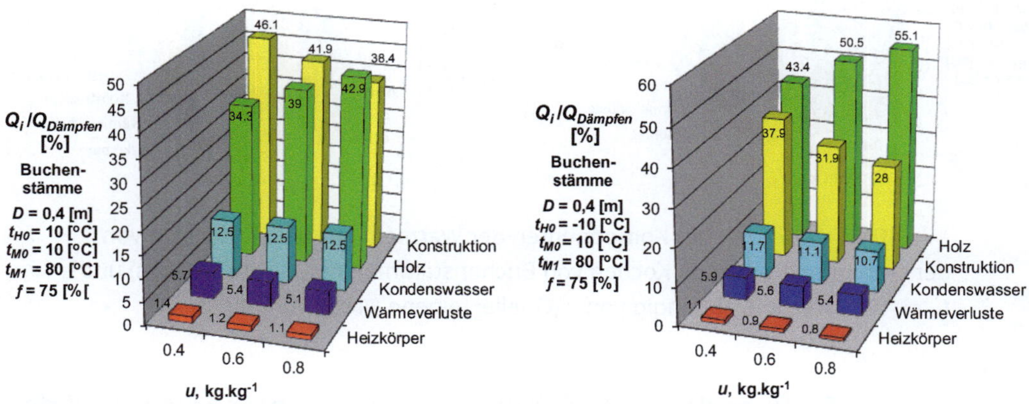

Bild 10.42 Änderung der Komponenten der Wärmebilanz der Grube in % von der Gesamtenergie beim Dämpfen von Buchenstämmen mit $t_{H0} = 10\ °C$ (links) und $t_{H0} = -10\ °C$ (rechts), abhängig von u (Quelle: [eigene Darstellung-links, 41])

Drückt man die einzelnen Komponenten der Wärmebilanz der Grube Q_i als Prozentsatz der Gesamtenergien $Q_{\Sigma\text{-Dämpfen}}$ bzw. $Q_{\Sigma\text{-Kochen}}$ aus, so führt eine Erhöhung von u von 0,4 kg/kg auf 0,8 kg/kg zu den folgenden Veränderungen der Anteile der Komponenten dieser Bilanz beim Dämpfen/Kochen von nicht gefrorenem bzw. gefrorenem Holz (siehe Bild 10.42 und Bild 10.43):

- Q_{Holz} steigt von 34,3 % auf 42,9 % und von 43,4 % auf 55,1 % beim Dämpfen, bzw. von 24,9 % auf 33,2 % und von 33,5 % auf 46,0 % beim Kochen;
- $Q_{\text{Konstruktion}}$ sinkt von 46,1 % auf 38,4 % und von 37,9 % auf 28,0 % beim Dämpfen, bzw. von 33,5 % auf 29,7 % und von 29,1 % auf 23,4 % beim Kochen;
- $Q_{\text{heißes Wasser}}$ sinkt von 36,5 % auf 32,4 % und von 31,8 auf 25,4 %;
- $Q_{\text{Kondenswasser}}$ bleibt unverändert bei 12,5 % bei den ungefrorenen und sinkt von 11,7 % auf 10,7 % bei den gefrorenen Stämmen;
- $Q_{\text{Wärmeverluste}}$ sinkt von 5,7 % auf 5,1 % und sinkt von 5,9 % auf 5,4 % beim Dämpfen; bzw. von 4,1 % auf 3,9 % und von 4,7 % auf 4,5 % beim Kochen;
- $Q_{\text{Heizkörper}}$ sinkt von 1,4 % auf 1,1 % und von 1,1 % auf 0,8 % beim Dämpfen; bzw. von 1,0 % auf 0,8 % und von 0,9 % auf 0,7 % beim Kochen.

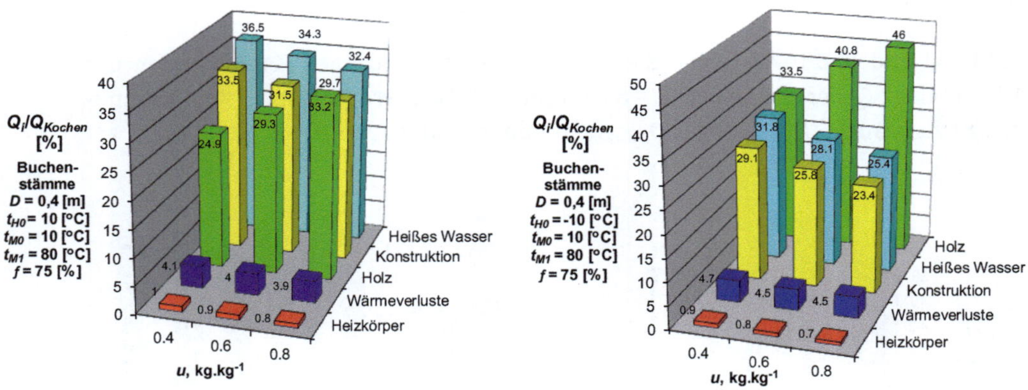

Bild 10.43 Änderung der Komponenten der Wärmebilanz der Grube in % von der Gesamtenergie beim Kochen von Buchenstämmen mit $t_{\text{H0}} = 10$ °C (links) und $t_{\text{H0}} = -10$ °C (rechts), abhängig von u (Quelle: [eigene Darstellung-links, 41])

10.10.4 Einfluss der Dampf- bzw. Heißwassertemperatur und des Beladungsgrades der Grube auf den Wirkungsgrad

Bild 10.44 und Bild 10.45 zeigen die nach Formel 10.98 und Formel 10.99 berechnete Änderung des Wärmewirkungsgrades der Dämpf- bzw. Kochmodi, $\eta_{\text{Dämpfen}}$ und η_{Kochen}, für ungefrorene und gefrorene Buchenstämme mit $u = 0{,}6$ kg/kg in Abhängigkeit von der Dampf- bzw. Heißwassertemperatur t_{M1} und vom Beladungsgrad der Grube mit Stämmen f.

In diesen Bildern ist zu sehen, dass die Erhöhung von t_{M1} von 70 °C auf 90 °C zu einer unbedeutenden Abnahme des Wärmewirkungsgrades η führt, was auf die geringfügige Änderung der effektiven spezifischen Wärmekapazität von Holz zurückzuführen ist:

- beim Dämpfen von Stämmen mit $t_{H0} = 10$ °C: um 0,2 % bei den drei untersuchten Werten von f;
- beim Dämpfen von Stämmen mit $t_{H0} = -10$ °C: um 3,2 % bei $f = 45$ %, um 3,4 % bei $f = 60$ % und um 3,5 % bei $f = 75$ %;
- beim Kochen von Stämmen mit $t_{H0} = 10$ °C: um 1,1 % bei $f = 45$ %, um 1,0 % bei $f = 60$ % und um 1,1 % bei $f = 75$ %;
- beim Kochen von Stämmen mit $t_{H0} = -10$ °C: um 2,4 % bei $f = 45$ %, um 2,8 % bei $f = 60$ % und um 3,0 % bei $f = 75$ %.

Bei dem in der Praxis maximal möglichen Wert von $f = 75$ % bewirkt diese Änderung von t_{M1} eine Verringerung des Wirkungsgrades $\eta_{Dämpfen}$ und η_{Kochen} von 39,1 % auf 38,9 % bzw. von 29,9 % auf 28,8 % bei $t_{H0} = 10$ °C und von 52,2 % auf 48,7 % bzw. von 42,4 % auf 39,4 % bei $t_{H0} = -10$ °C.

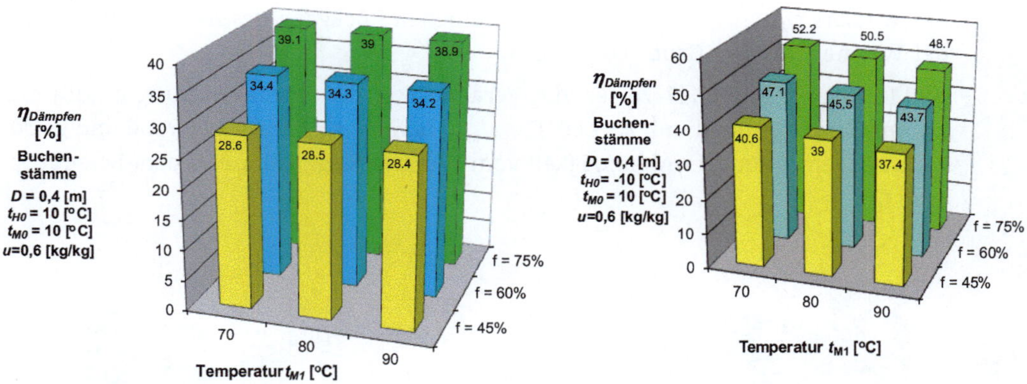

Bild 10.44 Änderung des Wärmewirkungsgrades der Dämpfmodi für ungefrorene (links) und gefrorene (rechts) Stämme, abhängig von t_{M1} und f

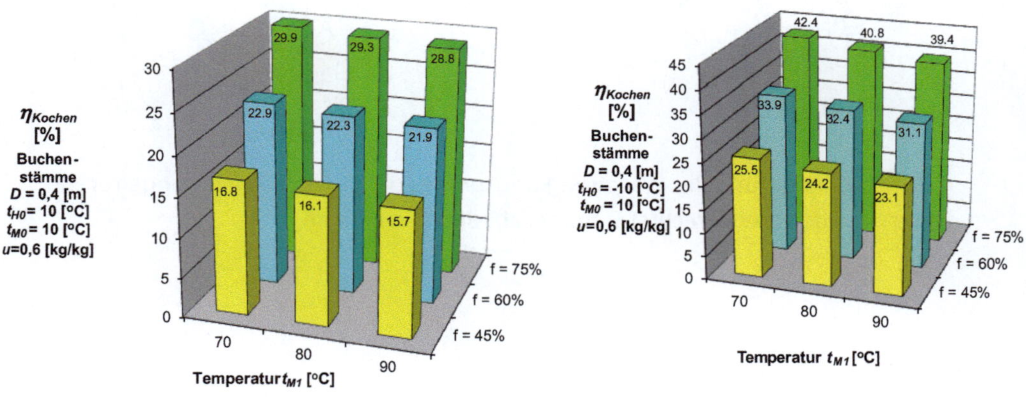

Bild 10.45 Änderung des Wärmewirkungsgrades der Kochmodi für ungefrorene (links) und gefrorene (rechts) Stämme, abhängig von t_{M1} und f

Der Beladungsgrad der Grube mit Stämmen hat einen deutlich größeren Einfluss auf den Wärmewirkungsgrad, und wenn *f* von 75 % auf 45 % reduziert wird, sinken die Werte von $\eta_{\text{Dämpfen}}$ und η_{Kochen} wie folgt:

- beim Dämpfen von Stämmen mit $t_{H0} = 10$ °C: von 39,1 % auf 28,6 % bei $t_{M1} = 70$ °C, von 39,0 % auf 28,5 % bei $t_{M1} = 80$ °C, und von 38,9 % auf 28,4 % bei $t_{M1} = 90$ °C;
- beim Dämpfen von Stämmen mit $t_{H0} = -10$ °C: von 52,2 % auf 40,6 % bei $t_{M1} = 70$ °C, von 50,5 % auf 39,0 % bei $t_{M1} = 80$ °C, und von 48,7 % auf 37,4 % bei $t_{M1} = 90$ °C;
- beim Kochen von Stämmen mit $t_{H0} = 10$ °C: von 29,9 % auf 16,8 % bei $t_{M1} = 70$ °C, von 29,3 % auf 16,1 % bei $t_{M1} = 80$ °C, und von 28,8 % auf 15,7 % bei $t_{M1} = 90$ °C;
- beim Kochen von Stämmen mit $t_{H0} = -10$ °C: von 42,4 % auf 25,5 % bei $t_{M1} = 70$ °C, von 40,8 % auf 24,2 % bei $t_{M1} = 80$ °C, und von 39,4 % auf 23,1 % bei $t_{M1} = 90$ °C.

Der Grund für diesen signifikanten Einfluss der Füllung der Grube mit Stämmen *f* auf η_{Kochen} ist die starke Zunahme des Anteils des Energieaufwandes für die Erwärmung des Wassers $Q_{\text{heißes Wasser}}$, was zu einem deutlichen Rückgang des Anteils von Q_{Holz} an der Wärmebilanz der Grube Q_{Grube} führt.

Bild 10.46 und Bild 10.47 zeigen die Veränderung des Wärmewirkungsgrades der Dämpf- bzw. Kochmodi mit $t_{m1} = 80$ °C, $\eta_{\text{Dämpfen}}$ bzw. η_{Kochen} für ungefrorene und gefrorene Buchenstämme, in Abhängigkeit vom Holzfeuchtegehalt *u* und dem Beladungsgrad *f*.

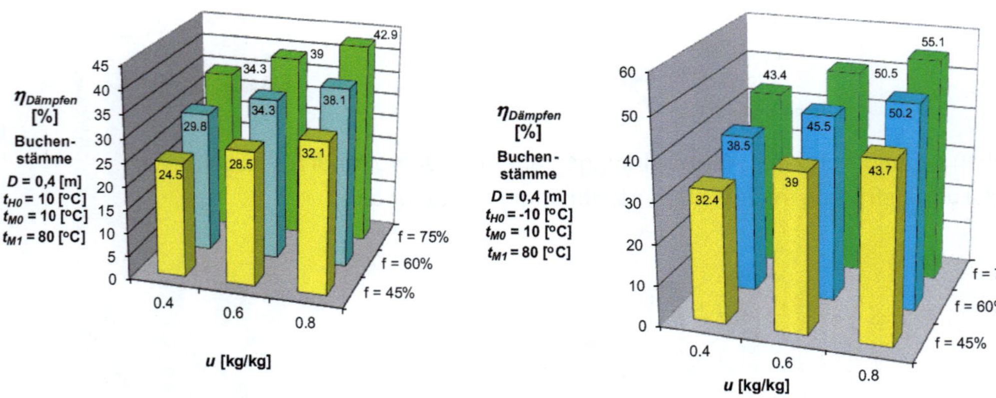

Bild 10.46 Änderung des Wärmewirkungsgrades der Dämpfmodi für ungefrorene (links) und gefrorene (rechts) Stämme, abhängig von *u* und *f*

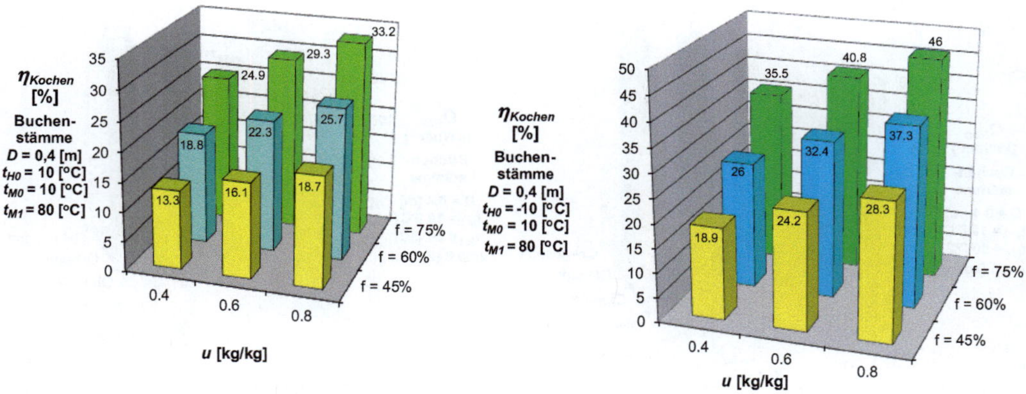

Bild 10.47 Änderung des Wärmewirkungsgrades der Kochmodi für ungefrorene (links) und gefrorene (rechts) Stämme, abhängig von *u* und *f*

In Bild 10.46 und Bild 10.47 ist zu sehen, dass die Erhöhung von *u* von 0,4 kg/kg auf 0,8 kg/kg eine Erhöhung des Wärmewirkungsgrads $\eta_{\text{Dämpfen}}$ bzw. η_{Kochen} bewirkt, da die spezifische Wärmekapazität von Holz stärker zunimmt. Bei dem maximal möglichen Wert von $f = 75$ % bewirkt diese Änderung von *u* eine Erhöhung dieser Wirkungsgrade wie folgt:

- $\eta_{\text{Dämpfen}}$ von 34,3 % auf 42,9 % bei $t_{\text{H0}} = 10$ °C und von 43,4 % auf 55,1 % bei $t_{\text{H0}} = -10$ °C;
- η_{Kochen} von 24,9 % auf 33,2 % bei $t_{\text{H0}} = 10$ °C und von 35,5 % auf 46,0 % bei $t_{\text{H0}} = -10$ °C.

In diesem Fall hat auch der Füllgrad der Grube mit Stämmen *f* einen besonders starken Einfluss auf den Wirkungsgrad η_{Kochen}, da bei gleichen Bedingungen bei einer Reduzierung von $f = 75$ % auf $f = 45$ % der Wirkungsgrad um etwa das 2-Fache sinkt.

10.11 Berechnung der Energie Q_{Holz} und ihrer Komponenten bei der thermischen Behandlung von gefrorenen Buchenstämmen

Bild 10.48 zeigt die Änderung des Gesamtwerts der Energie Q_{Holz} (in kWh/m^3) und ihrer Komponenten (siehe Abschnitt 10.9.1.1), berechnet nach Formel 10.70 – Formel 10.74, die für das Dämpfen oder Kochen von gefrorenen Buchenstämmen mit einer Anfangstemperatur von –10 °C, –20 °C und –30 °C und einem Feuchtigkeitsgehalt von 0,6 kg/kg und 0,8 kg/kg erforderlich sind [42].

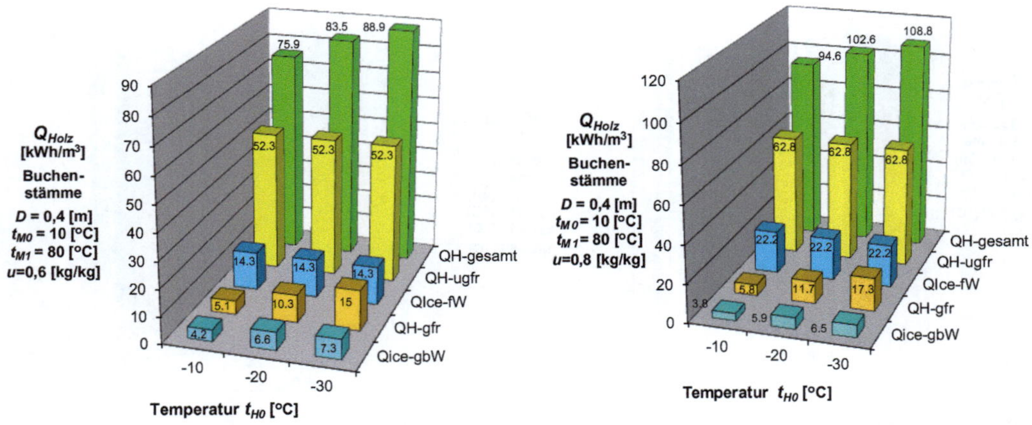

Bild 10.48 Änderung der Energie Q_{Holz} und ihrer Komponenten (in kWh/m³) zum Auftauen und Erwärmen von gefrorenen Buchenstämmen mit $u = 0{,}6$ kg/kg (links) und $u = 0{,}8$ kg/kg (rechts), abhängig von t_{H0} (Datenquelle: [42, eigene Darstellung-rechts])

Laut Bild 10.48, ändern sich die einzelnen Komponenten von $Q_{\text{H-gesamt}}$ wie folgt:

- $Q_{\text{Ice-gbW}}$ steigt von 4,2 kWh/m³ auf 7,3 kWh/m³ bei $u = 0{,}6$ kg/kg und von 3,8 kWh/m³ auf 6,5 kWh/m³ bei $u = 0{,}8$ kg/kg;
- $Q_{\text{H-gfr}}$ steigt von 5,1 kWh/m³ auf 15,0 kWh/m³ bei $u = 0{,}6$ kg/kg und von 5,8 kWh/m³ auf 17,3 kWh/m³ bei $u = 0{,}8$ kg/kg;
- $Q_{\text{Ice-fW}}$ bleibt unverändert bei einem Wert von 14,3 kWh/m³ bei $u = 0{,}6$ kg/kg und 22,2 kWh/m³ bei $u = 0{,}8$ kg/kg aufgrund der Nichtbeteiligung von T_{H0} in Formel 10.73;
- $Q_{\text{H-ugfr}}$ bleibt unverändert bei einem Wert von 52,3 kWh/m³ bei $u = 0{,}6$ kg/kg und 62,8 kWh/m³ bei $u = 0{,}8$ kg/kg aufgrund der Beteiligung des gleichen Wertes von $T_{\text{H-Mw-Ende}} = 72{,}9$ °C in Formel 10.74, der unabhängig von T_{H0} ist (siehe Bild 10.37 und Bild 10.39).

Bild 10.49 zeigt die Veränderung der einzelnen Komponenten der Energie Q_{Holz} in Prozentsätzen von dem Gesamtwert $Q_{\text{H-gesamt}}$, abhängig von den genannten Werten von t_{H0}.

Drückt man die einzelnen Komponenten der Energie Q_{Holz} in Prozentsätzen von dem Gesamtwert aus, so bewirkt eine Abnahme von t_{H0} von –10 °C auf –30 °C die folgende Veränderung des Anteils jeder Komponente (Bild 10.49):

- $Q_{\text{Ice-gbW}}$ steigt von 5,6 % auf 8,2 % bei $u = 0{,}6$ kg/kg und von 4,0 % auf 6,0 % bei $u = 0{,}8$ kg/kg;
- $Q_{\text{H-gfr}}$ steigt von 6,7 % auf 16,9 % bei $u = 0{,}6$ kg/kg und von 6,2 % auf 15,9 % bei $u = 0{,}8$ kg/kg;

- $Q_{Ice\text{-}fW}$ sinkt von 18,8 % auf 16,1 % bei $u = 0{,}6$ kg/kg und von 23,4 % auf 20,4 % bei $u = 0{,}8$ kg/kg;
- $Q_{H\text{-}ugfr}$ sinkt bei $u = 0{,}6$ kg/kg von 68,9 % auf 58,8 % und bei $u = 0{,}8$ kg/kg von 66,4 % auf 57,7 %.

Die oben angegebenen Werte der Energie Q_{Holz} und ihrer Komponenten gelten sowohl für das Dämpfen als auch für das Kochen von gefrorenen Buchenstämmen.

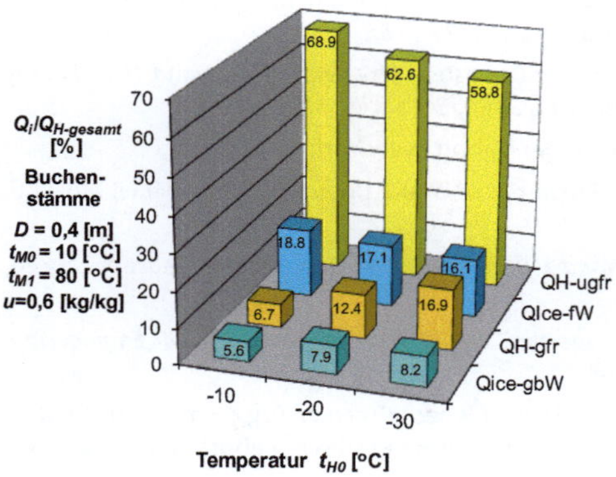

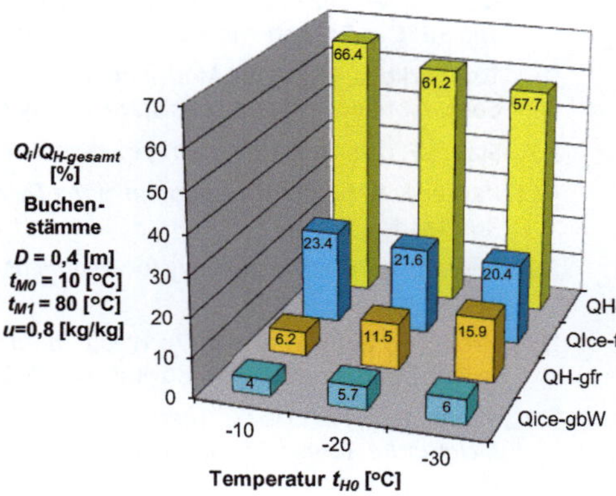

Bild 10.49 Änderung der Komponenten der Energie Q_{Holz} in % von der Gesamtenergie für gefrorene Buchenstämme mit $u = 0{,}6$ kg/kg (links) und $u = 0{,}8$ kg/kg (rechts), abhängig von t_{H0} (Datenquelle: [42, eigene Darstellung-rechts])

Literatur

[1] Deliiski, N. (1977): *Berechnung der instationären Temperaturverteilung im Holz bei der Erwärmung durch Wärmeleitung. Teil I: Mathematisches Modell für die Erwärmung des Holzes durch Wärmeleitung*. In: Holz als Roh- und Werkstoff, 35, S. 141 – 145

[2] Deliiski, N. (1979): *Berechnung der instationären Temperaturverteilung im Holz bei der Erwärmung durch Wärmeleitung. Teil I: Entwurf einer Technologie zum intensiven Dämpfen von Holz*. In: Holz als Roh- und Werkstoff, 37, S. 143 – 148

[3] Deliiski, N. (2003): *Modelling and Technologies for Steaming Wood Materials in Autoclaves*. Dissertation (DSc.), University of Forestry, Sofia, Bulgarien

[4] Deliiski, N.; Dzurenda, L. (2010): *Modelling of the Thermal Processes in the Technologies for Wood Thermal Treatment*. Technical University Zvolen, Zvolen, Slowakei

[5] Deliiski, N. (2013): *Modelling of the Energy Needed for Heating of Capillary Porous Bodies in Frozen and Non-Frozen States*. Lambert Academic Publishing / Scholars' Press, Saarbrücken

[6] Lawniczak, M. (1995): *Hydrothermal and Plasticizing Treatment of Wood. Part I. Boiling and Steaming of Wood*. Agricultural Academy, Poznań, Polen

[7] Trebula, P.; Klement, I. (2002): *Drying and Hydrothermal Treatment of Wood*. Technical University Zvolen, Zvolen, Slovakei

[8] Videlov, Ch. (2003): *Drying and Thermal Treatment of Wood*. University of Forestry, Sofia, Bulgarien

[9] Chudinov, B. S. (1966): *Theoretical Research of Thermo-Physical Properties and Thermal Treatment of Wood*. Dissertation (DSc.), SibLTI, Krasnoyarsk, Russland

[10] Vorreiter, L. (1949): *Holztechnologisches Handbuch. Band I*. Verlag Georg Fromme & Co., Wien

[11] Kühlmann, G. (1962): *Untersuchung der thermischen Eigenschaften von Holz und Spanplatten in Abhängigkeit von Feuchtigkeit und Temperatur im hygroskopischen Bereich*. In: Holz als Roh- und Werkstoff, 20(7), S. 259 – 270. *https://doi.org/10.1007/BF02604682*

[12] Kollman, F. F.; Côté, W. A., Jr. (1984): *Solid Wood*. In: *Principles of Wood Science and Technology*. Springer, New York/NY; Berlin/Heidelberg

[13] Shubin, G. S. (1990): Drying and Thermal Treatment of Wood. Lesnaya Promyshlennost, Moskau, Russland

[14] Radmanović, K.; Dukić, I.; Pervan, S. (2014): *Specific Heat Capacity of Wood*. In: Drvna Industrija, 65(2), S. 151 – 157. *https://doi.org/10.5552/drind.2014.1333*

[15] Nopens, M.; Sazama, U.; Krause, A.; Fröba, M. (2021): *Specific Heat Capacity of Wood Between –140 and 50 °C in Dry and Wet State*. In: Holzforschung, 75(9), S. 779 – 785

[16] Tumbarkova, N. (2019): *Modelling of the Freezing and Defrosting Processes of Logs and Their Energy Consumption*. Doctoral Thesis, University of Forestry, Sofia, Bulgarien

[17] Siau, J. F. (1984): *Transport Processes in Wood*. Springer-Verlag, New York

[18] Kanter, K. R. (1955): *Investigation of the Thermal Properties of Wood*. Doctoral Thesis, MLTI, Moskau, Russland

[19] Pervan, S. (2009): *Technology for Treatment of Wood with Water Steam*. University of Zagreb, Zagreb, Kroatien

[20] Hrčka, R.; Babiak, M. (2017): *Wood Thermal Properties*. In , G. (Hrsg.), *Wood in Civil Engineering*. InTechOpen, London, Großbritannien, S. 25 – 43

[21] Steinhagen, H. P. (1977): T*hermal Conductive Properties of Wood, Green or Dry, from –40 to +100 °C: A Literature Review*. In: General Technical Report FPL-09, Forest Products Laboratory, Forest Service

[22] Khattabi, A.; Steinhagen, H. P. (1992): *Numerical Solution to Two-Dimensional Heating of Logs*. In: Holz als Roh- und Werkstoff, 50, S. 308 – 312

[23] Efimov, S. S. (1985): *Temperature Dependence of the Heat of Crystallization of Water*. In: Journal of Engineering Physics and Thermophysics, 49(4), S. 1229 – 1233. *https://doi.org/10.1007/BF00871924*

[24] Deliiski, N.; Dzurenda, L.; Tumbarkova, N.; Angelski, D. (2020): *Mathematical Description of the Latent Heat of Bound Water in Wood During Freezing and Defrosting*. In: Acta Facultatis Xylologiae Zvolen, 62(1), S. 41 – 53

[25] Niemz, P.; Sonderegger, W. (2017): *Holzphysik: Physik des Holzes und der Holzwerkstoffe*. Carl Hanser Verlag, München

[26] Niemz, P.; Teischinger, A.; Sandberg, D. (Hrsg.) (2023): *Springer Handbook of Wood Science and Technology*. Springer Nature Switzerland AG, Cham

[27] Niemz, P.; Sandberg, D. (2025): *General Data Related to Wood*. Kapitel in *Wood Materials and Process Data. The Most Relevant Data, Tables and Figures*. Springer Nature Switzerland AG, Cham

[28] Campean, M. (2005): *Heat Treatments of Wood*. Transilvania University of Brașov, Brașov, Rumänien

[29] Sergovsky, P. S.; Rasev, A. I. (1987): *Hydrothermal Treatment and Preservation of Wood*. Lesnaya Promyshlennost, Moskau, Russland

[30] Dorn, W. S.; McCracken, D. D. (1972): *Numerical Methods with FORTRAN IV: Case Studies*. John Wiley & Sons, New York

[31] Mörath, M. (1949): *Das Dämpfen und Kochen in der Furnier- und Sperrholzindustrie*. In: Holztechnik, Nr. 7

[32] Deliiski, N. (2013): *3D Modeling and Visualization of the Non-Stationary Temperature Distribution During Heating of Frozen Wood*. In: Drvna Industrija, 64(4), S. 293 – 303

[33] Deliiski, N.; Vitchev, P.; Angelski, D.; Tumbarkova, N. (2022): *Change in the Duration of the Autoclave Steaming Regimes of Non-Frozen Prisms at Dispatching Interferences in the Production of Veneer*. In: Innovations in Woodworking Industry and Engineering Design, 11(1), S. 25 – 32

[34] Deliiski, N.; Niemz, P.; Angelski, D.; Vitchev, P.; Tumbarkova, N. (2022): *Computing the Duration of Regimes for Autoclave Steaming of Frozen Wooden Prisms Under Variable Operating Conditions in Veneer Production*. In: Wood Material Science & Engineering, 17(6), S. 451 – 458

[35] Deliiski, N.; Niemz, P.; Angelski, D.; Vitchev, P.; Tumbarkova, N. (2023): *Computing the Thermal Efficiency of Autoclaves During Steaming of Frozen Wooden Prisms for Veneer Production at Changing Operational Conditions*. In: Processes, 11(3), 822

[36] Dzurenda, L.; Deliiski, N. (2019): *Thermal Processes in the Woodworking Technologies*. Technical University Zvolen, Zvolen, Slowakei

[37] Deliiski, N.; Dzurenda, L.; Niemz, P.; Câmpean, M.; Angelski, D.; Vitchev, P. (2023): *A Simulation Study of the Heat Balance of Concrete Pits During Boiling of Non-Frozen Logs*. In: Bulletin of the Transilvania University of Brașov, Series II: Forestry Wood Industry Agricultural Food Engineering, 16(65) (Sonderheft 3), S. 67 – 82. *https://doi.org/10.31926/but.fwiafe.2023.16.65.2*

[38] Deliiski, N.; Niemz, P.; Dzurenda, L.; Vitchev, P.; Angelski, D. (2023): *An Approach for Computing the Thermal Balance and Energy Consumption of Concrete Pits During Boiling of Frozen Logs for Veneer Production*. In: Wood Material Science & Engineering, 18(6), S. 2153 – 2163. *https://doi.org/10.1080/17480272.2023.2275758*

[39] Dzurenda, L.; Deliiski, N.; Angelski, D.; Vitchev, P.; Atanasova, K. (2025): *Heat Balances of Concrete Pits When Steaming or Boiling Unfrozen Logs*. In: Acta Facultatis Xylologiae Zvolen, 67(1), S. 61 – 74. *https://doi.org/10.17423/afx.2025.67.1.06*

[40] Rivkin, S.; Aleksandrov, A. (1978): *Thermodynamic Properties of Water and Water Vapor*. Tehnika, Sofia

[41] Deliiski, N.; Niemz, P.; Dzurenda, L.; Angelski, D.; Câmpean, M.; Vitchev, P. (2025): *Comparative Model-Based Study of the Thermal Balance and Efficiency of Concrete Pits During Steaming or Boiling Frozen Veneer Logs*. In: Wood Material Science & Engineering, online first. *https://doi.org/10.1080/17480272.2025.2555443*

[42] Deliiski, N.; Niemz, P.; Angelski, D.; Campean, M.; Vitchev, P. (2024): *An Engineering Approach for Calculating the Energy Required for Defrosting and Subsequent Heating of Frozen Wood During Thermal Treatment*. In: Wood Material Science & Engineering, 19(3), S. 811 – 820. *https://doi.org/10.1080/17480272.2024.2338567*

Anhang A: Trocknungsverhalten verschiedener einheimischer Holzarten

(in Anlehnung an [1–3])

Holzart	Physikalische Eigenschaften	Trocknungsverhalten
Ahorn (Bergahorn) *Acer pseudoplatanus* L.	ρ_0 = 480 - 590 - 750 kg/m³ β_l = 0,5 % β_r = 3 % β_t = 8 % β_v = 11,5 - 11,8 %	Holzart mit mäßigem Schwierigkeitsgrad bei der Trocknung. Neigung zum Reißen und Werfen. Eine zu lange Lagerung im grünen Zustand führt zu Verfärbungen. Die künstliche Trocknung sollte daher so bald wie möglich begonnen werden. Um die helle Farbe zu erhalten, sollte man mit einer mäßigen Anfangstemperatur (45 °C) und ohne Befeuchtung trocknen, bis die Fasersättigungsfeuchte erreicht wird.
Aspe (Zitterpappel) *Populus tremula* L.	ρ_0 = 360 - 450 - 560 kg/m³ β_r = 3,5 % β_t = 6,7 - 8,5 % β_v = 11,0 - 12,8 %	Holzart mit geringem Schwierigkeitsgrad bei der Trocknung. Schnelle Trocknung. Geringe Neigung zum Reißen.
Birke *Betula verrucosa* Ehrh.	ρ_0 = 460 - 610 - 800 kg/m³ β_l = 0,6 % β_r = 5,3 % β_t = 7,8 % β_v = 13,7 - 14,2 %	Holzart mit mäßigem Schwierigkeitsgrad bei der Trocknung. Neigung zum Reißen und Werfen, daher muss die Trocknung langsam durchgeführt werden.

Holzart	Physikalische Eigenschaften	Trocknungsverhalten
Birnbaum *Pyrus communis* L.	ρ_0 = 650 – 700 – 760 kg/m³ β_l = 0,4 % β_r = 4,6 % β_t = 9,1 % β_v = 13,6 – 14,7 %	Holzart mit mäßigem Schwierigkeitsgrad bei der Trocknung. Neigung zum Werfen. Es wird empfohlen, das Material vor dem Trocknen zu dämpfen, um innere Spannungen zu reduzieren und die Farbe auszugleichen.
Buche *Fagus sylvatica* L.	ρ_0 = 490 – 680 – 880 kg/m³ β_l = 0,3 % β_r = 5,8 % β_t = 11,8 % β_v = 14 – 17,9 – 21 %	Holz mit hohen inneren Spannungen, mit starkem Schwund und geringer Dimensionsstabilität bei Feuchtigkeitsschwankungen. Neigung zum Reißen und Werfen. Ein leichtes Dämpfen vor dem Trocknen öffnet die Poren und vereinheitlicht die Feuchtigkeit, was sowohl die Trocknungszeit als auch die Trocknungsqualität positiv beeinflusst. Muss langsam und schonend getrocknet werden. Im gedämpften Zustand hat es eine sehr gute Biegefähigkeit.
Douglasie *Pseudotsuga menziesii* Franco	ρ_0 = 320 – 470 – 730 kg/m³ β_l = 0,3 % β_r = 4 – 4,8 % β_t = 7 – 7,7 % β_v = 11,5 – 12,5 %	Holzart mit mäßigem Schwierigkeitsgrad bei der Trocknung. Zur Vermeidung von massivem Harzaustritt muss die Trocknung sorgfältig erfolgen (Temperaturen < 100 °C empfohlen). Geringe Neigung zum Werfen. Feine Oberflächenrisse sind häufig, insbesondere bei dicken Sorten.
Eibe *Taxus baccata* L.	ρ_0 = 610 – 640 – 740 kg/m³ β_r = 3,7 % β_t = 5,3 % β_v = 8,4 – 9,2 %	Holzart mit mäßigem Schwierigkeitsgrad bei der Trocknung. Gutes Stehvermögen.
Eiche *Quercus robur* L. *Quercus petraea* (Matt.) Liebl	ρ_0 = 390 – 650 – 930 kg/m³ β_l = 0,4 % β_r = 4 – 4,6 % β_t = 7,8 – 10 % β_v = 12,6 – 15,6 %	Holzart mit hoher Trocknungsschwierigkeit, zum Reißen geneigt. Muss daher langsam getrocknet werden. Niedere Anfangstemperatur (30 °C) hilft auch zur Vermeidung von Verfärbungen. Vortrocknung im Freien ist günstig, führt aber oft zu Verschalung. Beim Kontakt mit Eisenmetallen entstehen schwarze Flecken aufgrund des Gerbstoffgehalts.

Holzart	Physikalische Eigenschaften	Trocknungsverhalten
Erle *Alnus glutinosa* L. (Gaertn.)	ρ_0 = 450 - 510 - 600 kg/m³ β_l = 0,5 % β_r = 4,4 - 4,8 % β_t = 7,7 - 9,3 % β_v = 12,3 - 14,2 %	Holzart mit geringem Schwierigkeitsgrad bei der Trocknung. Typisch ist die oxidative Färbung (anfangs orange, bei längerer Lagerung im grünen Zustand violett). Empfohlen wird die künstliche Trocknung bei einer Temperatur von etwa 60 °C unmittelbar nach dem Fällen, um das freie Wasser so schnell wie möglich aus dem Holz zu entfernen.
Esche *Fraxinus excelsior* L.	ρ_0 = 410 - 650 - 820 kg/m³ β_l = 0,2 % β_r = 4,6 - 5 % β_t = 8 - 8,4 % β_v = 12,8 - 13,6 %	Holzart mit geringem Schwierigkeitsgrad bei der Trocknung. Im gedämpften Zustand hat es eine sehr gute Biegefähigkeit.
Fichte *Picea abies* L.	ρ_0 = 300 - 430 - 640 kg/m³ β_l = 0,3 % β_r = 3,5 - 3,7 % β_t = 7,8 - 8 % β_v = 11,6 - 12 %	Holzart mit geringem Schwierigkeitsgrad bei der Trocknung. Schnelle Trocknung. Geringe Neigung zum Reißen und Werfen. Gutes Stehvermögen.
Weißbuche *Carpinus betulus* L.	ρ_0 = 500 - 790 - 820 kg/m³ β_l = 0,5 % β_r = 5,2 - 6,8 % β_t = 11,5 % β_v =18,8 %	Holzart mit hohen Wachstumsspannungen, daher mit großer Trocknungsschwierigkeit. Starke Neigung zum Reißen und Werfen. Eine langsame Trocknung wird empfohlen. Die natürliche Trocknung führt zu besseren Ergebnissen. Hirnholzanstriche mit Paraffin oder Wachsdispersionen sind empfohlen, um Endrisse zu vermeiden.
Kastanie (Roßkastanie) *Aesculus hippocastanum* L.	ρ_0 = 460 - 510 - 550 kg/m³ β_l = 0,9 % β_r = 3,3 % β_t = 6,8 % β_v = 11 %	Holzart mit mäßigem Schwierigkeitsgrad bei der Trocknung. Geringe Neigung zum Rei*ß*en und Werfen. Kann sowohl im Freien als auch künstlich getrocknet werden. Bei technischer Trocknung, Anfangstemperatur von 60 °C nicht überschreiten.

Holzart	Physikalische Eigenschaften	Trocknungsverhalten
Kiefer *Pinus sylvestris* L.	ρ_0 = 300 – 490 – 860 kg/m³ β_l = 0,2 – 0,4 % β_r = 3,3 – 4,5 % β_t = 7,5 – 8,7 % β_v = 11,2 – 12,4 %	Holzart mit geringem Schwierigkeitsgrad bei der Trocknung. Neigung zu Quellung und Harzaustritt. Höhere Neigung zum Reißen im Vergleich zu Tanne und Fichte, daher wird eine langsame Trocknung empfohlen, aber mit Anfangstemperaturen über 45 °C, sonst besteht Bläuegefahr, solange die Holzfeuchte über 25 % liegt.
Kirschbaum *Prunus avium* L.	ρ_0 = 490 – 550 – 670 kg/m³ β_r = 3,5 – 5 % βt = 6,5 – 8,7 % β_v = 13,7 – 14 %	Holzart mit mäßigem Schwierigkeitsgrad bei der Trocknung. Kann sowohl im Freien als auch künstlich getrocknet werden. Bei der technischen Trocknung, Temperaturen von 60–70 °C nicht überschreiten, sonst neigt es zum Reißen und Werfen.
Lärche *Larix decidua* L.	ρ_0 = 400 – 550 – 820 kg/m³ β_l = 0,3 % β_r = 3,3 – 4,3 % β_t = 7,8 – 10,4 % β_v = 11,4 – 15 %	Holzart mit mäßigem Schwierigkeitsgrad bei der Trocknung. Neigung zu Quellung und Harzaustritt. Höhere Neigung zum Reißen im Vergleich zu Tanne und Fichte, aber trotzdem gering im Vergleich zu Laubholz.
Linde *Tilia cordata* Mill.	ρ_0 = 320 – 490 – 560 kg/m³ β_l = 0,2 – 0,3 % β_r = 5,5 – 6,6 % β_t = 9,1 – 10,7 % β_v = 14,4 – 14,9 %	Holzart mit mäßigem Schwierigkeitsgrad bei der Trocknung. Neigung zu Verfärbungen und Rissbildung, daher wird eine langsame Trocknung bei 60 °C und relativer Luftfeuchte < 65 % empfohlen.
Nussbaum *Juglans regia* L.	ρ_0 = 450 – 640 – 750 kg/m³ β_l = 0,5 % β_r = 5,4 % β_t = 7,5 % β_v =13,4 – 14 %	Holzart mit mäßigem Schwierigkeitsgrad bei der Trocknung. Eine langsame Trocknung wird empfohlen, um Rissbildung zu vermeiden. In gedämpftem Zustand hat es eine gute Biegefähigkeit.
Pappel (Schwarzpappel) *Populus nigra* L.	ρ_0 = 370 – 410 – 520 kg/m³ β_l = 0,3 % β_r = 3,3 – 5,2 % β_t = 7,1 – 9,8 % β_v = 10,7 – 14,3 %	Holzart mit mäßigem Schwierigkeitsgrad bei der Trocknung. Gleichmäßig schwindend. Neigt kaum zum Reißen, aber häufig zum Werfen.
Platane *Platanus acerifolia* Willd.	ρ_0 = 380 – 580 – 650 kg/m³ β_l = 0,5 % β_r = 4,5 – 5 % β_t = 8,4 – 8,7 % β_v = 13,7 – 14,2 %	Holzart mit mäßigem Schwierigkeitsgrad bei der Trocknung. Leichte Neigung zum Reißen und Werfen. In gedämpftem Zustand hat es eine gute Biegefähigkeit.

Holzart	Physikalische Eigenschaften	Trocknungsverhalten
Robinie *Robinia pseudoacacia* L.	ρ_0 = 540 - 740 - 870 kg/m³ β_l = 0,1 % β_r = 3,2 - 4,6 % β_t = 5,4...7,2 % β_v = 11,4...12,2 %	Holzart mit hohem Schwierigkeitsgrad bei der Trocknung wegen mit Thyllen geschlossenen Poren und großer Dichte. Starke Neigung zum Reißen und Werfen. Eine langsame Trocknung wird empfohlen. Die natürliche Trocknung führt zu besseren Ergebnissen als die künstliche Trocknung. Hirnholzanstriche mit Paraffin oder Wachsdispersionen sind empfohlen, um Endrisse zu vermeiden.
Tanne *Abies alba* Mill.	ρ_0 = 320 - 410 - 710 kg/m³ β_l = 0,1 % β_r = 2,9 - 3,8 % β_t = 7,2 - 7,6 % β_v = 10,2 - 11,5 %	Holzart mit geringem Schwierigkeitsgrad bei der Trocknung. Schnelle Trocknung. Geringe Neigung zum Reißen und Werfen. Gutes Stehvermögen.
Ulme (Rüster) *Ulmus glabra* Huds.	ρ_0 = 440 - 640 - 820 kg/m³ β_l = 0,3 % β_r = 4,6 - 4,8 % β_t = 6,9 - 8,3 % β_v = 11,8 - 13,8 %	Holzart mit mäßigem Schwierigkeitsgrad bei der Trocknung. Neigung zum Reißen und Werfen. Kann sowohl im Freien als auch künstlich getrocknet werden. Die technische Trocknung sollte schonend durchgeführt werden, mit Anfangstemperaturen unter 60 °C.
Weide *Salix alba* L.	ρ_0 = 270 - 330 - 380 kg/m³ β_l = 0,5 - 0,9 - 1,1 % β_r = 1,9 - 2,4 - 3,9 % β_t = 5,4 - 6,3 - 8,7 % β_v = 7,9 - 9,6 - 11,3 %	Holzart mit geringem Schwierigkeitsgrad bei der Trocknung. Schnelle Trocknung. Leichte Neigung zum Reißen und Werfen.
ρ_0 = Darrdichte (Wert min–mittel–max) [kg/m³] β_l = Gesamtschwund (vom Nass- zum Darrzustand) in Längsrichtung [%] β_r = Gesamtschwund (vom Nass- zum Darrzustand) in radialer Richtung [%] β_t = Gesamtschwund (vom Nass- zum Darrzustand) in tangentialer Richtung [%] β_v = Gesamter Volumenschwund (vom Nass- zum Darrzustand) [%]		

Literatur

[1] Wagenführ, A. (2008): *Holzatlas*: Carl Hanser Verlag, München

[2] Trübswetter, T. (2009): *Holztrocknung. Verfahren zur Trocknung von Schnittholz – Planung von Trocknungsanlagen.* 2., aktualisierte Auflage, Carl Hanser Verlag, Leipzig

[3] Campean, M. (2005): *Heat Treatments of Wood*: Publishing House of Transilvania University, Brasov, Rumänien

Anhang B: Bestimmung der relativen Luftfeuchte und Gleichgewichtsfeuchte

Bestimmung der relativen Luftfeuchte (φ) und der Gleichgewichtsfeuchte (U_{gl}) aufgrund der Angaben (t, Δt) des Psychrometers gemäß folgender Tabelle (Quelle: [4])

Lesebeispiele:

1. Das Psychrometer einer Trockenanlage zeigt zu einem bestimmten Zeitpunkt während der Trocknung: $t = 60$ °C und $t_{nass} = 52$ °C. Die psychrometrische Differenz in diesem Zustand ist $\Delta t = 8$ °C und daher ergibt sich die relative Luftfeuchte: $\varphi = 65$ % und die entsprechende Gleichgewichtsfeuchte $U_{gl} = 9{,}8$ %.
2. Einer Umgebung mit der Temperatur $t = 20$ °C und der relativen Feuchte $\varphi = 42$ % entspricht eine Gleichgewichtsfeuchte $U_{gl} = 8{,}2$ %.

Literatur

[1] Cividini, R. (2001): *Conventional kiln-drying of lumber*. NARDI S.p.A., Chiampo, Italien

t°	Δt°	1	1,5	2	3	4	5	6	7	8	9	10	11	12	13	14	15	16	18	20	22	24	26	28	30
0	φ	81	73	63	43	31	17	13	11																
	U_{gl}	16,4	14,2	12	8,5	66,6	4	3,3	3																
10	φ	87	81	76	66	57	45	35	25	15	6														
	U_{gl}	18,8	15,6	12,4	10,4	9,2	8,6	7	5,4	3,6	1,2														
20	φ	89	85	82	70	64	55	49	42	35	29	24	18	12	6										
	U_{gl}	20	18,2	17	14	12	10	9,2	8,2	7	6	5,2	4,6	3,4	1,6										
30	φ	90,6	88,8	87	75,3	69	64	59	54	48	43	38,5	35	30	24	20	17	13	8						
	U_{gl}	20,7	19,4	17,9	14	13	11,4	10,4	9,6	8,6	8	7,3	6,8	5,9	5	4,3	3,7	2,3	1,4						
35	φ	91,3	90	88	78,5	73	67,5	63	57,5	52	47	43	38	35	29	27	24	20	13	6					
	U_{gl}	21	19,6	18	14,6	13	11,8	11	9,7	9	8,4	7,7	7	6,5	5,7	5,2	4,7	4,2	3	1,4					
40	φ	92	90,5	89	80,5	75,5	70	65	61	55	51	46	43	40	34	32	29	25	20	15	8				
	U_{gl}	21	19,9	18,1	16,1	14,2	12	11	10,2	9,3	8,6	8,2	7,6	6,8	6,3	5,9	5,4	4,9	4	3	1,8				
45	φ	92,5	90,9	89,3	82	77	73	68	62	58	54	50	47	43	39	36	33	30	24	20	14	9			
	U_{gl}	21	19,9	18,2	15,4	14	12,4	11,4	10,6	9,8	9,1	8,4	7,8	7,1	6,6	6,2	5,8	5,4	4,6	3,9	3	2			
50	φ	93	91,3	89,5	83	77	74	68	64	60	57	54	50	47	44	40	37	35	29	23	18	14	10	5	
	U_{gl}	20,8	19,4	18	15,8	14,1	12,1	11,5	10,6	9,8	9,2	8,6	8	7,5	7	6,5	6,1	5,6	4,9	4,2	3,5	2,8	2,1	1,2	
55	φ	93,5	91,6	89,7	83,8	79	75	71	67	63	59	56	52	48	44	43	40	37	33	27	23	19	14	10	7
	U_{gl}	20,5	18,9	17,8	15,6	14	12,7	11,6	10,7	9,9	9,2	8,6	8,2	7,6	7	6,7	6,3	5,9	5,2	4,5	4	3,4	2,9	2	1,5
60	φ	94	92	90	84,5	80,5	76,5	73,5	69	65	62	59	54	51	48	45	43	40	35	30	27	22	19	15	12

t°	Δt°	1	1,5	2	3	4	5	6	7	8	9	10	11	12	13	14	15	16	18	20	22	24	26	28	30
	U_{gl}	20,2	18,8	17,5	15,3	13,9	12,5	11,5	10,6	9,8	9,2	8,7	8,1	7,7	7,2	6,7	6,4	6	5,4	4,8	4,2	3,7	3,1	2,6	2,1
65	φ	94,3	92,4	90,5	85	82	77	69	68	66	63	59	56	53	50	47	45	43	38	33	29	25	22	18	15
	U_{gl}	19,5	18,4	17	15	13,6	12,3	11,3	10,5	9,7	9,1	8,6	8	7,6	7,1	6,7	6,4	6	5,4	4,9	4,3	3,9	3,4	2,9	2,4
70	φ	94,5	92,8	91	85	80,5	77	73,5	70	66,5	63	60	57	54	51	49	46	44	39	35	32	27	24	21	17
	U_{gl}	19	17,6	16,2	14,3	13	11	10,8	10	9,4	9	8,5	8	7,5	7	6,7	6,4	6	5,4	4,9	4,4	4	3,5	3,1	2,7
75	φ	94,7	93,1	91,4	87	83	79,5	76	72,5	69	65,5	62	59	56	53	50	48	45	41	37	33	30	26	24	19
	U_{gl}	18,7	17,6	16,4	14,4	13,1	12	11	10,1	9,5	8,8	8,3	7,8	7,3	7	6,6	6,3	5,9	5,4	4,9	4,4	4	3,6	3,2	2,8
80	φ	95	93,4	91,8	86,5	83	79,5	76	73	70	67	59	60	57	54	52	49	47	44	39	35	31	27	25	21
	U_{gl}	18,1	17,1	15,8	14,2	12,8	11,6	10,7	9,9	9,3	8,7	8,2	7,7	7,2	6,8	6,5	6,2	5,9	5,4	4,9	4,4	4	3,7	3,3	2,9
85	φ	95,2	93,6	92,1	87,5	83,5	80	77	74	71	68	64,5	61,5	58,5	56	54	52	49	45	41	37	33	30	27	23
	U_{gl}	17,7	16,4	15,5	13,8	12,5	11,4	10,5	9,7	9,1	8,5	8	7,5	7,1	6,7	6,4	6,1	5,8	5,3	4,9	4,4	4	3,7	3,3	2,9
90	φ	95,3	93,8	92,4	87,5	84	81	78	75	72	69	66	63	61	57	55	53	49	46	42	39	35	32	29	26
	U_{gl}	17,2	16,3	15,2	13,6	12,3	11,1	10,2	9,5	8,9	8,4	7,9	7,4	7	6,6	6,3	6	5,7	5,2	4,8	4,4	4	3,7	3,3	3
95	φ	95,4	94	92,7	88,5	85	82	79	76	74	70	67	65	63	59,5	57	55	51	48	44,5	41	38	33	30	28
	U_{gl}	16,5	15,2	14,9	13,2	12	11	10,1	9,3	8,8	8,2	7,7	7,3	6,9	6,5	6,2	5,9	5,6	5,1	4,8	4,4	4	3,7	3,3	3
100	φ	95,5	94,3	93	88,5	85	82	79	76	73	70	67,5	65	62,5	60	57,5	55	53	48,5	45	42	38	35	33	29
	U_{gl}	16	15,2	13,8	12,4	11,4	10,6	9,9	9,1	8,6	8,1	7,5	7,1	6,7	6,3	6	5,8	5,5	5	4,7	4,3	3,9	3,6	3,3	3

Anhang C: Zustandsparameter der feuchten Luft bei atmosphärischem Druck ($p = 1$ bar)

(Quelle: [1])

t [°C]	Relative Luftfeuchte ϕ [%]										
	0	10	20	30	40	50	60	70	80	90	100
0	p_D	0,61	1,22	1,83	2,44	3,06	3,67	4,28	4,89	5,50	6,11
	x	0,38	0,76	1,14	1,52	1,91	2,29	2,67	3,06	3,44	3,82
	h	0,95	1,90	2,85	3,80	4,75	5,70	6,65	7,60	8,55	9,55
5	p_D	0,87	1,74	2,61	3,48	4,36	5,23	6,10	6,97	7,84	8,72
	x	0,54	1,08	1,63	2,17	2,72	3,27	3,82	4,37	4,92	5,47
	h	6,35	7,71	9,09	10,4	11,8	13,2	14,6	16,0	17,3	18,7
10	p_D	1,23	2,45	3,68	4,91	6,14	7,36	8,59	9,82	11,04	12,27
	x	0,77	1,53	2,30	3,07	3,84	4,61	5,39	6,17	6,94	7,73
	h	11,9	13,9	15,8	17,7	19,7	21,6	23,6	25,5	27,5	29,5
15	p_D	1,70	3,40	5,11	6,81	8,52	10,2	11,9	13,6	15,3	17,0
	x	1,06	2,12	3,19	4,26	5,34	6,41	7,49	8,58	9,66	10,8
	h	17,7	20,4	23,1	25,8	28,5	31,2	33,9	36,7	39,4	42,0
20	p_D	2,34	4,67	7,01	9,35	11,7	14,0	16,4	18,7	21,0	23,4
	x	1,46	2,92	4,39	5,87	7,36	8,83	10,4	11,9	13,3	14,9
	h	23,7	27,4	31,1	34,9	38,7	42,4	46,4	50,2	53,7	57,8

t [°C]	Relative Luftfeuchte ϕ [%]										
	0	10	20	30	40	50	60	70	80	90	100
25	p_D	3,17	6,33	9,50	12,7	15,8	19,0	22,2	25,3	28,5	31,7
	x	1,98	3,96	5,97	8,00	9,99	12,1	14,1	16,2	18,3	20,4
	h	30,0	31,5	40,2	45,4	50,4	55,8	60,9	66,3	71,6	76,9
30	p_D	4,24	8,48	12,7	17,00	21,2	21,4	29,7	33,9	38,2	42,4
	x	2,65	5,32	8,00	10,8	13,5	16,2	19,0	21,8	24,7	27,5
	h	36,8	43,6	50,4	57,6	64,5	71,4	78,6	85,7	93,1	100,3
35	p_D	5,62	11,2	16,9	22,5	28,1	33,7	39,4	45,0	50,6	56,2
	x	3,52	7,05	10,7	14,3	18,0	21,7	25,5	29,3	33,2	37,0
	h	44,0	53,1	62,4	71,7	81,2	90,7	100,4	110,2	120,2	129,9
40	p_D	7,38	14,8	22,1	29,5	36,9	44,3	51,6	59,0	66,4	73,8
	x	4,62	9,34	14,1	18,9	23,8	28,8	33,8	39,0	44,2	49,5
	h	51,9	64,0	76,3	88,7	101,3	114,1	127,0	140,4	153,8	167,7
45	p_D	9,58	19,2	28,7	38,3	47,9	57,5	67,1	76,7	86,2	95,8
	x	6,02	12,2	18,4	24,8	31,3	38,0	44,7	51,7	58,7	65,9
	h	60,6	76,5	92,5	109,1	125,9	143,2	160,5	178,6	196,7	215,3
50	p_D	12,3	24,7	37,0	49,3	61,7	74,0	86,3	98,7	111,0	123,3
	x	7,75	15,8	23,9	32,3	40,9	49,7	58,8	68,1	77,7	87,5
	h	70,1	91,0	112,0	133,8	156,1	178,9	202,5	226,6	251,5	276,9

p_D = Teildruck des Wasserdampfes [mbar]
x = Feuchtegehalt [g/kg$_{\text{trockene Luft}}$]
h = Enthalpie [kJ/(1+x) kg]

Literatur

[1] Frühwald, A., Ressel, J. (1982): *Holztrocknung. Teil 1. Grundlagen der Holztrocknung*. Universität Hamburg

Anhang D: Trocknungspläne

Trocknungspläne für Fichtenholz

Trocknungsplan für Fichtenholz, 24 mm

Phase	Holzfeuchte [%]	Temperatur [°C]	Gleichgewichts-feuchte [%]	Zeit [h]
Aufheizphase	>50	60	18	9
Reine Trocknung	50 – 40	60	15	von der Geschwindigkeit der Feuchte-abnahme gegeben
	40 – 30	60	12,3	
	30 – 20	60	11,5	
	20 – 15	62	9,8	
	15 – 10	65	6,7	
Konditionieren	10	55	8	5
Abkühlen	10	30	–	6
Gesamtdauer: etwa 3Tage				

Trocknungsplan für Fichtenholz, 48 mm

Phase	Holzfeuchte [%]	Temperatur [°C]	Gleichgewichts-feuchte [%]	Zeit [h]
Aufheizphase	>50	60	18	15
Reine Trocknung	50–40	60	15	von der Geschwindigkeit der Feuchte-abnahme gegeben
	40–30	60	13,4	
	30–20	60	12,5	
	20–15	62	10,6	
	15–10	65	7,2	
Konditionieren	10	55	8	6
Abkühlen	10	30	–	10
Gesamtdauer: etwa 5 Tage				

Trocknungsplan für Fichtenholz, 75 mm

Phase	Holzfeuchte [%]	Temperatur [°C]	Gleichgewichts-feuchte [%]	Zeit [h]
Aufheizphase	>50	60	18	19
Reine Trocknung	50–40	60	16	von der Geschwindigkeit der Feuchte-abnahme gegeben
	40–30	60	14,8	
	30–20	60	13,7	
	20–15	62	11,4	
	15–10	65	7,6	
Konditionieren	10	55	8	7
Abkühlen	10	30	–	12
Gesamtdauer: etwa 9 Tage				

Trocknungspläne für Tannenholz

Trocknungsplan für Tannenholz, 24 mm

Phase	Holzfeuchte [%]	Temperatur [°C]	Gleichgewichts-feuchte [%]	Zeit [h]
Aufheizphase	>50	50	18	9
Reine Trocknung	50–40	50	15	von der Geschwindigkeit der Feuchte-abnahme gegeben
	40–30	50	10,3	
	30–20	50	8,9	
	20–15	55	7,1	
	15–10	65	5,0	
Konditionieren	10	55	8	5
Abkühlen	10	30	–	8
Gesamtdauer: etwa 4 Tage				

Trocknungsplan für Tannenholz, 48 mm

Phase	Holzfeuchte [%]	Temperatur [°C]	Gleichgewichts-feuchte [%]	Zeit [h]
Aufheizphase	>50	48	18	15
Reine Trocknung	50–40	48	15	von der Geschwindigkeit der Feuchte-abnahme gegeben
	40–30	48	11	
	30–20	50	9,5	
	20–15	54	7,8	
	15–10	63	5,3	
Konditionieren	10	53	8	6
Abkühlen	10	30	–	10
Gesamtdauer: etwa 6 Tage				

Trocknungsplan für Tannenholz, 75 mm

Phase	Holzfeuchte [%]	Temperatur [°C]	Gleichgewichtsfeuchte [%]	Zeit [h]
Aufheizphase	>50	45	18	19
Reine Trocknung	50 – 40	45	15	von der Geschwindigkeit der Feuchteabnahme gegeben
	40 – 30	45	12	
	30 – 20	47	10,2	
	20 – 15	50	8,4	
	15 – 10	60	5,8	
Konditionieren	10	53	8	7
Abkühlen	10	30	–	12
Gesamtdauer: etwa 10 Tage				

Trocknungspläne für Pappel- und Lindenholz

Trocknungsplan für Pappel- und Lindenholz, 25 mm

Phase	Holzfeuchte [%]	Temperatur [°C]	Gleichgewichts-feuchte [%]	Zeit [h]
Aufheizphase	>50	60	18	9
Reine Trocknung	50–40	60	15	von der Geschwindigkeit der Feuchte-abnahme gegeben
	40–30	60	11,9	
	30–20	62	10,2	
	20–15	64	7,8	
	15–10	65	4,4	
Konditionieren	10	55	8	5
Abkühlen	10	30	–	6
Gesamtdauer: etwa 4 Tage				

Trocknungsplan für Pappel- und Lindenholz, 50 mm

Phase	Holzfeuchte [%]	Temperatur [°C]	Gleichgewichts-feuchte [%]	Zeit [h]
Aufheizphase	>50	60	18	15
Reine Trocknung	50–40	60	16	von der Geschwindigkeit der Feuchte-abnahme gegeben
	40–30	60	13,2	
	30–20	62	11	
	20–15	64	8,1	
	15–10	65	4,8	
Konditionieren	10	55	8	6
Abkühlen	10	30	–	10
Gesamtdauer: etwa 5,5 Tage				

Trocknungspläne für Erlenholz

Trocknungsplan für Erlenholz, 25 mm

Phase	Holzfeuchte [%]	Temperatur [°C]	Gleichgewichts-feuchte [%]	Zeit [h]
Aufheizphase	>50	60	18	11
Reine Trocknung	50 – 40	60	15	von der Geschwindigkeit der Feuchte-abnahme gegeben
	40 – 30	60	12,5	
	30 – 20	62	10,2	
	20 – 15	64	7,9	
	15 – 10	65	4,5	
Konditionieren	10	55	8	5
Abkühlen	10	30	–	6
Gesamtdauer: etwa 5 Tage				

Trocknungsplan für Erlenholz, 50 mm

Phase	Holzfeuchte [%]	Temperatur [°C]	Gleichgewichts-feuchte [%]	Zeit [h]
Aufheizphase	>50	60	18	17
Reine Trocknung	50 – 40	60	15	von der Geschwindigkeit der Feuchte-abnahme gegeben
	40 – 30	60	13,1	
	30 – 20	62	11	
	20 – 15	64	8,2	
	15 – 10	65	4,7	
Konditionieren	10	55	8	6
Abkühlen	10	30	–	10
Gesamtdauer: etwa 8,5 Tage				

Trocknungspläne für Kirschbaumholz

Trocknungsplan für Kirschbaumholz, 25 mm

Phase	Holzfeuchte [%]	Temperatur [°C]	Gleichgewichts-feuchte [%]	Zeit [h]
Aufheizphase	>50	55	18	13
Reine Trocknung	50 – 40	55	16,5	von der Geschwindigkeit der Feuchte-abnahme gegeben
	40 – 30	55	14,4	
	30 – 20	58	11,0	
	20 – 15	60	7,6	
	15 – 10	63	4,8	
Konditionieren	10	53	8	5
Abkühlen	10	30	–	6
Gesamtdauer: etwa 5 Tage				

Trocknungsplan für Kirschbaumholz, 50 mm

Phase	Holzfeuchte [%]	Temperatur [°C]	Gleichgewichts-feuchte [%]	Zeit [h]
Aufheizphase	>50	60	18	21
Reine Trocknung	50 – 40	60	16,5	von der Geschwindigkeit der Feuchte-abnahme gegeben
	40 – 30	60	15,4	
	30 – 20	62	11,9	
	20 – 15	64	8,2	
	15 – 10	65	5,4	
Konditionieren	10	55	8	6
Abkühlen	10	30	–	10
Gesamtdauer: etwa 10 Tage				

Trocknungspläne für Ahornholz

Trocknungsplan für Ahornholz, 25 mm

Phase	Holzfeuchte [%]	Temperatur [°C]	Gleichgewichts-feuchte [%]	Zeit [h]
Aufheizphase	>50	50	18	11
Reine Trocknung	50 – 40	50	15	von der Geschwindigkeit der Feuchte-abnahme gegeben
	40 – 30	50	14,2	
	30 – 20	52	11,8	
	20 – 15	54	8,5	
	15 – 10	64	5,6	
Konditionieren	10	54	8	5
Abkühlen	10	30	–	6
Gesamtdauer: etwa 5 Tage				

Trocknungsplan für Ahornholz, 50 mm

Phase	Holzfeuchte [%]	Temperatur [°C]	Gleichgewichts-feuchte [%]	Zeit [h]
Aufheizphase	>50	50	18	17
Reine Trocknung	50 – 40	50	15,7	von der Geschwindigkeit der Feuchte-abnahme gegeben
	40 – 30	50	15,3	
	30 – 20	52	13,9	
	20 – 15	54	9,3	
	15 – 10	64	6,5	
Konditionieren	10	54	8	6
Abkühlen	10	30	–	10
Gesamtdauer: etwa 9 Tage				

Trocknungspläne für Birkenholz

Trocknungsplan für Birkenholz, 25 mm

Phase	Holzfeuchte [%]	Temperatur [°C]	Gleichgewichts-feuchte [%]	Zeit [h]
Aufheizphase	>50	50	18	13
Reine Trocknung	50 – 40	50	13,7	von der Geschwindigkeit der Feuchte-abnahme gegeben
	40 – 30	50	12,6	
	30 – 20	52	10,5	
	20 – 15	54	7,6	
	15 – 10	60	4,8	
Konditionieren	10	50	8	5
Abkühlen	10	30	–	6
Gesamtdauer: etwa 6 Tage				

Trocknungsplan für Birkenholz, 50 mm

Phase	Holzfeuchte [%]	Temperatur [°C]	Gleichgewichts-feuchte [%]	Zeit [h]
Aufheizphase	>50	50	18	21
Reine Trocknung	50 – 40	50	15,0	von der Geschwindigkeit der Feuchte-abnahme gegeben
	40 – 30	50	13,8	
	30 – 20	51	11,5	
	20 – 15	53	8,2	
	15 – 10	60	5,0	
Konditionieren	10	50	8	6
Abkühlen	10	30	–	10
Gesamtdauer: etwa 12 Tage				

Trocknungspläne für Nussbaumholz

Trocknungsplan für Nussbaumholz, 25 mm

Phase	Holzfeuchte [%]	Temperatur [°C]	Gleichgewichtsfeuchte [%]	Zeit [h]
Aufheizphase	>50	50	18	13
Reine Trocknung	50–40	50	16,5	von der Geschwindigkeit der Feuchteabnahme gegeben
	40–30	50	14,4	
	30–20	60	11,0	
	20–15	61	7,6	
	15–10	63	4,0	
Konditionieren	10	53	8	5
Abkühlen	10	30	–	6
Gesamtdauer: etwa 7 Tage				

Trocknungsplan für Nussbaumholz, 50 mm

Phase	Holzfeuchte [%]	Temperatur [°C]	Gleichgewichtsfeuchte [%]	Zeit [h]
Aufheizphase	>50	50	18	21
Reine Trocknung	50–40	50	16,5	von der Geschwindigkeit der Feuchteabnahme gegeben
	40–30	50	15,4	
	30–20	55	11,9	
	20–15	60	8,2	
	15–10	62	5,4	
Konditionieren	10	52	8	6
Abkühlen	10	30	–	10
Gesamtdauer: etwa 12 Tage				

Trocknungspläne für Akazienholz

Trocknungsplan für Akazienholz, 25 mm

Phase	Holzfeuchte [%]	Temperatur [°C]	Gleichgewichts-feuchte [%]	Zeit [h]
Aufheizphase	>50	50	18	13
Reine Trocknung	50–40	50	18	von der Geschwindigkeit der Feuchte-abnahme gegeben
	40–30	50	13,6	
	30–20	51	9,3	
	20–15	60	3,5	
	15–10	63	3,2	
Konditionieren	10	53	8	5
Abkühlen	10	30	–	6
Gesamtdauer: etwa 13 Tage				

Trocknungsplan für Akazienholz, 50 mm

Phase	Holzfeuchte [%]	Temperatur [°C]	Gleichgewichts-feuchte [%]	Zeit [h]
Aufheizphase	>50	50	18	19
Reine Trocknung	50–40	50	18	von der Geschwindigkeit der Feuchte-abnahme gegeben
	40–30	50	14,8	
	30–20	51	9,3	
	20–15	57	3,6	
	15–10	60	3,4	
Konditionieren	10	50	8	6
Abkühlen	10	30	–	10
Gesamtdauer: etwa 26 Tage				

Trocknungspläne für Eschenholz

Trocknungsplan für Eschenholz, 25 mm

Phase	Holzfeuchte [%]	Temperatur [°C]	Gleichgewichts-feuchte [%]	Zeit [h]
Aufheizphase	>50	44	18	13
Reine Trocknung	50–40	44	16	von der Geschwindigkeit der Feuchte-abnahme gegeben
	40–30	44	14,0	
	30–20	45	11,1	
	20–15	47	8,4	
	15–10	56	7,0	
Konditionieren	10	46	8	5
Abkühlen	10	30	–	6
Gesamtdauer: etwa 8 Tage				

Trocknungsplan für Eschenholz, 50 mm

Phase	Holzfeuchte [%]	Temperatur [°C]	Gleichgewichts-feuchte [%]	Zeit [h]
Aufheizphase	>50	44	18	21
Reine Trocknung	50–40	44	16,2	von der Geschwindigkeit der Feuchte-abnahme gegeben
	40–30	44	15,2	
	30–20	45	12,2	
	20–15	47	9,1	
	15–10	54	7,7	
Konditionieren	10	44	8	6
Abkühlen	10	30	–	10
Gesamtdauer: etwa 15 Tage				

Trocknungspläne für Buchenholz

Trocknungsplan für Buchenholz, 25 mm

Phase	Holzfeuchte [%]	Temperatur [°C]	Gleichgewichtsfeuchte [%]	Zeit [h]
Aufheizphase	>50	44	18	13
Reine Trocknung	50 – 40	44	16,5	von der Geschwindigkeit der Feuchteabnahme gegeben
	40 – 30	44	16,4	
	30 – 20	46	12,8	
	20 – 15	54	8,7	
	15 – 10	62	4,8	
Konditionieren	10	52	8	12
Abkühlen	10	30	–	6
Gesamtdauer: etwa 9 Tage				

Trocknungsplan für Buchenholz, 50 mm

Phase	Holzfeuchte [%]	Temperatur [°C]	Gleichgewichtsfeuchte [%]	Zeit [h]
Aufheizphase	>50	44	18	21
Reine Trocknung	50 – 40	44	16,5	von der Geschwindigkeit der Feuchteabnahme gegeben
	40 – 30	44	16,1	
	30 – 20	46	13,9	
	20 – 15	52	10,0	
	15 – 10	58	6,0	
Konditionieren	10	48	8	16
Abkühlen	10	30	–	10
Gesamtdauer: etwa 16 Tage				

Trocknungspläne für Eichenholz

Trocknungsplan für Eichenholz, 25 mm

Phase	Holzfeuchte [%]	Temperatur [°C]	Gleichgewichts-feuchte [%]	Zeit [h]
Aufheizphase	>50	44	18	15
Reine Trocknung	50 – 40	44	17	von der Geschwindigkeit der Feuchte-abnahme gegeben
	40 – 30	44	14,1	
	30 – 20	46	11,5	
	20 – 15	54	9,0	
	15 – 10	60	7,0	
Konditionieren	10	50	8	12
Abkühlen	10	30	–	6
Gesamtdauer: etwa 16 Tage				

Trocknungsplan für Eichenholz, 50 mm

Phase	Holzfeuchte [%]	Temperatur [°C]	Gleichgewichts-feuchte [%]	Zeit [h]
Aufheizphase	>50	43	18	23
Reine Trocknung	50 – 40	43	17	von der Geschwindigkeit der Feuchte-abnahme gegeben
	40 – 30	43	15,2	
	30 – 20	44	12,5	
	20 – 15	46	9,8	
	15 – 10	56	7,7	
Konditionieren	10	46	8	15
Abkühlen	10	30	–	10
Gesamtdauer: etwa 30 Tage				

Trocknungspläne für Zerreiche

Trocknungsplan für Zerreiche, 25 mm (Quelle: [1], mit Genehmigung)

Phase	Holzfeuchte [%]	Temperatur [°C]	Gleichgewichtsfeuchte [%]	Zeit [h]
Aufheizphase	>50	30	18	15
Reine Trocknung	50–40	30	17	von der Geschwindigkeit der Feuchteabnahme gegeben
	40–30	30	15,5	
	30–24	35	12,6	
	24–20	50	11,5	
	20–15	52	7,0	
	15–10	55	5,0	
Konditionieren	10	45	8	12
Abkühlen	10	30	–	6
Gesamtdauer: etwa 21Tage				

Trocknungsplan für Zerreiche, 50 mm (Quelle: [1], mit Genehmigung)

Phase	Holzfeuchte [%]	Temperatur [°C]	Gleichgewichtsfeuchte [%]	Zeit [h]
Aufheizphase	>50	30	18	25
Reine Trocknung	50–40	30	17	von der Geschwindigkeit der Feuchteabnahme gegeben
	40–30	30	16	
	30–24	35	14,5	
	24–20	40	12,5	
	20–15	45	9,0	
	15–10	50	5,3	
Konditionieren	10	40	8	18
Abkühlen	10	30	–	10
Gesamtdauer: etwa 38 Tage				

Literatur

[1] Deaconu, I. (2025): *Cercetări privind comportamentul la uscare al cherestelei din lemn de cer (Quercus cerris L.)* (Untersuchungen bezüglich des Trocknungsverhaltens von Zerreichenholz (Quercus cerris L..), in rumänischer Sprache). Doktorthesis, Transilvania Universität Brasov, Rumänien.

Index

G

H

I

K

Q

R

S

T

U

V